高等院校公共课系列规划教材

# 新编大学生心理健康教程

主　　编　陈红英
副 主 编　史华红
参编人员　陈红英　史华红　梁　辉
　　　　　潘丽红　鲁　梅

WUHAN UNIVERSITY PRESS
武汉大学出版社

**图书在版编目(CIP)数据**

新编大学生心理健康教程/陈红英主编.—武汉：武汉大学出版社，2014.8(2015.9 重印)
高等院校公共课系列规划教材
ISBN 978-7-307-13973-2

Ⅰ.新… Ⅱ.陈… Ⅲ.大学生—心理健康—健康教育—高等学校—教材 Ⅳ.B844.2

中国版本图书馆 CIP 数据核字(2014)第 181944 号

责任编辑:朱凌云　　责任校对:汪欣怡　　版式设计:马　佳

---

出版发行：**武汉大学出版社**　(430072　武昌　珞珈山)
(电子邮件：cbs22@whu.edu.cn　网址：www.wdp.com.cn)
印刷：湖北省荆州市今印印务有限公司
开本：787×1092　1/16　印张:20.5　字数:469 千字　插页:1
版次：2014 年 8 月第 1 版　2015 年 9 月第 3 次印刷
ISBN 978-7-307-13973-2　定价:36.00 元

---

# 前　言

加强大学生心理健康教育是贯彻以人为本的科学发展观和促进大学生全面发展的客观要求，是构建和谐社会的重要条件。

联合国专家断言，从现在到21世纪中叶没有任何一种灾难能像心理危机那样带给人们持续深刻的痛苦。因而，一个人的心理健康与否，不仅仅是关系到自己能否立足社会、生存发展的私事，而且是关系到他人以及整个社会的大事，对于当代的青年学子来说，尤其如此。我们的心理健康程度不仅决定着我们行为的良善与丑恶，而且更进一步地影响着整个社会文明，因为健康的意识与不健康的意识都在不停地循环，整个社会精神文明进程的命运就取决于我们对人类心灵深处的认识。

大学阶段是青年学生个性形成的关键时期，也是其个性心理转折的关键时期。然而科技进步，经济全球化以及体制变革等诸多因素导致市场经济迅速推进，形成了竞争日趋激烈的社会环境，大学生在校期间所面临的环境适应、人际交往、学习成才、交友恋爱、求职择业、网络诱惑、情绪调节和人格发展等方面的心理压力和冲突日趋严重，反映出的心理困惑和问题也日益突出。

高校心理健康教育的主要任务是，依据大学生的心理特点，有针对性地讲授心理健康知识，开展辅导和咨询活动，帮助他们解决好环境适应，自我管理，学习成才，人际交往，交友恋爱，求职择业，人格发展和情绪调节等方面的问题，提高心理健康水平，促进德、智、体、美等全方面发展。

这本《大学生心理健康教程》是由多年从事实际教学和心理学研究的工作者在总结以往教材优点的基础上，秉承提高大学生心理保健意识，促进大学生主动发展，引导大学生助人自助的理念，结合实际需要而编写的。

在编写过程中，我们着重强调本教材的思想性、系统性、实用性和普遍性的特点，注重教材的可读性和趣味性，注重心灵互动与感应，注重潜移默化的自然的影响过程。(1) 我们试图站在应用心理学的前沿，综合了心理学、生理学、社会心理学、医学心理学、教育学等有关学科，尽量引用最新的研究资料和文献，突破以往教材的结构体系，各章均以名言警句概括本章的中心思想开始，以强化学生阅读的兴趣。(2) 本教材遵循理论联系实际的编写原则，既重视应用心理学原理，阐明大学生心理发展的规律与特点，又密切联系当前大学生心理问题的实际，阐明进行心理指导的理论和方法，采用灵活多变的形式，以具有代表性的案例来说明寓意深刻的理论知识。所以本书不仅可以作为大学生心理健康教育教材，而且也可以作为大学生心理健康教育的一般读物。(3) 强化学生主体，突出助人自助。本教材特别强调有效调动学生的积极性和能动性。大学生是大学生心理健康教育的主体，大学生心理健康教育的效果主要取决于大学生主体性发挥的程度。本书扩展了大学生心理保健知识，使大学生在学会自我认识、自我评价、自我调控、自我发展的同时，也能科学地了解心理咨询，能识别常见心理疾病，利用朋辈教育，营造心理健康的氛围，达到助人自助的目的。

本书在编写过程中参考借鉴了国内外该领域的许多论著和教材，详见主要参考文献，还有诸多专业文献和参考资料未能一一列出，在此向原作者表示衷心的感谢！

由于我们编写水平有限，书中难免会有疏漏和不当之处，恳请同行专家、师生和读者提出宝贵的批评意见，以使本书进一步完善。

**教材编写组**

2014 年 7 月

# 目录

Contents

# 第一章 绪 论

只有过人的智商，却不知道管理情绪的人，是个危险的人。
只有优异的成绩，却不懂得与人交往的人，是个寂寞的人。
只有美好的愿望，却不了解自己的人，是个迷惘的人。
健康的身体给了我们活力，健康的心理给了我们快乐。
你知道什么是健康吗？怎样做才能心理健康？

随着科学技术和社会经济的飞速发展，人们的物质生活极大丰富的同时，精神需求也在不断地提高。生活节奏的加快，竞争的加剧，人际关系的日趋复杂，交通的日益拥挤等，都给人们带来了巨大的心理压力。心理学已经渗透到人们社会生活的各个领域和个人生活的方方面面。重视心理健康教育，提高全民心理素质，不仅是社会发展的需要，也是人类自我完善的客观要求。作为新世纪的大学生，学习和研究心理学，对于优化自己心理品质，提高综合素质等方面都具有积极作用。关注心理健康是人一生的事情，做心理健康的人，终生受益。

## 第一节 心理学基础

### 一、心理的实质

心理活动是人人具有并为大家所熟悉的，但对于心理的实质却有各种说法。在我国古代很长时期内人们认为心理活动起源于心，从我国汉字中可看出这样的痕迹，大多表示心理活动的字都和“心”有关，如忘、想、念、怒、恨等；著名医学家李时珍提出了“脑为元神之府”的论断，认为脑是高级神经中枢所在地，聚集着人的精神。清代名医王清任也提出了“灵机，记忆不在心在脑”的著名论断。随着现代医学的发展，特别是解剖学和临床医学的日趋成熟，人们的认识逐步提高，认为心理是脑的机能，即任何心理活动都产生于脑，所有心理活动都是脑的高级机能的表现；心理是对客观现实的主观反映，即所有心理活动的内容都来源于外界，是客观事物在脑中的主观反映。

### 1. 心理是脑的机能

心理是脑的机能，从人个体心理的发展，也可以为其提供证明。人在出生时，虽然已经具备了人所特有的解剖生理机制，为以后的心理发展提供了可能性，但还没有成熟。只是随着脑的发育成熟，心理也相应发展。如脑的重量，新生儿为 390 克，8～9 个月的婴儿为 660 克，2～3 岁的幼儿为 900～1011 克，6～7 岁的儿童为 1280 克，9 岁的儿童为 1350 克，12～13 岁的少年，脑的平均重量已经和成人差不多了，达到 1400 克。随着脑的发育，重量在不断增加，人的心理也由最初的听觉、视觉发展起来，逐渐产生了知觉和表象，后来又产生了言语和思维。

一些无脑儿、双脑儿和裂脑儿的特殊情况更进一步说明，心理是同大脑这一特殊物质分不开的。无脑畸形儿生来就不具有正常的脑髓，因而不产生心理活动，就连维持生命都极为困难，出生时或出生后几天就会死亡。可见没有健全的大脑，便没有正常的心理。

脑的生理研究证明：任何一种心理活动都和脑的一定部位有关。1861 年法国医生布罗卡（Broca）首先发现了大脑左半球额下回损伤，会使人失去说话能力，他将该病症称为“运动性失语症”。此后人们又陆续发现，大脑额中回后部损伤导致“失写症”；脑颞上回后部损伤导致“感觉失语症”；大脑角回损伤导致“失读症”，即看不懂文字；额叶区受到损坏的病人可以保持视觉、言语和书写能力，但在解答算术题时不会分析或不会发现自己的错误，甚至在性格上变得不能自制，烦躁不安。这些都说明，心理机能直接依赖于脑。

近几十年临床上对大脑左右两半球各有不同功能的研究充分说明：心理是脑的机能，是脑的产物，脑是心理的器官。离开脑这一物质基础，任何心理现象都不会发生。

### 2. 心理是对客观现实的主观反映

列宁曾指出，我们的意识只是外部世界的映像；不言而喻，没有被反映者，就不能有反映者，被反映者是不依赖反映者而存在的。脑是心理的器官，但脑本身并不产生心理，心理既不是大脑天生固有的产物，也不是大脑自动产生的东西，而是客观现实在大脑中的反映。

客观现实是指独立于人的心理之外，不依赖于人的心理而存在的一切事物。客观现实可分为三类：第一类是自然现实，包括日月星辰、山川树木、江河湖海等；第二类是人为现实，如工厂、车辆、工具、笔墨、纸张等；第三类是社会现实，主要指人所处的社会环境，包括：社会制度、各种社会关系、人际交往、语言等。

#### （1）客观现实是心理的源泉

我们要从两方面去理解“客观现实是心理的源泉”。第一，客观现实是心理产生的前提条件，没有客观现实也就没有被反映的对象，人脑也就无从反映，心理也就无从产生；第二，人们心理活动的具体内容，是由被反映的客观现实所决定的，有什么样的客观现实，才有什么样的反映。脑是加工厂，客观现实是原材料。人的心理活动不论是简单的，还是复杂的，其内容都可以从客观事物中找到根源。

一个人尽管具备了眼、耳、鼻、舌等感觉器官，也有完善的大脑等感觉中枢，但看到什么，听到什么，闻到什么，尝到什么，只能由外界环境中的具体事物来决定，而不能为主观意愿所左右。

同样，一个人想什么，注意什么，喜欢什么，讨厌什么等心理活动，也不是无端产生的，而是由我们周围环境的具体事物决定的。

**（2）社会实践是人心理发生、发展的根源**

据统计，至20世纪50年代末，人们已发现有30个小孩是由野兽在野地里抚育长大的，其中多数是“狼孩”、“熊孩”。这些孩子长年与野兽一起生活，所以养成了动物的生活习性。当他们被救回人类社会时，有嘴不会说话，有手不会劳动，有脑不会思维；白天爱躲藏起来，夜间爱潜行；他们一般用四肢爬行，爱吃生食。

西方心理学者曾做了不少环境剥夺、感觉剥夺、情感剥夺的实验。实验证明：人的心理的产生、发展，离不开社会环境的刺激和影响。人只有在现实生活的种种实践活动中，当外界事物作用于感觉器官，引起的各种感觉传达到脑，引起脑的生理活动时才能产生和发展心理。感觉、思维、意志、兴趣等一切心理都是客观世界对人的影响，通过脑的活动而产生的反应。

总之，离开了良好的社会实践，人的心理就得不到良好的发展，甚至不能产生人的心理。

**（3）心理是对客观现实主观、能动的反映**

客观现实是心理产生的根源，但人脑对客观世界的反映不是像录音机和录像机那样直接的复写。人的心理意识具有主观能动性，其特点表现在两个方面：首先，人们已有的知识经验、个性特点和当前心理状态等在反映事物中起重要作用，它们影响着反映，使反映带有个人的主观特点，形成人与人之间的个别差异。例如对同一事物、不同的人会有不同的评价，即使同一个人对同一事物在不同的时间、地点、条件下也会有不同的反映。其次，人的心理活动对自己的行为、对实践活动有支配和调节作用。人能在知识、经验、需要、动机、愿望的推动下，按照计划和方案，有目的地改造自然、改造社会，创造物质财富和精神财富，满足自己的各种需要。

## 二、心理现象

心理学家一般把心理现象分为两大部分：一部分为心理过程，它是从动态方面对心理现象进行阐述；另一部分是个性心理，它是从静态即相对稳定的方面阐述心理现象的（如图1-1）。

### 1. 心理过程

心理过程是指人的心理活动发生、发展、消失的动态过程，包括认知过程、情感过程和意志过程。认知过程源于感觉器官受到刺激后，在脑中产生感觉，脑将多种感觉综合并整合成一个整体而形成知觉，再通过记忆、思维、联想、想象，借助语言来完成。人在认识客观事物的过程中，总是带着一定的态度：喜爱、厌恶、高兴、烦恼、愤怒、恐惧、悲伤等，这便是情绪过程。人在处理客观事物的活动中，必然要克服困难，这就

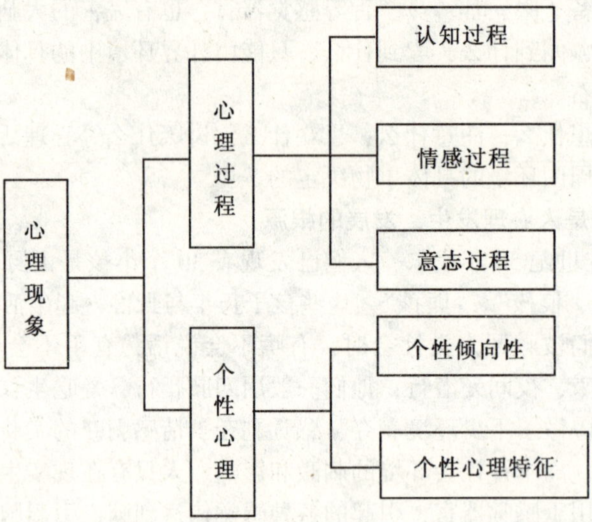


图 1-1

需要意志。认知、情绪和意志是既有区别又有联系的，它们是心理过程的三个方面。认知是情绪和意志的前提，意志对认知和情绪又起着控制和调节作用。

**(1) 认知过程**

认知过程是心理过程中最基本的过程，它是人从感性认识到理性认识的过程，主要包括感觉、知觉、记忆和想象等过程。

① 感觉和知觉。感觉是事物直接作用于人的感觉器官的个别属性的反映。例如，吃到蜂蜜，感觉它是香甜的；呼吸到早晨的空气，感觉是新鲜的；抚摸棉花，感觉它是柔软的；闻到花香，感觉它是芬芳的。感觉往往是人们对客观事物最突出和鲜明的个性的感知。

知觉是事物直接作用于人的感觉器官的整体属性的反映。世界上的事物，之所以构成一个事物，往往不是由其某一单独属性构成的，而是由许多个别属性共同构成的。知觉就是对事物整体的把握。盲人摸象之所以不准确，就在于他只摸到了单一的局部。我们看到棉花就能准确地辨认，就是因为我们把握了它的全部属性。

在人的认知过程中，感觉和知觉是不能分开的，所以人们常常将两者合称为感知觉。两者既有区别又有联系：感觉所反映的是客观事物的个别属性，而知觉则是人脑对客观事物的许多属性及其关系的综合性的整体反映；知觉是在感觉的基础上产生的，没有对事物个别属性的反映，就不能形成对该事物的整体反映，但知觉已超出了感觉的范围，它是对感觉所获得的事物各种属性的综合反映，它的反映要借助过去的经验，有记忆和思维的参与，因而比感觉要深入和完整；知觉并非各种感觉的简单相加，而是在知识经验和许多心理因素的作用下，对各种感觉信息的整合。格式塔心理学“整体大于部分之和”的观点较为恰当地表明了知觉和感觉的这种关系，一般来说感觉和知觉是同时产生、相互配合、不可分割的。

② 记忆就是过去的经验在人脑中的反映。人的大脑感知过的事物、思考过的问题

和理论、体验过的情感和情绪、练习过的动作都是记忆的内容。记忆是一个复杂的心理过程，它包括识记、保持、回忆三个基本环节，而不是单一的"背诵"。这三个环节是互相联系不可分割的。识记和保持是回忆的前提、基础，回忆又是识记和保持的结果，并能够加深识记和保持。

怎样才能记得快、记得牢、记得久呢？这是许多人关心的问题，特别是正在学习的学生。答案既不像人们想的那么简单，也并不神秘。

"识记"是记忆的第一个环节。识记就是识别和记住事物，从而积累知识经验的过程。这个环节就是人们常说的"背"。识记是记忆过程的第一步，这一步非常重要，因为要提高记忆效果，必须要以良好的识记为前提，也就是说，首先要记清楚是什么。

"保持"是巩固已获得的知识经验的过程，是记忆过程中连接"记"和"忆"的中间环节，是指识记内容在脑中的储存及其再组织加工过程。保持是一个动态的过程，记忆中保持的内容并非都能永久地保存下来，因为在保持过程中还会发生遗忘，随着保持的内容在数量上的减少，保持的内容在"质"的方面也会有变化。记忆内容在保持过程中所发生的变化，依赖于人的思维对这些内容的"剪辑"加工，它可以使保持的内容更加简略概括，或者完整易记，或者更加详细具体，或者夸张突出等，这些都反映了人的心理活动的主观能动性。

"回忆"是过去经验的恢复，是记忆的关键环节，体现着记忆的效果。美国心理学家布鲁纳（J. S. Bruner）曾指出，人类记忆的首要问题不是储存而是提取，只有提取出的信息才能成为人类的经验和知识。如果人们只能保存而在需要之时不能提取，那么这种保存也就毫无价值了。所以，不但要牢固地保存，更要善于回忆。

③ 思维和想象。思维是人脑对客观事物间接的、概括的反映。思维是认识过程中的高级阶段，它可以揭露事物的本质和规律，主要表现在人们解决问题的活动中。例如：早晨起来推开窗户，看到地面潮湿便会断定夜里下过雨；出差回来，凭着看到的一片狼藉和少了贵重物品，就可以断定有人入室偷盗过了。

思维的间接性和概括性特点，给人类的认识带来了巨大的优越性，它使人能从个别中看到一般，从现象中揭示本质，从偶然中发现必然，从现状中推断过去、预见未来。它使人的认识得到了扩展和深化，从而构成了人类智慧的核心和支柱，使人类心理水平达到了任何动物都远不能及的高度。

想象是人们在感知的基础上，在头脑中创造出来的形象。它是一种高级复杂的认识过程，与思维有密切的关系。通过想象产生的事物的新形象，可以是没有直接感知过的事物的形象，也可以是世界上还不存在的或根本不可能存在的事物的形象，但是不论想象的内容怎样离奇古怪，它都是以客观现实为基础。例如：《西游记》中的孙悟空、猪八戒的素材（猴子、猪、棍棒、钉耙……）都是现实生活中存在着的，人们运用"黏合"、"夸张"、"强调"、"典型化"等手法，对现实生活中复杂多样的素材进行加工，便想象出了活生生的孙悟空、猪八戒等形象。

想象是以客观现实为基础，想象的内容要受社会条件的制约，同时想象的结果要受到实践的检验。

(2) 情感过程

“人非草木，孰能无情。”人在认识世界、改造世界的过程中，总会对认识的对象和现象产生各种内心体验，即情绪和情感。当客观现实符合人的需要时，就会产生爱、满意、愉快、赞赏、尊敬等肯定而积极的情绪和情感体验；当人的需要不能得到满足，则产生憎恨、不满、忧愁、愤怒、恐惧等否定而消极的情绪和情感体验；如果客观事物与人的需要的满足是无关的，人就会表现得无动于衷。

积极的情感可以使人斗志旺盛，对人的行为起促进作用；消极的情感则会削弱人的斗志，阻碍人的意志行动的实现。例如：热爱教育事业的教师几十年如一日地投身于教育教学工作中；不热爱教育事业的教师则会不思进取，对教学敷衍了事，最后可能不得不离开教育岗位。当前很多家长强迫孩子牺牲节假日参加各种各样的补习班、特长班，孩子以一种“不乐意”的情绪被迫去学，缺乏主动性，结果可想而知。

培养积极的情感，对实现人生价值是非常重要的。情感的培养要通过提高情感的基本品质来实现，即培养良好的情感倾向性，使人的情感指向有重大社会意义的事物；培养情感的深刻性，使人的情感建立在对事物本质作用的认识上；培养情感的稳固性，使情感成为人积极行为坚定而持久的动力；培养情感的效能性，真正发挥情感对人实际行动的积极鼓励作用。

(3) 意志过程

如果说感知觉是外部刺激向内部意识的转化，那么，意志过程就是内部意识向外部行为的转化，因为意志过程总是伴随着行动，并指向外部的特定目标。

人在认识和改造世界的活动中，总有一定目的。为实现其目的，必须制订计划，采取措施，调节行为，克服困难。这种内部的心理过程就是意志过程。

意志是一种为了达到目标而调动全部生理、心理潜能的力量，对人的身心起着非常重要的调节作用。在其他条件相同的情况下，意志力优秀的人在学习和工作中成绩更突出。意志是目标的守护神，也是衡量卓越人才的一把尺子。

要完成一个意志活动大致要经过下定决心、坚定信心、持之以恒这样一个心理过程。首先，选择目标的过程就是立志的过程，需要决心。然后，还要树立信心，相信可以通过自己的努力而达到。最后，要持之以恒，只有坚持努力，才能达到目标，这需要恒心，缺少恒心就可能虎头蛇尾，半途而废。

一般说来，决心越大，信心越足，恒心就越持久。决定、信心、恒心在实现目标过程中是相互依存、相互制约并缺一不可的。其中，信心最关键，没有信心，决心就会空虚无力，恒心就会受到阻碍而中止。信心是通往恒心的桥梁，也是通往成功、胜利的关键。

意志不是人生来就具有的，它是后天获得的，是在家庭、学校、社会的教育引导下，在现实实践中自我锻炼，逐步发展起来的。

### 2. 个性心理

“人心不同，各如其面”，世界上没有两片完全相同的树叶，也没有两个完全相同的人。心理学把一个人的精神面貌叫做“个性”。个性也称“人格”，每个人都具有自己的个性，各不相同。一个人的个性心理包括个性倾向性和个性心理特征。

**（1）个性倾向性**

个性倾向性，主要包括需要、动机、兴趣、理想、信念及世界观。需要是个性积极性的源泉，需要是个体对生理的和社会的需求在头脑中的反映。动机是为满足某种需要推动人们进行活动的内部动力。需要是动机的基础，动机是需要的表现。动机的主要形式有兴趣、理想、信念、世界观。兴趣是人积极探究某种事物的心理倾向。一个人对某种事物产生稳定的兴趣时，他就会主动地思考，探究其实质，使整个认识活动积极化，情绪活动和意志活动也会增强。理想是人们对未来的向往和追求。理想激励着人们的热情和斗志，是人们学习、工作和生活中的鼓舞力量。信念是人坚信某种认识的正确性，并以此作为生活准则，用来支配自己行为的个性倾向性。信念一旦确立，就会给人们的心理活动以深远的影响，决定着人们行动的原则和坚韧性。世界观是对整个世界的根本看法，其中包括对人生的看法，即人生观。世界观是个性倾向的集中表现，是人们活动的主导动机，它指导人们正确地认识世界和改造世界。

**（2）个性心理特征**

在同一种环境下，不同的人从事同一种活动，结果都会不同。如几个同时考入同一所医学院校临床医学专业的学生，最后有的成了科学家，有的成了名医，有的成了教师，还有的改行成了音乐家。为什么会有这样的差别？这是能力、气质、性格的不同所致。

① 能力。能力是指人们顺利完成某种活动所必备的个性心理特征。有一般能力和特殊能力之分。一般能力是在许多基本活动中表现出来，且各种活动都必须具备的能力。观察力（感知能力）、记忆力、思维力、想象力都属于一般能力。一般能力的综合称为智力，大家常说的“智力测验”，测的就是一般能力。特殊能力是在某种专业活动中表现出来，从事某种专业活动必须具备的能力，例如音乐能力、绘画能力、机械操作能力等。

② 气质。气质指的是一个人出生时就具有的，典型地表现在心理活动的速度和稳定性、强度和指向性等动力方面的特点，亦俗称为“脾气”、“秉性”。心理学上把气质分为四种：胆汁质、多血质、黏液质、抑郁质，各种气质的特点如表 1-1 所示。

表 1-1　**四种气质类型及其特点**

| | | |
|---|---|---|
| 胆汁质 | 热　烈<br>冲动型 | 行为表现特点是反应迅速、行为冲动，在言语、表情甚至姿势上都有一股强烈的热情，情绪反应强烈而不能自制。 |
| 多血质 | 活　泼<br>好动型 | 行为表现特点是热情外向、朝气蓬勃、兴趣广泛、善于交际、办事效率高、适应能力强。 |
| 黏液质 | 安　静<br>稳重型 | 行为表现特点是行为刻板、沉着镇静、埋头苦干、善于克制。 |
| 抑郁质 | 呆　板<br>迟钝型 | 行为表现特点是反应迟缓、处世谨慎，情绪体验深刻细腻、多愁善感、不善交际、怯懦孤僻。 |

研究表明，并不是每个人都能归入某一气质类型。在成人中，多数人属于混合型或中间型。

③ 性格。性格是指一个人在个体生活过程中所形成的对现实稳定的态度，以及与之相应的习惯了的行为方面的个性心理特征，是在主客体的相互作用中伴随着世界观的确立而形成的。从幼时起，家庭、学校和社会不断对个体施加各种影响，这种影响逐渐内化为个体意识，并通过个体的认知、情感和意志等心理活动作出相应的特定的行为反应，个体的反应系统逐渐在其心理结构中保留并巩固下来，就构成了个体一定的态度体系，这种态度体系又调整着个体的行为方式，构成个体待人接物以及处世的独特心理面貌，这便是性格。

由于性格是个体在社会环境的影响下长期发展形成的，是个人在对现实的态度和行为方式中的稳定心理特征，与一个人的理想、信念、人生观和世界观等高层次的心理成分有紧密联系，所以它在个性中发挥着核心作用。性格总和人与人之间的关系相联系，所以它有好坏之分，始终有道德评价的意义。性格的态度特征，一方面表现为对社会、集体和他人的态度，是诚实、正直、关心、尊重、有责任感，还是虚伪、狡猾、冷漠、无礼与无责任心；另一方面表现为对待自己、对待学习和工作的态度，有自信与自卑、勤劳与懒惰、认真与马虎、进取与守旧等特征。

一个人的能力的充分发展，必须以良好的性格为基础，例如勤奋、积极上进，对事业的热情与高度责任心、自信心以及坚强的克服困难的意志，强烈的求知欲与好奇心，不随声附和的独立思考性格，都对能力的发展有促进作用。与此相反，不良的性格，懒惰和缺乏积极进取精神，人际关系紧张，社会适应不良，骄傲自大，脾气暴躁，意志薄弱，便会严重限制一个人能力的充分发展，甚至阻碍一个人聪明才智的发挥。因此，一个人的事业成就，可以说既取决于能力大小，又受性格所制约。

每个人的气质特点各异，但不会影响个人对社会所作的贡献，唯有性格贯穿于人的全部行为之中，既表现出一个人对人、对事、对己的态度，又反映其习惯的行为方式，具体标志着一个人的品德和世界观，是人的精神面貌的综合反映。因此，培养和发展符合社会发展大趋势所需求的、有利于适应环境和个人成才的、有助于个人身心健康的性格特点，无论对个人还是对社会都有着重要的意义。此外，性格的可塑性远比能力和气质大，人们对其个性的塑造，使之朝着理想的方向发展变化，唯有在性格方面下工夫，方能收到最显著的成效，后天社会环境对个性的影响也显著地表现在性格上，人们在一般的社会交往中所看到的表现个人行为风格的特征也往往都是性格特点，它是个人的社会化最生动、最具体的态度和行为表现。性格在实践活动中具有特别重要的作用，所以应当努力塑造优良的性格特征。

## 第二节　健康与心理健康

心理承受能力太差，是一种不健康的表现，心理健康是人良好素质的一个基本的方面，它对于我们今后的就业与成才有着十分重要的意义。

## 一、现代健康观

健康是人类永恒的追求，健康是人生首要的财富。正如古希腊哲学家赫拉克利特所说的，如果没有健康，智慧就难以表现，文化就无从施展，力量就不能战斗，财富就变成废物，知识也无法利用。有了健康就有了希望，有了希望就有了一切。那么到底什么是健康呢？我们自己的健康状况如何呢？

### 1. 健康的新概念

在过去很长一个时期，人们普遍认为没有病痛和不适，就是健康。这种“无病即健康”的传统观念一直影响着人们的医疗保健乃至政府的相关卫生政策。在日常生活中，人们比较注意锻炼身体，却大多忽视心理健康的维护，也不关注自然社会环境对人们健康的影响。

现代科学技术和医学的发展，揭示了人的整体性以及人与自然环境和社会环境的统一。人们对健康的认识已经从被动的治疗疾病转变为积极的预防疾病和提升素质；从单纯的生理标准扩展到心理社会标准；从生物医学模式转变为生物—心理—社会医学模式；从个体诊断延伸到群体乃至整个社会的健康评价。也就是说，既考虑到人的自然属性，又重视人的社会属性；既研究健康对人的价值，又强调了人对健康的作用，并将两者有机地结合起来，新的健康概念应运而生。

1978 年，联合国世界卫生组织（WHO）成立时，在其宪章中把健康定义为：“健康乃是一种生理、心理和社会适应都趋于完满的状态，而不仅仅是没有疾病的虚弱的状态。”这种对健康含义的界定，明确指出的心理状态和社会适应能力也是健康不可缺少的组成部分。

1989 年，世界卫生组织又公布了经过修改的健康的定义：“健康不仅仅是没有疾病，而且还要具备心理健康、社会适应良好和道德健康。”

把道德纳入健康的范畴是有科学依据的。据巴西著名医学家马丁斯研究发现，屡犯贪污受贿的人易患癌症、脑出血、心脏病和精神过敏症。品行端正、心态淡泊、为人正直、心地善良、心胸坦荡，则会心理平衡，有助于身心健康。相反，违反社会道德准则，胡作非为，则会导致心情紧张、恐惧等不良心态，有损健康。据测定，这类人很容易发生神经中枢和内分泌系统功能失调，其免疫系统的防御能力也会减弱，最终可能会在恶劣心态的重压和各种身心疾病的折磨下早衰甚至早亡。

从世界卫生组织对健康下的新定义来看，健康并不仅是人们在一般意义上所理解的身体好、没有疾病、没有缺陷、不虚弱，而且还要具备心理健康、社会适应能力良好和道德健康。只有具备了以下 4 个方面的良好状态才是一个完全健康的人。

（1）生理健康：这是健康的基础，是人们正常生活和工作的基本保障，指人体结构完整，生理功能正常，达不到这一点，就谈不上健康。

（2）心理健康：指人的精神、情绪和意志方面的良好状态，包括智力发育、情绪稳定乐观、意志坚强、热爱生活，行为规范协调、精力充沛、应变能力较强，能适应环境、能从容不迫地应付日常生活和工作压力，乐于承担责任，人际关系协调，知足常乐，心理年龄与生理年龄相一致，能面向未来。心理健康和生理健康同样重要。

根据医学测定，良好的心态，能促进人体分泌出更多有益的激素，能增强机体的抗病能力，促进人体健康长寿。

（3）社会适应：社会适应是指不同的时间内在不同岗位上对各种角色的适应情况。适应良好是指能胜任各种角色，适应不良是指缺乏角色意识。

（4）道德健康：指能够按照社会道德行为规范准则约束自己，并支配自己的思想和行为，有辨别真与伪、善与恶、美与丑、荣与辱的是非观念和能力。道德健康的最高标准是无私奉献，最低标准是不损害他人。不健康的标准是损人利己或损人不利己。

### 2. 健康的标准

健康是人生的第一财富，是每个人的基本追求。从国际社会的高度来认识，享受最高标准的健康被认为是一种基本人权；健康是社会发展的组成部分；健康是对人类的义务，人人都享有健康平等的权利。健康人人都需要，为了加深人们对健康的理解，世界卫生组织提出了健康的10条基本标准：

（1）有足够充沛的精力，能从容不迫地应付日常生活和工作压力，不感到过分紧张；

（2）处事乐观、态度积极、勇于承担责任，不论事情大小都不挑剔；

（3）善于休息、睡眠良好；

（4）能适应外界环境的各种变化，应变能力强；

（5）能够抵抗一般性的感冒和传染病；

（6）体重适当，身体匀称，站立时，头、肩、臂的位置协调；

（7）反应敏锐，眼睛明亮，眼睑不发炎；

（8）牙齿清洁，无空洞、无痛感、无出血现象，齿龈颜色正常；

（9）头发有光泽，无头屑；

（10）肌肉丰满，皮肤有弹性。

这10条标准，具体地阐述了健康的定义，体现了健康所包含的体格方面、心理方面和社会方面的三个内容。第一，阐明健康的目的，在于运用充沛的精力承担起社会任务，而对繁重的工作不感到过分的紧张和疲劳；第二，强调心理健康，处事表现出乐观主义精神和对社会的责任感及积极的态度；第三，应该具有很强的应变能力，对外界环境（包括自然环境与社会环境）各种变化的适应能力，以保持同各种变化不断趋于平衡完美的状态；第四，从能够明显表现体格健康的几个主要方面提出标准，诸如体重（适当的体重可表现出良好的合理营养状态）、身体、眼睛、牙齿、肌肉等。

围绕健康新概念，世界卫生组织归纳和总结了人群实践经验，于1999年提出了身心健康的新标准，即“五快”（机体健康）和“三良好”精神健康。

五快是指：

（1）快餐。快餐不是指狼吞虎咽，不辨饭菜滋味，而是说吃饭不挑食、不偏食，吃饭时感觉津津有味，吃得痛快，没有过饱或不饱的不满足感。如果出现持续性无食欲或食欲不好的状态，可能就意味着胃肠或肝脏出了毛病。

（2）快睡。快睡就是睡得舒畅，一觉睡到天亮。醒后头脑清醒、精神饱满，睡眠质量好。如果睡的时间过长，且睡后仍感乏力不爽，则是心理或生理的病态表现。快睡说明神经系统的兴奋、抑制功能协调，且内脏无病理信息干扰。

（3）快便。便意来时，能畅快地排泄大小便，而且感觉轻松自如，在精神上有一种良好的感觉，便后没有疲劳感，说明胃肠功能好。

（4）快语。说话流利，语言表达标准、有中心，头脑清楚，思维敏捷，而说话时底气十足，说明心肺功能正常。

（5）快行。行动自如、协调，迈步轻松、有力，轻身敏捷、反应迅速。说明身体状况良好、精力充沛旺盛。因为很多疾病导致身体衰弱，都是先从腿部开始的，人有疾病时，下肢常有沉重感。另外，心情焦虑、精神抑郁时，往往感觉四肢乏力、步履沉重。

三良好是指：

（1）良好的个性。性格温柔和顺，言行举止得到大家认可，能很好地适应不同环境，没有经常性的压抑感和冲动感。目标明确、意志坚定、感情丰富、热爱生活、乐观豁达、胸怀坦荡。

（2）良好的处世态度。能以良好的处世态度看问题、办事情，能以现实和自我为基础，与人交往能被大多数人所接受。不管人际关系如何变化，都能始终保持稳定、永久的适应性。

（3）良好的人际关系。与人相处自然融洽、言谈举止恰到好处，不寂寞独处，具有交际广、知心朋友多的特点，众人都乐于向你诉说心中的喜与乐。

总之，现代社会中，人们对健康的认识和对健康概念的理解越来越深刻。且越来越多的教育工作者和大学生认识到心理健康是大学生全面发展、早日成才的基础。开展大学生心理健康教育，提高大学生心理健康水平，已经成为高等教育的重要组成部分。这些健康观念的转变，与大学生心理问题的日趋突出有关。

## 二、心理健康

### 1. 心理健康的含义

一个人的身体不健康，完全可以在这个世界上活得很快乐，如果一个人的心理不健康，即使他的身体很强壮，也可能生活得不愉快，甚至非常痛苦。可见心理健康对一个人来说是非常重要的。那么怎样才叫心理健康呢？

1946 年第三届国际心理卫生会议曾对心理健康下过定义：“所谓心理健康是指在身体、智能、情感上与他人的心理健康不相矛盾的范围内，将个人心境发展成最佳的状态。”

总之，心理健康是指一个人能以积极有效的心理活动和平稳正常的心理状态，对当前和发展变化着的社会环境、自然环境、自我内部环境作出良好的适应和调节的一种状态。

### 2. 心理健康是健康的核心

从健康的含义中我们不难看到，一个完全健康的人，必须具备四个方面的良好状态。即：身体健康、心理健康、道德健康和社会适应能力良好。这四方面相互联系、相互影响，四者在健康中所处的地位在不同的时期、不同的阶层、不同的需求群体都有所不同，因此对四者的重视程度也有很大区别。当今社会科学高度发达，竞争日益激烈，各种压力接踵而来，心理健康在健康中的地位将会变得越来越重要。人们现在逐渐开始重视心理健康，心理健康在某种程度上将成为人类健康的“核心”。

（1）生理健康是心理健康的基础，心理健康反过来又能促进生理健康。身体疾病可以影响个体的正常心理活动；强烈或持久的心理刺激也可以导致身体健康的下降。生理和心理两方面的因素都与人的健康有密切的关系。

（2）心理健康与社会适应能力的关系也是密不可分的，两者互为因果。心理不健康就不能具有良好适应能力。同样，适应能力较差的人，就不会有良好的心理状态。

（3）道德健康在某种意义上属于心理健康的范畴。

### 3. 心理健康的意义

**（1）心理健康对生理健康具有直接的作用**

心理生理学的研究表明，心理的变化会引起生理功能的变化，也就是说心理不健康必然会影响身体健康。著名生理学家坎农曾发现情绪状态对于机体的生理过程有明显的影响。他指出，强烈的情绪变化可使丘脑下部通过自主神经系统影响内分泌腺激素的分泌，并使心脑血管系统的活动等发生变化。与此同时，巴甫洛夫学派提出高级神经活动学说，认为心理因素之所以能影响人体器官的活动是因为人体的各种器官都受大脑皮层调节。沃乐夫等在前人研究的基础上通过进一步研究认为，情绪对一些躯体疾病影响很大，对自主神经系统支配的某一器官和某一系统的影响更为明显。例如，焦虑、恐惧、愤怒和激动等情绪，能够引起心率、心输出量和血压的变化。只有具备健康的心理，才能保证人体处于完整统一的健康状态，才能维护身心功能的协调稳定。

**（2）心理健康是智力发展的必要条件**

大量调查表明，心理问题和心理疾病成为困扰大学生正常学习、生活的大问题，是大学生休学、退学的主要原因。大脑是心理活动的器官，也是智力活动的器官。心理活动通过大脑直接影响智力活动。轻松、愉快、乐观的情绪，使人记忆力增强、反应敏捷、思维活跃；焦虑不安、悲观、苦闷、愤怒等不良情绪，则使人心烦意乱、思维停滞。试想要是同学之间发生了矛盾，心里面憋着一股气，即使身在图书馆，能看得进书吗？长期的心理紊乱必然导致大脑机能失调，破坏正常的智力活动。对于以脑力劳动为主的大学生来说，如果心理不健康，就难以继续进行正常学习。心理健康是大学生进行正常学习和生活的基本保证。

**（3）健康的心理是成才的重要保证**

具有良好的非智力因素，是心理健康的直接体现。健康的心理有助于积极调动非智力因素的作用，充分发挥智力潜能。一个人即使智力发达，如果心理不健康，那么他也可能难以适应社会，难以成才。

### 4. 心理健康标准

一个人的身高、体温可以用尺子、体温计准确测量，心理健康水平的测试就困难得多了。人的心理健康标准是相对的，判断人的心理健康状况必须考虑年龄、性别、社会身份、情境等各种因素。某些行为发生在孩子身上是正常的，发生在成人身上则是变态的；某些行为发生在女性身上是可以接受的，而发生在男性身上则是难以容忍的；某些行为在特定的社会背景和条件下是正常的反应，而在其他情况下出现则被视为超常规的行为。

基于对这些因素的考虑，心理学家和精神病学家提出的判定心理健康或心理正常与否的基本标准，就是同等条件下大多数人的心理和行为的一般模式，也就是社会常模。学者将人的心理健康水平大致分为三个等级：

（1）一般常态心理者：表现为心理经常愉快，适应能力强，善于与别人相处，能较好地完成同龄人发展水平应做的活动，具有调节情绪的能力。

（2）轻度失调心理者：表现出不具有同龄人所应有的愉快，与他人相处略感困难，生活自理有些吃力，若主动调节或通过心理辅导专业人员帮助，可恢复常态。

（3）严重病态心理者：表现为严重的适应失调，不能维持正常的生活、工作。如不及时治疗就可能恶化，成为精神病患者。

怎样判别心理健康与否？国内外心理学家从不同角度提出了心理健康的一般标准。

美国著名心理学家马斯洛和密特尔曼从个体的人格完整及个体与环境之间协调的角度，提出了心理健康的十条标准：

（1）有足够的自我安全感；

（2）能充分地了解自己，并能对自己的能力作恰当的估计；

（3）生活理想切合实际；

（4）不脱离周围的现实环境；

（5）能保持人格的完整与和谐；

（6）善于从经验中学习；

（7）能保持良好的人际关系；

（8）能适度地宣泄情绪和控制情绪；

（9）在符合团体要求的前提下，能有限度地发挥个性；

（10）在不违背社会规范的前提下，能适当地满足个人的基本要求。

美国心理学家莱曼则主要从人际关系和社会适应方面，提出了心理健康的人应当具备的十大特征：

（1）情绪稳定，没有不必要的紧张感和莫名的不安感；

（2）能把敌对心转向有创造性的、建设性的方面；

（3）对别人的情绪容易产生同感；

（4）有喜欢别人和被人喜欢的能力；

（5）能表现出与发育阶段相适应的情绪；
（6）能建设性地处理问题，适应变化；
（7）自信、善于同他人交往；
（8）自我满足，同时也能接受帮助，两者保持平衡；
（9）为了将来的欲求，现在的欲求得不到满足也能忍受；
（10）善于生活。

1946年第三届国际心理卫生会议曾指出心理健康的四条标准：
（1）身体、智力、情绪十分和谐；
（2）适应环境，在人际关系中彼此谦让；
（3）有幸福感；
（4）在工作中，能充分发挥自己的能力，工作有效率。

我国心理学家也提出了一些心理健康标准，这些标准大都包括两大方面：心理状况和社会适应。

郑日昌教授提出的心理健康标准包括以下七条：
（1）认知活动正常；
（2）情绪生活健康；
（3）意志品质健全；
（4）自我意识正确；
（5）个性结构完整；
（6）人际关系协调；
（7）社会适应良好。

上述中外学者所提出的心理健康标准、侧重不同，提法有异，但它们的基本精神和主要内容是一致的。

### 5. 大学生心理健康的标准

根据大学生所具备的年龄特征、社会角色和心理发展特点，大学生心理健康的基本标准可概括为以下几个方面：

**（1）无躯体化反应**

健康的生理是健康心理的基础和表现，诸如头痛、焦虑、失眠、注意力不集中等生理反应都是心理不健康的临床反应。心理健康标准的基本要素是指没有心因性躯体异常现象。

**（2）智力正常**

心理健康的学生对学习有浓厚的兴趣，求知欲望强烈，能克服学习中的困难，学习成绩稳定，能保持一定的学习效率，从学习中体验到满足与快乐。大学阶段主要的任务是学习求知。联合国教科文组织提出，大学生在大学阶段要学会学习、学会做人、学会做事、学会与人相处。无论是学什么，心理健康的学生都应该表现出旺盛的求知欲和学习动机。

（3）情绪健康

大学阶段的学生情绪情感体验日益丰富深刻，但是波动也较大，能否保持良好的情绪状态，进行有效的学习工作也是衡量大学生心理健康的重要指标。

（4）人格完整

人格是个体比较稳定的心理特征的总和。人格完整指人格的各要素（需要、动机、兴趣、理想、信念、世界观以及能力、气质、性格、人生观等）完整统一，平衡发展。心理健康的大学生有积极的人生观、价值观和世界观，有高尚的理想、远大的抱负和坚定的信念；他们有坚强的意志、独力创造能力和实践精神；他们勤奋学习、积极工作，为社会的发展和进步不懈地奋斗；他们能把需要、动机、态度、理想、目标和行为统一起来，做到态度和行为相一致。

（5）自我评价正确

大学生自我意识虽然随着年龄的增长在逐步增强，但发展还不成熟；在认知上容易接收新事物，但相对缺乏辨别真伪的能力；抽象思维迅速发展，但思维易带主观片面性等心理特点，因此，在认识自我的时候，容易主观片面，不能正确看待他人对自己的评价，导致自我意识不正确，不能愉快地接受自己。

一个心理健康的大学生应该有正确的自我评价，能够客观地认识自己、了解自己、接纳自己，既不妄自尊大，做自己力所不能及的事情；也不妄自菲薄，甘愿放弃发展的机会。

（6）人际关系和谐

心理健康的大学生乐于与人交往，并能用尊重、信任、友爱、宽容、理解的态度与人相处，能获得并与人分享友谊，乐于助人、团结协作。马克思说人的本质是一切社会关系的总和，人总是处在一定的社会关系中，总要参与人际交往并在其中发展人际关系。和谐的人际关系是能够接纳他人并与其中的一部分建立较亲密的关系，和谐的人际关系是一个有层次的、开放的体系。

（7）适应能力强

心理健康的学生在环境改变时能面对现实，使个人行为符合新环境的要求，并能对社会现状有清晰的认识，与社会保持良好的接触。

（8）心理行为符合年龄特征

心理健康的人的一般心理特点应该与其所属年龄阶段的人的共同心理特征相一致。心理健康的大学生应该充满青春活力，朝气蓬勃、积极向上、敢想敢干、勤学好问、探索创新、自由浪漫、不怕失败，既不过于老成，也不过于幼稚。

理解和运用大学生心理健康的标准应注意以下问题：

首先，心理不健康与有不健康的心理和行为表现不能等同。心理不健康是指一种持续的不良状态。偶尔出现一些不健康的心理和行为并不等于心理不健康，更不等于已患心理疾病。因此不能只看一时一事就简单地对自己或他人作出心理不健康的结论。

其次，心理健康与不健康不是泾渭分明的对立面，而是一种连续状态。从良好的心理健康状态到严重的心理疾病之间有一个广阔的过渡带。在许多情况下，异常心理与正常心理、变态心理与常态心理之间没有绝对的界限，只有程度上的差异。

再次，心理健康状态不是固定不变的，而是动态变化的过程。随着人的成长、经验的积累、环境的改变、心理健康状况也会有所改变。

最后，心理健康标准是一种理想的尺度，不仅提高了衡量是否健康的标准，而且为人们指明了提高心理健康水平的努力方向。在具体衡量心理健康水平的时候，必须从整体性的角度去看待大学生各种心理现象的状况，重在追求心理发展的更高层次，不断发展自身潜能。

## 第三节　大学生心理健康的培养

大学生是当今社会一代青年人当中思想最活跃、最敏锐、最有活力、最具创意精神、最能表现时代精神，具有较高憧憬和期望的一个群体，他们是未来社会的中坚力量，也是未来社会的希望。因此，不管哪一个国家和社会对于大学生群体，对于培养各行各业的人才的大学教育都极为重视。因而，细致、深入地研究大学生的心理特点，构建大学生心理健康教育模式，是事关当代大学生心理素质乃至全民素质的要务。

### 一、大学生常见的心理问题

所谓心理问题，是指那些近期发生的，内容比较局限而尚未泛化，反应强度不甚剧烈并未严重影响思维逻辑的暂时心理不适。

#### 1. 因环境变异产生较强的心理压力

从中学到大学是人生转折的重要时期。入学后的大学生心理上呈现“依赖性、理想化、盲目自信”等心理特征。面对生活环境、学习条件、人际关系等变化，很容易产生不同程度的适应困难、出现多种适应性心理问题，如：生活要自己料理，每天宿舍—教室—饭堂单调的“三点一线”生活，以及大学学习自主性强的特点等，都易使一些大学生感到茫然无措，心理压力很大，产生失落感、自卑感和焦虑情绪反应。

#### 2. 恋爱与性方面引起的情感激荡

大学生正处于异性相吸的阶段，对性问题特别敏感，他们喜欢与异性交流，在异性面前显示自己的风度和才华。但是由于他们考虑问题简单，感情容易冲动，在如何对待恋爱的问题上常常感到困惑。有的同学不懂得如何交异性朋友；有的过早地坠入爱河，而又没有确立正确的恋爱观；有的朝三暮四，出现三角恋、四角恋；此外单恋、失恋、胁迫恋爱等现象在大学生中也屡见不鲜。在性心理问题上，许多大学生对于性知识缺乏健康科学的认识和态度，出现性知识偏差；对自身的性生理、性心理感到困惑、不适应，出现性焦虑、性恐惧；对性冲动存在不安，感到性压抑。

#### 3. 人际关系不和谐产生的心理恐惧

大学生有强烈的交往需要，渴望更多的人能理解自己、接近自己、成为自己的好朋友。然而由于种种原因，如害羞、恐惧、自卑，交际能力不够、言辞表达较差，导致害怕交际，不愿与人沟通。再加上处于这一时期的大学生本来就有一种以自我为中心的闭锁心理，把自己真正的内心情感世界封闭起来，伪装起来，不愿主动敞开自己的心扉。与人交往有较强的戒备心理，以至于有些同学干脆独来独往，不和他人接触。由于一方面要求开放自我，另一方面却又封闭自我，这种双重人格，很容易导致孤独感、抑郁感和自卑感。

### 4. 追求自我实现与现实相悖产生的心理冲突

自我意识的增强是当代大学生的一个显著特点，而自我价值的实现是大学生向往和追求的目标，这种愿望随着年龄的增长而增强。许多大学生都希望自己在各种场合、各种活动中展示自己的才华，同时也希望学校和社会创造更多的条件，使自己的才能得以实现。有些同学片面追求所谓“自我实现”，对生活中出现的一些不尽如人意之事不能正确对待，总感到怀才不遇；有些人不能正确、客观地评价自己，只看到别人身上的缺点，却不正视自己的不足，一味地用美好的形容词虚饰自己，形成对自己过分美好的主观评价，结果一见到同学受到大家的表扬，而自己却相形见绌，就埋怨别人没有看到自己的长处，甚至认为老师、同学是和自己过不去，因而感到压抑。

### 5. 对就业的焦虑

随着我国改革开放的深入，大学生就业问题日益成为社会关注的焦点。大学生就业模式由统包统分向自主择业、双向选择、供需见面的模式转变。这种新的模式为大学生施展才华，实现自己的抱负提供了更为广阔的平台。与此同时，就业制度的改革也对大学生的心理素质提出了新的挑战，特别是近年来就业矛盾日益突出，就业难度日趋增大，给广大毕业生带来了巨大的心理压力。大学生既希望谋求理想的职业，又担心被用人单位拒之门外，担心自己在择业上的失误会造成终身遗憾，并对未来的职业生涯感到心中没底，因此在就业过程中存在一定的焦虑，成天有各种不必要的担心，造成精神上的紧张、忧心忡忡、烦躁不安、意志消沉，甚至产生彻夜难眠的现象，行为上也表现得反应迟钝、手忙脚乱、无所适从等。

### 6. 面对繁华物质世界的失落感

高等教育并轨，国家实行收费上大学以后，贫困大学生的上学问题凸显。由于种种原因，高校贫困生比例呈逐年上升趋势。贫困的大学生由于家庭经济条件差，在与社会各界接触的过程中，对“缺钱”的困窘体验比其他同学更为强烈，有的人觉得自己寒酸因而滋生自卑感；有的贫困大学生追求事业的完美，在对待事业的发展和创新方面，具有固执、偏激的改革精神，一旦这种精神得不到满足，马上具有对外来事物判断的敏感性，而且对这种敏感性表现得非常固执，固执地认为周围所有人和事物对自己怀有深深的成见，并且在很长时间内难以消除，甚至在一段时间里有病态的表现；有的贫困大学生自视清高、自我崇拜、过度自尊，对外界援助产生抗拒心理，并在待人接物方面表现出严重的戒备心理；还有相当一部分学生进入城市学习和生活后，发现现实与自己的情况差别较大，往往会掩盖自己贫穷的家庭和经历，贪慕虚荣，尤其在穿衣、社会交往等方面心理不成熟，虚荣心强。

### 7. 不良生活习惯造成人格缺失

现代大学生生活可谓“丰富多彩”，如宿舍中的“夜文化”、抽烟、喝酒、打扑克、打麻将、通宵上网等，这些不良生活习惯在一定程度上影响了生理健康，进而影响到心理健康。一位即将退学的大学生接受心理辅导时说：“大学里，我们有了最大的自由去任意安排自己的生活。谈恋爱、成天上网、游玩、赌博、喝酒……我不知道自己属于哪个角落，好像什么也不是，好像又什么都是，觉得整个人都很颓废、惰性，慢慢地成绩开始下降……”所谓“习与性成”，就是指长期的某种习惯会形成一定的性格，“习焉不察”，则是指习惯干某事而觉察不到其中的问题，而“习非成是”则是把错误当成正确的，于是“积习难改”，从而给大学生带来诸多麻烦和不良的心理体验，甚至使一些人走上歧途。

## 二、影响大学生心理健康的因素

影响大学生心理健康的因素是多方面的，它是生理、心理、社会诸因素共同作用于个体的结果。

### 1. 社会环境因素

美国精神分析专家哈内认为，许多心理变态是由于对环境的适应不良而引起的。改革开放以来，中国社会发生了巨大的变化。随着市场经济体制的确立，竞争机制的导入，整个社会结构、生活方式、价值观念和行为模式都在发生着巨大的变化。人们的心理活动较之以前更活跃、更复杂。大量的新鲜刺激对人们的心理健康威胁越来越大，对大学生更是如此。新旧观念的碰撞，东西文化的冲突，理想与现实的反差，常常使大学生感到混乱、茫然、顾虑、紧张和无所适从。长期的心理失调必然带来心理上的冲突，出现适应不良等种种反应。

在现代社会中，大学生面临的挑战很多，心理承受着多种社会压力：有来自社会责任的压力，有来自生活上的压力，有来自家庭的压力，有来自学习和竞争的压力，有来自人际关系和情感的压力，也有来自就业的压力以及整个社会生活节奏不断加快所带来的压力等。这些压力过于沉重，就会引发心理障碍。因此，我们就要不断加快文化教育认识的步伐，及时进行自我调整，以适应新的社会环境。

### 2. 家庭的因素

一个人对客观现实的认识往往是从家庭生活、家长的言行举止开始的。现代心理学的研究证明家庭环境对人的一生发展会产生重大的影响，特别是早年形成的人格结构会在以后的心理发展中打下深深的烙印。家庭环境包括家庭人际关系、父母教育方式、父母人格特征等。大学生在步入社会之前，很大程度上受家庭环境和父母言行举止的影响，不同的家庭教育与影响必然产生不同的结果，如对子女严格管教的父母，经常用命令、强迫、指责的方式让孩子去学习，把子女的学习放在中心地位，而往往忽视了对子女的能力、兴趣、需要的理解。这种类型家庭的大学生在日常交往中往往缺乏适应社会、适应生活的能力，虽然在性格上，可能表现出诚实、负责、礼貌、细心，但在人际关系中往往表现出羞怯自卑、敏感、对人容易屈从。过分满足孩子的需要，唯恐孩子受到什么挫折，对孩子百依百顺、过于保护的父母，在一定程度上减少了孩子在成长期所遇到的挫折。但由于没有遭遇较多的挫折体验，这种大学生形成了在人格上的依赖性格，遇事退缩，缺乏同情，情绪不稳定，自制能力和自信心差，易受到别人左右。那些对子女行为完全放任，很少约束的父母，使孩子养成了任意放纵的心理，这种大学生很可能在人际关系中以自我为中心，不懂得尊重他人，唯我独尊，很难适应集体生活。家庭结构不全。如单亲家庭、父母离异往往会影响儿童心理的正常发育，使儿童产生冷漠、孤僻、懦弱、早熟、自卑和仇视心理。

### 3. 校园环境因素

校园环境是促使大学生心理走向成熟的一个重要场所。校园的物质环境、学习环境及文化氛围对大学生的心理健康有着直接深刻的影响，但如果校园文化氛围不良，将对大学生心理发展产生消极作用。下列因素对大学生的心理健康将产生不良影响。

**（1）教育思想贯彻的片面化**

我国的教育体制长期以来偏重于智力因素的培养，而忽视非智力因素的培养，致使大学生不能全面健康地发展。近年来，我国虽大力提倡素质教育，但仍未见有明显好转。

**（2）不良的校风、班风与学风**

学风的影响至关重要。所谓学风，是指学习风气，包括学习态度、学习精神、学习风格和学习方法。一所学校有一所学校的学风，一个班级有一个班级的学风。优良的学风，不仅能有力地促进和保证学习任务的完成，而且有利于丰富、充实大学生的精神世界，有利于塑造美好的心灵，有利于推动大学生的人格向着更加高尚和完美的方向发展。良好的校风、班风和学风对于大学生的生活和学习会产生积极的影响。相反，如果校风不佳、班风涣散、学风不正，将对大学生心理的发展产生消极的影响。

**（3）单调的业余文化**

大学生具有思维活跃、富于幻想、情感丰富、精力充沛等特点，入学前往往会把大学生活想象得浪漫美好，但当现实中“三点一线”式的单调生活与理想形成强烈反差时，会导致其对大学生活产生枯燥乏味之感，甚至会产生厌烦、空虚、压抑、失望和苦闷等心理症状。长此以往，对心理健康极为不利。

### 4. 个体心理因素

个体心理因素是一个人心理健康状况发生变化的内在原因，而诱发因素则是产生变化的外在原因。个体因素是个体自身所具有的一种内在的、主观的因素，对大学生心理健康的影响主要体现在以下几方面：

遗传因素：研究表明，父母常患有某种心理疾病，下一代患同一疾病的可能性达68.1%，如果父亲或母亲一方患病的，下一代患病的可能性则为16.8%。尤其是抑郁症常来自高危家庭。

身体健康状况：各种躯体疾病会使人烦恼、敏感多疑、行为控制力下降，尤其是慢性病或久治不愈的疾病更容易导致严重心理障碍的产生。

人格因素：人格因素也称个性因素。包括性格、气质、能力和个性倾向性等因素。个性因素是心理活动的核心，这对一个人的心理健康影响最大。例如，同一种生活挫折，对不同个性的人，其影响程度完全不同。有的人可能无法承受，或消极应付，从此自暴自弃；有的人则可能接受现实、正视挫折、加倍努力、奋发图强。

心理素质：心理素质脆弱，尤其是缺乏自制力和挫折承受力的人容易产生心理问题。

## 三、大学生心理健康的维护

加强对大学生的心理健康教育，增强自我心理保健和调适能力，有助于大学生预防与治疗心理疾病，优化心理素质，开发心理潜能。

### 1. 强化心理健康意识

**（1）逐步形成学校、社会、自身共同关心大学生心理健康的良好氛围**

目前高校普遍认识到心理素质在人才培养中的重要作用，建立了相应的机构、加大了心理健康教育的力度，并将心理健康教育纳入课堂教学中，使心理健康教育逐步走上科学化、规范化的轨道。大学生也逐步认识到心理健康的重要性，开始注重自己心理素质的培养与提高，以主动的姿态调整自身的状态，以适应社会的需要。家庭教育中也在逐步重视学生的心理健康教育。在大学校园中营造宽松的心理氛围，建立良好的班风、学风、校风，消除不良文化的影响，逐步形成积极向上的校园文化，人人重视自身心理健康的良好氛围。

**（2）学习心理健康知识，提高自身心理素质**

大学生通过学习心理卫生知识，能增进自我了解，提高心理健康意识，自觉维护自身的心理健康。实践证明，系统地学过心理卫生知识的大学生比未学过的大学生能够更有效地进行自我心理调节与保健。大学生要积极参加学校开设的有关心理健康知识的课程与专题讲座，阅读有关书籍与杂志，上网查询心理网站，收听与收看有关广播和影视节目等，从中获取心理卫生知识，并要注意把知识运用于自己的生活中。

**（3）及时寻求心理咨询的帮助**

当前，不少大学生对心理咨询存在误解，认为有心理问题的人（患有精神病）才去心理咨询，对心理咨询非常敏感，甚至排斥。即使碰到心理问题也羞于咨询以至于耽误解决问题的最佳时机，使问题复杂化。其实大可不必，因为心理咨询是受过专门训练的咨询人员提供的运用心理学的理论与技术，通过与来访者的交流、探询、解释、协商，对来访者施加心理影响，改变其认知、情感、态度、行为，维护和增强来访者的心理健康，促进其人格发展和潜能发挥的一种服务，对于我们改善心理状况是很有帮助的。心理咨询的基本要求是为求询者保守秘密。因为在心理咨询过程中，不可避免地要涉及求询者的个人隐私问题，保密不仅能获得来访者的信任，也是咨询人员职业道德的基本要求，同时还是咨询过程顺利进行的必要保证。

一般医院或社会设立的多为障碍心理咨询或门诊咨询，学校所开设的多为发展性咨询。学校心理咨询遵循教育、发展、预防、治疗模式，面向全体学生，提供心理咨询服务，促进学生健康成长，达到实现教育目标的目的。大学生心理咨询的任务是通过咨询培养学生良好的心理素质，减少由于心理冲突而引发的适应不良，预防心理疾病的产生，提高心理健康水平，促进人格成熟与完善。也就是说学校心理咨询不只是面向少数有心理障碍的学生，而是面向全体学生的人生咨询。针对大学生在大学学习期间出现的一系列问题，一般主要设立适应咨询、学习咨询、人际关系咨询、择业咨询、发展咨询等项目。大学生应消除对心理咨询的错误认识，采取积极的态度，不要“讳疾忌医”。心理咨询的方式很多，有门诊咨询、电话咨询、网络咨询和书信咨询等，可根据自己的情况适当选择。

### 2. 增进心理健康的维护

#### (1) 坚持健康，文明的生活方式

生活方式是指人们在日常生活中遵循的行为规范，即习惯化了的生活方式。生活方式对心理健康的影响已经被越来越多的人所关注，生活没有规律、随心所欲、懒散放荡与过度学习等都是不健康的生活方式。对大学生而言，健康的生活方式包括：

① 合理作息，起居有常，早睡早起，充足睡眠；

② 平衡膳食，坚持吃早餐，体重保持在正常水平；

③ 科学用脑，实行时间管理，提高学习效率，劳逸结合，有张有弛，避免用脑过度；

④ 积极休闲，选择文明高雅的休闲娱乐方式，愉悦身心；

⑤ 适量运动，积极参加体育锻炼，不吸烟、不喝酒。

大学生不健康的生活方式有沉溺网络、暴饮暴食、节食瘦身、晚睡晚起、饮食不规律、不从事体育运动、抽烟、酗酒等。

#### (2) 注重自身的“五学”教育

“五学”，即“学会生存、学会生活、学会关心、学会学习、学会发展”。

在社会这个大家庭里，要做一个心理健康的人，必须“学会生存、学会生活、学会关心、学会学习、学会发展”。学会生存就是要学会适应环境，能够妥善处理自身的事务，学会遵守社会规范，成为一个适应社会需要的社会人；学会关心，就是要关心国家大事，关心国际局势，关心人类生存的社会，关心朋友、体谅父母、珍惜友谊、善待爱情；学会生活，就是要以热情积极主动的态度投入到社会生活中；学会学习就是不仅要学会学习书本知识，还要学会观察问题、解决问题的方法与途径，学会将书本知识转

化为社会实践；学会发展就是要知道人的发展是永恒的课题，不断地自我塑造、自我完善，求得人生最大的发展。

**（3）减少过度的心理压力**

在日常生活中，人们常常承受着来自各方面的压力。压力是指由刺激引起的，伴有躯体机能以及心理活动改变的一种身心紧张。

适当的压力是身心健康所必须具备的条件，它有助于提高人的学习生活效率，正可谓“人无压力轻飘飘”。但是紧张与松弛状态要维持在合理平衡的水准上。当平衡点趋近松弛状态，生活就会变得枯燥无味，生理活动也会停滞下来；当平衡点趋近紧张状态，生活就会变得具有冒险性、挑战性、刺激性，同时也可能影响身心健康。如何减少过度的心理压力呢？

① 通过一些心理压力测试量表来进行自我评价，从中发现自己在压力下反映出来的特点，并认识压力继续下去可能导致的不良后果。

② 学会自我放松。通过自我默想，使意识范围逐渐缩小，排除外界干扰，全身松弛，纠正情绪的失衡状态，冷静地引导自己从烦恼、愤恨、紧张等消极状态中解脱出来，达到内心的平衡和安宁。

③ 在问题及后果还未引发之前将压力加以控制。方法有：坦诚倾诉，找亲朋好友诉说；调整工作节奏，在还没有达到极度疲劳时，将学习计划、工作步伐放慢；调整生活节奏，经常从事体育运动，打球、散步、调节身心。有的人依赖药物、酒精、烟草等方法来应对压力是不足取的。

④ 学会分析矛盾、分解压力。有的矛盾可以分解化小然后应对，有的矛盾可以分期分批逐步解决，有的矛盾可以有取有舍，应学会适时转化压力。

**（4）培养良好的心境**

良好的心境，使人干什么都有精神，有助于人的潜能的发挥，可以提高学习、工作效率。培养良好的心境是人的个性修养的一个重要组成部分。

① 培养乐观的情绪、相信未来、拥有希望。即使遇到失败，也不要为一时一事所困，相信下一次一定会干好。卓别林说过：“用特写镜头看生活，生活是一个悲剧，但用长镜头看生活，生活则是个喜剧。”良好的心境需要希望之光的照射。

② 经常记录下自己的收获，做成了什么事，哪怕是几件小事，也是收获。对未做成的事情，能总结经验教训也是收获。日日有收获，将有助于保护良好心境，满怀信心地争取实现更大的目标。

③ 不盲目攀比。古人主张淡泊名利，今人也倡导以平常心看待生活，能够做到并不容易。人们总是想我还应争到什么，却很少想我不应或不必得到什么。奋力去争本不应争的东西，只能给人带来烦恼。如：比吃穿、比容貌、比家境……为什么总向别人看齐呢？心理学认为，盲目攀比是最大的心理误区。走出这个误区，才可能有好的心境。

④ 增强审美情趣。美的重要特征是感染性。色美以感目，音美以感耳，意美以感心。一切美的事物和现象都有着感染力，它可以使人精神愉悦、感情丰富，使人加深对生活的理解，更加热爱生活。对平常苦读的大学生来说，走出大自然，接受大自然的陶

冶，或登山览胜，或临海弄潮，都有调整心境的作用。

⑤ 关爱他人。到社区去志愿服务，给需要帮助的人以力所能及的爱护帮助，会增强人的社会责任感；了解他人的生活情况，有助于对照地了解自己、了解社会和人生；在对他人的爱心付出中，能看到自身存在和发展的价值，从而积极乐观地面对社会。

⑥ 对心境有决定性影响的是在实践中形成的理想、信念及人生价值观，这是人生的根基。植根深固，才可能目的明确，不怕风吹雨打，排除一切干扰，解决纷繁复杂的心理问题。

### 3. 掌握心理调适方法

#### (1) 学习幽默

多点幽默，笑口常开。幽默是一种高级的心理防御形式，用幽默来化解困境，转移内心不悦，可以维护心理的平衡。我们不是常听到几句“笑话”、“妙语”就能使心里的忧虑、怒火烟消云散吗？这就是幽默的力量。如何才能幽默呢？关键是要以风趣幽默的态度对待生活、善于从中寻找快乐。俗话说：“笑一笑，十年少；愁一愁，白了头。”笑能振奋精神，消除烦恼，使人放松，还能促进血液循环，锻炼心肺功能，促进新陈代谢，是一剂延年益寿的良药。

#### (2) 自我暗示

所谓自我心理暗示就是自己通过语言动作影响自己心理的过程。积极的心理暗示可以调节情绪、缓解心理紧张、改善消极心境、矫正不良习惯，可以极大地诱发人的潜能。著名心理学家巴甫洛夫指出，暗示是人类最简化、最典型的条件反射。一种语言或环境的暗示，能够使人很快地进入一种状态，这种状态能够带来认识、情感以及行为方面的转变。

#### (3) 自我激励法

自我激励是精神生活的动力源泉之一，主要是指用生活哲理、榜样力量或明智的思想观念来激励自己。首先，要相信未来是美好的，热爱生活，学会从零开始，心向未来；其次，要正确对待意外事件，长存一颗平常心，临危不惧，处变不惊；再次，知足常乐，自强不息。物质上的追求是永远无止境的，要学会知足，但在精神上的追求要勇往直前；最后，要相信自己、接受自己，不能被挫折吓倒。如失恋了应有“天涯何处无芳草”的想法；找不到工作应坚定“天生我材必有用”、“是金子总会发光”的信心；与朋友分手应持“莫愁前路无知己，天下谁人不识君”的态度；遇到棘手的问题应抱有“车到山前必有路”的信念。总之，决不能被困难击败，时时激励自己，用“不到长城非好汉”的精神去实现自己的既定目标。

#### (4) 情绪合理宣泄法

人总是有受气的时候，不满情绪堆积在心中是有害的，反击回去或发泄给别人，会伤害别人，破坏人际关系，不是上策。

心中不良情绪压抑过久，有可能导致严重的心理问题。当大学生感到巨大的心理压力，并出现悲伤、愤怒、焦虑等情绪时，要勇于找自己信任的人诉说，或进行心理咨询，或通过一定方式排解，比如哭泣、运动、喊叫等。运用合理的宣泄方式，使压力及其引起的不良情绪释放出来。

**（5）情境迁移法**

当遇到挫折时，可以转移环境，离开引起苦闷或愤怒的环境，把注意力从消极情绪上转移到积极方向去。这样做能使自己的情绪恢复稳定。比如出去散步、听音乐，或去做一些其他有益的事，这对消除烦恼、愤怒情绪非常有效。

总之，大学生心理健康教育的实践过程，既是其认识自己、实现自身价值的过程，也是其不断地与社会相互作用，为社会作贡献的过程。在这个过程中，大学生的人生必将接受一次大洗礼，达到一个崭新的境界。

**☞ 课后小资料**

对大学生心理健康状况进行综合诊断，使用得比较多的量表主要是身心症状自评量表（SCL—90）。

SCL—90共有90个询问题目，其内容涉及感觉、思维、情绪、意识、行为、生活习惯、人际关系、饮食睡眠等。这90个询问题目中隐含着10个因子，它们是：

（1）躯体化：包括1，4，12，27，40，42，48，49，52，53，56，58共12题。该因子主要反映主观的身体不适感，包括心血管、胃肠道、呼吸等系统的不适和头痛、背痛、肌肉酸痛，以及焦虑等其他躯体症状表现。

（2）强迫：包括3，9，10，28，38，45，46，51，55，65共10题。它与临床上所谓强迫表现的症状定义基本相同，主要指那种明知没有必要，但又无法摆脱的无意义的思想、冲动、行为等表现。还有一些比较一般的感知障碍（如“脑子都变空了”、“记忆力不行”等）也在这一因子中反映。

（3）人际关系敏感：包括6，21，34，36，37，41，61，69，73共9题。它主要指某些人的不自在感与自卑感，尤其是与其他人相比较时更为突出。有自卑感以及在人事关系方面明显处理不好的人，往往是这一因子的高分对象，与人际交流有关的自我敏感及反向期望也是产生这方面征象的原因。

（4）抑郁：包括5，14，15，20，22，26，29，30，31，32，54，71，79共13题。它反映的是与临床上忧郁症状相联系的广泛的概念，忧郁苦闷的感情和心境是代表性症状。它还以生活的兴趣减退、缺乏活动愿望、丧失活动力等为特征，并包括与失望、悲观和忧郁相联系的其他感知及躯体方面的问题。该因子中有几个项目包括了死亡、自杀等概念。

（5）焦虑：包括2，17，23，33，39，57，72，78，80，86共10题。它包括一些通常的在临床上明显与焦虑相联系的症状及体验，一般指神经过敏、紧张以及由此产生的躯体征象（如震颤）。游离不定的焦虑及惊恐发作是本因子的主要内容，它还包括一个反映“解体”的项目。

（6）敌意：包括11，24，63，67，74，81共6题。这里主要从三个方面来反映病人的敌对表现、思想、感情及行为。其项目包括从厌烦、争论、摔物，直至争斗和不可抑制的冲动爆发等各个方面。

(7) 恐惧：包括13，25，47，50，70，75，82共7题。它与传统的恐惧状态或广场恐惧症所反映的内容基本一致，恐惧的内容包括出门旅行、空旷场地、人群、公共场合及交通工具。此外，还有反映社交恐惧的项目。

(8) 妄想：包括8，18，43，68，76，83共6题。所谓妄想是一个十分复杂的要领，本因子只是包括了它的一些基本内容，主要是指想象、思维方面。如投射性思维、敌对、猜疑、虚构、被动体验和夸大等。

(9) 精神病性：包括7，16，35，62，77，84，85，87，88，90共10题。用于在门诊中迅速、扼要地了解病人的病情程度，以便作出进一步的治疗或住院等决定，故把一些明显的、纯属精神病性的项目汇集到了本因子中。有4个项目代表了一级症状：幻状的精神病表现，如精神分裂症状等项目。

(10) 其他：包括反映睡眠的44，64，66共3题，反映饮食的19，60共2题，反映死亡观念的59题和反映自罪观念的89题，总共7项。此因子的59，89两题和第4因子的15题三项，综合起来可反映自杀倾向。

在评分规则方面，SCL—90采用5级评分制，现有两种分法："1～5"制，其中，1分表示没有该情况；2分表示在频度和强度上较轻；3分表示中等；4分表示较重；5分为严重。而"0～4"制则是0分表示无，1分表示较轻，以此类推。这里的"轻中重"主要靠自评者自己去体会，没有绝对的界限。SCL—90评定的时间范围是"现在"或"最近一星期"。

**指导语：**

表1-2中列出了一些人可能会有的问题，请仔细阅读每一条，然后根据最近一星期来自己的实际感觉，选择最符合您的一种情况并在每个项目后面所附的备选答案的相应编号上打"✓"。其中选"没有"时在A上打"✓"，选"较轻"时在B上打"✓"，选"中等"时在C上打"✓"，选"较重"时在D上打"✓"，选"严重"时在E上打"✓"。

表1-2　　**身心症状自评量表（SCL—90）**

| 序号 | 身心症状 | A | B | C | D | E |
|---|---|---|---|---|---|---|
| (1) | 头痛 | | | | | |
| (2) | 神经过敏，心中不踏实 | | | | | |
| (3) | 头脑中有不必要的想法或字句盘旋 | | | | | |
| (4) | 头昏或昏倒 | | | | | |
| (5) | 对异性的兴趣减退 | | | | | |
| (6) | 对旁人求全责备 | | | | | |

续表

| 序号 | 身心症状 | A | B | C | D | E |
|---|---|---|---|---|---|---|
| (7) | 感到别人能控制你的思想 | | | | | |
| (8) | 责怪别人制造麻烦 | | | | | |
| (9) | 健忘 | | | | | |
| (10) | 担心自己服饰的整齐及仪态的端正 | | | | | |
| (11) | 容易烦恼和激动 | | | | | |
| (12) | 胸痛 | | | | | |
| (13) | 害怕空旷的场所或街道 | | | | | |
| (14) | 感到自己的精力下降，活动减慢 | | | | | |
| (15) | 想结束自己的生命 | | | | | |
| (16) | 听到旁人听不到的声音 | | | | | |
| (17) | 发抖 | | | | | |
| (18) | 感到大多数人都不可信任 | | | | | |
| (19) | 胃口不好 | | | | | |
| (20) | 容易哭泣 | | | | | |
| (21) | 同异性相处时感到害羞不自在 | | | | | |
| (22) | 感到受骗、中了圈套或有人想抓住自己 | | | | | |
| (23) | 无缘无故地突然感到害怕 | | | | | |
| (24) | 自己不能控制地大发脾气 | | | | | |
| (25) | 怕单独出门 | | | | | |
| (26) | 经常责怪自己 | | | | | |
| (27) | 腰痛 | | | | | |
| (28) | 感到难以完成任务 | | | | | |
| (29) | 感到孤独 | | | | | |
| (30) | 感到苦闷 | | | | | |
| (31) | 过分担忧 | | | | | |
| (32) | 对事物不感兴趣 | | | | | |
| (33) | 感到害怕 | | | | | |
| (34) | 感情容易受到伤害 | | | | | |
| (35) | 旁人能知道你的私下想法 | | | | | |
| (36) | 感到别人不理解你、不同情你 | | | | | |

续表

| 序号 | 身心症状 | A | B | C | D | E |
|---|---|---|---|---|---|---|
| (37) | 感到人们对你不友好、不喜欢你 | | | | | |
| (38) | 做事必须做得很慢以保证做得正确 | | | | | |
| (39) | 心跳得很厉害 | | | | | |
| (40) | 恶心或胃部不舒服 | | | | | |
| (41) | 感到比不上他人 | | | | | |
| (42) | 肌肉酸痛 | | | | | |
| (43) | 感到有人在监视你、谈论你 | | | | | |
| (44) | 难以入睡 | | | | | |
| (45) | 做事必须反复检查 | | | | | |
| (46) | 难以作出决定 | | | | | |
| (47) | 怕乘电车、公共汽车、地铁或火车 | | | | | |
| (48) | 呼吸有困难 | | | | | |
| (49) | 一阵阵发冷或发热 | | | | | |
| (50) | 因为感到害怕而避开某些东西、场合或活动 | | | | | |
| (51) | 脑子变空了 | | | | | |
| (52) | 身体麻木或刺痛 | | | | | |
| (53) | 喉咙有梗塞感 | | | | | |
| (54) | 感到没有前途、没有希望 | | | | | |
| (55) | 不能集中精神 | | | | | |
| (56) | 感到身体的某一部分软弱无力 | | | | | |
| (57) | 感到紧张或容易紧张 | | | | | |
| (58) | 感到手或脚发硬 | | | | | |
| (59) | 想到死亡的事 | | | | | |
| (60) | 吃得太多 | | | | | |
| (61) | 当别人看着你或谈论你时感到不自在 | | | | | |
| (62) | 有意认同不属于自己的想法 | | | | | |
| (63) | 有想打人或伤害他人的冲动 | | | | | |
| (64) | 醒得太早 | | | | | |
| (65) | 必须反复洗手、数数或触摸某些东西 | | | | | |
| (66) | 睡得不稳不深 | | | | | |
| (67) | 有想摔坏或破坏东西的冲动 | | | | | |
| (68) | 有一些别人没有的想法或念头 | | | | | |

续表

| 序号 | 身心症状 | A | B | C | D | E |
|---|---|---|---|---|---|---|
| (69) | 感到别人神经过敏 | | | | | |
| (70) | 在商店或电影院等人多的地方感到不自在 | | | | | |
| (71) | 一阵阵恐惧或惊恐 | | | | | |
| (72) | 感到做任何事都很困难 | | | | | |
| (73) | 感到在公共场合吃东西很不舒服 | | | | | |
| (74) | 经常与人争论 | | | | | |
| (75) | 单独一人时神经很紧张 | | | | | |
| (76) | 别人对你的成绩没作出恰当的评价 | | | | | |
| (77) | 即使和别人在一起也感到孤单 | | | | | |
| (78) | 感到坐立不安、心神不定 | | | | | |
| (79) | 感到自己没有什么价值 | | | | | |
| (80) | 感到熟悉的东西变得陌生或不像是真的 | | | | | |
| (81) | 大叫或摔东西 | | | | | |
| (82) | 害怕会在公共场合昏倒 | | | | | |
| (83) | 感到别人想占你的便宜 | | | | | |
| (84) | 为一些有关“性”的想法而苦恼 | | | | | |
| (85) | 认为应该因为自己的过错而受到惩罚 | | | | | |
| (86) | 感到要把事情做完 | | | | | |
| (87) | 感到自己的身体有严重问题 | | | | | |
| (88) | 从未感到和其他人很亲近 | | | | | |
| (89) | 感到自己有罪 | | | | | |
| (90) | 感到自己的脑子有毛病 | | | | | |

**评分规则：**

若选 A 计 1 分，选 B 计 2 分，选 C 计 3 分，选 D 计 4 分，选 E 计 5 分。将因子 F1（躯体化）、F2（强迫）、F3（人际关系敏感）、F4（抑郁）、F5（焦虑）、F6（敌意）、F7（恐惧）、F8（妄想）、F9（精神病性）、F10（其他）各自所包含的项目得分分别累计相加，即可得到各个因子的累计得分；将各个因子的累计得分除以其相应的项目数，即得到各个因子的因子分数——T 分数。如，若躯体化一项合计分为 8，题目数为 8，则因子分为 1。如果将各个因子分数相加，即可得到总因子分数。若将整个问卷的总项目数减去选 A（即代表“没有”的答案）项目数，可得到反映症状广度的阳性项目数。

表 1-3 **SCL—90 测验答卷得分换算表**

| 因子 | 所属因子的项目编号 | 累计得分（S） | T 分数（S/项目数） |
|---|---|---|---|
| F1 | 1，4，12，27，40，42，48，49，52，53，56，58 | | /12 |
| F2 | 3，9，10，28，38，45，46，51，55，65 | | /10 |
| F3 | 6，21，34，36，37，41，61，69，76 | | /9 |
| F4 | 5，14，15，20，22，26，29，30，31，32，54，71，79 | | /13 |
| F5 | 2，17，23，33，39，57，72，78，80，86 | | /10 |
| F6 | 11，24，63，67，74，81 | | /6 |
| F7 | 13，25，47，50，70，75，82 | | /7 |
| F8 | 8，18，43，68，76，83 | | /6 |
| F9 | 7，16，35，62，77，84，85，87，88，90 | | /10 |
| F10 | 19，44，59，60，64，66，89 | | /7 |
| 阳性项目总数：（90-选 A 的项目数） | | 总累计得分： | 总因子分数： |

**结果解析：**

SCL—90 测查结果的解释可以从许多角度进行。既可从整个量表（90 个题目）中的阳性症状广度和总因子分数出发来宏观评定被测心理障碍的大体情况，又可从统计原理出发，对被测的某一因子得分偏离常模团体均数的程度加以评价。

SCL—90 在国内已有 18～29 岁正常成人的测验常模（见下表）。该常模给出了各种因子的平均数（X）和标准差（SD），当达到两个标准差时，即可认为不是异常。在对

表 1-4 **正常人 SCL—90 的因子分布**

| 项 目 | X+SD | 项 目 | X+SD |
|---|---|---|---|
| 躯体化 | 1.34+0.45 | 敌 意 | 1.50+0.57 |
| 强 迫 | 1.69+0.61 | 恐 惧 | 1.33+0.47 |
| 人际关系 | 1.76+0.67 | 妄想症 | 1.52+0.60 |
| 抑 郁 | 1.57+0.61 | 精神病性 | 1.36+0.47 |
| 焦 虑 | 1.42+0.43 | 阳性项目数 | 27.45+19.32 |

大学生进行心理健康测评和心理咨询过程中，比较粗略、简便、直观的判断方法是看因子分数是否超过3分（1～5评分制），若超过3分，即表明该因子的症状已达到中等以上的严重程度。在0～4评分制中，若超过2分，即表明该因子的症状达到中等以上的严重程度。此时，应对受测大学生采取必要的心理治疗措施。

## ☞ 思考与训练

1. 心理的实质是什么？
2. 人的心理过程是怎样的？
3. 你是如何理解心理健康标准的？
4. 你认为大学生在哪些方面存在心理困惑？
5. 请完成下列陈述句：

①我所具有的良好心理素质有____________________

②别人所具有的良好心理素质有____________________

③我不具有的良好心理素质有____________________

④培养自己良好的心理素质的打算是________________

当你完成上面的练习后，有何感想？

6. 请阅读这篇散文，并谈谈自己的感受。

生活就像是乘火车旅行，旅途中人们上上下下。在旅途中，不时有意外出现——有时会使人感到意外的惊喜，有时则给人们带来深深的悲哀。

来到人间，我们登上生命列车，与一些人结伴而行。

原以为父母会永远陪伴我们，遗憾的是，事实并非如此。他们在中途的某个车站下车，使我们成为失去爱抚、无人陪伴的孤儿。

然而，还会有一些在我们的一生中占据非常特殊地位的人上来。我们的兄弟姐妹、亲朋好友和亲密爱人会登上列车。乘坐列车的人中，有些仅仅在车上作短暂的停留，有些在旅途中遭遇的只是悲伤，而还有人则永远准备为需要的人提供帮助。

很多人在下车时会给我们留下永远的怀念，有的则悄然离去，以至于我们都没有察觉到他是何时离开座位的。

当发现非常亲密的人竟然坐在另外的车厢时，我们会感到极其惊讶。我们被迫与他们分开。当然，这并不能阻碍我们在旅途中艰难地穿过我们的车厢与他们会合……但遗憾的是，我们不能坐在他们的旁边，因为其他人已占据了座位。

尽管旅途中充满挑战、梦想、幻觉、等待和别离，但我们决不回头。

让我们尽可能使旅行决不回头。

让我们尽可能使旅途变得美好，设法同所有旅客建立良好关系，努力发现每个人的优点。

我们经常会回忆起旅途中的某个时刻，和我们结伴而行的人可能会徘徊不定，而我们很可能必须要理解他们，因为我们也经常会犹豫不决和需要别人的理解。

最后，巨大的秘密是我们永远不知道在哪一站下车，更不清楚我们的伙伴——即使他们是此刻坐在我们身边的人——在哪里离去。

我陷入沉思，当我下车离开时是否会抱有怀念之情……

我想会的。与旅途中结识的一些朋友别离是很痛苦的，但是回想一下旅途的经历，我们会感到欣慰；想到某个时刻列车到达主要车站，伙伴们陆续上车，当时我们是多么激动；想到我们曾经帮助他们并使其旅途变得更加愉快，我们会由衷地感到幸福。

我们应使这次很有意义的旅途变得平静安稳，这样做是为了到了我们下车的时候，我们的位置空了出来，但仍能给继续乘车旅行的人留下美好的回忆。

# 第二章　科学认识心理咨询

心理咨询的特点：

不是说教，是聆听；不是训示，是接纳；不是教导，是引导；

不是控制，是参与；不是侦讯，是了解；不是制止，是疏导；

不是做作，是真诚；不是改造，是支持；不是解答，是领悟；

不是包办解决问题，是协助成长；不是表面服从，是内心心灵的转化。

大学阶段是人生一个特殊的阶段。大学独特的文化环境、大学的教育目标、社会对大学生的期望使大学生在各方面都面临一些特殊的问题：要适应社会对大学生的角色要求，也要适应大学的生活、学习与交往方式，同时还要把握自身的发展，提高自身素质，以符合社会对高级专门人才的要求。这些适应性与发展性的问题，对刚刚走出中学阶段的大学生来说，是一个严峻的挑战，也是大学生成长与发展的重要契机。在此情况下，部分大学生出现了心理困扰或矛盾，如不及时进行调整，不仅会妨碍其适应大学生活与将来的发展，严重的还会出现一些心理疾病。因此大学生应该具备这方面的知识，进行自我调节，在依靠自我调节已经不能解决问题时，应该请求专业人士的帮助，即进行心理咨询或心理治疗。

近年来，我国大学生心理咨询工作迅速发展，对促进大学生的心理健康、人格发展产生了积极的影响。在高校，心理咨询是大学生心理健康教育工作的主要任务之一。

## 第一节　心理咨询与人生发展

心理咨询有一个漫长的过去和短暂的历史。它的发展是与整个社会的变化、科技的发展联系在一起的。近几十年来，心理咨询在世界各国得到迅速发展，并渗透到人们生活的各个方面。

我国心理咨询起步较晚。20 世纪 50 年代我国曾一度开展过心理治疗工作，1980 年前后，在一些精神病院设立了精神科咨询，之后在综合性医院开设了心理咨询门诊。

20 世纪 80 年代中期，一些高校开展了大学生心理咨询服务，设立了相应的机构。1990 年全国大学生心理咨询专业委员会的成立及之后召开的多次研讨会，尤其是教育部有关加强大学生心理健康教育文件的颁发，大大地推进了高校心理咨询工作，促进了大学生心理健康教育活动。目前，它已由涓涓细流汇成一股引人注目的浪潮，并在不断发展壮大。

帮助大学生了解心理咨询，使其对心理咨询有科学的态度，在遇到困扰而自己又难以调节时，能及时寻求心理咨询帮助，也是大学生心理健康教育的内容之一。

## 一、心理咨询的含义

心理咨询是指专业人员运用有关心理科学的理论和方法，通过解除咨询对象（即来访者）的心理问题（包括发展性心理问题和障碍性心理问题），来维护和增进身心健康，促进人格发展和潜能开发的过程，这一工作被称为心理咨询工作，这一学科也就被称为咨询心理学或心理咨询学。

心理咨询有障碍性咨询和发展性咨询之别。前者偏重于心理门诊，是对有一定程度的心理障碍、心理疾病以及心身疾病患者的咨询；后者偏重于心理保健、情绪调节、潜能开发，即对来访者在学习、工作、生活等方面遇到的心理问题提供帮助，指导来访者更好地认识自己、发展自己，提高社会适应能力和生活质量。

大学生心理咨询所面对的对象和问题的性质以及技术力量和咨询功能等因素，决定了高校心理咨询应以发展性咨询为主要内容。它是面向全体大学生的，是以教育为基本模式的。

1984 年在美国出版的国际心理学联合会编辑的《心理学百科全书》中指出："咨询心理学始终遵循教育的而不是临床的、治疗的或医学的模式。咨询对象（不是患者）被认为是在应付日常生活中的压力和任务方面需要帮助的正常人。咨询心理学家的任务就是教会他们模仿某些策略和新的行为，从而能够最大限度地发挥其已经存在的能力，或者形成更为适当的应变能力。""咨询心理学强调发展的模式。它试图帮助咨询对象得到充分的发展，扫除其正常成长过程中的障碍。"这些话既是对学校心理咨询性质的定位，也可以认为是大学生心理咨询的价值所在。立足于发展性咨询正是高校心理咨询的特色和生命力所在。

## 二、心理咨询的过程

心理咨询是一个过程，这一过程具有以下两个特征：

### 1. 心理咨询是一种人际活动

咨询过程包括三种成分：咨询者、来访者和心理问题。心理咨询将需要解决心理问题并前来咨询的人称为来访者（Client），将提供帮助的咨询专家称为咨询者（Counselor）。咨询中许多来访者会问咨询者一个问题：你能不能帮我解决问题？这是对心理咨询的一个误解。心理咨询不是咨询者帮来访者解决问题，而是在咨询者与来访者之间形成一种理解与信任的、积极的、良好的人际关系，在这种良好的人际关系中，来访者积极主动认识自我，寻求自身问题的解决方法。因此缺少来访者的积极参与，是不可能解决问题的。

良好的咨询关系取决于双方良好的互动，这个过程不是咨询者主动、来访者被动的过程，而是一个互相影响的过程。如来访者会在谈话过程中观察咨询者的态度与表情，选择该谈什么话题，谈多少、多深。如果咨询者的表情或身体语言有一些拒绝、怀疑或不专注的信息流露，来访者会迅速转移话题，不再信任咨询者。良好的互动会在双方之间发展并形成一种信任、亲密的富有建设性的关系，这种关系对咨询的质量与效果有直接的影响。

### 2. 咨询是一种心理援助性的活动

心理咨询与其他的咨询不同，内容具有心理性，表现在以下几个方面：首先，来访者的问题是心理和行为方面的问题。虽然心理问题往往与生活问题或社会问题紧密相连，但咨询过程只针对心理方面的问题。如贫困生咨询，不是告诉他们如何解决经济问题，或如何改变社会环境等，而是帮助他们认识到他们自身的问题所在，对这样的问题采取什么样的心态，什么样的心态是积极的、能够产生积极的转变，什么样的心态是消极的、破坏性的。当然，咨询者也可能会提供一些解决经济问题的线索，但选择什么方法需来访者自己作决定。其次，咨询目标是促成来访者在心理和行为方面的积极改变。包括消除消极的情绪反应、获得积极客观的自我认识与评价、提高应对能力等。如贫困生能够积极面对自己与同学的经济差距，积极寻求改变现状的方法，不再为这一问题忧虑、自卑或抱怨等。最后，咨询的理论基础，是心理学的理论。任何咨询都建立在某一种或几种心理学的理论之上，如果依赖自己的经验来谈解决问题的方法，或按照其他的方式来解决问题，都不是心理咨询。如我们往往有许多问题会问朋友、长辈等，但这不是心理咨询。有些来访者在咨询之前会就自己的问题和许多人进行交谈，不同的人有不同的主意，来访者往往会更加混乱，这不是心理咨询。如在大学期间如何度过的这个问题，某一新生可能会问许多人，但每个人的回答可能都不同，因此他还是不知道自己该如何选择自己的大学生活方式，而心理咨询的作用是让他了解自己的价值取向、了解自己的目标与行为之间的关系，从而让他自己作出判断与选择。这一过程是基于心理学理论的过程，与思想工作或经验介绍不同。

一般来说，心理咨询是通过以下机制对来访者产生影响的：

其一，宣泄疏导来访者的感情而缓解其情绪压力；

其二，鼓励来访者倾诉内心痛苦并进行针对性的指导；

其三，探询来访者问题的根源并使之领悟；

其四，协助来访者改进认知方式；

其五，借助于教授和训练等方式使来访者建立健康、有效的行为习惯和适应方式；

其六，帮助来访者排除心理障碍，促进自然复愈与成长。

## 三、心理咨询的道德准则

心理咨询的道德准则是对咨询工作的基本要求，它对于心理咨询工作具有非常重要的意义，是顺利开展心理咨询工作的保障。一般来说，在心理咨询过程中咨询者应遵守以下一些重要工作准则。

#### 1. 保密

保密是心理咨询中最重要的一条行为准则。心理咨询过程中，来访者要袒露大量的个人信息，咨询与测量也会产生关于来访者的大量的新信息，来访者很关心这些新的信息是否会泄露出去，如果来访者没有安全感，信任的关系就不可能建立起来，咨询就不可能有效果。

但保密不是绝对的，有三种情况可以特殊处理：在研究或教学等纯专业情景下，应该隐去那些可能辨认出来访者的个人信息；为了来访者的利益，与其他人交换意见，如与同行讨论诊断方案，或与来访者父母交换意见；咨询过程中意识到来访者有伤害自己或他人的企图时，应先尽一切努力阻止。

在学校咨询过程中，学生往往担心个人资料会被校方知道，学校的行政方面往往也要求知道咨询的情况，但心理咨询不能把来访学生的个人情况向学校透露，学校也没有权力要求咨询者这么做，因此学生在心理咨询中心的咨询资料是保密的。

#### 2. 维护来访者利益

对来访者负责，维护来访者的最大利益是咨询行为的一项重要准则。如在上述保密准则中，如果遇到来访者与其他人的利益发生冲突的情况，咨询者首先要对来访者负责。

#### 3. 转介

心理咨询的专业服务范围很广泛，有时来访者的要求也会超出咨询的职能范围。另外，每位咨询者的研究范围也不可能包括所有的领域，因此当咨询者认为一个案例超出咨询者能力范围或咨询者的时间不够充分，自己不能很好地解决问题时，必须将这一个案例转介给其他的专业人士或机构。这也是对来访者负责、保证来访者利益的行为。

#### 4. 态度中立

咨询者在咨询过程中应保持中立的立场，不将私人情感掺杂到咨询中，更不能与来访者建立其他关系。这一点与思想工作有很大的不同。

#### 5. 咨询、治疗和预防相结合

咨询的目的是解决问题，但最终目标不仅仅是某个问题的解决，重要的是使来访者实现自助。因此咨询是针对问题而又不仅仅是针对问题，在咨询过程中通过咨询、治疗和预防三个方面的工作来促进来访者的利益得到最大限度的保障，促使来访者得到个人的成长与发展，获得适应与发展的能力。如来访者咨询的问题是家庭矛盾，咨询过程要针对这一问题进行咨询，使来访者获得理性的自我认识，积极的交往态度，正确的交往方式，以便在以后的生活中出现人际交往问题时知道该如何应对，进而获得一种健康积极的人生态度。

### 四、心理咨询的要求

心理咨询的要求包括对咨询员的要求和对来访者的要求。

国外心理咨询专家的研究认为，某些咨询特质会影响咨询效果。美国心理咨询家艾维（A. E. Ivey）等提出了咨询特质的几个因素：共情、积极关注、尊重、温暖、真诚、具体性、即刻性等。它们既是一种技术、一种方法，又是一种态度，一种观念，是咨询员人格与技术的结合。

一般来说，大学生心理咨询工作者应具有良好的思想品德、扎实的业务能力以及健全的心理素质。具体地说应具有较丰富的人生经验，有扎实的心理学、医学（尤其是精神医学）、社会学等知识，掌握心理咨询的技能；有较强的感知能力，善于体会、理解、分析来访者的思想和情感；为人善良、热情、耐心、温和、自信，能保持一种客观、公正的立场；自身有健全的人格和良好的情绪状态；遵守职业道德规范；刻苦钻研业务；熟悉大学生的心理及生活背景等。

同时，为了使咨询取得好效果，前来咨询的大学生应具有积极的、正确的咨询动机；遇到的问题是属于心理层面的；有自我反省能力等。

在咨询过程中，大学生应积极配合咨询员的工作，大胆袒露自己的心理和问题的背景，认真听取咨询员的询问，并作针对性的回答。相信并努力按照咨询员的意见行事。咨询中，“信则灵”是有一定道理的。为此，应顺着咨询员的分析解释，逐渐打破原有的思维模式、行为模式，而不宜坚持原有的心理定式，不自觉地抗拒咨询员的分析、指导，一味站在原来的模式上思考，或对咨询员的意见将信将疑，或认为自己做不到，不完成咨询员布置的“作业”、任务，如果这样的话，咨询就很难有效果。

咨询是咨询员与来访者心理沟通的过程，咨询是一种特殊的人际关系，彼此的真诚、信任、合作是十分重要的。

## 第二节　心理咨询的程序和形式

为了更好地开展大学生心理健康教育工作，近年来许多高校相继开设了心理健康教育中心或者心理咨询中心，以利于向大学生提供专业的心理咨询和辅导。许多大学生在好不容易鼓足勇气踏入“神秘”的咨询室以后，感到很是迷茫。他们仿佛推开了一扇通向探索心灵之旅的大门，但对于在心理咨询过程中，自己和辅导老师该做些什么，心理咨询是怎样进行的，心理咨询和心理辅导会使用哪些常见的技巧和方法，他们都一无所知。帮助大学生朋友了解心理咨询的程序和方法，可以打消他们的顾虑，使其更快地进入求助者角色，同时也可以帮助咨询员更好地开展服务工作。

### 一、心理咨询的影响因素

一些大学生进入心理咨询中心，对心理咨询工作或者对心理辅导老师抱有极高的期望，“这个问题困扰我很久，我希望老师帮我解决好这个问题”，“心理咨询一点效果都没有，我都谈了两次了竟然一点收获也没有”，“老师是专家，他知道怎么解决我的问题”，在心理咨询和辅导过程中，类似的想法经常被大学生求助者提及。每个想要寻求心理辅导的大学生都几乎面临着心理上的困扰，他们想寻求帮助，所以他们对辅导老师的期望和信任是合理的，也是必需的，因为这对整个咨询和辅导过程能提供很大的帮助。然而大学生朋友将心理咨询师看做是无所不能的神，总期望自己是一块石头，由老师点石成金，这种想法又是不恰当的。这种过高的期望和要求等同于将自己的命运交给了他人，让心理咨询师承担了过多的责任和压力，而当事人自己没有承担改变自己的责任，这与心理咨询的“助人自助”宗旨是相违背的。过高的期望必然会给整个咨访关系和咨询效果带来影响，影响整个活动的过程。

心理咨询师不是神，也没有包治百病的灵丹妙药，他并不能通过几次的会谈来替当事人一劳永逸地解决问题。心理咨询的活动效果受到多方面因素的影响，影响咨询过程和咨询效果的主要因素有咨询员、当事人、过程与方法。

### 1. 当事人的因素

在学校的心理咨询机构中，每个心理咨询员都是满怀热情地接待每一个有需要的学生，但并不意味着所有的大学生进入到心理咨询室都适合做心理咨询，且能够在心理咨询中获得最大帮助。因为心理咨询只能借助心理学的手段，譬如认知领悟、情绪宣泄、行为练习等对人的心理因素进行干预，那么也就暗示着只有那些心理因素是痛苦的原因或对个体困扰起重要作用的当事人才适合进行心理咨询和治疗。那些心理和行为上有异常，但心理因素在其中不起作用的当事人，或者心理因素起作用但由于障碍特殊性以及心理治疗手段受到局限的当事人都不适合进行心理咨询。

在这一大的框架下，我们认为精神科的患者不适合进行心理咨询，像精神分裂症病人、情感性精神病患者以及脑器质型精神障碍病人、反社会人格障碍、偏执型个人障碍、人格分裂型病人都不适合做心理咨询或者不适合以心理咨询作为最重要的帮助手段。

一般适合进行心理咨询的来访者具有以下条件：

（1）具有基本正常的智力基础。能够对自己的问题以及相关情况进行描述，能够理解咨询员的意思，具备一定领悟能力，可以通过会谈领悟到一些问题的实质所在。

（2）内容合适。如前所述，并非所有有困难的学生都可以通过心理咨询来解决问题，有的问题适合使用心理咨询，而有的则明显不适合做心理咨询。一般来说，心因性障碍、神经症、行为障碍、身心疾病等，特别是与心理社会因素关系很大的适应不良、情绪调节障碍、心理教育与发展问题，都比较适合进行心理咨询。那些更多由生物学因素引起的问题、处于发作期和症状期的病人、缺乏自知和自制的当事人都不适合做心理咨询，因为这些人可能辛苦地接受心理咨询却往往徒劳无功。

（3）人格基本正常。求助者应该没有明显的人格障碍，因为人格障碍患者在智力、意识方面虽然没有明显问题，但他们要么主观上感到痛苦，要么在咨询过程中很难合作，所以良好的咨询关系难以建立或者收效甚微。

（4）态度和动机正确。来访的大学生对咨询的态度和动机会直接影响咨询的进程和效果。来访大学生对咨询效果抱有强烈的信念以及对获得帮助的期待都会对咨询成功与否具有很强的预测作用。大学生如果缺乏咨询的动机，觉得自己不需要帮助，则没有改变自己的力量，在咨询中只是被动、消极地参与。来访学生很希望通过咨询来解除痛苦，则咨询的动机越强，越容易和咨询员合作，获得帮助。

（5）有交流的能力。来访学生可以清楚、明白地表达自己的问题和看法，能清楚理解咨询员的谈话，体验自己和他人的情绪与想法，这对咨询效果都有帮助。

### 2. 咨询员的因素

咨询员在咨询活动中必然会将自己的专业知识、个性特质、以前的生活经验带入咨询之中，而这些个人事项的卷入将对咨询关系的建立、发展产生影响，进而会推动或阻碍当事人的改变。咨询员具备的一些知识技能、人格品质利于建立关系和促进当事人改变，但同时他们自己的需要和个人冲突也会有意无意地使咨询过程出现细微变化。因此并不是所有的人都能通过一些训练而成为一个能够帮助他人的咨询员，这也是我国高校心理咨询机构需要严格挑选心理咨询专业人员的原因。综合国内外的相关研究和生活经验，我们认为一个咨询员的个人专业训练和个人素质特点将对整个心理咨询过程和效果带来巨大影响。

**（1）相关的知识和技能**

首先，心理咨询员必须具备一定的专业知识。在发达国家，对从事咨询和心理治疗的人有严格的资格要求，从培训到认证都有着严格的、复杂的程序，要获得心理咨询的资格，一定要在大学和研究机构进行长期的学习和实践。但由于我国心理咨询与心理治疗的发展起步晚，这方面的人才培养还比较薄弱，往往采取的是“速成班”的模式，这对整个心理咨询员队伍的建立和质量的提高都不利。心理咨询的过程充满了困难和挑战，在这一过程中需要咨询员不断地努力进行甄别、评估和会谈，专业知识和技能在完成心理辅导任务中显得不可缺少。心理咨询员国家职业资格培训的教学计划中，涉及了普通心理学、社会心理学、发展心理学、心理健康与心理障碍、心理测验学、心理咨询员心理诊断技能、咨询技能等多方面的课程。这些理论的掌握，对于有效地分析来访学生的问题、提供对策很有帮助。

其次，心理咨询员要掌握一定的技能。心理咨询主要是通过会谈的形式进行，怎样和来访者进行有效的会谈不是每个人天生就会的。会谈中如何使用概述、质对、澄清等技巧都需要经过一定时间的实际操作和体会才能达到一定效果。在心理咨询员的国家资格考试中，要通过面试、个案分析来评价个人的技能使用情况，在具体培训中也经常开展会谈技巧的实习活动来丰富咨询员的实践经验。每一个来访的大学生都能从咨询员的表现中，迅速地辨别他是经验丰富的专家还是经验不足的新手，这种判断对于建立来访学生的信任具有重要意义。

最后，心理咨询员要具备一定的哲学和其他方面知识。在心理咨询的过程中，必须坚持辩证唯物主义和历史唯物主义的立场、观点与方法，并且人们的世界观、人生观和人性观对整个咨询过程都有影响，而这些观点和方法与哲学方面的知识相关。同时心理咨询员应对社会经济、史学、语言学和文艺等方面的知识有所了解，因为他们要给当事人提供信息和帮助，他的知识结构应该比较全面而系统。

（2）良好的职业道德、个人人格以及职业态度

在咨询过程中，每个咨询员都将自己的理论知识带入咨询中，因此长期以来很多人认为在咨询员的要素中，咨询员掌握的知识技能对于咨询工作的开展最为重要，也有些人希望通过专业知识的传授和技能的训练来培养优秀的心理咨询员。对知识技能的关注容易让人忽略咨询员的职业道德和个人人格对咨询的影响，其实有些心理咨询领域的专家学者认为，相比较而言，咨询员的个人人格和素养对咨询过程和效果更为重要。

作为一个咨询员必须要具备良好的职业道德。在目前国内社会风气、职业道德存在某些负面因素影响的时候，特别是在心理咨询行业刚刚起步的阶段，职业道德对于心理咨询事业来说特别重要。作为一个咨询员，要热爱自己的事业，对心理咨询工作有高度的责任感和荣誉感；要遵守保密的原则、遵守咨询过程中的尊重和平等原则。只有具备良好的职业道德，才能平等对待每个走进咨询室的学生，认真对待每个来访学生的问题。只有保证了良好的职业道德，才能为保障来访者的权利、建立良好的咨访关系打下良好的基础。

另外，咨询员个人的人格特点对心理咨询也尤为重要。在日常生活的经验中，我们会发现有一些人的确适合来做心理咨询帮助他人。他们可能表现出很多“适合做咨询员”的个人特点，如安全感、善解人意、聪明、直觉性、敏感性、耐心等。的确，要想做一个好的咨询员需要具备很好的人格素质，难以想象一个人格不健全、存在严重缺陷的人在咨询中如何能引导来访者进行进步和改变。在和来访者的会谈中，咨询员只有充分信任接纳自己的过去和现在，只有勇于面对自己的困难，而不是怀疑排斥自己、逃避面临的问题，才能给来访者树立一个榜样，咨询员个人人格示范作用对咨询效果将起到举足轻重的作用。

咨询员的职业态度是指咨询员对咨询和来访者所持的稳定情感和评价体系，它影响着咨询员在咨询过程中的行动反应。在心理咨询领域，咨询员的共感理解、无条件积极关注和真诚被认为是三种最重要的咨询态度，对咨询关系的建立、来访者的成长起着重要的作用。共感理解是咨询员能够在会谈中努力将自己置于来访者的位置，体会他人的感受。无条件积极关注是指咨询员对来访者的关心和尊重是无条件的，不管来访者有怎样的表现和怎样的行为方式，咨询员都要把来访者当成一个值得尊重的个体来看待。真诚是要求咨询员在咨询过程中做“真实的自己”，不特意取悦对方，也不因自我防御而掩饰、修改自己的想法和态度，不文饰、不回避自己的失误或短处。从中，我们可以发现这三个重要的态度对于促进治疗关系、提高咨询效果有积极的作用。

（3）咨询过程与方法

虽然罗杰斯等理论家认为只要和来访者建立了良好的咨询关系就可以帮助来访者，但仅仅有良好的咨询关系并不足以导致来访者的转变，在建立很好的咨访关系的同时，还需要咨询员采用一定的咨询方法、选择一定的咨询进程来帮助当事人。心理咨询是采用一定的心理学方法与技术，通过人际关系的互动，帮助来访者寻求解决问题的方式。因此可以说在一定程度上心理咨询的过程其实也是一个人际互动的过程。咨询的效果一定是取决于咨访双方互动的实际效果，如果咨询员和来访者能很好地产生交流和互动，

就可以带来突破性的变革力量，促发当事人获得一定程度的改变。一些大学生在准备接受心理咨询的时候，将咨询效果的责任全部归于咨询员，认为咨询进展快不快、效果好不好应该是咨询员能力的体现，自己只是被动的接受者，问题能否解决与自己无关，这些想法都与心理咨询的科学性相违背。来访的大学生只有放弃以前的偏见，切实地认识到并承担起咨询中的责任，努力和咨询员配合，一起探讨、交流、思考个人的问题，才能获得咨询效果的最优化。当然，咨询员可以根据来访学生的不同问题采取不同的咨询方法进行帮助，对于不同性质的问题，针对某一类特殊的来访者，应该可以发现相对更为有效的策略和方法。根据不同的理论流派，常见的心理咨询策略、方法有：精神分析的方法、人本主义的方法、行为主义的方法、理性情绪的方法、现实主义的方法、家庭结构的方法等。

## 二、心理咨询的程序

最早的学校心理咨询工作就像政治思想工作，来访的大学生来到咨询中心，把自己的问题和想法向老师一谈，双方开始进行探讨，最后帮助学生解决问题。

随着心理咨询在高校的发展，按照我国高等教育的目标要求，各个大学已经设立了为大学生提供服务的专门机构，即大学生心理健康教育中心或者大学生心理咨询与辅导中心。各大高校也努力培养专门的师资队伍，随着高校心理咨询机构和人员的正规化，学校的心理咨询与辅导也逐步走向正轨。而在现在学校心理咨询机构中，有大量经过专业训练的教师，已经形成比较科学的程序，可以按照规范的进程进行。

### 1. 心理咨询的预约

由于学校咨询人员的资源比较短缺，同时咨询工作人员大多兼有其他工作，来访学生要接受正式的心理咨询，事前要预约咨询老师。学生可以通过工作人员的介绍，结合分析自己的情况和喜好，预约咨询老师和初次谈话的时间。

预约阶段还包括基本资料的收集，这些资料会成为咨询的基本依据资料。资料收集可以采用基本谈话与表格或问卷填写、心理测量等方式，内容包括人口学资料、个人成长史、个人健康史、家族健康史、家庭情况、个人教育程度、心理状况的自我评估、求助问题与目的以及与心理问题相应的心理测量结果等。这些资料有助于咨询者的准备工作，咨询者也可以根据这些资料判断自己可以咨询的范围或是否需要转介其他咨询师。

### 2. 咨询问题的探索阶段

在接触来访者的问题之前有些事情是需要做好准备工作的，而不是一开始就直入正题。在问题探索阶段，需要完成一些基本的任务，如咨询员要努力和来访者建立起良好的咨询关系。咨询员以自己的真诚、理解、接纳和相关的倾听技巧让学生充分信任咨询员，建立起信任的关系。同时在问题探索阶段，咨询员帮助来访者看清楚自己的问题，在谈话中理清自己的思绪，归纳出自己存在的困难及性质。咨询员也通过科学的心理学手段，使用访谈技巧和一些科学规范的量表、测验工具进一步收集资料，这些资料比前一阶段的资料更加深入，与来访者的问题结合得更加紧密，为以后的目标界定和方案选择提供基础。

### 3. 目标设定阶段

在充分收集来访者的信息、资料的基础上，询问来访者对咨询工作抱有的期望值，针对来访者的问题，结合现有的干预手段和咨询的局限性与来访学生进行沟通。设定目标，就每一个来访者而言，需要针对不同当事人的问题确定一个具体的目标，咨询过程中的目标让心理咨询能更有效、更有针对性地获得效果。它可以引导咨询的过程，指明方向而不致漫无目的，也可以监控咨询进程，有利于咨询效果的评价，当事人也可以通过目标来衡量咨询活动是否达成期望。当然目标一旦确立对咨访双方也是一个促进，有利于大家积极地投入咨询中。在咨询目标确定过程中，一般要求咨询老师起主导作用，但要充分调动当事人的积极性，所以目标由咨询员和来访者共同商讨决定。

### 4. 方案探讨阶段

方案探讨就是根据来访者问题的性质、程度、个人及环境情况以及咨询员的策略和现有技术，结合已确定的咨询目标来选择一个特定的行动方案和计划，以帮助来访学生获得预期的咨询效果。在这一过程中也应该发挥当事人个人的积极性和主动性，咨访双方设想出各种可能的帮助方案，并对各方案的优缺点进行比较和评估，最好在当事人同意的基础上确定一个被咨访双方接受的方案。

### 5. 治疗或行动阶段

治疗或行动阶段最能体现来访者“自助”的本质，是整个咨询过程中最有影响力的环节。咨询者根据诊断结果和确立的方案，以特定的咨询理论为指导，通过引导学生分析、理解，并通过为学生提供改变的选择、对学生进行训练等方式来影响当事人的态度和行为。在这一进程中，鼓励来访学生尝试改变、树立进步的信心，同时适当给予学生一定的反馈和评价，让来访学生清楚自己做得好不好，从而增强进一步改变的积极性。

### 6. 评估与结束阶段

当来访者在治疗和行动阶段充分地进行练习和尝试，并能够将咨询中习得的心理行为方式和解决问题的手段应用到日常相似情境中去时，就意味着学生在咨询活动中获得了进步。咨询员意识到来访者可以脱离咨询室的环境稳固自己习得的经验和方式后，可以进入心理咨询的评估和结束阶段。咨询员和来访者双方就整个咨询的结果作出评价，咨询员帮来访者看清有效的方式，同时也提出双方咨访关系的暂时结束。

以上所列咨询程序并不是一成不变的，因为心理咨询工作是一项充满变化和挑战的事务，正是它的不确定性才能帮助学生成长。在日常咨询活动中，咨询员可根据咨询的实际情况对咨询目标、咨询方案以及评估、结束等阶段作出调整，也可能在咨询一段时间后，发现既定的目标和方案并不适合，或者由于双方的互动出现问题，咨询员发现不能有效帮助当事人，在这种情况下，就需要对目标、方案甚至咨询双方的关系重新作出选择。

## 三、心理咨询的一般形式

虽然我国高校的心理咨询工作近年来有了很大的进步和发展，但由于我国的心理咨询事业起步晚、底子薄，又经历了“文革”的冲击，整个心理咨询存在先天的不足。

目前我国高校心理咨询的师资队伍在质量上和数量上还比较欠缺，在高职类院校中，这种现象更是突出，师生比例严重失调，满足不了大学生的心理咨询需求。但我国高校的心理健康工作人员充分发挥主观能动性作用，借鉴国外的许多经验，在高校中形成了多种多样的心理咨询形式，从而弥补了师资人员上的不足，对推动整个高校的心理咨询工作起到了积极的作用。我国高校常见的心理咨询形式有以下几种。

### 1. 面谈咨询

在咨询活动中这是最为常见的咨询形式。面谈咨询的特点是通过咨询教师与学生的直接交往相互作用，使求助者的疑难问题得到解决，心理困扰或轻微心理疾病得到排解或减轻。来访学生进入咨询室后，和咨询员进行面对面的会谈。在咨询员创造的安全、尊重和理解的环境下，来访者将自己的烦恼、困惑以及焦虑等体验告诉咨询员。咨询员充分接纳当事人，耐心、公允地倾听来访学生的问题，并运用自己的人格魅力、心理学知识和技术帮助来访学生看清楚自己的问题，领悟解决问题的有效方式。这种面谈咨询和辅导的形式，首先为来访者创设了一个安全的环境。在面谈中一般是咨询员和来访者进行一对一的谈话，没有其他人在现场，来访者更容易敞开自己的心扉，有利于发现自己的问题。同时面谈咨询为来访者和咨询员创设了一个充分互动的机会，这种互动显得更为直接和自然，咨询员可以对来访者进行直接的观察，更能对其个性、身心状态、心理问题的严重程度、性质进行判断和诊断，并能随时调整自己与来访者的互动方式。面谈看似是一种简单的形式，但却需要咨询员具有丰富的专业知识和经验，并不是一种简单的工作。

### 2. 电话咨询

电话咨询是咨询人员利用电话给咨询对象提供咨询服务的一种形式。电话咨询是比较方便和及时的咨询方式，在发达国家被广泛使用，特别是在自杀预防和危机干预方面起到很大的作用。电话咨询的最大特点是灵活，无论何时、何地、何人处于苦恼的时候，都能通过电话咨询得到开导和帮助。即时性、随时性、便利性（方便性）是其灵活性的具体表现。一般的面谈咨询，来访者在来之前，往往要经历很长时间的矛盾、斗争，消耗许多的精神能量。而电话咨询则能避免这些问题，使咨询者在出现问题时就能寻求心理上的帮助，特别是受地理因素影响的来访者。另外，电话咨询更具有匿名性，寻求帮助的学生有终止咨询关系的自由，来访者能更有余地地选择咨询师。因此有利于表露真实的自我，有利于一次性解决问题，直奔主题。电话不仅消除了双方在地理上的距离，也缩小了双方心理上的距离。因为电话对话是直接从口进入耳朵，并且具有直接排他的两者关系，和面谈相比，求询者容易很快地产生与咨询者间的亲密感觉。

但电话咨询有时也表现出它的缺点。电话咨询实际上是由求询者掌握主导权，因此产生出一些问题。咨询员压力增大，无法预期和准备相应的工作，并且易卷入求询者困惑的情景中，并被其支配，咨询员有“不安定”感。这对咨询员来说是考验和锻炼。

另外，有些重度的病理性患者如对人恐惧、社交恐惧、对人焦虑的求询者，易对电话咨询产生依赖，而对这类病人来说，电话咨询效果有限，虽然可以减少他们的孤独感，但过多的依赖反而不利于病情缓解。更令电话咨询师头疼的问题之一就是“性骚扰”电话，有时求询者表面上看好像在咨询问题，但实际上却隐含一种性幻想或性愿望达成的病理性在内，这时咨询者要有拒绝的勇气和技巧。

### 3. 书信咨询

书信咨询是指由心理咨询机构以通信方式对求询者及相关人员所提出的心理问题给予解答、指导和疏导的一种形式。书信咨询的优点在于不受居住条件限制，有疑难者可随时通过信件诉说自己的苦恼或愿望；心理咨询机构在选择专家答疑解惑时也有较大的回旋余地。它在电子通信发达的今天显得更为方便。同时对于那些不善口头表达或较为拘谨的求询者来说，书信咨询的优点更是显而易见的。

不过书信咨询也有一些不足之处。一方面，咨询效果易受求询者的书面表达能力、理解能力和个性特点的影响。假如求询者书面表达能力较差，问题的叙述过于简单、含糊或前后矛盾，咨询人员便无法根据来信内容作出正确判断。如果求询者做事草率粗心，地址不详或错漏，也将给咨询工作带来极大麻烦。另一方面，咨询双方的非语言交流受到限制，咨询帮助浮于表面和不够灵活。再者，通信咨询一般解答心理问题知识和心理卫生知识的较多见，但要起到治疗作用却较难。当然，经过咨询双方的共同努力，书信咨询的上述缺点是可以得到一定程度的弥补的。就求询者来说，首先，要求在书写求询信件时认真、全面，一定要写清所需解决的心理问题的来龙去脉，并提供必要的背景信息。如本人的家庭状况、群众气氛和人际关系情况、个人的成绩、兴趣爱好等。这样才有利于咨询者作出全面、准确的分析判断，进而提出恰如其分的指导性意见。其次，求询信件写好后，应从头到尾地仔细检查一遍，看问题是否已叙述清楚，有无遗漏或笔误，信件末尾的署名、通信地址和邮编是否齐全和工整。就心理咨询人员来说，则应认真解答求询者提出的问题，力争使每封回信在字里行间都饱含对求询者的深切关怀、热情鼓励和殷切期待，同时在中肯、详细分析的基础上附上切实可行的指导措施，这样才能使通信咨询的功能得到最有效的发挥。

### 4. 团体咨询

团体咨询又称集体咨询、群体咨询、小组咨询。顾名思义，团体咨询是在团体情境下提供心理帮助与指导的一种咨询形式，即由咨询员根据求询者问题的相似性，组成课题小组，通过共同商讨、锻炼、引导，解决成员或共有的心理障碍。团体咨询通常由一位或两位咨询员主持，多个来访者参加。团体的规模因咨询目标的不同而不等，少则3~5人，多则十几人，甚至几十人。通过几次或十几次团体聚会活动，参加成员互相交往，共同讨论大家关心的问题，彼此启发、相互反应，支持鼓励，使成员了解自己的心理，了解他人的心理，以便改善人际关系、增加社会适应性、促进人格成长。团体咨询既是有效的心理治疗，也是一种有效的教育活动。

团体咨询提供了适当的情境，成员在共同活动中彼此进行交往，相互影响，并由此产生了一系列诸如人际关系、暗示、模仿、气氛、感染、社会知觉等社会心理现象，使成员能通过一系列心理互动的过程，探讨自我、尝试改变行为、学习新的行为方式、改善人际关系和解决生活中的问题。

团体咨询应用范围广泛，它既可以用以治疗各种心理疾病，也可以用以解决正常人的心理问题，更被广泛适用于健康的正常人。

团体咨询的优越性在于咨询和治疗团体作为一个微型的社会，为那些现实生活中受到挫折、压抑的成员提供了一个宽松的环境。在这个理解和支持的氛围中，参与者愿意尝试各种选择性的行为，探索自己与其他人相处的方式，学习有效的社会技巧。而团体成员之间也能讨论他们彼此之间的相互感觉，并获得其他成员在团体中对其感觉的反馈，使之可以通过别人的观点来审视自己。团体咨询和治疗可以设计不同的主题来满足各种特殊群体的需要，是当代发展最快的心理咨询和治疗形式之一。

**5. 现场咨询**

现场咨询是咨询机构的专职人员深入到基层或咨询者家庭、学生宿舍，为广大咨询者提供多方面服务的一种咨询形式。在国外，这种咨询形式正引起越来越多的人的关注。有的国家还把现场咨询和巡回咨询有机结合起来，收到了较好的效果。在我国，由于缺乏专职心理医生，目前还很少有人到基层进行专门的巡回咨询或现场咨询，当然，这并不等于说从来无人从事过这方面的工作。例如，北京师范大学心理测试与咨询服务中心的人员，便曾就初中学生的升学指导问题深入到北京市东城区开展现场咨询。在一个国家的心理咨询服务尚未构成合理的组织体系时，由专职机构的医生适当开展巡回咨询、现场咨询，对于满足基层的现实需要有着重要作用。在我国目前的情况下，学校开展现场咨询有着很大的倡导价值。

学校心理咨询形式的多样性，为高校心理服务工作者提供了更广阔的选择空间，有利于根据咨询员、当事人的个人情况适当作出安排，也能很大限度上利用学校的心理咨询，心理健康服务资源。当然也可以根据生活的经验，进行多方面结合，创造出更灵活多样的咨询手段为广大的大学生提供服务。

## 第三节　心理咨询与心理治疗

### 一、认识心理咨询与心理治疗

心理咨询和心理治疗之间有许多相似之处。最基本的一点是：两者所采用的理论方法常常是一致的，即在心理咨询和心理治疗的理论上没有明确的界限。前面已详细叙述了心理咨询的含义，对于心理治疗的概念，国内外心理学专家也有描述。

沃尔培格（L. R. Wolberg）认为，心理治疗是一种“治疗”工作，即由治疗者运用心理的方法，来治疗与病人心理有关的问题。治疗者必须是受过训练的专家，用心与病人建立治疗性的关系，企图消除心理与精神上的症状，并寻求人格上的成长与成熟。

英国心理学家艾森克（H. J. Eysenck）认为，心理治疗是基于治疗者与被治疗者之间所产生的持续性人际关系。被治疗者因自己的情绪或人际适应方面受困扰或不满意而来寻求治疗，治疗者运用心理学的原则，包括解释、暗示及说服等机制，基于心理障碍的一般原理及被治疗者特别病理，建立治疗的程序，以解除被治疗者的心理问题。

我国学者一般认为，心理治疗是应用心理学的原理与方法，利用治疗者与被治疗者间的相互反应与关系，治疗病人的心理、情绪、认知及与行为有关的问题。

关于心理治疗的特征，对应于不同心理治疗的概念有不同的观点，但比较多的人接受的是艾森克所归纳的几个主要特征：（1）心理治疗是一种两人或多人之间的持续的人际关系；（2）参与心理治疗的其中一方是有特殊经验或接受过特殊专业训练的专业人员；（3）心理治疗的其中一个或多个参与者是因为对自己的情绪或人际适应感觉不满意而加入这种关系的；（4）心理治疗中应用的方法实际上是心理学的原理；（5）心理治疗的程序是根据某些一般心理障碍的正式理论和求治者特殊的心理障碍而建立起来的。

从概念与特征分析上可以看出，心理学界对这两个概念的区别比较模糊。这两个概念理解上的模糊，也造成了许多人对心理咨询的误解，认为接受心理咨询的人就是心理有疾病或心理变态。

### 1. 心理咨询与心理治疗的异同

从前面我们对心理咨询和心理治疗的概念与特点的分析中可以发现，两者没有本质性的差异，而只在程度、范围以及侧重点上存在差别。因此有人认为两者本质一致，在许多方面相互重叠。咨询中间往往有治疗，治疗也不能脱离咨询。咨询是治疗的必要前提，实效性的治疗必须建立在大量的、翔实的咨询基础之上。但在实际的操作过程中两者还是有一些区别，如有的高校心理咨询中心明确提出只咨询不治疗，有的咨询者也提出这样的操作标准。

### 2. 心理咨询与心理治疗相似点

（1）心理咨询和心理治疗的工作对象常常是相似的。即在病与非病之间没有明确的界限。在日常临床工作中，要求帮助的咨询者大都有各种烦恼和心理障碍，且多处在正常与心理疾病这个连续系统之间，难以划分。因此，心理咨询专门针对正常人，而心理治疗专门针对病人，这一规定也就失去了现实基础。

（2）心理咨询和心理治疗都希望通过施治者与求助者之间的互助，达到使求助者转变心理的目的，同时又都注重建立施治者与求助者之间的人际关系，认为两者都是帮助求助者心理改变和健康成长的必要条件。

### 3. 心理咨询与心理治疗的不同点

（1）提供帮助者不同。提供心理咨询服务的人称为咨询者或咨询心理学家，接受过心理学的专业训练。提供心理治疗服务的人由两部分组成，即接受医学训练的精神病医生和接受临床心理学训练的临床心理学家。

（2）接受帮助者不同。心理咨询将接受帮助者称为来访者或求询者，主要是在适应与发展方面存在困难的正常人。心理治疗将接受帮助者称为病人，主要是精神病人、神经症病人等。

（3）问题性质不同。心理咨询面对的往往是适应与发展中的问题，如人际交往、家庭、学业等。不过，如果这些问题不能及时解决，会产生一些消极的情绪问题，严重的会发展为神经症，这时就必须接受心理治疗。心理治疗面对的往往是神经症、人格障碍、行为障碍、性心理变态或处于缓解期的精神病等。

（4）解决问题的方式与特点不同。心理咨询强调教育与发展；心理治疗强调人格的改造与行为矫正，重视症状的解除，不太重视病人的主观作用。

综上所述，我们可以这样认为：心理咨询和心理治疗是本质相同的实践活动，但在传统上各自有所侧重和分工。基于这一原因，本书不严格区分这两个概念，除非在特别强调要加强治疗或药物辅助时使用心理治疗，一般都采用心理咨询这个概念。

## 二、心理咨询的一般方法

有的学者认为，目前世界上心理咨询的方法达400多种，这里选择在学校常常使用的一些方法进行介绍。这些理论与方法一般要专业人士进行专业训练后才能在实践中加以运用，但有些理论与方法对大学生有一定的启发，所以有些具体的操作可以让大学生自主完成。

### 1. 支持疗法

支持性心理咨询是最基本的方法，广泛地运用于许多领域中。

咨询员通过支持与鼓励，使面临困难而无所适从或情绪低落、抑郁者看到光明、得到依靠、恢复自信；通过细听倾诉，使内心有痛苦、怨恨、不满者有机会宣泄积压的情绪，从而减轻心理负担；通过解释指导，使因缺乏知识或受不正确观念影响而产生烦恼、忧虑者调整原有的认知观念，培养健康的适应方式。

### 2. 心理分析法

心理分析法又名精神分析治疗法，是由著名奥地利精神病学家西格蒙德·弗洛伊德（Sigmund Freud，1856—1939）所创建的一种特殊心理治疗技术。它既可适用于某些精神疾病，也可以帮助人们解决某些心理行为问题。弗洛伊德认为许多神经症（如癔症、强迫症、焦虑症等）的发病原因，主要源于压抑在潜意识内的某些本能欲望、意念、情感、矛盾情绪与精神创伤等因素。这些被压抑的东西，虽然人们自己不能觉察，但存在于潜意识内并对人的行为产生影响，从而引起患者个人也不理解的焦虑、紧张、恐惧、抑郁与烦躁不安，并产生各种精神障碍表现。此外，人们日常生活中发生的口误、笔误、意外事故等心理行为问题，也与潜意识活动有关，可通过精神分析治疗得到帮助。

精神分析治疗的原理是：发掘患者或求诊者潜意识内的矛盾冲突或致病的情结，把它们带到意识领域，使就诊者对其有所领悟，在现实原则的指导下得到纠正或消除，并建立正确与健康的心理结构，从而使病情获得痊愈。

心理分析法一般采用四种方法：自由联想、梦的解析、阐释、移情。

### 3. 行为疗法

行为疗法也称行为矫正疗法，来源于行为主义理论。行为主义认为，所有的行为（包括正常、健康的行为和异常、变态的行为）都是学习获得的，并由于强化而得到巩固。异常行为也是习性行为，习得的方式跟正常行为一样，而它与正常行为的差异在于它是非适应性的。既然不适应行为是学习得来的或是对普通情境的异常反应，那么，行为治疗家就可通过对个体再训练的方法（再教育或重建条件反射，即教授个体对周围环境中的刺激作出新的适宜反应），以及在某些方面改变个体环境的方法把不正常的行为变为正常的行为，这就是行为疗法的基本原理。行为疗法的具体方法有：

#### （1）系统脱敏法

系统脱敏法应用了经典性条件反射原理。治疗过程中，让来访者分步骤地接触会引起敏感反应（如恐惧、焦虑、厌恶等）的事或物，由反应程度轻的逐步过渡到反应程度重的，使之逐渐习惯而消除敏感。此法常用于恐惧症、焦虑症等。

具体的方法为：首先进行放松训练；然后将恐惧或焦虑事件按等级程度由小到大的顺序排列；最后在求治者完全放松的状态下进行系统脱敏。这一过程分为三个步骤进行：①放松。②想象脱敏训练：由治疗者作口头描述，并要求对方清楚地想象此事，在这一想象中的场景中保持30秒左右。想象训练要求生动逼真，像演员一样进入角色，不允许有回避停止行为，一般忍耐一小时左右视为有效。③实地适应训练，这是治疗的关键步骤，从最低级到最高级，逐级训练以达到心理适应。一般要重复多次，直到情绪反应完全消除，才进入下一等级。

#### （2）冲击疗法

冲击疗法又称"满灌疗法"，它是鼓励病人直接接触导致恐惧焦虑的情景，并坚持直到紧张感觉消失的一种快速行为治疗法。

运用满灌疗法，治疗一开始时就应让病人进入最使他恐惧的情境中，一般采用想象的方式，鼓励病人想象最使他恐惧的场面，或者心理医生在旁边反复地、甚至不厌其烦地讲述他最感恐惧情境中的细节，或者使用录像、幻灯片放映最使病人恐惧的情景，以加深他的恐惧程度，同时不允许他采取闭眼睛、哭喊、堵耳朵等逃避行为。在反复的恐惧刺激下，即使病人因焦虑紧张而出现心跳加快、呼吸困难、面色发白、四肢发冷等植物性神经系统反应，但其最担心的可怕灾难却并没有发生，这样焦虑反应也就相应地消退了，或者把病人直接带入他最害怕的情境，经过实际体验，使其觉得也没导致什么可怕的后果，恐惧症状自然就慢慢消除了。国外报道，即使病程超过20年的恐惧症，经过3~15次满灌治疗，也有希望治愈。

**（3）厌恶疗法**

厌恶疗法又称为处罚消除法，是应用惩罚的厌恶性刺激，即通过直接接触或间接想象，以消除或减少某种适应不良行为的方法。厌恶疗法的特点是，治疗期较短，效果较好。

厌恶疗法常用于戒除烟、酒或药瘾以及治疗性变态，也可以用于治疗强迫症等。

**（4）操作条件法**

操作条件法又称奖励强化法，即在心理治疗过程中，当患者出现所期望的心理行为时，马上给予奖励，以增强适应性行为。常用于纠正不良习惯，对心理行为障碍也有一定的疗效。

此外还有自我调整法（即全身松弛法）、模仿法（即示范法）、扮演角色法，等等。

行为治疗过程中，要注意进程适当，有及时的奖罚，训练目标明确，培养来访者足够的行为动机等。最重要的是要明确来访者问题的实质，设计一种切实可行的程序与进度去改变行为。

### 4. 认知疗法

认知心理学认为人的心理行为受人的认知所支配。某些人的心理问题主要是由于在错误前提下对现实曲解的结果。咨询的关键在于指导来访者改变原来的认知结构，解除歪曲的想法而代之以更现实的思维方式，纠正不合理的信念，代之以合理的信念，从而改变其行为。

当然，要患者承认自己的认知方式和观念是不合理的，也不是一件容易的事。咨询员常常要通过一系列逻辑推理、实证比较、假设分析，才能帮助患者认识到情绪困扰与不合理认知之间的联系。只有来访者真正认识到自己的问题所在，才可能放弃以往的不合理认知方式，转而用合理的认知方式去看待事物和解决问题。

### 5. 人本主义疗法

人本主义理论认为，人需要发展并运用他们所具有的天赋、潜力，以发展自我并实现自我，这就是心理健康。在人的发展过程中，人的基本需要如果遭到挫折，他的自我意识就会发生扭曲，内在潜能也就不能发挥出来，从而会造成心理失调，严重者还可能导致心理疾病。因此，人本主义疗法强调创造一种良好的环境，形成真诚相待、相互理解、彼此尊重的气氛，帮助来访者进行自我探索，认识自身的价值和潜能，发现真正的自我，对自己的成长负责，并朝着自己预定的目标前进。

### 6. 森田疗法

森田疗法是日本学者森田正马创立的。它是一种顺其自然、为所当为的心理治疗方法，即指导来访者接受自己的症状而不企图排斥它、带着症状生活。

森田疗法的心理学原理，在顺应自然的态度指导下的“为所当为”，有助于陶冶神经质性格。这种陶冶并非彻底改变，而是对其性格的不同部分进行扬弃，即发扬神经质性格中的长处，如认真、勤奋、富有责任感等；摒弃神经质性格中的致病之处，如极端的内省及完善欲望。森田正马教授认为：顺应自然既不是对症状的消极忍受、无所作为，也不是对症状放任自流、听之任之，而是按事物本来的规律行事、听凭症状存在、不抗拒排斥、带着症状积极生活。顺应自然、为所当为治疗原则的着眼点在于打破精神交互作用、消除思想矛盾、陶冶性格。这一原则还反映了森田疗法对意志、情感、行动之间关系的看法，即意志不能改变人的情感，但意志可以改变人的行为，通过改变人的行为来改变一个人的情感，陶冶一个人的情操。

## 三、心理咨询方法的选择

心理咨询方法选择不当会事倍功半，甚至无效，为此，慎重选择就显得很重要。总的原则是：因人、因事、因时、因地而异。

首先，不同的问题应选择不同的方法。例如，社交恐惧症可采用脱敏法；某些看起来缘由不明的心理问题可用心理分析法。其次，对于不同的阶段可采用不同的方法。例如，初次来访，常表现为情绪不稳，心理烦乱，此时重在提供心理支持帮助，情绪稳定后，可实施分析疗法、认知疗法，最后采用行为疗法以改善行为。再次，根据不同的来访者实施不同的方法。因为来访者的个性、性别、年龄、文化背景等会影响到对咨询方法的接受程度。最后，咨询员本身的个性、价值观、专长和经验等也会影响咨询方法的选择。在现实中，多数咨询员更喜欢采用综合的折中的方法，以咨询效果作为评价标准。

咨询效果的判断既可依据来访者自己的叙述，也可根据他人的观察和咨询员自己的判断来衡量，尤其是根据来访者的态度和行为来分析，此外还可用心理测量等手段。总之，一般应在综合分析的基础上作出全面评判。

科学认识心理咨询，在校园里咨询工作并非是帮助大学生解决现实的困难，而是通过咨询来促进来访者的自我成长，从而自己去解决问题，即“助人自助”。心理咨询的最高境界是授人以“渔”。

### ☞ 课后小资料

1. ABC 理论

在诱发事件 A（Activating event）、个人对此所形成的信念B（Belief）和个人对诱发事件所产生的情绪与行为后果 C（Consequence）这三者的关系中，A 对 C 只起间接作用，而 B 对 C 则起直接作用。换言之，一个人情绪困扰的后果 C，并非由事件起因 A 造成，而是由人对事件 A 的信念 B 造成的。所以，B 对于个人的思想行为方法起决定性的作用。

2. 理性情绪疗法

理性情绪疗法的目的在于帮助来询者认清其思想中的不合理信念，建立合乎逻辑、理性的信念，以减少个人的自我挫败感，对个人和他人都不再苛求，学会容忍自我与他人。

## ☞ 思考与训练

1. 如何正确认识心理咨询？学校心理咨询有何特点？

2. 当自己出现心理困惑，想从咨询中心获得专业老师的帮助，心理咨询的大致流程是怎样的？

3. 目前在我国高校常见的心理咨询形式有哪几种？请描述各自的特点。

4. 心理咨询和心理治疗是一样的吗？它们有什么相同点？有什么不同点？

5. 常用的心理咨询与治疗的方法有哪些？

# 第三章　大学生适应的心理健康教育

最高明的处世术不是妥协，而是适应。

——吉姆梅尔

我们干工作要使每件日常事务适应于伟大的坚定目标。

——马雅可夫斯基

理智的人使自己适应这个世界；不理智的人却硬要世界适应自己。

——萧伯纳

人在身处逆境时，适应环境的能力实在惊人。

人可以忍受不幸，也可以战胜不幸，因为人有着惊人的潜力，只要立志发挥它，就一定能渡过难关。

——卡耐基

"物竞天择，适者生存。"适应是每个人都有所体验的，只有适应了，我们才得以降生，只有适应了，我们才得以成长。世界因为适应而变得丰富多彩，人类因为适应而成为地球的主宰。"胜者为王，败者为寇"，虽是兵家术语，但也给了我们一个明确的答案：不适应就要受到排斥，不适应就要退出历史舞台，不适应就要被消灭……的确，适应是生存的基础，是进步的前提，适应是能力健全的象征，是心理健康的标志。一个人的适应能力如何直接关系到其生存和发展，关系到其前途和命运。大学是人生的重要转折点，是新生活的起点，在大学里生活环境、学习方式、人际关系、教育理念都发生了很大的变化，每一个大学生都面临着身心适应的问题。因此，学习适应的基本理论，认识大学生的适应状况，探索大学生不适应的调适方法，培养大学生的适应能力等问题就成了摆在我们面前的重要课题。

## 第一节　适应的概述

生活需要一种温馨和谐的氛围，而营造这种氛围，则需要每个人都学会适应身边的环境。有这样一则寓言：一只乌鸦打算飞往东方，途中遇到一只鸽子，双方停在一棵树上休息。鸽子见乌鸦一副飞得很辛苦的样子，关心地问：你要飞到哪里去？乌鸦愤愤不平地说：其实我不想离开，可是这个地方的居民都嫌我的叫声不好听，所以我只好飞到别的地方去。鸽子好心地告诉乌鸦：别白费力气了！如果你不改变你的声音，飞到哪里都不会受欢迎的。这则故事告诉我们：如果你无法改变环境，唯一的方法就是改变你自己。也就是“主动去适应环境，而不要等环境来适应你”。那么，什么是适应？适应的方式和机制有哪些？

## 一、适应的含义

“adaptation”（适应）一词来源于拉丁文“adaptatus”，原本具有调整、改变的意思。在生命科学中，适应的概念被广泛应用。在遗传学和进化论中，适应是指人类或生物种群通过遗传和变异来与新的环境条件相协调。在生理学中，适应是指生命有机体在环境变化时生理的变化。在心理学上主要是用来表示有机体对环境变化作出的反应。在心理学研究中，适应这一术语有多种含义，既可以用来表示有机体对环境变化作出的反应，又可以用来表示能增加有机体生存机会的那些身体和行为上的改变。20 世纪 40 年代以后由于出现控制论、系统工程和行为科学等交叉学科，适应的概念被推广到工程技术和经济管理的领域，50 年代开始出现适应控制系统。

### 1. 适应是生物学的基本概念

事实上，适应原本是生物科学的一个最基本的概念。它是指所有活着的有机体都要随着它们环境中某些条件的改变而改变其活动。一个动物有机体的需要必须通过其外在条件相适应的行为来加以满足。“适者生存”这是一个不可抗拒的法则。斗转星移，宇宙中存在着新旧星体的更替；岁月轮回，自然界中上演着新旧生物的产生与来绝。适应是事物发展的基本条件，一旦持续地失去与周围世界适应的能力，机体就会被淘汰。我们知道，当外在情况发生变化时，动物就必须改变其行为，并寻求某种别的方式以满足其欲望。这可能需要通过一些新的反应方式来实现，或通过改变其周围的环境来实现，或通过改变有机体自身的需要来实现，总之，有机体的需要应与环境中的某些条件协调，从而促进其自身的发展。

一旦产生某种程度的不适应，它的生存便要受到一定的影响和危害。

### 2. 适应是心理健康的标志之一

#### （1）适应在很大程度上代表着一个人心理健康的程度

适应是在现实生活环境中维持一种良好的、有效的生存状态和发展状态的过程，是心理健康的基本标准之一。积极的适应就是发展、消极的适应有时会导致心理冲突和停滞不前。实质上，现代社会的飞速发展，给每个人的生活适应都提出了很高的要求，学会适应是每个人健康生活、获得发展的前提和基础。

对于正处于学习、成长过程中的大学生来说，能否良好适应是关系到大学生活是否顺利及未来在社会中能否继续发展的重要因素。

心理学家艾夫考认为，适应是个体与环境的互相关系，个体在与环境相互作用的过程中，通过不断调整自我身心状态，使身心与现实环境保持一致，从而达到认识环境、改造环境、发展自我的目的。

**（2）适应的根本问题就是心理适应**

心理适应首先要有对环境的认识和对自身的客观分析。有些人不论身处什么环境总感觉不舒服，并一味地抱怨命运、抱怨环境、抱怨自己身不逢时等，从而产生对生活的消极态度，甚至形成不健康的人格；有些人身处逆境，仍然能与命运抗争，最后达到自我的实现，而且为社会做出了自己的贡献，这样的事例屡见不鲜。

## 二、适应的理论依据

适应不仅是生命个体的一种基本需要，一种必备的能力，更是生命个体得以发展的内部原因和必要条件。适应问题早已成为心理学家们普遍关注的问题。他们从适应与个体的认知发展、人格发展和行为改变等不同方面分析、论证了适应在个体心理素质健康发展中的积极意义，这些理论对于我们认识适应，调适不适应，培养适应能力都具有积极的指导作用。

### 1. 皮亚杰的智慧发展适应观

皮亚杰（Piaget）认为，适应对个体的智慧发展具有积极的促进作用。智慧行为既是对环境的生物适应，又是企图使环境及客体与心理活动之间达到和谐的表现。在他看来，智慧的本质就是一种适应，是有机体在不断运动变化中与环境发生交互作用——同化和顺应，最终取得相对平衡的过程，是通过动作所获得的对客体的适应而实现的。而适应的本质则是主体能够通过同化和顺应两种途径取得自身与环境之间的平衡过程的结果，即个体通过环境中各种刺激物的影响后形成了一系列认知图式。当以后认知新事物或解决新问题时，直接利用原有的认知图式给予对照，如当旧图式可用于认识解决新事物时，此过程称为同化，若不能解决，则需要改变旧图式，形成新图式以便适应新情况，此过程称为顺应。个体就是通过同化和顺应这两种形式达到机体与环境的平衡。但是这种平衡不是绝对静止的,而是运动、变化和发展的,一个水平的平衡成为下一个水平平衡运动的开始。如果有机体与环境之间失去平衡,就需要改变环境以重建平衡。因此,在皮亚杰看来,这种平衡——不平衡——平衡的动态变化过程就是适应的过程,也是个体智力发展的实质的原因。

### 2. 弗洛伊德的人格发展适应观

弗洛伊德认为，适应对个体人格的健全发展具有积极的促进作用。人格的完善和健康取决于人格各部分（本我、自我、超我）关系的和谐一致，以及个人与他人必须生存于其中的现实世界的协调。而适应就在于自我必须调节本我、超我和外界的关系，为满足我的本能要求而发觉和选择机会，但又不违背外界和超我所要求的准则。适应不良是由于外界环境没有提供适当有利的机会，使源于内在的心理欲望没有得到适当的投注和发泄，从而使个体遭受过多或过少的挫折，最终产生心理疾病。

### 3. 行为主义的学习适应观

行为主义心理学十分重视对学习适应的研究。斯金纳认为，适应是在特定情景中通过刺激强化而建立适宜的行为反应的过程。班杜拉认为适应究其实质来说是个体通过观察学习社会获得适当的行为方式的过程，而适应的产生不仅决定于适当刺激的强化，更取决于个人主观的心理预期。罗特则强调了个人的目标价值（需要）对个体的适应性行为具有重要促进作用。因此，行为主义的适应观在强调适应就是个体对内外环境所作出的特定反应过程之后，提出了引起个体产生适应行为的两种重要因素，即心理预期和适当的个人价值目标才能使个体产生适应行为。当个体对某一目标的个人目标价值(需要价值）过高，而对达到目标的心理预期又过低时，就会产生心理适应问题。因此，要促进积极适应，维护心理健康，就要调节个体的心理预期和成就目标之间的关系。

#### 4. 人本主义的自我发展适应观

在人本主义心理学家看来，适应是促进个体的自我发现和自我实现的重要动力，自我的发展和完善就是个体与自然和社会环境不断适应的过程。马斯洛强调了社会适应与自我实现之间存在关系。罗杰斯则从自我概念及其发展变化角度来解释个体的心理适应问题。认为个体自我概念的发展水平及理想自我与现实自我之间的矛盾是心理适应的基础。他指出，适应就是个人与外在环境达成了一种和谐与默契，从而使个体能够充分挖掘自我潜能，展现自我价值的过程。人本主义心理学家布朗强调，要促进个体的积极适应，应该提倡“融合性教育”，即“寓情意教学于认知”的教学思想。

## 第二节　大学生的适应状况与自我调适

在现实生活中，人的生命历程必然会遇到诸多的不愉快、不适应，我们却很少能够做到去改变自己，而当遇到挫折和困境时，就会产生郁闷、烦躁的情绪，觉得生不逢时，怨天尤人，事事好像都与自己过不去似的，这也是我们经常说的“不适应”。那么当代大学生中存在哪些不适应呢？

### 一、大学生适应不良的表现

当环境发生变化时，个体就会出现许多不适应的问题。对于大学生来说，从高中步入大学以及从大学踏入社会，是人生的两个重大转折，无论是学习环境、生活环境、人际环境还是心理环境都发生了很大的变化，相应地，适应问题已经成为摆在大学生面前的重要话题。

从空间来看：在不同群体的大学生中适应不良程度表现不同。其中贫困大学生的心理适应不良表现尤为突出，常常表现为以下四个方面：

其一，环境不适应。农村和城市有着两种完全不同的生活环境，存在两种差异巨大的生活方式。来自农村的贫困大学生对很多现代化的东西，譬如手机、电脑甚至饭卡都不会用，这种适应需要一个过程。

其二，学习不适应。来自农村的贫困大学生在学校出类拔萃，但到了大学，强手如云，他们渐渐失去优势，面临着重新定位。另外，农村教育多是“死读书”，而大学强调素质教育，导致贫困生在学习方法和教学方法上一时难以适应。

其三，文化不适应。在心理学上，有一种理论叫“文化自我中心论”。农村贫困大学生的很多习惯，包括卫生习惯、生活习惯等都与城市文化规则格格不入，因此，以农村为中心的文化在城市必然遇到冲击。

其四，心理不适应。很多贫困大学生有不平衡心理，对家庭和社会有所抱怨，对其他同学有所排斥。他们表面上显得很自强、很理智，但事实上内心很脆弱、很自卑。贫困大学生的适应需要一个过程，在这个过程中，一部分人由于其改变和适应没有很快得到理想的回报，变得十分消极，不再试图改变自己，有的采用不恰当的改变和适应方式，结果是适得其反。

从时间来说：在不同年级的大学生中往往表现出不同的适应不良状况。适应不良在大学新生和毕业生中表现尤为突出。

### 1. 大学低年级学生的心理适应问题

低年级学生就是指刚入学的大学新生。通过调查，相当比例的大学新生认为，最烦恼的问题主要有：对环境不适应，感到孤独和寂寞；学习上不适应，心理压力大；人际关系不适应，感到同学之间、师生之间没有在中学时那么融洽。大学新生的心理适应问题主要可以归结为以下几个方面：

#### （1）环境适应性问题

入学前，许多学生为了应付考试，全身心地投入到学习之中，父母也为此给予了无微不至的关怀，特别是作为独生子女的当代大学生，从小就一直受到父母的溺爱，对家庭有较强的依赖性，缺乏必要的生活经验与处理问题的能力，自理能力较差。面对生疏的人群和陌生的环境，他们不知如何去应对、去策划、去操作，从而产生孤独、焦虑、不安和沮丧等心理问题。

#### （2）学习的适应问题

中学教育属基础教育，教学内容基本上是围绕高考而展开的，在教学方式上以课堂灌输为主，整个学习过程都依赖教师的安排，学生处于被动的学习状态。大学教育则强调自主学习，注重学生独立思考与创新能力的培养。从中学到大学，面对这种学习方式的转换，由于缺乏必要的过渡，一些大学新生不能很快适应变化，也不知道该怎么学，久而久之就会带来一定程度的心理压力，表现出厌学、紧张、自卑等消极的心理状态。

#### （3）自我认知的矛盾问题

多数大学生在中学时代是学生中的佼佼者，他们通常受到老师的关爱、同学的敬重，自我感觉良好。进入大学之后，面对从四面八方汇集而来的优秀学子，发现周围同学在学习及其能力方面都比自己强，明显觉察到自己的不足，以前所有的那种优越感荡然无存。面对理想与现实的冲突，有些同学开始怀疑自己的能力，并产生了某种程度的失落感与自卑情绪。当在学习和生活中遇到一些小的挫折时，他们往往不能正视现实的矛盾，采取逃避或对抗等消极态度，如悲观、失望、怨天尤人、嫉妒等。

#### （4）人际交往的困惑

远离父母的孤独、陌生的环境使大一新生对“人际交往”产生了前所未有的渴求；

来自五湖四海的同学、朝夕相处的寝室室友、不同年级的老乡、不同院系学生组织的校内社团组织，使大学新生的人际交往环境一下子变得复杂多样；分数已不再是唯一的追求目标，学生们思考的内容更为丰富，对人际交往中的细节也更为在意。几个因素交错叠加，使人际交往引发的心理不适在大一新生中表现得特别明显。

**（5）期望与现实不相符的困惑**

每个人都有自己的梦想和追求，特别是对于青年大学生来讲，大学是实现理想的至关重要的一环。然而在高考选择专业时，由于家庭、社会、就业等各种因素的影响，有些大学生所选择学习的专业与他们的兴趣、性格和能力优势并不相符，经过一段时间的学习以后，依然无法建立兴趣、无法适应学习。有的大学生只是被动地应付考试，表现出厌学、空虚、无聊、烦躁等消极心理状态，缺乏学习动力；有的对未来丧失信心，表现为怠学、焦虑、不安、逃避学习的现象，甚至破罐破摔，放任自流，沉溺于网络游戏之中。

### 2. 大学中年级学生的心理适应问题

大学中年级学生一般指二、三年级的大学生。此时的大学生经历了入学之后的种种不适应和困惑，经过调整，心态有了较大变化。入学时的种种不适应已基本消除，各方面的关系已趋于稳定，新的生活、学习秩序开始良好实施，新的心理平衡正在建立之中，但在这看似平静的阶段，大学生依然会遇到一些新问题、出现一些新情况。

**（1）学习、生活的再适应问题**

随着知识的增长和眼界的开阔，大学生与社会现实不断贴近，于是他们便发现，原有理想中不切实际的幻想成分太多，人生理想与奋斗目标需要调整和重新确立。有的需要在发展方向上重新定位；有的需要在时间安排上科学计划；有的则需要在学习内容的选择上科学把握；有的需要提高自身的判断力、鉴别力和抵抗诱惑的能力。

**（2）性和情感的心理适应问题**

在大学这一年龄阶段，性的欲望已经明显地有所表现，恋爱已经成为普遍的现象，而许多中年级大学生在情感方面都感到一些说不清道不明的心理困惑。有的会错误地认为恋爱就是性、性就是恋爱，甚至把握不住自己，酿成恶果，给身心带来损害；有的会为自己还没有恋人而自卑，认为自己对异性没有吸引力，认为别人瞧不起自己，不敢坦然与异性交往，更怕在异性面前失误，只好用回避与异性接触的办法保护自己的自尊心，并极力掩盖内心深处的痛苦与失落；有的会因为追求未果而陷入极端、失去理智甚至制造悲剧。

### 3. 大学高年级学生的心理适应问题

所谓高年级就是指临近毕业的大学生。大学生活虽然辉煌却十分短暂，似乎刚刚适应就面临毕业。对于即将毕业的大学生来说，大多会面临适应社会不良的问题，这将阻碍他们顺利就业及就业后的发展，也会影响国家对人才的培养和使用。

大学毕业生面临着就业这一人生道路上的重大抉择问题，大学生在几年的大学生涯里无不考虑自己未来的职业和前途，他们在求职择业过程中必然会遇到各种各样的心理压力与冲突，会出现消极的情绪反应和心理失衡，产生求职适应性障碍，这是对社会环境适应的不良反应。有部分大学生毕业后因不能顺利地完成从大学生到社会人的角色转换，以致不能很快地适应社会生活。大学毕业生的适应问题主要有以下几点：

**（1）知识结构与社会需求不符**

一方面，进入大学以后，在学习压力大大减轻的情况下，大学生们普遍只注重完成学校安排的必修任务，只注重知识的增长和学历的提高，而忽视个人能力的培养，以致出现社会交往能力欠佳、应变能力不足、知识过于陈旧、动手能力不强等问题。另一方面，随着社会的发展、科技的进步，要求劳动者不仅成为智能型、复合型的劳动者，而且要成为社会型和创造型的劳动者，知识结构与社会需求不符的矛盾日渐突出，其中一个突出的表现就是，学生面临择业难的问题，往往处于高不成、低不就的尴尬境地。

**（2）实践操作能力与社会需求不符**

现在的大学生从小缺乏实践锻炼的机会，在成长过程中又长期受着“只要成绩好，就一俊遮百丑”观念的影响，认为只要考试成绩好了就可以高高在上，就可以拥有一切。对于从小就有着优秀成绩的大学生来说，是从一路赞美声中走过来的，他们总以为自己是能人干将，眼高手低，甚至除了学习不知道自己想干什么、能干什么；总以为自己志向远大，往往瞧不起没有名气的部门和单位；总以为自己不至于屈身于此。很多大学生都想找一家比较“牛气”的单位，工资少了不会去，福利差了不愿去，住房没有不能去，不准考研不敢去，甚至单位所在城市规模小了、位置偏僻了也不考虑去。在高眼光的背后，一些大学生其实并不具备高能力。突出表现在毕业生错误地估计自己，给自己的目标定位过高，不愿意从底层做起。

**（3）大学生盲目求职与用人单位高要求的矛盾**

在就业形势比较严峻的当今社会，大学毕业生往往有一种“没有靠山就业就无门，没有关系就业就无路”的观念和看法，常常出现不顾一切普遍撒网，盲目就业的情况。有的毕业生只要看到企业或单位招聘相关专业毕业生的信息就投简历、送信函；有的干脆把眼光放在“大专业”范围上，招聘岗位只要与自己的专业或辅修课程沾边的，都要试一试；还有一些毕业生甚至不了解自己的性格、兴趣和能力，不清楚职业发展面临的优势与劣势，不了解单位的情况和所属，不知道自己喜不喜欢这一职业，只要有招聘就盲目投递简历，最后石沉大海。

**（4）就业意识、就业方式与发展趋势的不适应**

面对当今严峻的就业形势，许多学生在多次碰壁，大失所望之后，干脆采取推迟就业或不就业的态度，以父母不能为其安排为由，顺理成章地进入“啃老族”行列。在许多人感慨就业难的情况下，“推迟就业”一族也在悄然增多，他们并非找不到工作，而是自己主动放弃一些机会。除了出国、考研之外，自主择业、个人创业也是推迟就业族为自己规划的主要出路。还有的大学生，心理承受力日益增强，他们对自己的专业水平很有信心，对自己的未来有全面的考虑，因而不急于寻求就业。而“不就业”中比较新潮的是，近年来有少部分女生准备毕业后结婚，婚后成为全职太太，加入不就业一族。还有一部分毕业生不就业的原因是，部分毕业生潜意识里不愿面对职场上严格的体制和复杂的人际关系，要么继续待在相对单纯的校园环境里，要么选择游离于传统的就业体制以外。这种逃避的态度也反映出当代大学毕业生社会适应能力方面存在的问题。

**(5) 不良心理反应**

对处于求职择业阶段的大学毕业生来说，过度焦虑是一种比较突出的适应性障碍。引起焦虑的主要问题有：不能找到一个理想的单位怎么办；到单位后不能胜任工作怎么办；不能和恋人分配到一个城市怎么办等。尤其是一些长线专业，或来自边远地区，或性格内向，或成绩不佳的大学毕业生，表现尤为严重。而过度焦虑往往使大学毕业生们精神紧张、心神不宁、无所适从、心慌失眠、不思饮食，进而演变成为心理障碍。

此外，在职业尚未最终确定之前，大学毕业生还可能会出现急躁情绪，有的匆匆签约，事后又追悔莫及；有的盲目攀比，择业没有明确目标。很显然，这些都是我们所说的适应不良的表现。作为大学生，完成学业只是人生成长道路上的一小步，适应社会才是关键的最重要的人生环节。大学毕业生应准确地把握自己，尽快地适应从校园到社会的重大转变，开始新的征程。

## 二、大学生的心理适应策略

经过高考奋力拼搏的大学生，个个带着理想、带着希望，满怀信心进入大学殿堂。但是，当面对新的生活环境、新的教学风格、新的学习方式，面对严峻的就业形势、残酷的竞争机制和不良的社会现象，大学生感到极度的不适应，有的哭过，有的骂过，有的失望过，有的悲观过，有的消沉，有的郁闷……这些本是一种正常的心理反应，但如果无视这些反应而一味让它蔓延，必将影响大学生的学习、生活，甚至出现心理问题。

大学生应从自身实际出发，充分挖掘自身的潜力，发挥自己的主观能动性，努力更快更好地调整自己的心态使之较快较好地适应需求、进入角色、学会学习、学会交往、懂得就业、懂得生活。具体说来，不同的学业阶段应当把握不同的适应策略。

### 1. 低年级大学生的心理适应策略

从中学过渡到大学，会给大学新生带来一些压力。能否尽快适应这一重要的环节，不仅直接影响到大学生当前的心智活动和学习效果，还会影响到他们成年期人格的发展。很多大学新生由于进入新的环境后不能很快地转换角色，出现了心理不适应的现象，产生各种心理不适应的症状，心理上表现为：失望、孤独、郁闷、苦恼、焦虑、困惑、烦恼等。生理上表现出头晕、失眠、肠胃不适、消化不良等症状。如果此时缺乏成熟的应对策略，就有可能使大学生不可避免地产生心理困惑，出现心理障碍。作为一名大学新生，怎样才能尽快地适应大学生活，身心健康地投入大学学习，并成功迈向将来的人生发展之路？

**(1) 进行角色定位，树立明确的目标**

许多新生入学后，往往会有意放纵自己，导致目标、理想和方向的迷失，这就是诱发心理问题的根本原因。新生入学后要尽快认清自己的角色，树立明确的目标，经常问自己“我来大学干什么”，“我在今后应该成为一个什么样的人”，“我是一个什么样的人”，“我有什么样的优势和不足”，“我有什么样的能力和潜能”。既要确立近期的短暂的目标，也要确立长期的远大的目标。有了一个明确而现实的目标，就会使心理指向集中一处，就可以消除新生所面临的迷茫感，就有利于各种心理问题的解决和心理障碍的消除。如果在入学一开始就能向高年级同学咨询，向老师请教，制订一个恰当的总体计划，必将有利于学业的完成和自身的成长。

**（2）正确认识自我，悦纳自我**

心理健康的标志之一是认识自我、悦纳自我。承认和接受自我、肯定和满意自我，应该是大学生的一大心理追求。在人生路途之中，每个人都会遇到困难，每个人都会有不如意，家境贫寒、学习条件差、考场失意、人际关系不融洽等。在同样的困难面前，有人积极面对，在克服困难的过程中得到锻炼和提高；有人却悲观失望、怨天尤人，甚至精神崩溃。若要积极面对，就必须正确认识自我、悦纳自我，看到自己的优势和长处，找到自己的潜能所在。认识自己，可以在自我分析之后把自己的优点说出来、写出来甚至是喊出来，也可以向朋友、老师、父母寻求帮助，听取他们的分析和评价。

**（3）学会交往，建立良好的人际关系**

良好的人际关系有利于大学生顺利完成学业，有利于大学生能力的增强和人格的完善。只有建立了良好的人际关系，才会有支持的力量，才会有归属感和安全感，心情才会愉快，学习效率才会提高。大学生在交往中应坚持真诚待人、宽容待人、平等待人的原则，应掌握交往的技巧，还应当把握交往的度。人际交往中的“度”就是指交往的方向、深度、广度等。另外，丰富的课外活动也能为大学生提供更多与人交流沟通的机会，锻炼大学生的人际适应能力。

**（4）积极参加社会实践，增强自身的综合素质**

当代大学生很少经受挫折的磨炼，抗挫折能力较差。通过积极参加课外社会实践活动（如公益活动、勤工助学活动等），大学生能够在社会实践中丰富阅历、了解人生、经受磨炼、体会挫折和困难，从而培养良好的意志品质。大学生只有具备良好的意志品质，才能承受挫折、克服困难，才能排除因挫折所造成的不良心理影响、减轻和排除精神压力、有效地防止心理失调，才能在环境剧烈变化时胸怀坦荡、从容应对。

## 2. 中年级大学生的心理适应策略

针对中年级大学生的不适应问题，有如下适应策略可供参考：

**（1）科学把握和利用时间**

大学是职场的前奏曲。合理地利用和安排时间成了能否实现大学职业目标的关键。怎样才能做好时间上的管理工作呢？一要做好大学生活的总体规划，避免学校的上课安排与自己的课外活动安排相冲突；二要分清事情的轻重缓急，做到有的放矢，力求事半功倍；三要珍惜“零碎”时间，如每天清晨起床时背诵外语单词，去教室的路上听听外语，课间休息时阅读时事新闻，午休前看一些课外读物都可获得意外的惊喜。合理利用周末的时间，如利用周末参加职业能力训练，参加社会实践活动或体育锻炼都是不错的选择；四是充分利用寒假和暑假，寒假和暑假的时间加起来每年有三个月，三年的假期加起来将近有一年的空闲，如果能合理安排，充分利用，定会有所成就、受益匪浅。

**（2）培养健康的恋爱心理行为**

大学生恋爱不可避免，而恋爱的过程时常会伴随各种矛盾冲突。这些矛盾冲突的解决有赖于人格的成熟、心理的健全，同样，矛盾冲突的解决状况又会促进或阻碍人格的发展和心理的健全。具体来说：一要认识恋爱的本质和特征，把握恋爱的原则，正确处理恋爱与学业、恋爱与事业的关系；二要培养爱的能力，成熟的爱情应当以自爱为基础，知道自己需要怎样的爱，并且具有给予爱的能力和拒绝爱的能力；三要树立积极的人生观和价值观，培养独立的人格，确立恰当的择偶标准；四要学习掌握性生理和性心理卫生知识，把握健康的恋爱观念和恋爱行为。

### 3. 高年级大学生的心理适应策略

就业、走向社会是大学生学习和生活的归宿。但是，近年来高校扩招，大学毕业生数量年年递增，导致择业难度和就业压力增大。而双向选择、自主择业的就业方式，对大学毕业生来说既是压力，又是动力，大学毕业生能否适应社会或适应程度如何，无论对于个体的成长，还是对于社会的需要和社会发展都有着非常重大的意义。面临毕业走向社会的大学生应把握如下适应策略：

**（1）科学地评价自己，树立良好心态**

在求职过程中，主观评价过高，可能会导致处处碰壁，求职无路、就业无门；主观评价过低，可能导致信心不足、犹豫不决，甚至坐失良机。因此，毕业生应该了解自己的气质、性格、能力。“尺有所短，寸有所长”，每个人都有自己的优点和长处，也都有自己的缺点和短处。所以，每个毕业生对自身能力都应有客观和正确的认识，做到“自知”、“自明”。只有这样，才能保持良好心态，在求职中抓住机遇，从而避免盲目，减少失败。

就业难也是困扰政府的一大难题。新增就业人员不断增多，加之国企改革、国家机关和事业单位改革，下岗人员的日益增多，使得就业形势更为紧张和严峻。因此，毕业生不宜把就业期望值定得太高，即使是热门专业的毕业生，也同样要不断调整自我的期望值，使自己的理想更加切合实际，这样才能在激烈的职业竞争中掌握主动权，从而求得理想的职位。

**（2）努力转变求职择业观念，适应当前的就业形势**

大学毕业生应该主动适应社会主义市场经济的要求，努力克服自身的心理障碍，进一步解放思想，转变观念，勇敢地面对社会的选择。毕业生不仅要改变依靠国家和政府的观念，改变一次就业定终身的观念，也要改变就业一步到位的观念，树立“先求生存，再谋发展”的新型就业观念，做好自主就业、多次择业的思想准备。

**（3）克服求职择业中的心理障碍**

择业是大学生人生中一次重大选择、一次转折，因而给大学生带来很大的思想、心理压力和精神负担，成为困扰莘莘学子的一大难题，也使部分学生产生多种心理障碍，如焦虑、怯懦、自卑、幻想等，这既不利于就业，也影响了大学生的工作和学习。其实，择业时只要注意择业过程，不要管结果如何。只要尽了自己最大的努力，失败也不觉遗憾。抱有这样的心态，各种心理问题就会迎刃而解。

**（4）积极参加社会实践活动**

大学生毕业离校前心态复杂、情绪激动，很容易受他人或环境的影响，情感上具有明显的两极性和爆发性，容易出现心理动荡。如果能够有目的地参加一些积极健康的社会实践活动，则有助于调整心态，保持心理健康。社会实践活动的积极作用主要表现在：一是可以有效地帮助大学生转移消极的思想、松弛紧张的神经、调整心态、稳定情绪；二是通过形式多样的活动，大学生可以抒发情感、展示才华、修正和重塑自己在老师和同学中的形象；三是通过丰富多彩的社会实践活动，营造一种积极向上的良好的心理氛围，使大学生置身其中，获得情感上的交流和共鸣，增进其与老师、同学之间的相互理解和沟通，以一种积极、健康的心态迎接各种挑战，成功地走向社会。

## 第三节　大学生适应能力的培养

大学是人生的关键时刻。许多理想在这里扬帆，许多人生的记忆铭刻在这里。每一位进入大学的同学都不应辜负了这一段美好的人生岁月，应该健康地、快乐地、充实地度过大学生活，完成大学学业。当然这需要大学生们具有良好的适应能力。

### 一、心理适应能力及其评价标准

适应是人与环境的一种平衡状态，具有良好适应能力是心理健康的重要标志之一。适应能力也称社会适应行为，是指个体独立处理日常生活与承担社会责任达到他的年龄和所处社会文化条件所期望的程度，也就是个体根据客观环境的要求，主动采取对策，在一定程度上适应自然和环境的能力。

#### 1. 适应能力的指标

社会适应能力的标准同心理健康的标准有许多重合的地方。心理健康的标准含有许多社会适应能力的内容。根据陈斋在其编著的《学生心理健康与社会适应》一书中所述，社会适应能力的指标有四个方面：

**（1）自理能力（self-help）**

包括使自己能为社会所接受的日常生活技能和习惯，如饮食、穿戴等。

**（2）沟通能力（communication）**

即表达和理解他人的能力，如语言等。

**（3）社会化（socialization）**

包括和他人共同生活及合作必需的技能，在儿童中表现为游戏或作出社会反应的能力，在青少年中，则表现为合作和顺应社会行为规范的能力、社会成熟度。

**（4）职业（occupation）**

包括大多数使自己成为有用之人的能力，主要表现为各种运动技巧，如手指的精细动作、运动平衡及工作技能，在学生中则表现为在学校和社会生活中的学习能力、社会能力。

#### 2. 大学生的良好适应能力的标准

依据相关的理论，参考大学生心理健康的标准，结合大学生的身心特点，我们认为大学生的良好适应能力的标准应包括以下方面：

（1）能正确地认识自己、悦纳自己、评价自己；

（2）能保持健康的情绪状态，积极融入大学的学习和生活之中；

（3）生理的发育和心理的发展相协调，心理行为与年龄特征相符；

（4）能尽快适应大学生活，学习和生活都能够自理；

（5）能够与同学、老师、亲友和他人保持良好的人际关系；

（6）能够与现实环境保持良好的接触，并适应环境；

（7）热爱生活，热爱集体，具有一定的社会责任感；

（8）有一定的自信心和自主性，并能较好地控制行为；

（9）有较强的承受挫折的能力和一定的应变能力。

## 二、适应的主要内容

适应是生存和发展的基础，是成长和壮大的前提，大学生应当适应的内容主要有：

### 1. 拥有美好理想与心理准备不足的适应

几乎每个大学生都有美好的心愿，都有美好的憧憬和向往。他们希望能够实现自己崇高的理想，希望自己有着高尚的品德、较高的智能，也希望自己有良好的人际关系和美好的前景。而实际上他们当中有些人是很不努力的，他们消极怠慢，过一天算一天。虽然他们的愿望是美好的，但他们追求的却是实现理想后的种种荣誉与享受，对实现理想需要从现在做起，需要付出艰苦的劳动认识不足。而当他们想得不多、做得不够，甚至没有意识时，就产生了美好愿望与心理准备脱节的矛盾。另外，我们的大学生还要面临一个特殊的适应问题。那就是长期以来，学校的教育都以传播积极的、进步的、正面的、光明的、主流的东西为导向，对消极的、腐朽的、负面的、黑暗的、不同的东西介绍得不多或避而不谈，学生走上社会才发现现实与老师讲的、书本上说的不大一样，甚至是大相径庭。心理适应上准备不足与美好理想之间的落差成为大学生心理适应的基础问题。

### 2. 浓厚享受意识与淡薄劳动观念的适应

近年来，随着中国市场经济的不断发展，人们生活水平不断提高，大学生们越来越讲究“实际”，加上一些家长对子女娇生惯养，在孩子身上花钱大手大脚，使得学生的消费欲望与日俱增。绝大部分学生每天都要吃零食，同学过生日除礼尚往来外，还要摆酒宴、庆“寿辰”。男生中“烟君子”、“小酒民”大有人在；女生中讲究穿着打扮的比比皆是，有的女生还随身带着高档化妆品，不断更换时髦的服饰。但这些学生中有相当多的人劳动观念淡薄，他们轻视劳动，不懂得劳动得来的享受才是正当的、光荣的，甚至认为劳动是多余的、可耻的，就连平时学校组织的打扫卫生也消极怠慢甚至厌恶或逃避，可以说对劳动采取消极态度，这一现象在一些大学生中是相当普遍的。浓厚享受意识与淡薄劳动观念的适应与否成为大学生心理适应的重要标志。

### 3. 渴求得到别人理解与自身心理闭锁的适应

由于自我意识的发展，学生开始把注意力集中在自己的内心世界上，从而意识到自己的思想、情绪与其他人不同的心理特点。同时也由于其社会生活经验的逐渐丰富，他们开始意识到人与人之间存在着心心相印和心理不相容的差别。他们愿意对“知心朋友”倾吐自己内心的秘密，瞧不起那些用导师式口吻对他们说话的人，不愿意同这种人进行感情交流，透露自己的内心世界，他们也不愿向长辈透露内心感受，实行自我封闭。有相当部分的中学生把心里话“对自己说”或“对日记本说”，而对同学、对老师和家长隐藏秘密。由于他们把内心的感受隐藏起来，以致常常产生孤独感。这类学生往往通过日记、画画、写字等来排解内心的苦闷和孤独感。他们很需要别人的理解，而且总认为老师“不理解自己”和“不太理解自己”。由于家长和老师对他们往往是训诫多于鼓励、批评多于同情，家长和学生难讲民主，老师和学生难交朋友，家长和老师对他们的行为难以理解，未能切实地帮助他们排忧解难，把他们从苦闷与孤独中解脱出来，久而久之加重了学生因心理闭锁而产生的孤独感。渴求得到别人理解与自身心理闭锁的适应性问题是大学生心理适应的前提。

### 4. 强烈的独立意识与浓厚的依赖心理的适应

一方面，随着年龄的增长、身体的变化、性成熟的加剧，大学生的心理日趋成熟，产生了“成人感”。独立意识不断增强，强烈要求自主，并往往自以为是，竭力要求从大人的约束和管教中解放出来，对说教及过分关心会产生反感，希望自己独立支配自己的学习生活及交友方式，要求父母、老师尊重他们的独立人格，希望得到像成人一样的独立和平等的地位，个别学生为此还会发生顶撞老师的行为，甚至对学校、社会产生反抗情绪。另一方面，受传统观念和中国教育模式的影响，同时也受成长环境因素的影响，大学生在生活、经济、抉择等方面无法独立，有着浓厚的依赖性。强烈的独立意识与浓厚的依赖心理能否适应也成为大学生心理适应的象征。

### 5. 理智控制乏力与情绪起伏较大的适应

现代大学生容易动感情，也重感情。一方面，他们充满热情和激情，渴望尽快得到满足，往往感情用事。另一方面，他们也懂得一些人情世故，但却不善于处理情绪与理智的关系，以致不能坚持正确的认识和理智的控制，情绪极容易受外界的影响，容易发生冲动、波动，往往会因一件小事的成功而欣喜若狂，也会因一次小小的失败而心灰意冷，有时还会为一点小事争得面红耳赤。他们对自己喜爱之事，积极性很高，对自己不感兴趣之事，则避而远之。这一切都说明了学生的情绪经常处于大起大落、彼消此长的两极状态，而难以及时地用理智加以控制。理智控制乏力与情绪起伏较大的适应是大学生心理适应的保障。

### 6. 强势进取心与弱势自制力的适应

大学生都有积极向上的进取之心，这与他们强烈的求知欲、自尊心和好胜心是分不开的。但由于他们思考问题缺乏周密性，往往带着浓厚的感情色彩去看待周围的人和事，因而有时片面地坚持己见，对教师或集体的要求，合乎己意的就去办，不合己意的就盲目地拒绝或顶撞，不能控制自己，感情用事，事过之后又非常后悔。强势进取心与弱势自制力的适应是大学生心理适应的条件。

### 7. 信息视野扩大与鉴别能力不足的适应

随着时代的进步、科技的发展、物质生活条件的改善，信息交流日益频繁，广播、电影、电视、多媒体、手机等视听和通信工具被广泛应用。学生处在这样的环境中，耳闻目睹，见多识广，视野开阔，认知空间得到极大拓展，从天文地理、空中来客、世界风云、网络信息、市场动态到服装、发型、流行歌曲等，他们都十分热心好奇，并积极探究。但由于他们当中不少人还未完全形成正确的人生观、价值观，对真善美、假恶丑的辨别力、鉴别力还不强，加之客观现实的错综复杂，因而他们对事物的认识往往显得片面和狭隘，选择信息、辨别是非的能力还较弱，容易被表面现象所迷惑，出现认识上的混乱。在这种情况下，一些不健康的思想，就很容易进入他们的心灵，影响大学生的健康成长。信息视野扩大与鉴别能力不足的适应是当代大学生心理适应的重要因素。

### 8. 乐于助人的处世方式与道德水准不高的适应

现在的大学生大多数能积极地为社会、为学校、为班级做好事，也能积极为同学做好事。当同学遇到困难的时候，他们能主动地伸出援助之手；当同学家里有了不幸，他们能自觉地捐款、捐物。但有一些同学的道德水准不高，不明白什么是真正意义上的助人，他们靠欺骗家长来捐款、捐物，通过打架斗殴来为弱小同学鸣不平，利用考试作弊来帮助成绩差的同学提高分数。甚至有的同学助人是为了名誉和利益，这很自然形成了助人行为与道德水准不高的矛盾。乐于助人的处世方式与道德水准不高的适应成了大学生心理适应的关键。

### 9. 兴趣广泛与兴趣中心不明确的适应

现在的大学生兴趣爱好非常广泛。他们不仅关心课内学习，而且关心课外学习；不但喜欢文艺读物，而且喜爱科技读物；不仅关心生活，而且对国内外大事津津乐道。但事实表明，不少学生对事物外在形式的兴趣大大超过了对事物内容本身的兴趣，在广泛的兴趣中没有形成明确的中心兴趣。而且，他们的兴趣是不稳定的，容易受外界的影响，具有较强的情景性。大学生要想从众多的兴趣中逐步形成一个稳定的中心兴趣需要一个适应的过程。兴趣广泛与兴趣中心不明确的适应是大学生心理适应的根本。

## 三、大学生适应能力的培养

为了防微杜渐，及时解决大学生的心理问题，使他们摆脱心理困境，恢复心理平衡，增强对环境的适应能力及对挫折的承受力，必须针对各时期大学生的心理适应特点，做好心理疏导和心理健康教育的工作，培养大学生心理适应能力，这些应从以下方面进行：

### 1. 克服自卑心理

人类最大的敌人就是自卑。自卑就不能正确分析问题，自卑就无法适应环境，克服自卑是培养大学生心理适应能力的第一要素。克服自卑就是要树立自信，自信是一种优秀的心理品质和积极的人生态度。自信需要培养健康的自我形象，自信要求自己来设定自己的生活目标，自信需要认识和及时调整不现实的生活目标，要寻找和增加成功的体验，提高自我评价的能力，积极主动地与人交往。

### 2. 避免强迫症

什么事情都要求做得最好、做得完美，这就是一种强迫症的心态，这种心态在一定程度上可以调动当事人的积极性，促进当事人实现目标，但这又很难控制得恰到好处，具有这一心态的人往往会进入“钻牛角尖”的境地，以致影响工作的质量和效率，阻碍目标的实现。因此，培养适应能力需要避免强迫症。

### 3. 养成良好的行为习惯

适应或不适应都产生于心理、表现于行为。行为最大的特点就是自觉性和习惯性，而培养人的良好行为习惯的载体是日常生活。大学生应紧紧抓住这个载体，有意识地坚持在日常生活中注重培养自己的良好行为习惯，久而久之，习惯就会成自然。养成良好的行为习惯应做到：从小事做起，从自我做起，严格遵守行为规范；学做结合，知行统一，积极参加社会实践；体验生活，经常进行“内省”；学习榜样人物，努力做到“慎独”。

### 4. 培养较强的学习能力

学习能力的培养与学习方法的训练关系密切，可以说一定的学习能力是在一定的学习方法运用的实践中形成的。要培养大学生的学习能力必须加强他们的学习方法训练，从而逐步实现学习方法到学习能力的转化。大学生学习能力的培养主要包括自学能力的培养和阅读能力的培养。

自学能力是众多能力中最基本、最重要的能力。古今中外的科学家、教育家都非常注重自学。大学的各种客观条件有利于自学，大学生从主观上也需要培养自学的能力、阅读的能力。

### 5. 培养人际交往的能力

在大学生活中，人际关系是很重要的一个方面。有了良好的人际关系才能使我们摆脱孤独感，才能使我们有个好心情，也才能使我们有更多的精力投入到学习中。建立全新的大学生人际交往观念，不但可以减少心理问题，也有助于身心健康和事业成功。大学生要想建立良好的人际关系就应当做到：尊重别人；把握真诚、宽容、互利互助的原则；端正交往的动机；注意礼貌、认清角色，学会换位思考；学会赞美、学会感谢和感恩；讲究信誉，友善地对待他人；学会交往技巧，克服交往中的心理障碍。

### 6. 抗挫折能力的培养

与理想有着较大差距的大学生活，十分严峻的就业形势，学习投入与产出的巨大反差都会给大学生带来挫折的感觉，人生最大的悲剧往往在于被挫折所击垮，被挫折从心理上压倒。被挫折所击垮，不能振作，也就是不适应。所以要培养适应能力必须培养较强的抗挫折的能力。培养抗挫折能力要从以下方面入手：树立辩证的挫折观，促使挫折向积极的方面转化；善于利用心理防御机制，充分发挥它们的积极作用；适当地宣泄挫折感，减轻焦虑；大度乐观，科学评价；放弃偏见，主动寻求帮助。

### 7. 科学对待人生环境

科学对待人生环境，包括协调自我的身心关系，协调个人与他人的关系、个人与社会的关系以及个人与自然的关系。协调自我的身心关系，要自信乐观，要正确认识心理问题及心理问题产生的原因，要把握保持身心健康的途径和方法；在协调个人与他人的关系中要注意把握交往的“度”，要遵循交往的原则，要正确处理好合作与竞争的关系；处理个人与社会的关系要正确认识个体性与社会性的统一关系，正确认识个人需要与社会需要的统一关系，正确认识个人利益与社会利益的统一关系；在处理个人与自然的关系时正确认识人对自然的依存关系，要科学把握人对自然的改造活动，要深入理解人与自然关系的实质，贯彻以人为本的科学发展观。

生活中，如果我们能够放宽视野，开阔胸襟，那么，我们就会发现，生活的基调就像春天那样美丽温柔，飘逸的春风永远会荡漾在心间。如果我们学会用一种坦然的心态直面各种闲事，努力学会去适应身边的环境，做到淡泊平和，那么在生命的旅程中，就不会是孤独的旅人。

☞ 课后小资料

**大学生心理适应能力测试**

心理适应能力，是指一个人在心理上进行自我调节、自我平衡，以适应社会生活和社会环境的能力。下面的问题能帮助你对自己的心理适应能力进行自我判别。请认真阅读并确定其与你实际情况的相符程度。然后从每个题目后面所附的三个备选答案中选出一个打上“✓”号。

1. 我最怕转学或转班，每到一个新的环境，我总要经过很长时间才能适应。

   A. 是　　B. 无法肯定　　C. 不是

2. 每到一个新的地方我很容易同别人接近。

   A. 是　　B. 无法肯定　　C. 不是

3. 在陌生人面前，我常常无话可说，感到尴尬。

   A. 是　　B. 无法肯定　　C. 不是

4. 我最喜欢学习新的知识或新科学，它给我一种新鲜感，能调动我的积极性。

   A. 是　　B. 无法肯定　　C. 不是

5. 每到一个新的地方，我第一天总是睡不好，就是在家里，只要换一张床，有时也会失眠。

A. 是　　B. 无法肯定　　C. 不是

6. 不管生活条件有多大变化，我也能很快习惯。

A. 是　　B. 无法肯定　　C. 不是

7. 越是人多的地方我越是感到紧张。

A. 是　　B. 无法肯定　　C. 不是

8. 我的成绩多半不会比平时练习差。

A. 是　　B. 无法肯定　　C. 不是

9. 全班同学都看着我，我心都快跳出来了。

A. 是　　B. 无法肯定　　C. 不是

10. 对别人有看法，我仍能同他交流。

A. 是　　B. 无法肯定　　C. 不是

11. 我做事总是有些不自在。

A. 是　　B. 无法肯定　　C. 不是

12. 我很少固执己见，常常乐于采纳别人的观点。

A. 是　　B. 无法肯定　　C. 不是

13. 同别人争论时，我常常感到语塞，事后才想起该怎样反驳对方，可惜已经太迟了。

A. 是　　B. 无法肯定　　C. 不是

14. 我对生活条件要求不高，即便生活条件很艰苦，我也能过得很愉快。

A. 是　　B. 无法肯定　　C. 不是

15. 有时自己明明把课文背得滚瓜烂熟，可在课堂上背时还是出错。

A. 是　　B. 无法肯定　　C. 不是

16. 在决定胜负或成败的关键时刻，我虽然很紧张，但总是能很快地使自己镇定下来。

A. 是　　B. 无法肯定　　C. 不是

17. 我不喜欢的东西，不管怎么学也学不会。

A. 是　　B. 无法肯定　　C. 不是

18. 在嘈杂混乱的环境里，我仍然能集中精力学习，并且效率较高。

A. 是　　B. 无法肯定　　C. 不是

19. 我不喜欢陌生人来家里做客，每逢这种情况，我就有意回避。

A. 是　　B. 无法肯定　　C. 不是

20. 我很喜欢参加社交活动，我感到这是交朋友的好机会。

A. 是　　B. 无法肯定　　C. 不是

**评分规则：**

(1) 凡是单数题目（1、3、5、7……）选择“是”得-2 分；选择“无法肯定”

得0分；选择“不是”得2分。

(2) 凡是双数题目（2、4、6、8……）选择“是”得2分；选择“无法肯定”得0分；选择“不是”得-2分。

将各题得分相加即得总分。

35～40分：心理适应能力很强，能很快适应新的学习、生活环境，与人交往轻松、大方。给人的印象极好，无论进入什么样的环境都能应付自如，左右逢源。

29～34分：心理适应能力良好。

17～28分：心理适应能力一般，当进入一个新的环境，经过一段时间的努力，基本上能适应。

6～16分：心理适应能力较差，依赖于较好的学习生活环境，一旦遇到困难则容易怨天尤人，甚至消沉。

5分以下：心理适应能力很差，在各种新环境中，即使经过一段相当长时间的努力，也不一定能够适应，常常困惑，因与周围事物格格不入而十分苦恼，在与他人交往中，总是显得拘谨、羞怯、手足无措。当然，只要你充满信心，刻苦学习、虚心求教，你的心理适应能力一定会得到提高的。

## ☞ 思考与训练

1. 适应指的是什么？
2. 你是如何适应的？
3. 大学生中存在哪些不适应？
4. 怎样才能更好地适应社会？
5. 如何才能增强你自身的适应能力？
6. 请完成下列陈述句：

(1) 我的适应方法有________________________________

(2) 别人适应的好方法有____________________________

(3) 我的“适应不良”有_____________________________

(4) 培养自己良好适应能力的打算是__________________

当你完成上面的练习后，有何感想？

7. 案例分析

某大学女生，18岁，因幼时患小儿麻痹症，从此留下腿部残疾，行走不便。她身残志坚，以顽强的毅力坚持学习，结果以优异的成绩考上了某省属重点大学。进校后，她没有放松对自己的要求，她清楚地认识到自己身有残疾，要想获得成功，必须付出比别人更多的代价。别人劝她：“何必那么认真呢？差不多就行了。”可这些丝毫没有动摇她的意志和决心，通过努力，她终于考取某大学的研究生。

(1) 为什么一般人都难以做到的事而一个残疾人能够做到呢？

(2) 这位女大学生的成功得益于哪一种心理适应机制？

(3) 从案例中你能得到什么样的启示？

# 第四章　大学生自我意识的心理健康教育

知人者智，自知者明。

——老子

世俗的评判标准，未必真能评价一个人的质量，
我们对于自己的评估，只有内心能作出准确的回答。

——于丹

把认识自己作为自己的任务，这是世上最困难的课程。

——塞万提斯

自我意识是隐藏在个体内心深处的心理结构，是个体意识发展的高级阶段，是人格的自我调控系统。自我意识的培养是大学生自我完善的途径，是大学生实现人生目标的桥梁。大学阶段是个体自我意识急剧增长、迅速发展和趋于完善的重要时期，探讨大学生自我意识发展的特点，寻求合理的培养途径，对培养具有健康人格和德才兼备的人才具有重要意义。

一个人可能渺小而平庸，也可能美好而杰出，这在很大程度上取决于你的自我意识究竟如何，你到底是一个怎样的人？你的兴趣、优势和潜力在哪里？以后要怎样做才会更有意义？怎样在组织或群体中正确定位自我？怎样完善自我以适应社会？这些都是自我意识心理健康教育的内容。

## 第一节　自我意识的概述

### 一、自我意识的含义及分类

#### 1. 自我意识的含义

自我意识是个人作为主体的“我”对自己以及对自己周围事物的关系的认识。自我意识也称自我，是个体意识发展的高级阶段。自我意识主要包括以下几个方面：

（1）生理自我。所谓生理自我即由自己的性别、年龄、相貌身材、健康状况、体能等生理因素决定的生理特征，受遗传影响很大，很难改变。

（2）社会自我。即个人如何被他人看待和承认，主要涉及个人的社会关系、社会角色、社会地位，是个体在社会实践中形成的对自身的定位。

（3）心理自我。即我们所感知到的内部心理品质，代表了自己的主观体验，包括我们感知到的自己的能力、态度、情绪、兴趣、动机、愿望、气质和性格等。个体对自我心理的认识越充分，越能调整好自身的状态，改变不适应的行为。

### 2. 自我意识的分类

自我意识还可区分为现实自我、投射自我和理想自我。现实自我也称“现实我”，是个人从自己的立场出发对自己目前实际状况的看法。投射自我是个人想象中他人对自己的看法，如想象他人心目中自己的形象，想象中他人对自己的评价等。现实自我与投射自我不一定相同，两者之间可能有距离，当这个距离加大时，便会产生自己不被理解的心理。理想自我也称“理想我”，是指个人想要达到的完美形象，如个人的生活目标和对将来的期待、抱负和成就以及自己想成为一个什么样的人。“理想我”是个人追求的目标，不一定与“现实我”一致。

总之，自我意识是一个复杂的结构系统。自我意识是一个复合体，自我意识的形成受到个人的成长经历、生活环境、自我态度、他人评价等诸多因素的影响，随着个体的经验和心理发展而不断地发生变化。

## 二、自我意识的理论依据

自我意识问题早已成为心理学家们普遍关注的问题，它也是心理学的重要内容，关于自我意识，心理学界各国心理学家持有很多观点。

### 1. 罗杰斯的自我观点

罗杰斯（1902—1988）是美国著名的人本主义心理学家。他提出，人都有两个自我，现实自我和理想自我。现实自我是个人在现实生活中获得的自我感觉，理想自我是个人对“应当是”或“必须是”等的自我概念。两者之间的冲突导致了人心理的失常和不协调。而人在交往中获得的肯定越多，则其自我冲突越少，人格的发展也越正常。所以，心理健康教育的本质就在于最大限度地肯定和鼓励学生，不断强化其自尊自信，增强其克服生活中各种困难的决心和勇气。这样做可以帮助学生达到自我完善。

### 2. 弗洛伊德的自我观点

精神分析大师弗洛伊德在其人格结构理念中深入探讨了自我。提出了自我的“三结构说”即本我、自我和超我三个部分。从人格的三个维度上研究了自我的发展。本我由先天本能或欲望组成，是无意识的、盲目的，受快乐原则支配，要求立即满足，是人们在适应环境的过程中逐渐从本我分化而来，受现实原则支配。自我调节本我的原始需要，采取所容许的方式方法，指导自己的行为，以满足本我的需要，管制不被超我所容纳的冲动。超我是道德化了的自我，包括良心和自我理想。它抑制本能，指导自我，使个人达致完美的人格，它处于人格的最高层。上述三者保持平衡，就会实现人格的正常发展；三者的平衡关系被破坏时，往往产生焦虑，导致精神疾病和人格异常。

### 3. 自我发展三阶段说

美国实用主义心理学家詹姆斯认为自我的发展有三个阶段：躯体我、社会我和精神我。人最先从自己的身体知道自己的存在（躯体我），而后与人交往，从他人对自己的反应中以及自己的社会角色中，体验出自己的社会我，再后从生活的成败经验，以及心理发展，逐渐形成精神自我，控制自己一切有认识的行动。躯体我指在人的躯体基础上形成的自我，是个体对自己躯体的认识，包括支配感等，是自我最原始的形态，大约在 3 岁时开始成熟。社会我指个体对自己在社会关系中的角色认识，主要受他人对自己看法的影响，从 3 岁到青年期逐渐形成。精神我指个人内在的心理自我，是个人对自己心理特征的认识，如性格、气质、情绪、智力、行为等。

### 4. 自我发展渐成说

心理学家艾里克森经过研究，提出人的自我意识发展持续一生，但要经历不同的发展阶段，每个阶段都不可逾越，但到达时间早晚因人而不同。他把个体自我意识的形成和发展划分为八个阶段，并特别强调“同一性”在自我结构中的作用。虽然自我的发展是随着人的发展而发展，青少年时期的主要发展课题是“自我同一性”，即自我的建立和统合是青年期心理发展的主要任务。自我同一性发展不良者表现出对自己缺乏清晰而完整的认识，自我各部分是混乱的、矛盾的、冲突的，难以应付复杂的社会生活。而自我同一性发展良好的人具有自我认同感，自我概念清晰，接纳自我，有明确的生活目标和前进的方向，从而为未来的发展打下良好的基础。

## 三、自我意识的作用

### 1. 自我意识是认识外界事物的前提条件

一个人如果还不了解自己，无法把自己与周围相区别，他就不可能认识外界的客观事物。大学生都是风华正茂的青年人，他们对自己的未来充满幻想，也开始设计自己的未来。由于时代的进步和发展，当代大学生的思维方式开始从经验型转向理论型，其独立性、批判性和创造性都很强。表现为有一定主见，不盲目服从，不人云亦云。他们思考的触角不再只是一些具体、相近的事物，而几乎指向所有的社会问题。他们往往能对实践活动和日常生活中的问题作一番思索，并运用自己掌握的知识寻求解决。对待新事物，他们的思维有着较好的变通性和灵活性，对新环境也有较强的适应能力。

### 2. 自我意识是心理健康的主要标志

无论是西方还是东方的心理学家在界定心理健康标准时，都不约而同地将良好的自我意识作为心理健康的重要指标。只有客观、准确地认识和了解自我，并对自己的经验持一种接受和开放的态度，才有可能充分发掘自己的潜能以助成才。对大学生而言，能否保持正确的自我意识，能否有效地接纳自我，也是评价其健康水平的重要标准。

### 3. 自我意识影响心理健康

自我意识会影响一个人如何去认识周围的世界，进而影响一个人的行为。在相同环境中，不同的人可能产生不同的行为；在相同的学习条件下，不同的人会有不同的效果，这都与自我意识有密切的联系。有积极自我意识的人知道自己的优缺点是什么，并且会尽量扬长避短。自我意识消极的人则看不到自己的优点，总是看到自己不如意的地方，或者总是觉得别人比自己好，容易诱发抑郁、强迫、人际关系敏感、精神病等问题。

### 4. 自我意识对个体社会化过程有调节控制作用

从根本上来说，自我意识是社会化的产物。社会化的内容包括了自我意识的产生、发展和稳定形成。自我意识也是在个体与他人、社会的相互作用中形成、发展的。自我意识作为个体的最本质、隐秘的组成部分，也对社会化有重要作用。

自我意识在对个体的社会化过程中起着调节控制作用。这种调节控制作用表现为：一是在对自身的价值、能力等的自我评价的基础上，选择与自身的价值、能力相适应的生活方式、行为方式；二是用社会评价标准对自己过去的言行进行反思，以调整自己和社会规范之间的关系，使个体与社会趋向协调一致和统一；三是对自身与周围环境进行再认识，对自己的社会地位作出判断，以履行社会和集体所期望的权利和义务。

自我意识在个体社会化中是内因、是主体，特别是个体自我意识的分化、矛盾和统一，对个体内化有着重要作用，使个体内化成为大学生个体社会化主导方面。对于社会中的人来说，一方面，人的思想行为需要受到全人类的经验和社会需要的调节，即需要对其进行社会教化，另一方面，自觉能动的人并不盲从外加的经验，独立思想、反叛精神使他们不愿接受现成的结论，听任别人摆布，而是喜欢通过自我意识的选择，然后用自己的意识决定和支配自己的行为。所以，只有人的自我意识得到尊重和表现，人的社会化、人的发展完善才能成为人的自觉能动的活动。

### 5. 自我意识影响和制约个体人格的形成

个体的人格既是社会化的产物，在一定意义上还是自己塑造的产物。其人格是在其自我意识的参与和作用下形成的。生活中众多的个体，面对同一社会环境，接受同样的教育，最后却形成了无一相同的人格。其重要原因就是社会环境、社会信息都必须通过自我意识为中介才能作用于人格。而且，其他的人格要素，如兴趣爱好、能力、性格、理想信念以及人生观的形成等，无一不受自我意识的影响和制约。个体的自我意识水平越高，对人格发展的指导与调节作用也就越大；自我意识的发展状况也直接关系到个体向高层次的人格发展。所以说，自我意识制约着人格发展的速度、方向、实际进程和能达到的水平。

个体自我意识的发展，是个体自我人格形成的客观基础。个体按照自己关于个体和世界、社会、他人关系的意识和理想进行有目的的自我塑造，形成独特的自我人格，并且逐步自觉化。如对大学生来说，自我意识的发展和成熟，使大学生个体对自己和社会有了更深刻全面的认识。知识和能力已具备了选择价值目标的条件，他可以割舍某些需要、兴趣、爱好，去发展另外一些需要、兴趣、爱好，可以找到实现“价值目标”的适当手段，如使自己的知识结构专业定向化以利于成为专业人才，具有了实现目标的坚定性和灵活性，既不随波逐流，也不屈服于压力，在选定的道路上，勇敢地前进。独立意向的发展、成熟使大学生精神上的自由成为可能，思想上不受权威和社会偏见的束缚，也不受一般常规和习惯的束缚，从而去适应社会主导的道德标准、社会规范，使个人能分清公共生活与私人生活，公民权利与义务，恋爱、婚姻、家庭和道德责任，民族的传统风俗习惯和公共生活准则等，形成符合社会化要求的成熟的自我人格。正确的自我意识、自我观念是青年大学生人格成熟、健全的重要标志。

### 6. 良好的自我意识是个体得以成才、建功立业的重要因素

随着自我意识的发展和成熟，个体的自我形象越来越清晰。个体从认识自己开始，就总希望表现自己，实现自己应有的价值。为此就可能迸发出无穷的创造力，大学时期个体自我意识迅速发展，使这一时期成为人生中活动和精力最旺盛的阶段。青年学生朝气蓬勃、敢想敢为、积极向上等良好品质都与其自我的发现分不开。个体成才和建功立业必须要选好目标，而目标的选择，则必须要考虑到两个基本因素：社会的需要与自身条件的可能。因而，正确认识自己，是成才、成功的一个基本原则。而正确地认识自己、评价自己、对待自己，扬长避短，需要有成熟而深刻的自我意识。

总之，良好的自我意识对个体的成长发展有重要的意义，它是一个人走向成功的标志，是建立自信的基础，是保持积极的情绪状态的重要因素，是建立良好的人际关系的出发点，也是适应社会生活的重要保证。

## 第二节　大学生常见自我意识问题与调适

☞ 案例

#### 阿路的困惑

天资聪颖的阿路，对自己要求严格，学习勤奋刻苦，性格开朗、自信，从不甘人后，对自己期望很高。大学一年级第一学期考试后，阿路的学习成绩在全班位居第一，这是他引以欣慰的。然而，在寒假社会实践活动中，他看到几个学习成绩不如他的学生会干部忙前跑后，备受同学的关注，心里很不是滋味，“不能让别人说自己是书呆子”，因此，他决心超过他们，保持各方面“第一”的地位。新学期开学后，阿路花费很多时间投入到社会工作中，甚至逃课去筹划活动，功夫不负有心人，他很快得到了同学的认可和老师的欣赏，第二学期结束时，他被选为班长、系学生会副主席。然而，一个人的时间和精力是有限的，他的学习成绩开始下滑。大二开学了，阿路仍在社会工作方面加倍努力，学习也非常刻苦。当他考试又不及格时，他认为自己还不够刻苦努力，于是就罚自己一天不吃饭，以提醒自己更加刻苦学习。然而，他的成绩还在下滑，他一再惩罚自己，陷入了恶性循环之中。到三年级时，他五门功课不及格，面临退学的后果。这时的阿路已万念俱灰，感到无脸见

父母、老师和同学，觉得自己的存在毫无价值，最后选择了跳楼自杀的不归路，阿路本来有自己的特长，但由于盲目与同学攀比，又不能及时调整自己，结果酿成悲剧。

（资料来源：聂振伟．高职心理健康教师用书．北京师范大学出版社，2004：28.）

**请思考：**什么原因致使阿路走上了自杀之路？从中可得到什么启示？

进入大学以后，由于学习与生活的转变、自身所具备的特长等诸因素的影响，思想上的独立与经济上的依赖，生理上的成熟与心理社会性发展的滞后，使得多数大学生对自我的评价也在逐渐地发生转变。他们已强烈认识到“自我”，也注意到了自我的脆弱，因而产生出强烈的充实自我、发展自我的需求。但现实自我与理想自我总有相当的差距，有的大学生能及时调整对自身的认识，重新确立目标，进而符合客观现实的要求。如果对这一客观事实认识不足，就会引起认知上的矛盾，从而严重影响大学生的心理状态。如有的同学在追求发展自我中顾此失彼，不能达到期望的目标；而有的同学，在发展自我的过程中放大了自我弱势、忽略了自我优势，害怕暴露自己的弱点而采取防御机制，缺乏必要的社会支持，甚至产生严重的烦恼和恐惧不安等。对大学生而言，这些现象不仅表现在学习成绩、生活起居上，还表现在知识面、社会经验、人际交往以及个体综合能力等方面。不断地调整自我意识，对每位大学生都非常重要。

## 一、大学生自我意识的特征

大学生正处于自我意识的迅速发展时期，一般具有以下特点：

### 1. 自我意识开始分化，并且迅速发展，自我矛盾开始出现

进入大学以后，随着学习、生活方式的改变和心理意识的发展，大学生的自我意识有了明显的变化，出现了理想自我和现实自我的分化，并且迅速发展，导致矛盾冲突日益明显。大学生对自己的生活充满信心，对未来抱有幻想，而现实往往不是他们所想象的那样，于是就出现了理想自我和现实自我的矛盾。这种矛盾的分化，使大学生发生自我意识的改变，经过自我体验和自我调控，而表现出各种激动、焦虑、喜悦与不安情绪。当“理想自我”占优势时，往往会将“客体我”萎缩到实际能力以下，总认为自己事事不如人，从而产生较强的自卑感，甚至放弃努力，形成自我怜悯或伤感的心理状态。相反，当“现实我”占优势时，往往表现出较强的虚荣心和自我陶醉，特别在乎别人对自己的评价，担心暴露自己的缺点。

### 2. 自我意识矛盾日益突出，但调控能力相对较弱

由于自我意识的分化，“主体我”和“客体我”，“理想我”和“现实我”之间的种种矛盾开始出现，随着自我意识的进一步发展，这种矛盾也越来越突出。在这种矛盾心理的作用下，他们对自己的评价常常是矛盾的，对自己的态度也是波动的，对自己的调控也常常是不自觉、不果断的。他们时而看到自己的这一面，时而又看到自己的另一面；时而能客观地评价自己，时而又高估或低估自己；时而感到自己很成熟，时而感到

自己很幼稚；时而对自己充满信心，时而又对自己不满。面对自我意识中的种种矛盾，大学生便开始通过各种活动来重新认识自己，自觉或不自觉地在调节矛盾中认识自己，完善自我。他们常常会问自己，“我聪明吗？”“我的性格如何？”“我有什么能力和特长？”“我应该怎样度过自己的一生？”经过一段时间的矛盾冲突和自我探究后，大学生的自我意识就会在新的水平和方向上趋于一致，达到暂时的自我统一。然而新的自我意识矛盾又会产生，还需要不断地自我调控和自我探究。但大学生的这种自我调控能力相对较弱，过多关注自己，过于看重自己，而对他人、集体、社会考虑较少等。

### 3. 自我意识的矛盾不断激化，出现混乱

大学生自我意识的混乱通常表现为两种类型：一种是过低的自我评价，另一种则是过高的自我评价。过低或过高的自我评价往往导致个体自我意识确立过程中的过分自卑或过分自负这两大心理缺陷。它们是妨碍良好自我意识形成的心理障碍。

**（1）过低的自我评价**

处于这种意识状态的大学生，在把“理想我”与“现实我”进行比较时，对“理想我”期望较高，又无法达到，对“现实我”不满意，又无法改进。他们在心理上的一个特征就是自我排斥。由于在成长过程中，“理想我”与“现实我”的距离过大所导致的自我矛盾冲突，他们往往会产生否定自己、拒绝接纳自我的心理倾向。这类大学生往往降低人的社会需求水平，对自我过分怀疑，压抑自我的积极性，并可能引发严重的情感损伤和内心冲突。他们的心理体验常伴随较多的自卑感、盲目性、自信心丧失和情绪消沉、意志薄弱、孤僻、抑郁等现象，尤其是面对新的环境、挫折和重大生活事件时，常常会产生过激行为，酿成悲剧。近几年来发生的大学生自杀事件中相当一部分就是由此心理问题所导致。

**（2）过高的自我评价**

这是一种与过低自我评价相对立的自我意识状态。在这种自我概念的支配下，个体往往扩大现实的自我，形成错误的不切实际的理想自我，并认为“理想我”可以轻易实现。这种类型的大学生往往盲目乐观，以自我为中心、自以为是，不易被周围环境和他人所接受与认可，容易引起别人的反感和不满。因此极易遭受失败和内心冲突，产生严重的情感挫伤，导致苦闷、自卑、自我放弃。有时会引发过激行为和反社会行为。

### 4. 自我意识的矛盾转化不断进行，且渐趋稳定

在自我意识由“矛盾——统一——新矛盾——新统一”转化发展过程中，大学生自我意识不断发生重大变化，由刚进校的“依赖性”和“盲目性”，渐渐转变为“想入非非”，到毕业前就显得沉稳多了。正是由于这种矛盾转化，使得大学生自我意识发生了明显的飞跃，个体之间出现了不同的差异，自我意识也逐渐趋向成熟。

由此可见，大学阶段是大学生自我意识的“转折”时期，也是自我意识和自我矛盾表现最突出的阶段，这对个体的人生观、价值观、世界观形成有着非常重要的意义。针对大学生自我意识的发展特点，采取相应的自我意识教育和培养，可以促进大学生走上全面发展和健康成长之路，因此要引导他们全面认识自我，积极认可自我，努力完善

自我。

## 二、大学生自我意识的发展

青年时期的自我发展是发展心理学研究的重点。最著名的理论为艾里克森的“自我同一性理论”。自我同一性，是指个体寻求内在合一及连续的能力。大学生由于个体生理发生急剧变化，性的觉醒与逐步成熟、想象力的丰富、逻辑思维能力的发展都极大地促进了心理的成熟。大学生考虑问题的出发点、评价事物的标准等，都发生了较大的变化，基本能做到主、客观的统一。这一阶段的核心问题是自我认识的确立和自我角色的形成。这一阶段，大学生进一步认识自己，对自己的过去、现在和将来产生一种内在的连续之感，也认识到自己与他人在外表上与性格上的相同和差别；认识到自己的现在与未来在社会生活中的关系，产生心理社会同一感。自我同一性是大学生寻找自我了解与自我追寻的必然历程，对大学生人生价值的选择和理想信念的树立有着积极意义。他们常常把“我”分为主体的我和客体的我来作为观察者和被观察者，评价自己的心理活动常常出现反省状态。他们要求独立自主，挣脱各种约束，强调自我价值观与自我理想。这些具体的表现，说明自我意识已日渐成熟。但需要指出的是，虽然大学生的自我意识日趋成熟，但这一时期他们不论在评价事物还是评价自己时，都带有较多的主观因素，常出现偏离社会需要的倾向。要使自我意识达到真正的成熟，还要经过完整的社会化过程，才能达到自我意识与社会意识的真正统一。大学时期是个体自我意识迅速发展并趋向成熟的关键时期，是青春期以来的又一个新的飞跃阶段——原来完整的自我意识一分为二：一个是处于观察地位的“我”（我希望成为怎样的人），即理想的自我；一个是处于被观察地位的“我”（我现在是怎样一个人），即现实的自我。自我意识的分化是大学生自我意识开始走向成熟的标志，也是他们自我意识发展的最重要过程。正是这种分化过程，促进了大学生思维和行为主体性的形成，从而为客观地评价自己或他人、合理地调节自身的言行奠定了基础。当代大学生富于理想，自我期望值也较高。当他们在详细地进行自我观察、自我分析、自我评价时，他们不情愿地看到理想自我与现实自我之间存在着较大差距，而这种差距又不是一时半刻能消除的，因而产生了自我意识的矛盾。他们常常感到焦虑、苦恼、失望或无能为力。处于这种矛盾状况的大学生，总是通过各种方法，力求获得自我认识的重新统一。实现这种统一，通常有以下三种途径：（1）坚持自己理想中的自我标准，努力改善现实的自我，使之与理想自我一致。（2）一方面修正理想的自我，另一方面改善现实的自我，使两者相接近。（3）放弃理想自我的标准，自暴自弃，以迁就现实的自我。不论采取哪种途径，都会导致原有自我意识的变化，从而形成新的自我意识。这样的过程不是一次可以完成的，而是循序渐进的，要经过多次反复才能使自我意识渐趋稳定，达到新的发展水平。

## 三、影响大学生自我意识的因素

青年期被称为“疾风怒涛”的时期（G. S. Hall，1904），也被称为“第二次诞生”、“自我的发现”的时期（E. Spranger，1924）。较之于整个社会，大学生是最敢于查问和审视自己的生存状况，最敢于对自己的生活持批判态度，活得本真的人。自我的接纳与排斥，自尊的获得与丧失，自我价值的认同与否定，以及由此而导致的希望与失望、信任与怀疑等诸多复杂的情感体验，构成他们心理矛盾与冲突的主旋律。众多事实表明，大学生自我意识存在许多突出问题。综合而言，影响大学生自我意识的因素可概括为客观和主观两方面。

### 1. 客观因素

影响大学生自我意识的客观因素包括社会以及个人人际环境等因素，尽管自我意识是一个人关于自我的认识，但由于个人并非完全独立的自我存在，因而自我意识必然受制于非个人所能决定的客观因素，这些因素主要有：

**（1）社会经济体制发生巨大变化**

随着改革开放的不断深入，市场经济的逐步推进，社会转型和变迁的加剧，当代大学生正处于一个变动不居的时代。这种活跃开放的时代氛围的确为大学生展示才华提供了更为广阔的天地，为他们实现自我提供了一个积极宽松的自由的环境，但同时又把许多心理压力和冲突摆在了他们面前；自由和开放促进了自我的活跃与选择的主动，但同时也带来了更大的不确定性和不安全感；竞争和参与能够激发自我的潜能和动力，但也使自我面临更多的压力和威胁；差异和对比可刺激个体实现自我价值的不断努力、追求优越、超越自我的动机，但也会导致心理失衡和自我的失落。由此，自我的开放与闭锁、价值取向的困惑、个人自我定位的矛盾、自我评价的冲突都显现出明显的时代特色，而大学生这一敏感、活跃、最为贴近时代的青年群体就更加如此。

**（2）价值体系与生活方式的改变**

文化通常被阐释为一种使生活个性化的一整套共同观念、习俗、信仰和知识体系，也可视为一种习惯化的生活方式。由此可见，文化是自我形成的生活背景，是自我整合的关键。不同的文化模式对个体自我的影响不同。这是由于不同的文化价值取向必然影响到个人价值取向。另外，文化复杂性也与自我发展有关，文化越复杂，个人的同一性越混乱。市场经济解放了人们的观念，带来了相对丰富的物质，因此，人们的生活方式更具个性化，自由化。从简单统一的生活方式转变为复杂个性化的生活方式，生活节奏由慢而有序转变为快而杂乱，知识、资讯从单一而权威的渠道获得转变为多渠道、全方位的获得。市场经济给人们带来高度的物质文明的同时，也带来了高度紧张的生活压力。互联网使世界变小，面对大量的资讯，人们的视野开阔了，机会增多了，但随之而来的是甄别真假的痛苦和选择的痛苦。传统文化与现代文化的裂变与继承，东方文化与西方文化的交融与排斥，这种文化嬗变中的冲突，也将价值观、生活方式、思想观念的斗争加诸于敏感的大学生身上，从而影响他们的自我意识。

**（3）个人人际环境的改变**

个人人际环境主要指个人成长中的“重要之人”（如父母、教师、亲朋、伙伴等）以及他们之间的相互关系和相互作用的方式、程度等。家庭关系、父母的教养方式等家庭影响是儿童获取自我价值的来源；教师、同伴的认同、接纳也很大程度上左右着个人的自尊、自信及自我效能感；集体地位、学校体验是大学生自我同一性形成的重要影响因素。从某种程度上讲，个体自我意识是其成长环境的缩影，是接受人际环境影响、塑造的结果。进入大学后，对陌生的人际环境需要适应，而由于网络技术的发展，网上对话交流、交友等成为普遍的现象。这种长期的人与机器的交往冲淡了人与人之间的联系，师生之间、同学之间缺乏感情沟通。无论是幸福、悲伤、忧虑还是不平，都无法向别人倾诉，只能独自闷在心里。长此以往，孤独、忧郁就会自然产生。

### 2. 自我因素

大学生的自我认识水平，与他们青年期这一特定年龄阶段心理上的不成熟和个人认知、体验水平的差异密切相关。以下自我因素对大学生自我意识的影响较为重要。

**(1) 自我价值取向**

自我价值取向是个体心理中最具决定性和影响力的因素，它影响着个人自我定位和自我发展的走向，同时又影响着个体的自我体验和评价。如前所述，由于时代变迁和文化嬗变必然导致思想、价值观念的复杂和多变，从而导致个人价值取向的多元化的困惑冲突。大学生是一个高抱负、高期望值的群体，他们不仅有自己的追求和期望的生活方式，而且还肩负着他人和社会的期望，面临具体的现实，如果不能得到协调，个人价值取向的确定就更加困难，进而转化为对自我的焦虑，从而使自我面临着冲突和危机。青年期是价值观和生活方式的初步形成期，也是最易受到影响的不稳定期。尚未定型的价值观，使得大学生会在各种挑战、选择和诱惑面前产生困惑、冲突和压力，甚至导致对自我价值的怀疑，从而缺乏客观理性的自我分析和自我定位能力。盲目从众，一意孤行，均不利于自我意识的发展和调控。

**(2) 理想我和现实我的差距**

青年期本来就是一个多憧憬、多激情的年代，加之自身的优越条件，不少大学生认为“不能委屈了自己”，因而他们对于“理想我”的设计近乎完美无缺，不符合自身的知识、能力和客观条件即“现实我”。一旦发现现实与理想存在差距时，他们便不能再自我陶醉。自我中心的跌落、现实我与理想我形成的心理落差，便产生对自我的失望、怀疑和焦虑。期望自己“漂亮、高大、神气、活泼外向、口若悬河、有领导组织才能、能出人头地、讨人喜欢”，却发现自己其实并非如此。这种落差带来的失意，会使他们缺乏自尊和自信，失去自我接纳的勇气，甚至出现自我排斥。因此，适度的抱负水平，合理的自我设计，理性、适当的自我意识，“理想我”和“现实我”之间的适当距离，都有利于大学生正确认识自我、接纳自我，形成正确客观的自我意识。

**(3) 来自学习、能力和就业等方面的挫折**

大学生入学前一般都是学习上的尖子，对于以追求升学率为主要目标的中学来讲，学习优秀几乎就等于全面优秀，这使他们形成了一种心理优势和优越感。进入大学后，他们感到不仅学习成绩不如从前，而且其他方面与别的同学比也有差距，过去长期建立在学习优秀基础上的心理优势和自尊心突然受到了挑战，他们自惭形秽，心理失去平衡，对现实自我开始怀疑、排斥，并产生较强的自卑心理，这种情况在低年级学生中较为突出。此外，经过拼搏考入大学的大学生们无不自我设计未来的“美好前程”，他们的父母亲友更是对他们抱有莫大的希望。当前，大学生这种理想的“自我设计”与新的就业体制和就业形势发生了严重错位和冲突，大学生就业难已成为一个突出的社会问题。现在的大学生一进校门就感受到就业压力，高年级学生更是为此大为困扰。这也是大学生理想自我受挫的重要原因之一。

**（4）对成败的认识、体验水平和归因方式**

对于成败的认识、体验水平不同，个人的归因方式不同，都会对自我意识的发展、成熟形成一定的影响。挫折、失败固然是个人成长过程中不可避免的，但对不同的人有不同的意义。体验挫折和失败多的人，会将其扩大化和严重化，不能正确对待挫折得失，缺乏自尊感和自我接纳。缺乏成功的体验，也会使个人自信心不足，自我投入的水平低。不同的归因方式也会影响个人的自我意识。将个人的失败归于运气、机遇等不可控的外在客观因素的人会趋于自我保护和防御，缺乏正视现实和挫折的勇气，不利于自我认识和反省；将个人失败归于自身能力、水平等自身内在因素，易于丧失自信、自尊，导致自我萎缩性行为。

**（5）心理和人格弱点**

大学生正处于青年末期向成年期的过渡转变期，心理上相对处于尚不成熟趋向成熟的发展阶段。尚不成熟的心理水平使一些难以克服的心理和人格弱点成为影响他们自我意识的又一重要因素。大学生有限的认识水平对大学生自我意识有很大的影响。这主要表现在思维的敏捷性、批判性的增强，但缺乏理性、深刻性、客观性、全面性，因而往往自我认识狭隘，造成自我评价过高，目空一切；或自我估计过低、妄自菲薄；心理承受力差也是一个影响大学生自我意识的重要因素。大学生自我期望值高，勇于进取和创新，但由于心理承受力不够，对挫折的承受力不足，一旦遇到失败，往往不能正确认识，自我意识的防线脆弱，易产生自我否定性行为。性格上的缺陷也是影响自我意识的关键因素。自卑、内向型性格往往导致自我萎缩，自尊、情感匮乏，是自我接纳水平低的重要心理因素。心理、行为弱点是因人而异的，但它们是青年特定发展阶段的心理反应，这些不足常会成为影响个人自我发展的重要因素。

影响大学生自我意识的因素是多层次、多角度且多变化的。自我所面对的客观环境和自身的心理特点，使非我因素和自我因素交互作用，共同影响着大学生自我意识的发展。由于自身的不足和环境的复杂多变，心理应激源的增多，自我意识发展中将会出现更多问题。作为大学生，只有深入了解这些因素，才能正确认识大学生的自我意识和心理状况，为自身健康成长提供有益和有效的帮助。

## 四、大学生常见的自我意识问题与调适

在大学阶段，个体的自我意识逐步增强，但在相当长的时间内，他们并没有形成关于自己的稳固形象，自我意识还不够稳定，看问题往往片面主观。由于大学生的成长背景、家庭教育方式、社会经济地位、个性特征、价值观和职业目标的不同，他们自我意识整合的结果难免出现这样和那样的问题。

### 1. 过分追求完美

由于社会对大学生的期望很高，家庭也以子女考上大学为荣，加上有利的学校教育环境，大学生都会有追求自我完善的意向，对自我期望很高，有较高的自我控制

能力，这些促使他们的理想自我发展相对较快，一般都有超过现实自我发展水平的倾向。但并非所有的自我控制都是积极的。有的人对自己的要求非常高，自我控制能力强，过分地追求完美，但在实际生活中，因为这样或那样的主观或客观原因无法达到目标时，有些大学生容易对自我产生怀疑与否定等心理不适，甚至自暴自弃，变得平庸无为，变得无所事事，变得没有动力；还有些学生因为身体条件或生活条件（如经济）的阻碍，导致身体受到严重损害。因此，当理想我与现实我发生冲突时，积极的自我调适则非常必要。这时，大学生要重新调整和评估自己的理想，直到通过努力可以达到为止。

### 2. 过度低估自我

人对自己的评价适度地低（谦虚），可能成为他积极进取的推动力量。这里讲的过低是没有实事求是地评价自我。某些大学生由于缺乏强有力的家庭和社会背景的支持，再加上自己某方面能力的不足，从而导致自我否定，对现实自我的评价过低。自我评价过低，会降低大学生的社会要求水平，导致对自己各种能力的怀疑，限制自己对未来事业及美好生活的憧憬，引起严重的情感损伤和内心冲突。过低的自我评价不仅对自己的发展和完善不利，也对社会无益。因为过低的自我评价常伴有无价值感、自我排斥、自我否定等。他们不但不接纳自己，甚至自我拒绝、自我放弃，这些表现为遇事总会胆怯、心虚、逃避、退缩，缺乏独立主见，这样的人没有朝气，缺少激情，生活没有目标，从而失去进取的动力，不能最大限度地发挥自己的潜力和才能。在学习与工作上，他们也不可能取得较好的成绩，只看到自己的不足，什么都不如别人，处处低人一等，丧失信心，产生厌恶自己并否定自己的自卑感，并进入恶性循环之中。一般说来，个体或多或少有过这种消极情绪，但只要经过努力，重新评价自我，积极地进行自我调节，就能减轻和消除自卑感。如果长时间沉湎于强烈的自卑之中而不能自拔，在外界刺激的诱发下极易导致自杀行为。

### 3. 过分以自我为中心

过分以自我为中心的人，在观察事物或考虑问题时，只从自己的角度，用自己的经验去对待有关事物，不能设想他人观点、他人的内心世界，凡事都只希望满足自己的欲望，要求人人为己，却置别人的需求于不顾，不愿为别人作半点牺牲，不关心他人的痛痒，自私自利、损人利己。这样的人，要求所有的人都以他为中心，服从于他，只要集体照顾，却不顾集体纪律，强烈希望别人尊重他，却不知道自己也得尊重别人。总之，这种人心目中充满了自我，却唯独没有他人。过分自我中心的人，主要是自我意识过强，走向了以自我为中心的极端。这种自我中心意识是极为不利的，会严重影响一个人的自我形象，也影响良好思想品德的形成。由于这种人一门心思都放在蝇头小利的追求与个人得失上，以致被人厌恶、瞧不起，因而也不可能拥有好的人际关系。如何才能克服自我中心意识呢？关键在于改变自己的认识。首先，要正视社会现实。社会上的每个人都有各自的欲望与需求，也都有其权利与义务，但由于社会资源有限，不可能人人都能一切如愿。这就要求每个人正视客观现实，不能只顾自己，忽视旁人，在必要时作出让步，实现大家共同发展。其次，从自我的圈子里跳出来，多设身处地地替其他人想想，以求理解他人，并学会尊重、关心、帮助他人，这样才能获得别人的回报，才能体验人生的价值和幸福。加强自我修养，充分认识到自我意识的不现实性、不合理性及危害性，学会控制自我的欲望与言行，把自我利益的满足置身于合情合理、不损害他人的利益的基础之上，把关心分一些给他人，把公心留一些给自己。

### 4. 过度自我接受

过度自我接受的人（自负），对自我的评价非常高。大学生群体易出现较强的自尊与自信。他们渴望成功，不甘落后，对成功的渴望与预期高。特别是当小小的成就来到身边时，很容易表现出骄傲自大、唯我独尊、自我中心的现象，相当自负，好像世界尽在自己的控制之中。他们这种自我评价往往脱离客观实际，常常以理想自我代替现实自我，盲目自尊，虚荣心强，心理防御意识强。其行为结果要么表现为缺乏理智，情绪冲动，忘记现实自我而沉浸于虚无缥缈的自我设计中；要么自吹自擂、自我陶醉，却不去为现实自我而作出努力。他们无根据地过高地评估自己的能力，因而认识问题往往带有一定的偏激和固执；把自己的意志强加在别人身上，不能与人和睦相处；评价他人时，往往求全责备；观察社会易于简单化；行动目标往往力不能及。如自负与自卑总是紧密相连的，自负表现强烈的人往往也是极度自卑的人。当遭遇失败与挫折时，有时甚至是小小的失利如考试失败、恋爱失败等，他们便开始怀疑自己的能力，进而产生自我否定、自我怀疑甚至自暴自弃，陷入强烈的自卑之中。这些都与大学生自我认知不良、自我定位不准确有关。过高的自我评价，是目前大学生中自我评价的主要倾向。

## 第三节　大学生自我意识的培养

自我意识和心理健康有很大关系。善于自我认识的人，更能真实地认识自己，不歪曲自己的直觉来迎合别人的愿望，更能按自己的本性，过自己想要的生活。善于认识自我的人，由于对自己认识全面、充分，能表现出恰当的行为，被社会和他人接纳，从而减少消极、负面的情绪；相反，不能正确认识自我的人，常表现出和自身实际不相符合的行为，在社会生活中有较多不适应，个人也由于认识和实际的不一致而体验到心理的矛盾和冲突。

认识自我是智慧的体现。善于认识自我的人更成熟，更能把握生活，获取生活的幸福和成功。日本的管理之神松下幸之助，就曾总结过自己的成功经验："我有三个缺点，都被我变成了三个优点：第一是因为家里穷，知道奋斗能成功；第二是没文化，懂得要自学；第三是身体不好，懂得要依靠别人，三个弱点就变成三个优势。"《孙子兵法》也说："知彼知己，百战不殆；不知彼而知己，一胜一负；不知彼不知己，每战必殆。"善于自我认识的人，清楚地知道自己的优点和缺点，从而找到自己的成功方向。总之，自我认识与个人的成功和幸福都有很大的关系，越能充分认识自己，就越可能有幸福成功的人生。

## 一、健全自我意识的标准

目前，尚无健全自我意识的标准，但可以从以下几个方面来考虑：

第一，健全的自我意识应该达到自我意识的积极统一。

第二，健全的自我意识应该具有正确的自我认识，在自我认识的主动性、自觉性、准确性的基础上达到较高的水平；具有良好的自我体验，自我体验是丰富、积极、健康的；具有有效的自我调节，在自我调节的独立性、自觉性、坚持性、自制性的基础上达到较高水平。

第三，健全的自我意识是自我认识、自我体验、自我调节三者协调一致的结果，同时又与外界保持协调一致。

第四，健全的自我意识有助于促进个体的心理健康和发展，有助于促进社会的文明和进步。

心理卫生学认为，自我意识是影响人的心理健康的很关键性的因素。自我意识在人格形成和人格结构中占有极其重要的地位，人的认知、情感、意志、信念等都会受到自我意识的影响，健全的情绪、健全的身心是以健全的自我意识为基础。

## 二、大学生自我意识的培养

自我认识的健全发展，是人的全面发展的重要条件，是促进人的心理健康的有效途径。那么实现健全自我认识的途径有哪些？

### 1. 客观正确地认识自我，全面评价自我

德国著名作家约翰·保罗曾说："一个人真正伟大之处，就在于他能够认识自己。"如果一个人能对自我有一个全面、正确的认识和评价，就能扬长避短，取长补短，控制自己、改变自己、完善自己，就能根据自己的实际情况，选择相应的目标为之努力奋斗。因此，正确认识自我是建立健全的自我意识的基础。

人在认识自我时必须始终坚持辩证的原则和自我激励的原则。人对自己的优点与缺点、长处与短处、成功与失败、成绩与错误，都应历史地、客观地、全面地、发展地、一分为二地进行评价，避免盲目性、片面性、绝对化、简单化。自我认识的目的是为了激励自我，是为了自我的发展和完善，而不是为了自我挫败，所以正确的自我评价关注的不是发现自我究竟有多少长处和短处，而是如何才能扬长避短，走出误区，使自我得到更好的发展。因此，为了客观准确地认识自我，我们需要深刻地剖析自己。我们行为的结果可以提供一个客观认识自我的标准，另外，辩证地反躬自省也有助于认识自我。

（1）从活动的结果来认识自己。事实能说明一切，在某方面活动的实际结果，往往能给我们在某方面一个客观公正的评价。

（2）从以往成败的经验来认识自己。以往的成败经验是通过多次实践来反映我们在某方面的特点，因此，通过反思这些经验，能获得客观的自我认识。

（3）分析自己在生活中的表现。对自己不能肯定的某方面的才能和特点，不妨找机会表现一下，从中得到验证。

在反躬自省的时候可能出现这样极端的情况：有的人过多注意到自己的长处，导致过高的自我评价（如自负），结果常常是盲目乐观，甚至狂妄自大，难以听取别人的批评意见；相反，过低的自我评价（如自卑），只是看到自身的缺点和不足，表现出不自信，对自己持消极的看法。过高或者过低的自我评价都是错误的自我认识，其主要原因是不能全面地认识自我。全面的自我认识需要用一分为二的观点，既要看到自己的优点，也要看到自己的不足。

给过高和过低自我评价者如下建议：

（1）过高的自我评价者，在成功的经验中不要一味沾沾自喜，要分析自己在整个过程中还不够完善的地方。面对失败，不要总是避开，不愿提及，要冷静下来，认真分析，从失败中总结经验教训，避免类似的错误再次出现。另外，扩大自己的活动范围，从与更多的人的比较中认识自己。

（2）过低自我评价者，在面对成功时不要压抑自身的感受，要充分享受成功带来的喜悦；面对失败时，就事论事，不要把失败扩大到整个生活的方方面面，同时也可以总结出整个过程中成功的方面。多参加社会活动，创造更多展示自己才能的机会。

### 2. 欣然悦纳自我

你对自己感到满意吗？你能欣然接受自己的优缺点吗？你是把自己当做朋友一样，相知、相伴、同舟共济呢？还是把自己当做敌人，百般挑剔、无情驱逐？对自己要好一点，心理学家贝克曾提醒抑郁症患者：假如一位你所尊敬的朋友来拜访你，难道你会羞辱他吗？难道你成心使他难堪而有意揭他的短吗？可以肯定，你不会这样做的，你会尽自己所能使他感到舒适、满意。那么，为什么不用同样的方法对待自己呢？把自己当成一位尊敬的朋友，爱护自己，善待自己，这样你的心情就会慢慢好起来，就会感受到生活的美好。悦纳自我是发展健康的自我意识的关键和核心。具体说来，悦纳自我就是：

（1）接受自己，喜欢自己；不苛求自己，觉得自己独一无二，有高度的自尊和自信，有价值感、自豪感、愉快感和满足感。

（2）性情开朗，对生活乐观，对未来充满憧憬，积极情绪多于消极情绪。

（3）能平静而又理智地看待自己的长处与短处，冷静地对待自己的得与失。

（4）有远大理想和阶段性目标，并以此激励自己不断努力。

（5）既不以虚幻的自我补偿内心的空虚，也不以消极回避的态度漠视自己的现实，更不以怨恨、自责甚至厌恶的态度来否定自己。

大学生要做到悦纳自己，可以从以下几个方面入手：

（1）深入了解自己，接纳自我。

（2）从现在开始，无条件地完全接受自己。首先，以慷慨和诚实的态度至少举出10项自己的优点；然后，以诚实的态度列出不喜欢自己的地方，在可以改变的地方标上记号，对不喜欢却又无法改变的缺点，试着去接受它，对所有能改变的缺点，发誓去改变它；最后，相信自己是有价值的人，相信“天生我材必有用”。

（3）改变过分追求完美的习惯，不苛求自己。过分追求完美、过分苛求自己，无异于心理上的作茧自缚，会窒息人的活力，使人心情压抑，行为退缩，失去许多展示自己的机会，最终损害人的自尊，导致自我拒绝。正确的态度是承认自己的不完美，接受自己的全部缺点和优点，接纳真实的自我，在积极的心态中，最大限度地把自己的潜能化为现实。

(4) 建立和巩固良好的自我感觉。找出最近（一年之内）一次或几次自己做过的比较成功的事情，用心去体会成功的愉快心情，庆祝自己的胜利；及时了解自己各方面的发展、进步和成绩，肯定自己的能力；记录别人对你的积极评价和态度，增强自信；仔细回忆自己从前的经历，找出各方面比较出色的表现，肯定自己以前就已具备良好的素质。这样，就能把注意力集中在自己的优点和成功上，而不是集中在自己的缺点和失败上，有助于建立和巩固良好的自我感觉，悦纳自我。

(5) 从错误和失败中吸取教训，但不被它们打垮，永远给自己机会。一个人不可能不犯错误，也不可能事事成功。可怕的不是错误和失败，而是被错误和失败打垮。人应平静而又理智地看待自己的错误和失败，从中吸取教训，不因个别的错误和失败轻率地全盘否定自己，永远对自己有信心。

### 3. 有效地调节自我，塑造自我，超越自我

有效调节自我是健全自我认识、完善自我的根本途径。一般来说，大学生要有效调节自我，就应该：

(1) 建立合乎自身实际情况的抱负水平，确立适宜的理想自我。也就是面对现实，确定自己具体的奋斗目标，把远大的理想分解成一个个远近高低不同的子目标，从而由近到远、由低到高，循序渐进，逐步加以实现。更关键的是每个子目标都应适当、合理、切合实际、是经过努力可能达到的，以免失去信心。

(2) 把奋斗的重心放在自己最大的长处和优势上。每个人的精力都是有限的，所以精力应放在自己最擅长的地方。坚持不懈地在自己已经有所成就的、或者自己最有优势的领域上努力学习或工作，这有利于人不断地取得成功，获得自我实现。

(3) 增强自尊和自信。使自己有为实现理想自我而努力的更强大的动力，激励自己不断奋进。

(4) 培养顽强的意志和坚强的性格，发展坚持性和自制力，增强挫折耐受力。这能使自己自觉主动地认清目标，为实现目标而努力排除干扰、克服困难，能正确地面对成功和失败。

塑造自我、超越自我，是当代大学生的思想行为热点之一。塑造自我就是按照社会的需要和个人的特点来自我发展、自我实现，做一个“自如的我，独特的我，最好的我”。所谓“做一个自如的我”，是指不给自己提出脱离实际的过高要求，坦然面对自己的客观存在，愉快自在地生活。所谓“做一个独特的我”，指不一味地追求时髦、时尚，在刻意模仿中失去了自己，而是接受自身，注重自身，积极地生活。所谓“做一个最好的我”，指立足于现实而又不甘落后，充分利用自己独特的禀赋，积极发挥自己的特长，根据自己的条件规划自己的生活。塑造自我亦是不断超越自我、成为新的自我的过程，即用今日之我战胜昨日之我，用明日之我战胜今日之我。自己只是人生的一个

断面，而超越自我才是人生的全过程。

怎样才能超越自我呢？那就需要不断地挑战自我。通过不断地挑战自我，我们能发现和挖掘自身的潜能，这样才能不断登上自我新的高峰。塑造自我、超越自我是从“小我”走向“大我”即健全的自我的过程，既注重自我又绝不固守自我，积极主动地为社会服务，不断寻找新的生长点；既注意自我价值的实现，又不仅仅限于追求个体自我价值的实现，把自我价值实现的过程与为他人和社会的服务联系起来，从中更好地实现自我价值。

21 世纪为每个人带来了更多的挑战，也为大学生提供了更多展示自我的机会。当代大学生需要不断地塑造自我、超越自我，这是一个不断实践的过程。只有通过自觉、积极、有效而且持之以恒的行动，才能使自我更丰富、更强大、更完善，这一过程也就是人格不断升华、健全的过程。健全的自我意识是一个人健康成长、全面发展、走向成功的基础。因此大学生在自我意识的发展过程中，不仅要意识到自己存在的状态，发现问题，及时调适，更要找到一条发展、完善的途径，不断提高自我意识的健康水平，向“完善的我”靠近。

☞ 课后小资料

## 自我和谐量表（SCCS）

下面是一些个人对自己看法的陈述，填答时，请您看清每句话的意思，然后圈选一个数字（“1”代表该句话完全不符合您的情况，“2”代表比较不符合您的情况，“3”代表不确定，“4”代表比较符合您的情况，“5”代表完全符合您的情况）以代表该句话与您现在对自己的看法相符合的程度。每个人对自己的看法都有其独特性，因此答案是没有对错的，您只要如实回答即可。

表 4-1　　自我和谐量表(SCCS)

| | 完全不符合 | 比较不符合 | 不确定 | 比较符合 | 完全符合 |
|---|---|---|---|---|---|
| (1)我周围的人往往觉得我对自己的看法有些矛盾 | 1 | 2 | 3 | 4 | 5 |
| (2)有时我会对自己在某方面的表现不满意 | 1 | 2 | 3 | 4 | 5 |
| (3)每当遇到困难,我总是首先分析造成困难的原因 | 1 | 2 | 3 | 4 | 5 |
| (4)我很难恰当表达我对别人的情感反应 | 1 | 2 | 3 | 4 | 5 |
| (5)我对很多事情都有自己的观点,但我并不要求别人也与我一样 | 1 | 2 | 3 | 4 | 5 |
| (6)我一旦形成对事物的看法,就不会再改变 | 1 | 2 | 3 | 4 | 5 |
| (7)我经常对自己的行为不满意 | 1 | 2 | 3 | 4 | 5 |
| (8)尽管有时得做一些不愿意的事,但我基本上是按自己意愿办事的 | 1 | 2 | 3 | 4 | 5 |

续表

| | 完全不符合 | 比较不符合 | 不确定 | 比较符合 | 完全符合 |
|---|---|---|---|---|---|
| (9)一件事好是好,不好是不好,没有什么可含糊的 | 1 | 2 | 3 | 4 | 5 |
| (10)如果我在某件事上不顺利,我就往往会怀疑自己的能力 | 1 | 2 | 3 | 4 | 5 |
| (11)我至少有几个知心朋友 | 1 | 2 | 3 | 4 | 5 |
| (12)我觉得我所做的很多事情都是不该做的 | 1 | 2 | 3 | 4 | 5 |
| (13)不论别人怎么说,我的观点决不改变 | 1 | 2 | 3 | 4 | 5 |
| (14)别人常常会误解我对他们的好意 | 1 | 2 | 3 | 4 | 5 |
| (15)很多情况下我不得不对自己的能力表示怀疑 | 1 | 2 | 3 | 4 | 5 |
| (16)我朋友中有些是与我截然不同的人,这并不影响我们的关系 | 1 | 2 | 3 | 4 | 5 |
| (17)与朋友交往过多容易暴露自己的隐私 | 1 | 2 | 3 | 4 | 5 |
| (18)我很了解自己对周围人的情感 | 1 | 2 | 3 | 4 | 5 |
| (19)我觉得自己目前的处境与我的要求相距太远 | 1 | 2 | 3 | 4 | 5 |
| (20)我很少去想自己所做的事是否应该 | 1 | 2 | 3 | 4 | 5 |
| (21)我所遇到的很多问题都无法自己解决 | 1 | 2 | 3 | 4 | 5 |
| (22)我很清楚自己是什么样的人 | 1 | 2 | 3 | 4 | 5 |
| (23)我能很自如地表达我所要表达的意思 | 1 | 2 | 3 | 4 | 5 |
| (24)如果有足够的证据,我也可以改变自己的观点 | 1 | 2 | 3 | 4 | 5 |
| (25)我很少考虑自己是一个什么样的人 | 1 | 2 | 3 | 4 | 5 |
| (26)把心里话告诉别人不仅得不到帮助,还可能招致麻烦 | 1 | 2 | 3 | 4 | 5 |
| (27)在遇到问题时,我总觉得别人都离我很远 | 1 | 2 | 3 | 4 | 5 |
| (28)我觉得很难发挥出自己应有的水平 | 1 | 2 | 3 | 4 | 5 |
| (29)我很担心自己的所作所为会引起别人的误解 | 1 | 2 | 3 | 4 | 5 |
| (30)如果我发现自己某些方面表现不佳,总希望尽快弥补 | 1 | 2 | 3 | 4 | 5 |
| (31)每个人都在忙自己的事,很难与他们沟通 | 1 | 2 | 3 | 4 | 5 |
| (32)我认为能力再强的人也可能遇上难题 | 1 | 2 | 3 | 4 | 5 |
| (33)我经常感到自己是孤立无援的 | 1 | 2 | 3 | 4 | 5 |
| (34)一旦遇到麻烦,无论怎样做都无济于事 | 1 | 2 | 3 | 4 | 5 |
| (35)我总能清楚地了解自己的感受 | 1 | 2 | 3 | 4 | 5 |

**评分说明：**

各分量表的得分为其包含的项目分直接相加，三个分量表包含的项目为：

（1）自我与经验的不和谐：1、4、7、10、12、14、15、17、19、21、23、27、28、29、31、33；

（2）自我的灵活性：2、3、5、8、11、16、18、22、24、30、32、35；

（3）自我的刻板性：6、9、13、20、25、26、34。

将自我的灵活性反向计分，即选1计5分，选2计4分，选3计3分，选4计2分，选5计1分，再与其他两个分数相加。得分越高，说明自我和谐度越低。在大学生中，低于74分为低分组，75~102分为中间组，103分以上为高分组。

统计以上各项总分：

（1）自我与经验的不和谐；

（2）自我的灵活性（反向计分）；

（3）自我的刻板性；

（4）总评。

## ☞ 思考与训练

1. 自我认识指的是什么？
2. 大学生自我意识具有哪些特点？
3. 大学生应该怎样不断完善自我？
4. 案例

一只小鹰从小在鸡群里长大，一直都认为自己是只鸡。当主人要放飞它时，打、骂、美食诱惑……怎么都不行，它认为自己是鸡飞不起来。主人非常失望，决定把小鹰带到悬崖扔掉。奇迹出现了：就在坠落的过程中，突然，小鹰的翅膀拍打起来了！它的天性恢复了，它知道自己是鹰而不是鸡。

从这个案例中，你可以得到什么启示？

# 第五章　大学生人格的心理健康教育

人格乃是我们所有习惯系统的最后产物

——华生

一个人个性的最终形成，掌握在自己手中。

——安妮·弗兰克

个性的全面发展意味着精神丰富、道德纯洁和体魄完美在个性中和谐地结合。

——赞科夫

良好的个性胜于卓越的才智。

——爱迪生

社会生活的快速变革，就业竞争的日趋激烈，对人们素质的要求也不断提高。在人的素质结构中，人格发挥着决定性的作用。在人一生的成长与发展中，人格扮演着重要的“向导”角色。只有塑造健全人格，才能开创幸福人生。那么，什么是健全的人格？怎样塑造健全人格？这将是本章要解决的问题。

## 第一节　人格概述

人格的结构是多层次的，它包括个性心理倾向、个性心理特征、自我意识。个性心理倾向包括需要、动机、兴趣、理想、信念、价值观；个性心理特征包括气质、性格、能力；自我意识包括生理自我、心理自我、社会自我。其中，气质、性格是人格的重要组成部分。

### 一、人格的含义

“人格”一词来源于拉丁文“persona”，原指戏剧表演时演员所戴的面具，而后引申为演员所扮演角色的特征。不同的面具代表了演员所演出角色不同的个性。

心理学界对人格的研究历史由来已久，持有不同观点的许多心理学流派都提出了自己关于人格的意义界定。综合各个学派的观点，可以把人格定义为：一个人相对稳定而不变的特质。在这里，“特质”指的是一个人的思考、情绪或行为；而“相对稳定”指的是个体在不同情境、不同时刻的特质不会有太大的变化。举例来说：一个性格特征是外向的人，在不同的地方、不同的时间，无论对熟悉的人还是对陌生的人，所表现出来的人格特征都是外向的，因此可以说外向是他人格特征的一部分。反过来，他外向的人格特征会对他的行为有很大的影响。所以，人格是在个体行为上的内部倾向，是个体与环境相互作用过程中所表现出来的行为模式、思维方式和情绪反应。如果个体能与社会环境相适应，就具有正常人格。反之，如果个体的情绪反应、言行举止、态度、信仰体系和道德价值特征等都与周围环境格格不入，人际关系紧张，则可能患有人格障碍。

## 二、人格的基本特征

每个人的人格特征虽然各有不同，但是总的来说，人格具有整体性、稳定性、独特性和社会性四个基本特征：

### 1. 人格的整体性

人格的整体性是指由多种成分构成的整体，它是一个人表现在行为模式中的心理特性的整合体，在一个现实的个体身上，它们并不是孤立存在的，而是密切联系的一个有机整体。正常人的行动并不是某一特定成分（如能力或情感）运作的结果，而是各个成分密切联系、协调一致所进行的活动。正像一个发动机一样，它要正常运行，各部分必须协调一致，作为一个整体来运作。

人格的整体性是人格健康的标志，一个失去了人格内在统一性的人，他的行为就会常常受到几种动机、意志相互抵触的支配，这是一种人格分裂的现象，表现为“双重人格”或“多重人格”。一个人格健全的人，其人格具有整体性，即思想、情感、行为的和谐一致和统一。

### 2. 人格的稳定性

人格的稳定性是指一个人在长期的生活过程中形成的独特的心理特征。一个人的人格特征一旦形成，就具有相对的稳定性，具有跨时间的持续性和跨情境的一致性，并在一切生活中显示出其区别于他人的独特性。正如人们常说的“江山易改，本性难移”。一个性格外向的大学生，他不仅在家庭中非常活跃，而且在班级活动中也会表现出积极主动的一面，在老师面前同样也能自然地表现自己，不仅大学四年如此，即使毕业若干年再相逢，这个特质依旧不变。人格的稳定性表现在时间上和空间上的相对稳定性，在没有发生重大变故的情况下，人格是不易改变的。如果一个爽朗、乐观、外向的人，突然变得沉闷、悲观、内向，说明他的心理和行为已经偏离了正常轨道，这时就要警觉他是否出现了异常。

### 3. 人格的独特性

人格的独特性是人与人之间差异的一个重要方面，每个人的心理和行为都是不同的，不同的遗传、生活经历、教育环境等，形成了人们各自独特的心理特征。人格包括很多的构成因素，不同的因素组合构成不同的人格，体现了人格的多样性，每个人的人格特征都具有自己的特点，每个人的性格都是独一无二的。如：“一母生九子，九子各不同"，"人心不同，各如其面"，都在一定程度上说明了人格的独特性。在我们的生活环境中，可以观察到各种不同个性的人，他们在能力、气质、性格、动机和价值观等方面都具有自己的特点。

### 4. 人格的社会性

人格社会性是指个人在与社会其他成员的交往中，掌握社会经验和行为规范，获得自我的过程。不同于其他动物的幼仔，婴儿具有一种与生俱来的对社会生活的需要和使得社会生活成为可能的能力。例如，学会使用语言，用概念进行思维，将学得的经验加以抽象、沟通和传递等。但是，如果出生后由于某种原因，婴儿的社会接触被剥夺，就不可能形成真正的人。印度"狼孩的故事"正说明了这一点。可见社会剥夺能使人丧失大部分人格社会性潜力，不能形成正常人格。

社会化的内容复杂多样。爱斯基摩（Eskimo）儿童要学习对付北极严寒的生活方式，布须曼人（Bushmen）要学习应付非洲沙漠酷暑的生活方式。社会化与个人所处的文化传统、社会制度、种族、民族、阶级地位、家庭等有着密切的关系。通过社会化，个人获得了从装饰到价值观和自我观念等基本人格特征。人格既是社会化的对象，也是社会化的产物。

## 三、人格、气质、性格

### 1. 人格与气质

#### （1）气质的概念

气质是表现在心理活动的强度、灵活性和平衡性等方面的一种稳定的心理特征，是一个人心理活动的动力特征。气质特点在不同情境、不同活动中都会表露出来，使个体的全部心理表现都染上一种色彩，即脾气、禀性。心理学研究表明，人格与人的气质有密切的关系。人的气质差异是先天形成的，受神经系统活动过程的特性所制约。人的气质很大程度上决定着人的人格差异。

#### （2）气质类型学说

古希腊医生希波克拉底（Hippocrates，公元前460—前377）的体液说认为，人体内有四种液体：黄胆汁、血液、黏液、黑胆汁。这四种体液的配合比率不同，就形成了四种不同类型的人。罗马医生盖伦进一步确定了气质类型，认为黄胆汁占优势是胆汁质，血液占优势是多血质，黏液占优势是黏液质，黑胆汁占优势是抑郁质。另外还有体型说、血型说、巴甫洛夫的高级神经活动类型说等。

#### （3）气质的四种类型

大学生气质类型特点：大学生中复合型气质占65.93%，单一型气质占34.07%。总的趋势是多血质类型人数最多，共占56.32%，黏液质24.18%，胆汁质13.74%，抑郁质5.77%。理科学生属于黏液质的比文科学生多；男生中属于胆汁质、多血质的多于女生；女生中属于黏液质的多于男生。

气质无好坏之分。每一种气质类型都有其积极的一面，也都有其消极的一面，无法

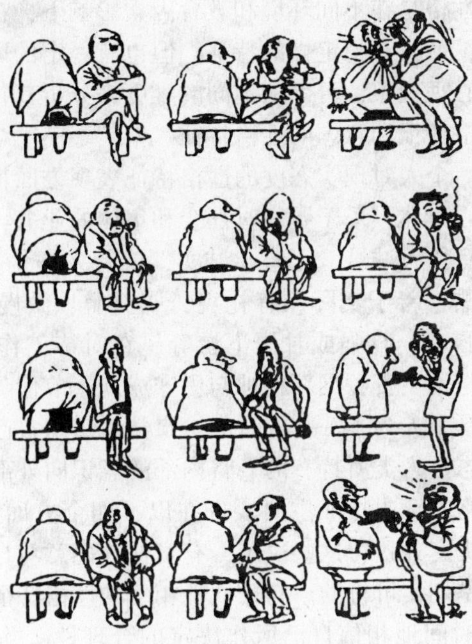


图 5-1

比较哪一种气质类型更好。例如，胆汁质的人精力旺盛、热情豪爽，但脾气暴躁；多血质的人活泼敏捷，善于交往，但却难以全神贯注、缺乏耐心；黏液质的人做事有条不紊、认认真真，但缺乏激情；抑郁质的人非常敏锐，却容易多疑多虑。气质对一个人来说，没有选择的余地，重要的是要了解自己，自觉地发扬自己气质中积极的一面，努力克服气质中消极的一面，使自身的人格日渐成熟、丰满。

**（4）气质的意义**

① 气质本身不能决定一个人活动的社会价值和成就高低。俄国有四位著名的文学家，就属于四种不同的气质类型：普希金——胆汁质；赫尔岑——多血质；克雷洛夫——黏液质；果戈理——抑郁质。

② 气质会影响人的身心健康。相比较而言，胆汁质的人有强烈愿望和过度的紧张，抑郁质的人内心冲突、受暗示性强，容易干扰和损害其心理健康。

③ 气质特征是职业选择的依据之一。胆汁质和多血质的人适合迅速、灵活反应的工作；黏液质和抑郁质的人适合持久而细致的工作。

④ 人际交往中注意人的不同气质类型。对胆汁质的人尽量避免激怒他们；对多血质的人要多提要求，使他们总感到有事可做；对黏液质的人不要以冷对冷或操之过急，要给他们足够的时间；对抑郁质的人要多鼓励，一般不要公开指责。

## 2. 人格与性格

**（1）性格的概念**

性格是表现一个人对现实比较稳定的态度和与之相适应的习惯化了的行为方式中所

表现出来的心理特征。人的性格是在不同环境和教育因素影响下，在人的实践活动中形成和发展的。性格一旦形成，就具有稳定性的特征，但也有一定的可塑性。

性格是一种十分复杂的心理现象，可以从不同的维度来分析其特征。最重要的性格特征是个人对现实态度的性格特征和意志的性格特征。

对现实态度的性格特征。个人对现实态度的性格特征表现方面很多。在对待社会和集体方面，有关心社会、关心集体、乐于履行对社会和集体的业务，或对社会和集体漠不关心。在对待他人方面，有待人诚恳、正直、诚实，或待人虚伪、狡诈；有同情心、能体贴人，或对人淡漠、冷酷；善于交际、有礼貌，或孤僻、傲慢等。在对待自己方面，有谦虚或骄傲，自信或自卑，自强或甘居下游等。在对待工作方面，有勤奋和懒惰，细心和粗心，工作负责与不负责，创新精神与墨守成规，节俭与奢侈等。

性格的意志特征。意志是个人为了一定的目的，自觉地组织自己的行为，并与克服困难相联系的心理过程。意志是人类所特有的、将内部的意识向外部动作的转化，以达到预期目的的心理活动。性格的意志特征主要表现在以下四个方面：（1）独立性：表现为个人有能力作出重要的决定并执行这些决定，有责任并愿意对自己的行为所产生的后果负责，深信这样的行为是切实可行的。与独立性相反的性格特征是：受暗示性或盲从。（2）坚定性：表现为长时间地相信自己所作决定的合理性，并坚持不懈地克服困难，为执行决定而努力。与坚定性相反的性格特征是：做事见异思迁，虎头蛇尾或刚愎、执拗。（3）果断性：表现为善于迅速地明辨是非，能及时而坚决地作出决定和执行决定。与果断性相反的性格特征是：优柔寡断，三心二意。（4）自制力：是关于控制自我的能力。如关于控制自己的行为和情绪反应的能力等。

**（2）性格类型**

性格类型的划分方法很多，按结构来分有理智型、情绪型、意志型；按个体活动倾向来分，则可分为内倾型、外倾型；按个体特征来分，则有独立型和依附型两类。这些分类是相对的，性格也受世界观、理想和信念等制约。

内倾型（或内向型）是指个性沉静不善于社交的人，外倾型（或外向型）是指个性好动善于交际的人，这两种性格类型主要表现在人际适应上的不同。艾森克曾对此作过详细的描述（表5-1）。

表5-1 **艾森克对外倾型和内倾型性格特点的描述**

| 外倾型性格 | 内倾型性格 |
|---|---|
| 老是注意外界所发生的事情，追求刺激，勇于冒险；<br>无忧无虑，随和乐观，易怒也易平静，不加思考行动；<br>有与别人谈话的需要，好为人师，容易冲动；<br>喜欢变化，好交朋友；<br>善于交际，不喜欢独自学习 | 三思而后行，严格控制自己的感情，很少攻击行为；<br>性情孤独，内省，生活有规律；<br>爱好读书和室内活动，对人冷漠，保持一定距离；<br>重视道德标准，情绪悲观；<br>安静，不善交际 |

按独立性程度可分为独立型和顺从型。独立型的人不受外界的干扰，具有坚定信念，能独立地判断事物，发现、解决问题，在紧急和困难的情况下不慌，易发挥自己的力量，但有时会把自己的意志强加于人，固执，不合群；顺从型的人，随和、谦虚、易合作，但独立性较差，易受暗示，容易接受别人意见，在紧急情况下惊惶失措。

同样，一个人身上也往往兼有内向与外向两种性格，生活中屡见不鲜的例子是一个从前腼腆内向的人最后却成了成功的企业家，而一个开朗好动的人在安静的实验室中度过了一生。

### 3. 性格与气质的关系

**（1）区别**

气质是表现心理活动的强度、灵活性和平衡性等方面的一种稳定的心理特征，是一个人心理活动的动力特征。性格是指人对现实稳定的态度和相应的行为方式所表现出来的心理特征，它是人格的主体。

气质较多地受生理因素的制约，可塑性小，变化慢；性格主要受后天环境制约，可塑性大，变化快。

气质无好坏之分，一般不作社会评价；性格有好坏之分，作社会评价。

**（2）联系**

相同的气质可以形成不同的性格；不同的气质可以形成同一性格，但仍保留各自的气质色彩。例如，多血质的人可以形成活泼好动、富于生气、亲切、友好的性格，也可以形成不踏实、马虎性格。某同学生病，四种气质类型的同学都会伸出援助之手、热情帮助，但各自的方式不同：胆汁质的人满腔热情、急切豪爽地去助人；多血质的人能说会道、利索地去助人；黏液质的人不动声色、从容不迫地去助人；抑郁质的人带着焦虑的心情默默地去助人。

我国心理学家黄希庭等人用“卡特尔16种人格因素量表”对我国大学生的性格特征进行了调查，结果表明，我国大学生性格因素总的轮廓是趋于开朗、乐观、聪明，情绪偏于激动、好强、积极、严肃、负责、稍显羞怯、理智而重实际、信任他人、有创新精神、依赖随群、不大能克制自己和比较紧张。

青少年时期是性格发展的关键时期。在这一关键时期，我们必须促进青少年的人格向着健全的方向发展，努力预防和克服各种不良的人格，这对于维护青少年的心理健康至关重要。

## 第二节　大学生人格发展中存在的问题与调适

☞ 案例

**试题的秘密**

这群年轻人都是经过多次筛选的佼佼者，现在，他们正面临着最后的考验——一场10分钟的考试，谁通过了，便可以进入这家著名的大公司工作。

试题共30道题，面宽而量大，10分钟时间肯定做不完。许多人一拿到试卷一刻也不肯耽搁，慌忙抢做，全然不顾监考官“请大家先将试卷浏览一遍再答题”的忠告。

试卷在10分钟后如数收齐。总经理亲自批阅，从中挑出6份试卷。这6份试卷有一个共同特点，即1题至28题全都未做，仅回答了最后两个问题，而其他试卷上的答题情况则好得多，做了前面不少题目，最多的做了12道题。

公司录用的竟然是那6个仅答了最后两道题的年轻人！原来秘密就藏在第28题中，它的内容是：前面各题均无须回答，只要求做好最后两题。

**请思考：**该公司原来就未打算再考察大家肚里的墨水——能在多次遴选中胜出，学问还有什么值得怀疑的呢？总经理亲自策划这场别具匠心的考试，是要测试出竞争者们学问以外的什么东西？沉着、冷静、机智、灵活是现代化人才必须具备的特质，一个一流大公司又怎会忽视呢？

健全的人格是事业成功的基础、家庭幸福的根基、人际关系良好的基石。现代社会对人的职业素质的要求是敬业、合作、创新的团队精神；是沉着、冷静、机智、灵活的人格特点。不敬业、不与企业捆绑的人，没人敢用；不合作的人，不好用；没有团队精神、不创新的人，不想用；缺乏健康人格特征，将直接影响工作成效。

## 一、影响人格形成的因素

人格的发展是遗传与环境两种因素交互作用的结果。人既是一个生物个体，又是一个社会个体。心理学有很多理论说明人格的形成。尽管有不同的观点和流派，但对大多数人来说，人格的形成是先天的遗传因素和后天的环境因素、教育因素相互作用的结果。

### 1. 生物遗传因素

遗传是人格不可缺少的影响因素，遗传因素对人格的作用程度随人格特质的不同而异。通常在智力、气质这些与生物因素相关较大的特质上，遗传因素的作用较重要；而在价值观、信念、性格等与社会因素关系紧密的特质上，后天环境的作用更重要。

### 2. 家庭环境因素

（1）父母的人格与孩子的人格是相互作用、相互影响的。家庭是社会的细胞，家庭成员间不仅有其自然的遗传因素，也有其社会的“遗传”因素，这种社会遗传因素主要表现为家庭对子女的教育作用。父母按照自己的意愿和方式教育孩子，使他们逐渐形成某些人格特点。家庭环境对孩子人格的影响可分为积极影响和消极影响。

（2）父母的态度及家庭成员之间的关系对孩子人格有重要影响，如表5-2所示。

表5-2　　父母的教养态度对孩子人格特征的影响

| 父母的态度 | 孩子的人格特征 |
|---|---|
| 支配的 | 消极的、缺乏自主性的、依赖性的、顺从的 |
| 干涉的 | 癔病、神经质、被动的、幼稚的 |
| 娇宠的 | 任性、放肆、幼稚、神经质、温和 |
| 拒绝的 | 自我显示、冷淡的 |
| 不关心的 | 攻击的、情绪不安定的、冷酷的、自立的 |
| 专横的 | 反抗的、情绪不安定的、依赖的、服从的 |
| 民主的 | 合作的、独立的、坦率的、社交的 |

### 3. 学校教育因素

学校是一种有目的、有计划地向学生施加影响的场所。教师、学生班集体、同学与同伴等都是学校教育的元素。学校是人格社会化的主要场所，学校教育对人格产生重大的影响作用。学生生活在群体中，群体的特点、要求、氛围、评价和舆论以及个人在群体中的地位，对其中的每一个个体人格的形成都有影响。教师特定的社会角色及在受教育者心目中的特殊地位，其人格特点及教育方式和态度对受教育者也有着重要的影响作用。第斯多惠曾说：只有具有坚定的性格，知道自己想要什么，为什么想要和用什么来实现自己意志的人，才能教育出坚定的、精力充沛和性格坚强的人。

### 4. 社会文化因素

每个人都处在特定的社会文化环境中，文化对人格的影响是极为重要的。社会文化塑造了社会成员的人格特征，使其成员的人格结构朝着相似的方向发展，这种相似性具有维系社会稳定的功能，又使得每个人能稳固地“嵌入”整个文化形态里。社会文化对人格具有塑造功能，这表现在不同文化的民族有其固有的民族性格。

### 5. 自然环境因素

环境也是能影响人的性格的。山的凝重与豪壮，牢牢嵌入山区人的性格之中；大海的宽容与博大，深深融入海边人的性格之中；平原地区的广袤与和顺，慢慢汇入平原人的性格之中。

## 二、人格健康的标准

随着现代社会心理疾病问题的日渐突出，人们对健康人格的关注也越来越多。什么是健康的人格呢？一般认为，健康人格通常指能自觉驾驭自己的生活，了解自身现状，注重现在；能给予并接受爱，能专注于工作，能照顾别人；对他人有责任感，有积极的人际关系和独立、自主成长的需要等一系列心理特征的总和。但是，严格地说，什么样的人格才算是健康的，并没有一个统一的标准。从目前心理学的研究看，一些人本主义心理学家提出的人格健康的标准，是颇有借鉴价值的。这里主要介绍一种比较有代表性的人格健康的标准——马斯洛的“自我实现人”的标准。

(1) 了解并认识现实，持有较为实际的人生观；

(2) 对人、对己、对大自然表现出最大的认可和接纳；

(3) 在情绪与思想表达上较为自然；

(4) 有较广的视野，就事论事，较少考虑个人利益；

(5) 有独处和自立的能力；

(6) 不受环境和文化的支配；

(7) 对生活经验有永不衰退的欣赏力；

(8) 在生命中曾有过引起心灵震动的高峰体验；

(9) 爱人类并认同自己为全人类的一员；

(10) 有至深的知交，有亲密的家人；

(11) 具有民主风范，尊重别人的意见；

(12) 有伦理道德观念，能区别手段与目的，绝不会为达到目的而不择手段；

(13) 富有哲理性、善意的幽默感；

(14) 富有创造性，不墨守成规；

(15) 不受现存文化规范的束缚。

## 三、大学生人格发展中存在的问题与调适

大学生人格发展中存在的问题，也可以说是一种人格发展的不良倾向，或者说是某种轻度的人格障碍。常见的有自卑、抑郁、怯懦、孤僻、冷漠、悲观、依赖、敏感、多疑、焦虑、对人敌视、暴躁冲动、破坏等。这些都是不健康的心理因素。它们不仅影响活动效率，妨碍正常的人际关系，同时还会给人蒙上一层消极、阴暗的色彩。因此，作为大学生应及时了解并掌握一些常见人格障碍的特征及调适方法。

### 1. 悲观及其调适

有些人遇到不如意、失败的情况时便垂头丧气、怨天尤人，或自认为无能为力，甘愿失败，对前途失去信心，心灰意冷……这些都是悲观的表现。引起悲观的既有人生态度、意志品质方面的原因，也有认知错误、人格不成熟的因素。有些人则是因为理想破灭、道路坎坷而灰心丧气。

怎样才能改变悲观，走出情绪低谷，培养乐观的人生态度呢？

德国心理学家皮特·劳斯特提出了一些有价值的建议：

(1) 越担惊受怕就越遭灾祸。因此，一定要懂得积极态度所带来的力量，要坚信希望和乐观能引导你走向胜利。

(2) 即使处境困难也要寻找积极因素。这样，你就不会放弃争取微小胜利的努力。你越乐观，你克服困难的勇气就越会倍增。

(3) 以幽默的态度来接受现实中的失败。有幽默感的人，才有能力轻松地克服厄

运，排除随之而来的倒霉念头。

(4) 既不要被逆境困扰，也不要幻想出现奇迹，要脚踏实地、坚持不懈，全力以赴去争取胜利。

(5) 不管多么严峻的形势向你逼来，你也要发现有利的条件。不久，你就会发现，你到处都有一些小的成功。这样，自信心自然也就增强了。

(6) 不要把悲观作为保护你失望情绪的缓冲器。乐观是希望之花，能赐给人以力量。

(7) 你失败了，但你要想到，你曾经多次获得成功，这才是值得庆幸的。如果10个问题你做对了5个，做错了5个，那么你完全有理由庆祝一番，因为你已经成功地解决了5个问题。

(8) 在你的闲暇时间努力接近乐观的人，观察他们的行为，通过观察培养起你的乐观态度，乐观的火种会慢慢地在你内心点燃。

(9) 要知道，悲观不是天生的。像人类的其他态度一样，悲观不但可以减轻，而且通过努力还能转变成一种新的态度，这就是乐观。

(10) 如果乐观态度使你成功了，那么你就应该相信这样的结论：乐观是成功之源。

此外，培养多方面的兴趣与爱好，多参加集体活动，多加强体育锻炼，多看幽默剧、相声等给人带来笑声的节目，都有助于培养乐观的性格。

### 2. 羞怯及其调适

你可能不敢在公众场合发表意见，害怕与陌生人打交道，路上见到异性同学会手足无措，见到老师便难为情，说话感到紧张等。一般而言，害羞之心人皆有之，但过分的害羞，就不正常了，它会阻碍人际交往，影响个人正常地发挥才能，还会导致压抑、孤独、焦虑等不良心态。

羞怯是自我防御心理过强的结果，其特点表现为：

(1) 过于胆小被动，过于谨小慎微。羞怯者说话时，意思往往表达不清楚，说话、做事总怕有错，担心被人议论、讥笑。因此每想说一句话，总要在喉咙口反复多次；每做一件事，总要思前想后，为此把自己搞得神经紧张、坐立不安，而且往往为错过说话、做事的时机后悔、沮丧、自责。

(2) 过于关注自己。羞怯者特别注意自己在别人心目中的形象，总觉得自己时时处在众目睽睽之下，于是感到拘束。

(3) 自信不足。羞怯者对自己的社交能力、表达能力、做事能力乃至自我形象缺乏信心，因而使本来可以做到、做好的事难以如愿。

虽然羞怯的人格特征与神经类型有一定的联系，但更多的还是后天因素所致。所以通过有意识的调节可以改变。

第一，要对自己作一个具体分析，找到自己的长处和短处，发扬所长可增强信心并补偿不足。特别是要多看到自己的长处以增强信心。

第二，放下思想包袱。事实上每个人都有怕羞心理，只是有些人善于调节，注意锻炼罢了。金无足赤，人无完人，一个人说错话、办错事没什么可怕，也不必难为情，错了改正就是了。

第三，不要太在意别人的议论。所谓“人多口杂，金子也会熔化”，总把别人说的话放在心上便寸步难行，什么也不敢做、不敢说了。只要自己看准的就大胆去做。无论你做得多好，也不可能人人称赞。

第四，有意识地锻炼自己。胆量和能力都是锻炼的结果，要敢于说第一句话，敢于迈第一步。一旦这样做了，会发现自己不仅有能力把事情干好，而且有潜力把事情干得更好。

### 3. 猜疑及其调适

猜疑是很有害的人格缺陷，它会导致人际关系紧张、伤害他人感情、无事生非等；自己则会陷入庸人自扰、苦闷、惶惑的不良心境中。有这种不健康人格品质的人应积极寻求矫治。

当出现了猜疑心理时，你可尝试运用以下的方法加以调整：

（1）当产生猜疑时先不要外露，可留心观察所疑的人和事，若猜疑被证实，不会因此感到震惊；当猜疑不成立，应打消疑心。由于不曾外露也不会伤害他人。

（2）加强沟通。猜疑常常是由于误会或他人搬弄口舌引起的，因此碰到这种情况应主动地和被猜疑者沟通交流，这样有助于消除误会，改善、增进彼此的信任感。

（3）抛弃成见和克服自我暗示，学会全面、发展地看问题，改变封闭式思维方式。

（4）“心底无私天地宽”，无私就无畏，坦坦荡荡地做人，和同学朋友坦诚相处，别人如何看自己，不必过分在意，相信“日久见人心”。

总之，要克服猜疑的心理主要是自己做人要正，“身正不怕影子斜”；对他人宽厚为怀，即使被别人误会也不必去计较；充分驾驭好“语言”这个工具，出现了误会或彼此不信任、猜疑时，通过沟通思想、说明情况达到彼此谅解。只有这样，你才会生活得愉快。

### 4. 急躁及其调适

急躁是常见的不良人格品质，表现为碰到不称心的事情马上激动不安；做事缺乏充分准备，没准备好就盲目行动，急于达到目的；缺乏耐心、细心、恒心。性情急躁之人说话办事快、竞争意识强、容易冲动、情绪常常处于紧张状态。

怎样克服急躁的缺点呢？

（1）思先于行。首先要加强自我修养，自觉地养成冷静沉着的习惯。在学习、生活中，对非原则性问题，尽量避免与人发生矛盾以至激化，把精力用到积极思考之中。

（2）改变行为，细心、认真行事，吃饭时间不得少于20分钟，细嚼慢咽；说话控制语速，想好了再说，不随意打断别人谈话；看书要一字一句细读，边读边想；走路骑车有意不超过别人；工作中改掉冲锋陷阵式的习惯，不着急，有条不紊地干。

（3）控制发怒。性格急躁的人容易发怒，应把制怒格言“能忍则自安”、“退一步则海阔天空”铭记在心，时时提醒自己遇事冷静。

(4) 采用松弛疗法，坚持静养训练，在工作学习之余，常听轻松、优雅、恬静的音乐，赏花悦心、书画静神、打太极拳或练练气功闭目养神，使肌肉、神经都处于完全放松状态。

## 第三节　大学生健全人格的塑造

### 一、培养健康的人格

心理学家对个体生活史的作用有很好的描述：埃里克森说，人在生长过程中有一种注意外界的需要，并与外界互相作用，而个人的健全人格正是在与环境的相互作用中形成的；班都拉提出，一个人的行为的获得是对他人的行为、态度和各种反应的模仿和认同，如同孩子经常模仿父母的行为、语言一样。

在个人成长过程中，随着个体独立性的增强，在自我意识的支持下，人可以主动地选择和获取来自环境的信息，并因此带来自身行为的变化。青年初期，学生的自我意识已渐趋成熟，他们不但关心自己是什么样的人，而且极为看重自己将成为什么样的人，以及如何成为理想中的人。他们常常给自己的学习、工作、生活各方面提出奋斗目标，而且不断激励自己去实现目标，有意识地形成优良的人格品质，消除不良的人格特点。随着自我意识的成熟，他们能有目的、有计划地改造自我、塑造自我、健全自我，能全面、客观、辩证地认识、评价和看待自我，能有意识地协调自己的心理与行为、自己的人格倾向性与人格心理特征。由于自我认识水平的提高、自我体验过程的加深、自我调控能力的增强，青年人的人格随之趋于成熟和稳定。

### 二、做自己的朋友——接纳自己

我们也许羡慕过别人，但未必赏识过自己；我们也许欣赏过别人，但未必接受过自己；我们也许喜欢过别人，但未必拥抱过自己！事实上，在我们自己身上同样可以找到我们心中偶像的身影！

记住，每一朵花都有自己的春天！认识自己已经很不容易，接纳自己对有些同学似乎就更难了。常常可以听到有些同学为自己的长相不如别人而长吁短叹，为自己的出身而愤愤不平；而在求助于心理咨询的同学中，也有相当一部分人是由于不喜爱、不欣赏自己，处处贬低自己，所以生活得很不快乐。

你是怎么看待现在的自己的？你比较欣赏自己的哪些方面？再请其他朋友说说他们对你的印象，听听他们对你优点的说明。

#### 1. 接纳自我——为成功奠定基石

完整地接受自我，是心理健康不可缺少的个性，也是在任何领域中挖掘自身潜力的条件。这并不意味着人应该完全顺从自己目前所处的状态，而是说，不管怎样，在认识真实自我的基础上接受自己，无须否认自己的活动、思考或感受的方式，不要自我欺骗，不要自我贬低，更不要自我膨胀。接纳自我，更为诚实地看待自己，不必和自己玩游戏，也不必愚弄自己，从而使自己处于理智有利的地位，客观地为自己发生有益的变化而作出计划。

缺乏无条件地自我接受，会使一个人难以接受批评，会使一个人过分敏感、过分依赖、过分脆弱。当一个人能仅仅是有条件地接受自我时，他们动不动就会发怒。这种发怒在他人面前可能会被压抑下去，或部分地隐藏起来；但它会以间接或曲折的方式表现出来，或以直接的进攻行为发泄出来。缺乏无条件地自我接受，可使得人们不去保持良好的健康习惯而破坏自己的身体；它会使人变得倔犟、厌烦、懒散、消极，或咒骂自己的无能。接受自己的程度不仅会影响一个人与自己融洽相处的能力，也会影响他与他人和睦相处的能力。当一个人有条件地接受自己时，他就难以无条件地接受他人。

悦纳自我是发展健康的自我体验的关键和核心。自我体验有两种：一是追求成长；一是避免失败。不接纳自己的人，他会将自我体验更多地用在避免失败上。积极悦纳自己的人，不但会树立远大理想和阶段性目标，并以此激励自己不断努力；而且还会不断进行自我完善，其自信、自立、自强、自主的心理品质有助于克服困难，不懈地更新自我、发展自我。

## 2. 学会比较、欣赏你所拥有的

这世间，有人家财万贯、锦衣玉食；有人仓无存粮、柜无盈币；有人权倾一时、呼风唤雨；有人抬轿推车、谨言慎行；有人豪宅香车美人；有人薄地丑妻破棉袄……一样的生命不一样的生活，如果真是要比来比去，真就如那句老话一样："人比人，气死人。"

看别人，比自己，生活往往就在这比来比去中，比出了怨恨，比出了愁闷，比掉了自己本应有的一份好心情。

其实人比人并不会气死人，如果客观比较的话，结果定是比上不足，比下有余。而会气死人的，只是因为拿自己的缺陷跟别人的优点比较，却忽略了自己的优点，把自己比别人差的地方看得很重，比别人好的地方看得很普通甚至根本看不到。

理性地分析生活，常青之树无花，艳丽之花无果。雪输梅香，梅输雪白，有人大喜大悲、有起有落，有人安顺平和、无惊无险；有人家庭不和但是官运亨通，有人夫妻恩爱却事业受挫；有人俊美娇艳却才疏学浅，有人智慧超群可相貌不恭。人间没有永远的全面的赢家，也没有永远的全部的输家。

我们不必对自己太苛求，你怎么知道别人一定比你好？冰心说："人们惊羡于花儿现时的明艳，却不知道当初它的芽儿浸透了夏的炎热、冬的严酷和奋斗的泪水。"重要的是在于你的自我感觉。要懂得欣赏自己的生活，接受自己所谓不完美的地方。

那些总是抱怨自己不幸的人，不要用沉重的欲望迷惑自己，不要总是看到你还不曾拥有的东西；请静下心来，放下心灵的负担，仔细品味你已经拥有的一切。学会欣赏自己的每一次成功、每一份拥有，你就不难发现，自己有许多值得别人羡慕的地方，幸福之神已在向你招手。

### 3. 努力学习——建立属于自己的自信

自信——生命的能量之源。自信是人生不可缺少的一种精神。大凡成功者，都有自信的特征。曾有人对自信作过赞誉喻：自信，是一根柱子，能撑起精神的广阔天空！自信，是一片阳光，能驱散迷惘者眼前的阴影！自信，是一面大帆，能带着理想之舟抵达胜利的彼岸！自信，不但是事业成功的起点，还是心理健康的桥梁。一个整日唉声叹气、自卑怯懦的人，很难说他是个喜欢自己、接受自己的人，更别说是一个成功的人或心理健康者。

自信就是相信自己有能力做某件事。那么自信如何培养呢?

(1) 勤奋学习，努力改造自身的不良习惯，培养多种情趣和幽默的谈吐，尽量把自己塑造成一个具有“金字塔”知识结构的有用人才。有了精神上的富有，何愁自信之不足呢?

(2) 培养顽强的性格。每一个人都不会一帆风顺地走过人生的旅途，有欢乐，也有痛苦。欢乐时不忘形，痛苦中不沉沦。只有这样才能培养出顽强的个性、坚韧的品格。

(3) 积极参加社交活动。一个自卑的人是不愿参加社交活动的，更羞于在众多人面前表现自己；当然更谈不上能自如地与人交往，轻松地应付谈笑了。一个人不能参加社交活动，不能不说是一种严重的心理缺陷。要改变这种状态，就要积极参加自己所喜欢的与所擅长的活动；并且要举止大方，热情坦率，诚挚友好。这样才能逐渐增强你的自信心。

(4) 模仿自信行为。如果你觉得自己在一定场合缺乏自信心时，最好是向在这种场合下显得自信的人学习，揣摩他们的言谈举止，这样就能够慢慢学会在重要场合表现出自信。

(5) 我们不能忽视一个人起码的体育锻炼和仪表的修饰。自信是一种风度，是一种外在美。有风度的人在待人接物中让人看起来总是很自信，毫不掩饰自己的缺点和不足，总是以愉悦的心情表现自己的优势和成绩。在人的姿势方面，我们很难从一个垂头丧气、曲背弯腰的人身上看到他是有自信的。

## 三、发展自我，塑造健康人格

### 1. 助你形成良好人格的七项建议

(1) 把自己的感情出口放宽，莫使心胸像“瓶颈”。

(2) 在任何情境中，都尝试从积极乐观的角度看问题，从长远的利害作决定。

(3) 对生活环境中的一切多欣赏，少抱怨；有不如意之处，设法改善；坐而空谈，不如起而行动。

(4) 设定积极而又具有可行性的人生目标，然后全力以赴求其实现，但却不要期望未来的结果一定不会失败。

(5) 对是非的争辩，只要自己认清真理正义之所在，即使违反众议，也应挺身而出，站在正义一边，坚持到底。

(6) 不要使自己的生活僵化，为自己在思想和行动上留一点弹性的空间，偶尔放松一下自己的身心，将有助于自己能力的发挥。

(7) 与人坦率相处，让别人看见你的长处和缺点，也让别人分享你的快乐和痛苦。

### 2. 大学生健康人格的培养

大学生要想成为具有健康人格的人，需要从以下几个方面进行自觉的养成和训练。

(1) 保持愉快的情绪。要心胸开阔，善于交际，遇事不悲观、不过喜，善于控制和调节自己的情绪。

(2) 培养坚强的意志和顽强的毅力，养成做事有目的性、行动有自觉性、处事有果断性、有坚持到底的精神。要胜不骄、败不馁，认真负责，勇于克服困难，去争取胜利。

(3) 培养谦虚谨慎、沉着稳重、凡事要三思而后行的品质和习惯，勇于批评与自我批评，以便能够不断地消除其自身弱点，并使自己的行为方式能够不断地适应时代前进的步伐。

(4) 培养广泛的兴趣爱好。这可以使其生活内容充实、知识丰富、视野宽阔，有利于智力的开发和能力的提高，从而易于取得多方面的成就，也容易适应社会各方面的变化。

(5) 培养实事求是的精神，以积极的态度，正确地处理生活、学习、工作中出现的各种矛盾和问题，绝不回避现实。凡事从实际出发，能实事求是地分析问题，严于律己，对于能做到的事情则要努力完成。

(6) 培养爱祖国、爱集体、爱科学、爱劳动的精神。作为一个大学生，要乐于助人，尊老爱幼；要积极参加各种集体活动；与同学、朋友团结友爱、和睦相处，遇事多为别人着想；在学习生活中互相帮助、相互促进；逐步具备艰苦奋斗、勇于追求真理和勤于思考、勇于实践的优良品质。

(7) 培养崇高的理想和高尚的情操，树立正确的世界观、人生观和价值观，使自己把握好人生的航程，朝着正确的方向发展。

☞ 课后小资料

#### 气质量表

人们了解自己的气质，对选择专业、培养良好的性格、提高学习和工作效率、处理好人际关系等都有重要的意义。下面的60道题可以帮助你大致确定自己的气质类型。在回答这些问题时，认为很符合自己情况的记2分；比较符合的记1分；介于符合与不符合之间的，记0分；比较不符合的记-1分；完全不符合的记-2分。

(1) 做事力求稳妥，不做无把握的事。

(2) 遇到可气的事就怒不可遏，想把心里话全说出来才痛快。

(3) 宁肯一个人干事，不愿很多人在一起。

(4) 到一个新环境很快就能适应。

(5) 厌恶那些强烈的刺激，如尖叫、噪音、危险的情境等。
(6) 和人争吵时，总是先发制人，喜欢挑衅。
(7) 喜欢安静的环境。
(8) 善于和人交往。
(9) 羡慕那种善于克制自己感情的人。
(10) 生活有规律，很少违反作息制度。
(11) 在多数情况下情绪是乐观的。
(12) 碰到陌生人觉得很拘束。
(13) 遇到令人气愤的事，能很好地自我克制。
(14) 做事总是有旺盛的精力。
(15) 遇到问题常常举棋不定，优柔寡断。
(16) 在人群中从不觉得过分拘束。
(17) 情绪高昂时，觉得干什么都有趣；情绪低落时，又觉得什么都没意思。
(18) 当注意力集中于一事物时，别的事很难使我分心。
(19) 理解问题总比别人快。
(20) 碰到危险情景，常有一种极度恐怖感。
(21) 对学习、工作、事业怀有很高的热情。
(22) 能够长时间做枯燥、单调的工作。
(23) 符合兴趣的事情，干起来劲头十足，否则就不想干。
(24) 一点小事就能引起情绪波动。
(25) 讨厌做那种需要耐心、细致的工作。
(26) 与人交往不卑不亢。
(27) 喜欢参加热烈的活动。
(28) 爱看感情细腻、描写人物内心活动的文学作品。
(29) 工作学习时间长了，常感到厌倦。
(30) 不喜欢长时间谈论一个问题，愿意实际动手干。
(31) 宁愿侃侃而谈，不愿窃窃私语。
(32) 别人说我总是闷闷不乐。
(33) 理解问题常比别人慢些。
(34) 疲倦时只要短暂的休息就能精神抖擞，重新投入工作。
(35) 心里有话宁愿自己想，不愿说出来。
(36) 认准一个目标就希望尽快实现，不达目的，誓不罢休。
(37) 学习、工作同样长的时间后，常比别人更疲倦。
(38) 做事有些莽撞，常常不考虑后果。
(39) 老师讲授新知识时，总希望他讲慢些，多重复几遍。
(40) 能够很快地忘记那些不愉快的事情。
(41) 做作业或做一件事情，总比别人花的时间多。
(42) 喜欢运动量大的剧烈体育活动，或参加各种文艺活动。

(43) 不能很快地把注意力从一件事情转移到另一件事情上去。
(44) 接受一个任务后，就希望把它迅速解决。
(45) 认为墨守成规比冒风险要强一些。
(46) 能够同时注意几件事物。
(47) 当我烦闷的时候，别人很难使我高兴。
(48) 爱看情节起伏跌宕、激动人心的小说。
(49) 对工作抱认真严谨、始终一贯的态度。
(50) 和周围人们的关系总是相处不好。
(51) 喜欢复习学过的知识，重复做已经掌握的工作。
(52) 希望做变化大、花样多的工作。
(53) 小时候会背的诗歌，我似乎比别人记得清楚。
(54) 别人说我“出语伤人”，可我并不觉得这样。
(55) 在体育活动中，常因反应慢而落后。
(56) 反应敏捷，头脑机智。
(57) 喜欢有条理而不甚麻烦的工作。
(58) 兴奋的事常使我失眠。
(59) 老师讲新概念，常常听不懂，但是弄懂以后就难以忘记。
(60) 假如工作枯燥无味，马上就会情绪低落。

**气质测验答卷**

| 类　型 | 题　号 | 分　数 |
|---|---|---|
| 胆汁质 | 2、6、9、14、17、21、27、31、36、38、42、48、50、54、58 | |
| 多血质 | 4、8、11、16、19、23、25、29、34、40、44、46、52、56、60 | |
| 黏液质 | 1、7、10、13、18、22、26、30、33、39、43、45、49、55、57 | |
| 抑郁质 | 3、5、12、15、20、24、28、32、35、37、41、47、51、53、59 | |

如果某一种气质类型的得分明显地高出其他三种（均高了4分以上），则可定为该种气质。如果两种气质的得分接近（差异低于3分），而又明显地高于其他两种（高出4分以上），则可定为两种气质的混合型。如果三种气质的得分接近，但均高于第四种，则为三种气质的混合型。

## 思考与训练

1. 以下对“人格”的阐述，哪个是正确的？（　　）

   A. 人格就是指性格　　　　B. 人格等同于气质

   C. 气质只是人格中的先天倾向　　　　D. 性格的概念涵盖了人格

2. 荀子说：“生而同声，长而异俗，教使之然也。”这句话说明了（　　）

   A. 人格的分类思想　　　　B. 人格的鉴定方法

C. 人格的形成受环境和教养的影响 D. 人格的形成受遗传的影响

3. 以下哪个选项可以为“遗传因素会影响人格的形成”这一观点提供证据？(　　)

A. 爱斯基摩人以渔猎为生，养成了坚定、独立、敢于冒险的性格

B. 无父母管教的儿童，言语落后，情绪冷漠

C. 近朱者赤，近墨者黑

D. 在不同环境下成长的同卵双胞胎在性格和行为方式上有惊人的相似

4. 你现在的性格特点是什么？

5. 你理想中的性格特点是什么？

6. 你是否愿意改变目前的自己？如何改变自己？

# 第六章 大学生意志品质的心理健康教育

生活就像海洋，只有意志坚强的人，才能到达彼岸。

——马克思

100 次摔倒，可以 101 次站起来；1000 次摔倒，可以 1001 次站起来，摔倒多少次没有关系，关键是最后你有没有站起来。

——约翰·库缇斯

伟大人物的最明显的标志，就是他坚强的意志，不管环境变换到何种地步，他的初衷与希望仍不会有丝毫的改变，并能终于克服障碍，达到期望的目的。

——爱迪生

现代社会是一个快速发展、竞争激烈的社会。对于大学生来说既有机遇，又面临挑战。这个多元化的时代更需要勇于挑战自我和意志坚强的人才。作为健康人格的组成部分，坚强的意志能使人坦然地面对生活中的困难，努力克服消极心理，以勇敢的、乐观的心态迎接挑战。所以，大学生要了解意志，磨炼意志，使自己成为意志坚强的人，更好地服务于社会。

## 第一节 意志的概述

意志力是人格中的重要组成因素，对人的一生有着重大影响。人们要获得成功就必须要有意志力作保证。早在 2400 多年前孟子就说过："天将降大任于斯人也，必先苦其心志，劳其筋骨，饿其体肤，空乏其身，行拂乱其所为，所以动心忍性，增益其所不能。人恒过，然后能改，困于心，衡于虑，而后作。"这段话生动地说明了意志力的重要性。要想实现自己的理想，达到自己的目的，需要具有火热的感情、坚强的意志、勇敢顽强的精神，克服前进道路上的一切困难。这样，就没有什么不可能的。

### 一、意志力概述

#### 1. 意志的含义

意志（will）是指人自觉地确定目的，并根据目的调节支配自身的行动，克服困难，去实现预定目标的心理过程。意志是人的意识能动性的集中体现，是人类特有的心理现象。意志在人主动变革现实的行动中表现出来，对心理状态和外在行为有发动、坚持、制止和改变的控制调节作用。

意志与认识、情感活动是紧密联系而又有区别的。认识是意志的基础。人的情绪情感对意志有重要影响，它既可能成为意志行动的动力，也可能成为意志行动的阻力。反过来，人的意志也能影响与调节人的情绪情感和认识活动。

### 2. 意志行动的特点

意志行动是受意识支配、调节、控制的行动，它与盲目冲动的行为不同。意志行动的特点主要有：

**（1）意志行动有明确的预定目的**

意志对行动的支配表现在两个方面：一是发动，即推动人从事有预定目的的行动；二是制止，即制止与预定目的相违背的行动。这两方面是统一的，都是为了实现预定的目的。那些由情绪冲动支配的行动，或目的不明确的行动都是缺乏意志的表现，都不能算作意志行动。

**（2）意志行动以随意动作为基础**

意志行动是以随意动作为基础的行动，其结构也包括相应的自动化的动作。人只有掌握了随意动作，才有可能顺利完成意志行动。人的活动按照是否受人的意识的支配可以分为随意活动和不随意活动。不随意活动是没有预定目的，在一定的刺激作用下自然而然实现的较简单的动作，这种动作常常是不由自主的。如，心脏跳动、瞳孔反射等。另一类动作是受意志的支配和调节的，具有一定目的的运动，它是通过后天实践逐步学会的。这类动作称为随意活动。例如，知道自己上学期成绩考得不好，为了这学期考出好成绩而主动放弃休息、娱乐时间，认真看书学习，这就是一种有目的的随意活动。因此，随意活动渗透和体现了人的意志，没有相应的随意活动，意志就无法体现。

**（3）意志行动与克服困难紧密相连**

人在确立目的和实现目的的过程中，都可能遇到各种困难。战胜困难的过程，就是通过意志努力来实现预定目的的过程。克服困难是意志行动最重要的特征，没有困难的行动不能称之为意志行动。

困难可分为内部困难和外部困难。内部困难又叫主观上的困难，它们属于个体本身具有的一些不利因素，例如，疾病、消极的情绪、性格上的弱点（胆怯、懒惰等）、知识经验不足，或者遇到了与实现预定目的相反的动机的引诱等。外部困难又叫客观上的困难，有的是由自然条件造成的，例如，气候、自然地理、生态环境等方面的不利因素。也有的是由社会条件造成的，例如，缺乏必要的工作条件、人为的障碍或干扰、政治经济方面的原因等。

### 3. 意志行动的过程

整个意志行动的过程可以分为采取决定阶段和执行决定阶段。

**(1) 采取决定阶段**

这个阶段包含：确定行动目的或目标、制订行动计划、作出行动决定等环节。

首先，确定行动目的。目的即人在行动中所期望达到的结果。目的越明确越深刻（即社会意义越大），则达到这个目的的毅力就越大，从而也越能表现出一个人的意志力量来。一个没有明确目的而行动的人，在工作中遇到困难往往不能坚持下去，因而很难取得成功。所以确定目的在意志行动中是非常重要的。确定行动目的的过程往往经历激烈的动机冲突，动机间的矛盾越大、斗争越激烈，确定目的时所需要的意志努力也越大。

其次，制订行动计划。目的确定以后，就要选择达到目的的行动方式和方法，即如何实现行动目的，解决怎样做的问题。简单的意志行动，行动目的一经确定，方式方法很快就可以拟订。复杂的意志行动，如果有较长远的目的，就要制订行动的计划和选择方法。这时可能遇到各种困难，如客观条件不具备、人力不足、工具不够或舆论上存在压力等。解决这些困难的过程可以表现出人的意志水平。

最后，作出行动决定。通过确定目标和方式、方法选择后，就要作出实现意志行动的决定。简单的意志行动比较容易作出决定；复杂的意志行动作出决定就比较困难，有时还会有反复。曾经解决了的动机冲突在这一过程中有可能出现，这是因为有些动机是暂时被压抑下去了，后来又冒出来；本来确定的目的也可能动摇，又想改成别的目的；计划和方法的修改或变化，更是经常可能的事。因此，在作决定时，需前思后想，作深入全面的思考，充分认识所要采取的行动的重要性和必要性。这样作出的决定就比较可靠，将来反复的可能性也小。

**(2) 执行决定阶段**

作出决定后，便进入实际行动阶段。执行决定是意志行动的最重要环节。因为即使在作出决定时有决心、有信心，如果不见之于行动，这种决心和信心依然是空的，谈不上什么意志行动。从作出决定到执行决定，在时间上往往因具体情况不同而有所差异。有时，在作出决定后就立即过渡到执行决定阶段。这通常在下列情况中出现：行动目的和实现行动的方式、方法比较明确具体，完成行动的主客观条件已经具备，而行动又要求不失时机地去完成。如，在战斗中，作出军事行动的决定，就必须立即执行。有时，决定的是比较长期的任务或是未来的行动纲领，并不需要立即付诸行动，而仅是将来行动的企图。如，准备完成一篇论文，目的、计划都明确了，但并不立刻行动，因为条件还不完全具备，只是一种打算。执行决定过程中，已经确立起来的决心和信心也可能发生动摇。这通常在下列情况下出现：

① 执行决定时遇到的困难需要付出较大的努力，但与个体已形成的消极的个性品质（如懒惰、骄傲、保守、坏习惯等）或兴趣爱好产生矛盾，从而使决心和信心发生动摇。

② 作出决定时，虽然选择了一种目的，其他目的仅暂时受到压抑，仍然很有吸引力。执行决定过程中，暂时受到压抑的目的又重新抬头，产生了新的心理冲突。

③ 执行决定过程中，还可能产生新期望、新意图和新方法，它们也可能同预定的目的发生矛盾，令人踌躇，干扰行动的进程。

④ 有时在作出决定时没有充分考虑到各种主客观条件，没有预见到事物的发展变化，执行决定时遇到新情况，出现新问题，但个体缺乏应付新情况、解决新问题的知识和技能，也可能使人犹豫不决。

解决这些矛盾需要意志努力，解决这些矛盾的过程也是意志行动实现的过程。只有解决了这些矛盾才能将意志行动贯彻到底，达到预定的目的。当意志行动达到预定目的时，就会增强个体克服困难的毅力，提高个体克服困难的勇气。优良的意志品质，正是在克服困难的实际斗争中锻炼和培养起来的。意志一定表现在动机冲突之中，以高级动机战胜低级动机，是意志坚强的表现。意志主要表现在克服内部障碍上，能否克服内部障碍而实现目标是意志是否坚强的表现。

### 4. 意志的品质

意志行动人人都有，但不同人的意志品质各有其特点。例如，有的人一旦下定决心，就百折不挠，不达目的誓不罢休。有的人却常立志，而懒于行动，最终一事无成。这种在人的意志行动中表现出的稳定的、鲜明的心理特征就叫意志品质。通常我们所说的意志是否健全与坚强，指的是一个人是否有良好的意志品质。

人的意志力的强弱是不同的。构成人的意志的某些比较稳定的方面，就是人的意志品质。了解优秀的意志品质特征，对培养优良意志品质具有重要意义。

**(1) 独立性**

意志的独立性是指一个人不屈服于周围人们的压力，不随波逐流，而能根据自己的认识与信念，独立地采取决定，执行决定。有独立性的人，不用别人暗示和督促，就能独立地发现问题，并按照客观规律调整自己的行动，能经常反思自己的行为使之符合于自己的目标。

与独立性相反的意志品质是懒惰、盲从和独断，属于不良的意志品质。

**(2) 果断性**

意志的果断性表现为有能力及时采取有充分根据的决定，并且在深思熟虑的基础上去实现这些决定。具有果断性的人能够清醒周密地考虑行为的目的和达到目的的有效方法，深刻认识所作决定的重要性和现实可行性。面临紧要时刻又能当机立断，及时行动，不失时机，毫不动摇。

与果断性相反的是优柔寡断、患得患失、踌躇不前。

**(3) 坚定性**

坚定性也叫顽强性。它表现为长时间坚信自己决定的合理性，并坚持不懈地为执行决定而努力。这里所说的坚持，是指对行动目的的坚持，至于实现目的所采用的手段和方法，则可以根据行动过程中的具体情况而改变。在达到目标需要较长时间、困难十分巨大时，最能考验一个人意志的坚定性。凡是想做出一番事业的人都必须有坚定性，即所谓“绳锯木断，水滴石穿”，不达目的誓不罢休。

与坚定性相反的是动摇、顽固、执拗，表现为遇到困难即怀疑预定的目的，错误地放弃追求；或做事见异思迁，虎头蛇尾，对困难望而却步；或明知行为目的有错误，仍自以为是，独断专行等不良意志品质。

**（4）自制力**

自制力指善于掌握和支配自己行动的能力，它表现在意志行动的全过程中。意志的自制性取决于对自己行动目的的意义的认识。对自己行动目的的意义认识越清，自制力就越高。具有自制力的人，组织性、纪律性特别强，情绪较稳定，学习时注意力能高度集中，甚至臻于“忘我”的境地，并且记忆力强，思维敏捷。

与自制力相反的是任性和怯懦。

## 二、挫折

所谓挫折就是指人们在某种动机的推动下，在实现目标的活动过程中，遇到了无法克服或自以为无法克服的障碍和干扰，使其动机不能实现、需要不能满足时，所产生的紧张状态和情绪反应。如某大学生张某考试不及格后产生了失眠、注意力不集中等紧张状态和懊悔、焦虑等情绪反应。

人类社会生活的实践表明，只要人存在着，就会产生种种需要，就会因需要得不到满足或目标无法实现而产生挫折。对于每个人来说，挫折的产生是必然的，也是普遍存在的，从某种意义上讲，挫折也是社会生活的组成部分，人们随时随地都可能遇到挫折。因此，挫折是人一生的伴侣，认识挫折、适应挫折、学会理性地面对挫折和积极地化解挫折，是每个人终生的课题。

## 三、意志力与挫折承受力的关系

在遇到挫折时，意志力强的人能够自觉控制和调节自己的心理和行为，面对现实，找出失败的原因，施展所有的本领来对付困难，善始善终地将计划执行到底，直至目标实现。意志力强的人对挫折的适应能力、承受能力都较强，并能将挫折进一步转化为促进目标实现的积极因素，进一步增进自己的自信心。意志薄弱的人往往缺少信心和主见，对自我的控制和约束力较差，在遇到挫折时，容易改变行为的方向，容易回避现实，采取消极的应对方式，其结果不仅严重影响既定目标的实现，同时还进一步降低自信心和降低对挫折的承受能力和适应能力，甚至出现意志消沉和精神障碍。

# 第二节　大学生常见意志问题与调适

☞ 案例

**坚持就是胜利**

唐经与陈志是大学同学，他们读的虽然是中文专业，可他们却对经商有着浓厚的兴趣，两个人经常在一起谈论一些超出他们专业外的经商之道，来劲时甚至可以聊到凌晨两三点。2000 年 7 月他们怀着各自的理想一起走出了校门。

唐经很快就被一家食品公司看上，成为一名业务员，负责向各个中小规模的零售店和超市推销他们厂的产品。经过了两天简单的岗前培训后，他就开始自己去跑市场。一个月下来，他没能完成任务，唐经第一次感受到了业务的不易、社会的残酷和竞争的激烈。第二个月，唐经改变了原有的方法，变换了新的途径，一个月下来，竟然能勉强完成了任务，他发现业务原来也可以这样来做，只要你会变通，就没有解决不了的问题。半年过去了，唐经的业务能力明显提高，也被提升为业务经理。又过了半年，因为待遇问题，唐经跳槽了，在一家大型超市的招聘中，他顺利应聘为销售部主管。唐经只用半个月就熟悉了他的工作内容，同时更以他的经验和特有的锐气，使所负责的片区销售额有了新的提高，更得到部门经理的器重，在不到半年的时间里，他就成了销售部骨干之一。主管一职看起来虽然挺不错的，但实际上待遇不是很高，最后他还是选择了走人，用他的话说："我苦苦支撑了八个月，能得到的太少，没机会加薪、没机会晋升，我觉得很不值。"之后唐经陆续又找了几份工作，但没有一份做满一年，他很苦恼地自问着："到底什么样的工作才适合我？"

陈志直到毕业后的第三个月才找到工作，在一家汽车销售公司做销售顾问。第一个月陈志竟然一辆车都没卖出去，他很是苦恼。在接下来的一个月里，陈志一有机会就跟在老销售人员的旁边，"偷学技艺"。陈志的谦虚和热情给顾客留下了不错的印象，顾客有时也很乐意把自己的联系方式留给陈志，就这样陈志也积累了几个有购买意向的潜在顾客。第二个月陈志依然没能卖出一辆车。不过他的业务能力有了质的提高，而且，手上还积累了一定数量的潜在顾客。第三个月，他开始尝试性地给自己所积累的潜在顾客打电话。到了月终的时候，终于有一位顾客被陈志的热情和真诚所打动，买下了一辆。在接下来的日子里，虽然有时做得很艰难，但是陈志还是能完成每月的销售任务，甚至还有一个月成为销售冠军。很快两年过去了，他已由一个普通的销售人员晋升为销售主管，同时也以他的能力和实力得到了公司和顾客的认可。又过了两年，他再次得到了晋升，成为公司最年轻的部门经理。"这比我想象和设想的要好要快！"当他第一次坐在销售经理的位置时，轻轻说道。

毕业后的第四个年头，唐经和陈志又坐到了一起喝酒。唐经趁着酒气，涨红着脸对陈志说："四年了，我不知道换了多少份工作，可每份跟我想象的都有出入，我只能不停地换。当初我所设想的零售业我没能做好，看好的通信业也没能做久，到现在我真的不知道到底适合做哪行了！你说，这是为什么？"

陈志换了种正经的口吻说道："这是因为意志力！"

"意志力？"唐经不解地问。

"是的！当初我开始做这行时，我的目标就是要在三到五年内成为一名销售主管。但是在整个开始阶段我做得很艰难，我什么也不懂，无从下手，有很多次我都想要辞职，要换份工作，可是到最后我还是不甘心。"

"这和意志力有关系吗？"唐经反问。

"有的，其实在很多关键时刻你的意志力只表现在一念之差，小小的一念之差将会给你带来巨大的变化，这就是意志力！"陈志肃然说道。

**请思考：**上述案例给了我们哪些启示？

意志品质是评价一个人意志特点的标准，意志品质的好坏直接影响到个体的行为结果和终生成就，所以要重视对大学生的意志品质的分析和培养。

## 一、大学生意志品质的特点

### 1. 自觉性有很大提高，但惰性不同程度地存在

大学生能根据专业目标的要求，自觉安排自己的学习活动，主动阅读与专业相关的报刊、书籍，进行调查研究，重视参加社会实践、学生社团和体育锻炼等能锻炼意志的活动。有些大学生喜欢以格言警句来自我激励自我督促。但是，大学生中的惰性现象不同程度地以各种形式存在，学习上得过且过，生活上拖拖拉拉，人生发展上没有目标，胸无大志，不思进取等。

### 2. 理智感大大增强，但自制力仍显薄弱

大学生的意志行动中，理智成分占绝对优势。因而，绝大多数学生，能够以自我教育的方式，来激励自己、克服缺点和增加优势。有不少大学生在自学时，表现出来的理智及稳定性让人十分敬佩。然而，大学生的自制力仍有薄弱的地方，如有的鲁莽冲动，有的易感情用事，有的不考虑方式方法。

### 3. 勇敢性进一步加强，但毅力相对不足

大学生在学习上能不怕困难，遇到难题时能坚持不懈，能积极参加各种竞赛；在人际交往和环境适应中，能自我调节和主动适应；在自我成长中，能勇敢地面对挫折，化解不良情绪，总结经验教训。当然，在有些方面会表现出毅力相对不足，如在研究生入学考试、自学考试和英语、计算机过级考试遭遇不顺时，极易埋怨甚至轻言放弃；在执行自己的人生近期规划的过程中，稍有干扰就放弃计划；在人生信仰和追求方面，存在着迷茫和动摇。

### 4. 独立性明显提高，但伴有依赖性和逆反性

大学生的独立性，明显高于高中生。既不人云亦云，也不拒绝他人的合理意见，而是冷静思考，合理分析，再作出科学的决策。尽管如此，不少大学生也有遇到困难，首先就想到打电话告诉父母，与人不合或受到辅导员批评就对着干等类型的行为。

### 5. 果断性增强，但带有冲动性

大学生在遇到比较复杂的问题或突发事件时，一般都能保持比较清醒的头脑，能够根据事情的起因和可能出现的后果进行综合分析，进而作出适当的决策。但是，大学生中仍有不少草率、冲动的现象，容易出现迟到、早退、旷课、打架、通宵上网等行为；有的想法错误，却固执己见，独断专行；有的恋爱受挫就要死要活等。

## 二、大学生常见的不良意志品质表现

在成长过程中，由于家庭环境、社会环境和自身因素等综合作用，使部分大学生不

可避免地出现一些不良的意志品质表现。

### 1. 易受暗示性

具体表现为无独立自主意识，生活缺乏目标，凡事自己不愿多动脑，别人怎样我也怎样，浑浑噩噩，醉生梦死；或有自己的长期目标，但因为同伴的一件事甚至几句话就轻易放弃；遇到困难，首先就想到向父母或家人求助，平时做什么都要有人陪着自己，甚至于吃饭、上厕所都要有人同行。

### 2. 顽固性

具体表现为只承认自己的意见和论点，当实践证明其行动是错误时仍坚持己见，一意孤行，把固执己见、执著一念当做顽强；喜欢与人争辩，喜欢驳斥别人，有时像个“拒绝癖”，毫无根据地反对别人；碰到挫折时仍自以为是，不撞南墙不回头。其实质是不能实事求是地正确对待和处理行动中的困难。

### 3. 轻率性

具体表现为主观武断，轻举妄动，鲁莽冲动，自私任性，感情用事，不考虑方式方法。有的大学生常常把刚愎自用、轻率当作果断。比如在决策与行动时想当然，或者一厢情愿，忘乎所以；碰到一些不顺心的小事就容易勃然大怒；与同学三言两语不合就怒火直冒；受到侮辱就把人骂个狗血淋头；争执时遭人推搡就还以拳头；甚至于冲动之下丧失理智，出现打伤人或犯罪等问题。

### 4. 动摇性

具体表现为优柔寡断，缺乏果断和自信。在决策和执行过程中，犹豫不决，“前怕狼，后怕虎”，患得患失，焦虑不安，“议而不决，决而不行”，坐失良机，后悔不已。这种大学生将丧失很多良机。优柔寡断总是伴随着焦虑、苦闷、抑郁等不良情绪，长此以往容易导致各种心身疾病。

### 5. 懒惰性

有的大学生缺乏学习兴趣和动力，对于作业或任务，敷衍了事，或能拖就拖，拖不了时就抄袭；有的什么也不想做，没有计划，随波逐流；有的则百无聊赖，无所事事；有的要被别人逼着才向前走，不愿自己开拓进取；有的有计划无行动，该实施的行动，磨磨蹭蹭，效率极低；还有的常为自己的懒散寻求合适的解释，做事一误再误，虽下决心改正，但不能自拔，每日生活在等待和无奈之中。

### 6. 片面性

具体表现为看问题时容易相信自己的直觉，不作细致的调查，就轻易得出结论；容易产生偏见，以定势思维来分析和解决问题；很多时候是以自己好恶或利益关系来判断是非；自我意识矛盾，不能坚持实事求是地评价自己，使自己处在自尊和自卑的两端。

### 7. 软弱性

具体表现为在困难面前缺乏勇气和信心，不敢抛头露面，不敢表明自己的态度，不敢承担责任，不敢冒险，不敢与坏人坏事作斗争，回避困难，逃避责任，这样的人常常抱怨自身的不幸，却宁愿忍受痛苦而不主动追求，不敢面对挑战和竞争，因而失去了很多成功的机会。

### 8. 缺乏恒心

不少大学生娇生惯养，虚浮骄躁，做事虎头蛇尾，有发展计划却无法坚持下去，半途而废；学习、工作或是人际关系上遭遇一点小挫折就想打退堂鼓，如开始制订了自考、过级或考研计划后劲头很大，但一旦不顺就找借口放弃；自我发展与锻炼时三心二意，见异思迁，经常立志，结果一事无成。

## 三、大学生意志力的理性调适

意志力的理性调适是指人们在受到挫折后，采取积极进取的态度，在理智的控制下所作出的反应。

### 1. 坚持目标，逆境奋起，矢志不渝

当人们遇到挫折后，经过客观冷静地分析，发现自己所追求的目标是现实和正确的，当前的挫折只是暂时的，是在实现目标的道路上遇到的一些曲折，经过努力是可以克服和逾越的，所以，应设法排除障碍，克服困难，坚持不懈，朝着既定目标矢志不渝地迈进，直至最终实现自己的愿望和目标。人类社会发展的历史证明，许多科学发现和发明，都是在十分艰苦的条件下，有时还冒着被攻击、迫害甚至生命的危险，经过多次失败几经努力才获得成功的。大学生大多都有强烈的发展需求和对未来生活的美好愿望，同时大学生又面临着一个竞争激烈的发展环境，科学技术的飞速发展对每个大学生都提出了更高的要求，所以大学生在成长过程中不可避免要遇到各种各样的挑战和考验，这就需要大学生在实践中不断提高自己的意志力，培养顽强拼搏的毅力和敢于面对和战胜困难的勇气。如有些学生为了得到一项实验数据，在实验室一蹲就是几天几夜；有些学生家庭贫困但穷且志坚，不图虚荣、刻苦学习而奋发成才。

### 2. 调整目标，循序渐进，不断努力

由于自身条件或社会因素的限制，人们的需要和目标并不是都能满足和实现的，或者在目前的条件下是不可能满足和实现的。因此，人们在实现目标过程中，几经努力和尝试都失败后，就要冷静下来，认真客观地分析导致失败的真正原因，并根据实际情况对自己的奋斗目标进行适当的调整。一方面，可能自己定的目标太高，不符合目前自己的实际情况，或实现目标的条件尚不具备，这就需要适当降低目标，或将目标分成几个阶段性目标，并根据实际情况适当变换实现目标的途径和方法，循序渐进，通过不断努力，逐步获得成功。如有些学习基础差的学生，就不能一厢情愿地将目标定为每门课都

考优秀，而应考虑首先通过努力使每门课都及格，然后重点在一门或几门课上取得好成绩，最后再努力取得全面进步。另一方面，人们满足需要和实现愿望的途径和方式是多种多样的，一旦遇到挫折，发现原定的目标难以实现时，还可以改换目标，寻找新的能够实现的目标取而代之，同样可以达到满足自身需要的目的。如有些学生在集体活动中，想引起同学们的关注和赞赏，就苦练唱歌，但由于自己的嗓音不够圆润，音乐基础又不太好，怎么练都达不到理想效果，这时就可以考虑练跳舞或演讲等，或许就适合自己的实际情况，取得理想的效果，达到同样的目的。

### 3. 认识挫折，适应挫折，造就个性

通常情况下，挫折对人的影响都是暂时的，随着具体挫折情境和条件的改变，随着时间的推移或受挫者认识上的变化，受挫者在受到挫折后所感受到的紧张状态会逐渐消失。但人们在受到挫折后，除了上述直接表现出的挫折反应外，还会出现间接的反应，并对受挫者产生久远的影响，甚至影响到个性的形成与发展。挫折对个性的影响，一般是在人们连续经历挫折，或者遭受特别重大挫折的情况下产生的。由于导致挫折的情境和条件相对稳定并长期持续，由此产生的紧张状态和挫折反应就会反复出现，久而久之这些反应方式就会逐渐固定下来，使受挫者形成了习惯和一些突出的个性特点。如有些学生在儿童时期长期受到父母过分严厉的管教甚至责难和打骂，就易形成畏缩拘谨、胆小怕事、逆来顺受或者倔强执拗、偏执敌对等不良的个性特点；有些学生长期与同伴不能友好相处，长期处于紧张的人际关系状态之中，就易养成多疑、多虑、孤僻、狭隘、情绪不稳定等个性特点。另一方面，挫折对个性形成与发展也可能产生积极的影响，如经历了重大挫折后，或者长期身处逆境之中，使人养成了坚强、刚毅和不屈不挠的个性特点，如邓亚萍、俞敏洪、马云、林肯等，挫折成就了他们的一生。总之，挫折对个性的影响在很大程度上取决于人们对挫折的认识和适应情况，对挫折的消极反应如果得不到及时纠正，并在心理和行为上固定下来，就会形成对挫折的适应不良，对受挫者的个性形成与发展就会带来不利的影响。因此，认识挫折、适应挫折、理性地面对挫折并积极地化解挫折，是当代大学生终生的课题。

## 第三节　大学生优良意志品质的培养

在学习和生活中，总是会遇到这样或那样的困难和挫折。在面对挫折时，意志坚定的人能够想办法克服困难、战胜挫折；意志薄弱的人却往往不知所措、逃避直至放弃。在我们的求学过程中，一定不是一帆风顺的，求取知识甚至是改变生活方式的长远目标，激励着我们在十几年的时间里努力读书学习，所以我们走到了今天，走进了大学。意志是支撑我们的力量，你的意志有多坚定，你就能走多远。

### 一、强化正确的动机，确立明确的目标

人们的行动都是受动机支配的，而动机的萌发则起源于需要的满足。什么也不需要或者说什么也不追求的人，从来没有。人，都是有各自的需要，也有各自的追求；只是

由于人生观的不同，不同的人总是把不同的追求作为自己最大的满足。斯大林说，伟大的目的产生伟大的毅力。从奥斯特洛夫斯基和张海迪身上，我们可以充分看到，崇高的人生目的怎样有力地激发出坚韧的毅力。

美国哈佛大学 30 年前曾对当时在校学生做过一项调查，发现没有目标的人占 27%，目标模糊的人占 60%，短期目标清晰的人占 10%，长期目标清晰的人只有 3%。25 年后追踪结果表明，第一类人几乎都生活在社会的最底层，长期在失败的阴影里挣扎；第二类人基本都生活在社会的中下层，他们没有多大的理想和抱负，整日只知为生存而疲于奔命；第三类人大多进入白领阶层，他们生活在社会的中上层；只有那 3% 的人不懈地朝着一个目标坚持努力，他们为了实现既定目标，几十年如一日，努力拼搏，积极进取，百折不挠，最终成了社会精英和行业领袖。

李开复说：给自己设定目标是一件十分重要的事。目标设定过高固然不切实际，但是千万不可定得太低。在 21 世纪，竞争已经没有疆界，你应该放开思维，站在一个更高的起点，给自己设定一个更具挑战性的标准，才会有准确的努力方向和广阔的前景，切不可做井底之蛙。

## 二、从小事做起，可以锻炼大毅力

高尔基说："哪怕是对自己的一点小小的克制，也会使人变得强而有力。"生活一再昭示，人皆可以有毅力，人皆可以锻炼毅力，毅力与克服困难伴生。克服困难的过程，也就是培养、增强毅力的过程。毅力不很强的人，往往能克服小困难，而不能克服大困难；但是，积克服小困难之小胜也能使人产生克服大困难的毅力。今天，你或许挑不起一百斤的担子，但你可以挑三十斤，这就行。只要你天天挑，月月练，总有一天，一百斤担子压在你肩上，你也能健步如飞。

小事情很多，从哪些小事情做起？有的人好睡懒觉，那不妨来个睁眼就起；有的人"今日事，靠明天"，那就把"今日事，今日毕"作为座右铭；有的人碰到书就想打瞌睡，那就每天强迫自己读一小时的书，不读完就不睡觉，只要天天强迫自己坐在书本面前，习惯总会形成，毅力也就自然产生。克服惰性需要毅力。任何惰性都是相通的，任何意志性的行动也都是共生的。事物从来相辅相成，此长彼消。从小事情就可以培养大毅力，其道理就在其中。

## 三、培养兴趣能够激发毅力

有人说兴趣是毅力的门槛，这话是有道理的。法布尔对昆虫有特殊的爱好，他在树下观察昆虫，可以一趴就是半天。诺贝尔奖获得者丁肇中说，我经常不分日夜地把自己关在实验室里，有人以为我很苦，其实这只是我兴趣所在，我感到"其乐无穷"的事情，自然有毅力干下去了。当然人的兴趣有直观兴趣和内在兴趣之分，但两者是可以转换的。例如：有的人对学外文兴味索然，可他懂得，学好外文是国际交流的需要，对这个需要，他有兴趣，因此他能强迫自己坚持学外文。在学的过程中，对外文的兴趣也就能够渐渐培养起来，这反过来又能进一步激发他坚持学外文的毅力。一个人一旦对某种事物、某项工作发生内在的稳定的兴趣，那么，令人向往的毅力不知不觉来到他身边，也就成为十分自然的事情。

## 四、由易入难，既可增强信心，又能锻炼毅力

有些人很想把某件事情善始善终地做好，但往往因为事情的难度太大而难以为继。对毅力不太强的人来说，在确定自己的奋斗目标、选择实现这一目标突破口时，一定要坚持从实际出发，由易入难的原则。徐特立同志学法文时，已年过半百，别人都说他学不成，他说，让我试试看吧。他知道自己记性差了，工作又忙，所以，开始为自己规定的“指标”，只是每天记一两个生词。这个计划起步不大，容易实现，看起来慢了一些，但能够培养信心，几个月下来，徐老不但如期完成计划，而且培养了兴趣，树立了信心，又慢慢掌握了学法文的“窍门”，以后每天可以记三四个生词了。要是一开始在没有把握的情况下，就提出过高的指标，结果计划很可能实现不了，信心也必然锐减，纵使平时有些毅力的人，这时也可能打退堂鼓。美国学者米切尔·柯达说过：“以完成一些事情来开始每天的工作是十分重要的，不管这些事情多么微小，它会给人们一种获得成功的感觉。”这种感觉无疑有利于毅力的激发。柯达的话对于我们做其他事情，也是有启发的。

☞ 课后小资料

### 测一下你的意志力

请根据你的实际情况填写：A：完全能做到；B：基本能做到；C：很少能做到；D：做不到。

(1) 当我决定做一件事时，就立即动手，绝不拖延。(　　)

(2) 练长跑时，能坚持到底。(　　)

(3) 学习期间，没做完功课就不会去玩。(　　)

(4) 答应别人的事就不会食言。(　　)

(5) 即使在冬天，我也能用冷水洗脸。(　　)

(6) 在遇到困难时，首先自己独立思考。(　　)

说明：每个A得15分；每个B得10分；每个C得2分；D不得分。你的得分在80分以上为优秀；70~80分为良好；60~70分为一般；60分以下为较差。

☞ 思考与训练

一、选择题

1. “杂交水稻之父”中国工程院院士袁隆平，四十年如一日，坚持不懈地进行杂交水稻研究，终于培育出能够大幅度提高水稻产量的新品种，为我国粮食生产作出了巨大的贡献。如今，他已年过七旬，还在继续努力，要把研究成果再提高一步，造福人类。袁隆平突出的意志品质主要表现在：

A. 遇事有主见　　　　B. 做事坚持到底

C. 处事果断　　D. 善于约束自己

2. 鲁迅先生为寻求报国之路，1904 年东渡日本求学，希望用医学拯救危难中的祖国。但在一次看教学影片时，他发现影片中的中国人对自己同胞的死无动于衷、表情木然。鲁迅的心中十分沉痛，认识到光强壮中国人的身体是不够的，最重要的是改变人们的精神。于是，他毅然弃医从文。鲁迅先生表现出来的优秀意志品质主要是：

A. 善于约束自己　　B. 遇事有主见

C. 处事果断　　D. 做事坚持到底

**二、辨别题**（正确的在括号中打“✓”，错误的打“×”）

1. 有主见的人，表现在学习上能独立思考，有自己的见解。(　　)

2. 处事果断的人，无论时机是否成熟都敢立刻作出决定。(　　)

3. 做事遇到困难时，要靠坚强意志坚持到底。在没有困难的时候，就不需要坚强意志了。(　　)

**三、问答题**

1. 意志力指的是什么？

2. 你现在的意志力如何？

3. 你怎样增强自己的意志力？

# 第七章　大学生情绪的心理健康教育

有一句话叫“境由心生”。很多时候，人的痛苦与快乐，并不是由客观环境的优劣决定的，而是由自己的心态和情绪决定的。你看路边的小草被人踩来踩去，可它还是活下来了，它拼命地站起来，接受大自然给予的阳光、雨露，所以，它比温室里的花朵更有生命力。

——卢勤

对消极情绪有一个明确的了解就可以消除它。

——弗农·霍华德

“笑一笑，十年少；愁一愁，白了头”是人们普遍认可的警言。“喜伤心，怒伤肝，忧伤肺，思伤脾，恐伤肾”是《黄帝内经》告诉我们的“真理”。这也无疑给了我们一个共同的启示：个体的情绪与其身心健康有着十分密切的关系。的确，情绪是心理健康的窗口，是认知与行为的中介，是人格的核心。一个人的情绪素质如何直接关系到其生理和心理的健康，关系到事业是否成功和生活是否幸福。所以，在所有关于心理健康标准的论述中情绪特征被列为最显著的特征，特别是对于大学生来说，处于最容易受到情绪困扰的时期。因此，了解情绪的特点，认识情绪异常的表现，把握情绪调适的方法和途径，对于大学生实现心理健康的目标是非常有意义的。

## 第一节　情绪概述

☞ 案例

### 咳声来自哪里

我是一名大一的女生，胆小敏感。在一次英语课上，坐在我后排的男生不停地小声说话，害得我什么都没有听进去，下课后，我狠狠地瞪了他两眼，我们之间便开始了冷战。从那以后，他总是故意“咳”一声，让我很烦，有时一段时间没有声响了，我刚一放松警惕，他就会突然大声“咳”，吓得我心惊肉跳。后来我发现他的“咳”声与我的行动相配合，我只要一换姿势，“咳咳”声就会传来。开课两个多月了，我越来越无法走出他的“咳”声，什么课我都听不进去，我每天都在猜测着会发生什么事情，而一旦发生了我又该怎样应对，这样的状态怎么搞好学习呀？

（资料来源：http://club.chinaren.com/9/114280393.）

**请思考：**看了这个故事，你能说说什么是情绪吗？你能体会情绪是如何产生的吗？你又知道情绪是如何表现的吗？

## 一、情绪的含义

“情绪”对于人类来说并不陌生，在日常生活中，每一个人时刻都在感受着、体验着，或喜或悲、或悦或忧、或平静或愤怒……不同的人有不同的情绪，同一个人在不同时期、不同情景下也有不同的情绪。虽然对情绪的研究从 17 世纪就已开始，然而，对于什么是情绪，不同的心理学派、不同的心理学家却有着不同的观点和表述。

最早的情绪理论是美国心理学家詹姆士和丹麦生理学家兰格先后提出的被称为詹姆士—兰格的情绪理论。詹姆士和兰格认为，“情绪，只是一种身体状态的感觉，其原因纯粹是身体的”，“先有肌体的生理变化，尔后才有情绪”。

詹姆士—兰格理论重视情绪与肌体变化的密切关系，但又片面地强调了植物性神经系统的功能，忽视了中枢神经系统的控制和调节作用。这一理论引起了生理学家和心理学家的长期争论，同时也推动了情绪理论的发展。后来美国的生理学家坎农及其追随者在此基础上提出了坎农—巴德理论。该理论认为，激发情绪的刺激由下丘脑进行加工，同时把信息输送到大脑和肌体的其他部位，到达大脑皮层的信息产生情绪体验，而到达内脏和骨骼肌肉的信息激活生理反应，因此，身体变化与情绪体验同时发生。该理论重视情绪中枢性生理机制的研究，相对于詹姆士—兰格理论是前进了一大步，但它忽视了大脑皮层对情绪的作用以及外周神经系统对情绪的意义，从而有较大的局限性。

巴甫洛夫的动力定型理论认为，人们在大脑皮层中按照刺激物的顺序形成了比较稳固的暂时神经联系系统，这种系统叫做动力定型，是人学习、习惯和需要的生理基础。

华生的行为主义情绪论则强调“情绪是一种遗传的‘反应模式’，抚摸等刺激是婴儿产生反应的强化条件，有了这些条件，婴儿才逐步学会了微笑等情绪反应”，华生设想的基本情绪反应有三种：恐惧、愤怒和爱。继华生之后的哈洛和斯塔格纳认为，人类存在着先天无差别的基本情感。这些无条件的情感反应是情绪产生的根源。格雷通过对先天的恐惧、早期的条件反应和情绪在语言中的最初表现，作了有效和有说服力的分析，提出了侧重探讨变态情绪的情绪理论，他认为，情绪是由外部事物引起的内部状态，当外部事件与内部状态之间关系变得混乱时，就产生了病理反应。

情绪心理学家斯托曼又是这样定义情绪的，他说：“情绪是感受，是与本身结构有关的身体状态，它是粗糙的或经过精化的行为并发生于特定的情境之中。”由此可见，情绪是一种多维度、多形态和多功能的复合体，是一种十分复杂的心理过程。我们可以从斯托曼的情绪定义中看到，情绪至少包括三个维度：一是情绪主体的主观体验；二是情绪主体的生理唤醒；三是情绪主体的外显行为。也就是说，一个完整的情绪过程应该是主观体验、生理唤醒和外显行为同时存在，并且具有一一对应的关系，一旦出现不对应，我们则无法确定真正的情绪是什么。

综合各家观点，我们认为：情绪是在一定的情境下，个体产生的主观体验，伴随一定程度的生理唤醒，并有一定的可观察的外显行为的综合心理过程。简单来说情绪是人们对客观事物是否符合自己需要而产生的一种内心体验，是人的需要得到满足与否的行为反应。

## 二、情绪的产生

我们知道，任何事物的产生都有其根本的原因，情绪也不例外，任何一种情绪的产生都伴随着一系列的生理唤醒，并引起一定的生理变化。而生理变化大多数来自神经系统中交感神经的变化，例如人们在产生惧怕、兴奋等情绪状态时，在交感神经支配下，身体会发生呼吸加快、心跳加快、血压上升、瞳孔扩张、毛发竖立等症状。当情绪发生时，除了交感神经的活动水平发生变化，个体的体内激素也发生了相应的变化，例如：当个体处于情绪激动状态时，血液和尿液中的激素含量都会增加。情绪的脑机制研究表明，情绪的产生与下丘脑、海马、网状结构、边缘系统等关系密切。很多动物实验也表明，电刺激下丘脑的某个部位，会引起动物不同的情绪反应。

### 1. 客观事物是情绪产生的前提和基础

由于客观事物的不同特点及事物与人之间存在的关系不同，人们对这些事物抱有不同的态度，有不同的体验。这些带有特殊色彩的体验就是情绪。客观事物的不同特点会引起人们不同的情绪反应，如美景使人愉快，黑暗使人恐惧；一条小小的毛毛虫、一阵不同寻常的响声都足以使人情绪突变、惊慌失措。同时客观事物与人之间的关系不同，也会产生不同的情绪，如久旱逢雨，雨水给人们带来的是无比喜悦的情绪，但阴雨连绵时，雨水则使人产生厌恶的情绪。总之，离开了具体的客观事物，人的情绪就无从产生。

### 2. 人的需要是情绪产生的内部原因

各种实验实践都表明：需要是情绪产生的内部原因。由于人的需要具有多层次性，人的情绪也就具有多样性，人的需要与同一事物的不同方面发生关系时常常也会引起不同的情绪。同时由于客观事物与人的需要之间的关系不同，也就产生不同的内心体验，对客观事物表现出不同的好恶程度，产生不同的内心变化和外部表现。当客观事物符合并满足人的需要时，就会使人产生积极的情绪体验，如满意、愉快、喜悦、振奋等；当客观事物不符合人的需要时，就会使人产生消极的情绪体验，如悲哀、厌恶、忧虑、愤怒等。总之，人的需要复杂多样，既有合理的需要，也有不合理的需要。即使是合理的需要，由于受到各种条件的限制，有时候也不可能得到满足，这就造成了人们情绪的广泛性、复杂性和多样性。

### 3. 人的认知也是情绪产生的重要原因

情绪是人对客观事物是否符合或满足自己需要而产生的一种内心体验，但情绪并不是由客观事物直接、机械地决定的，只有那些被认知的事物才能引起情绪的产生。“触景生情”的“触”说的就是认知，外界有再好的美景，如果你不去“触”、不去认知，也就不会生情；“初生牛犊不怕虎”，初生的牛犊没有尝试过也不懂得虎的厉害，怎么会知道怕虎呢？所以，认知过程是产生情绪的前提，而且随着认知的发展变化，情绪也随之发生变化。同时，情绪也会反过来影响认知的内容，使认知更加丰富，并推动认知活动向前发展。因而，同样的事物对不同的人或在不同的时间、情景等条件下出现，就可能被作出不同的评价和料想，从而产生不同的情绪。现实生活中，对同样的事物，由于个人的认知水平、认知角度不同，往往会产生不同的情绪。譬如，灾难发生时，有人见灾心惊，有人则幸灾乐祸；同样是患了重病，有人情绪平静、积极乐观，有人却坐卧不安、抑郁焦虑；考试同样是考了60分，有人喜笑颜开，有人却伤心流泪。总之情绪的产生与认知密切相关。

## 三、情绪的分类

人的情绪是复杂多样的。研究者从不同的角度采用不同的分类方法把情绪分为不同的类别。早在2000多年前，我国古籍中就有了关于情绪的论述。《礼记·礼运》中说：“何谓人情？喜、怒、哀、惧、爱、恶、欲七种。”在我国最早的一部医学专著《黄帝内经》中，则将情绪分为“喜、怒、忧、思、悲、恐、惊”。

西方心理学家对情绪的分类也进行了比较深入地研究，提出了自己的见解。汤姆金斯列出八种基本情绪：兴奋、快乐、惊奇、痛苦、恐惧、愤怒、羞怯、轻蔑。伊扎德在汤姆金斯的八种基本情绪的基础上增加了厌恶和内疚两种情绪。普拉奇克则根据情绪的强度、相似性和两极性，提出了一个情绪的三维模型。在情绪的三维模型中，顶部有八种基本情绪，即悲痛 、恐惧、惊奇、接受、狂喜、狂怒、警惕、憎恨，每一类情绪中都有一些性质相似、强度由高往下依次递减的情绪，分别位于模型的底部。

在吸收、借鉴中国古代和西方关于情绪分类的研究成果基础上，目前我国心理学界一般认为，情绪按其发展通常可分为原始情绪、基本情绪和复合情绪。其中，愉快、愤怒、恐惧、悲哀是最基本的原始情绪。近年来对情绪发展的研究以面部表情区分出十种基本情绪：兴奋、愉快、痛苦、惊奇、愤怒、厌恶、惧怕、悲哀、害羞和自罪感。成人除这些外还有许多复合情绪，如骄傲感、谦逊感、爱与恨、羡慕与嫉妒等混合的情绪。情绪按状态可分为：心境、激情和应激三类。心境是一种使人的一切体验和活动都染上色彩的、比较轻微而持久的情绪状态；激情是一种迅猛爆发、激动而短暂的情绪状态；应激是人在出乎预料的危难或紧迫情况下所引起的高度紧张的情绪状态。国内还有学者认为，应根据情况的不同，把情绪分成情绪、情感、情操三类。其中情绪应包括快乐、愤怒、悲哀、惧怕四种类型；情感有激情、心境和热情三种状态；情操分为道德的情操、理智的情操和美的情操三种。

## 四、情绪的表现形式

所谓情绪表现形式是指个体将其情绪体验，通过行为活动表露出来，从而显现其心理感受，并借以达到与外界沟通的基本形式。情绪的表现主要有以下形式：

### 1. 面部表情

面部表情，是情绪表现的主要形式。面部表情以面部的肌肉活动和气色变化为主，尤其眼睛和眉毛的表情最为突出。眉飞色舞、眉开眼笑、眉目传情、喜形于色、目瞪口呆、横眉竖眼、愁眉苦脸等都是指面部的表情表达了不同的情绪状态。我们知道，此类成语的含义，一方面表示情绪表达者的心理状态，另一方面也表示别人据此了解当事人的心理状态。因此，由面部动作所表达的情绪具有双向沟通的作用。

### 2. 体态反应

体态反应就是通过身体不同部位的各种动作代替语言，以表达情绪的身体状态。欢乐时手舞足蹈，悔恨时捶胸顿足，凯旋时昂首挺胸，失望时垂头丧气，烦躁时坐立不安……可见身体各部位姿态的变化也是一种情绪表现的形式。

### 3. 言语变化

言语变化主要是指语言在声调、音色、音量、停顿、节奏、语速等方面的变化。喜悦时语调高昂、语速加快、语音错落有变；悲哀时语调低沉、语速缓慢、言语哽咽；恐惧时声音颤抖、语无伦次，词语间断无序……有关的研究表明，言语表情所传达的情绪信息远比言语本身的含义更多更复杂。

# 第二节 大学生的情绪健康与自我调适

☞ 案例

**生气时跑三圈**

有个年轻的庄稼汉，每次碰到与人发生纠纷快要起冲突时，他便立刻冲出现场，回到自家田园旁，绕着田地房舍左跑三圈右跑三圈，跑得气喘吁吁，然后一屁股坐在家门前静坐沉思。次数多了大家都很好奇，询问他这到底是怎么一回事，他每次都笑而不答，众人也理不出头绪。由于他很少与人结怨，或者对人大发脾气，因此人缘甚佳，样样事情都很顺利，房子一间一间地增建，田地一直不断扩充，不到几年，早已是富甲一方的大亨，可是每次遇到不愉快的场合他仍转身就走，跑回自己的家园左绕三圈右绕三圈，后来年纪一大把了，子孙们不忍见他如此疲累，纷纷劝阻，并一再请求他说明其中原因，拗不过大家的苦苦哀求，他终于揭开数十年来的秘密。

秘密其实很简单，年轻时每次正要发火，不管谁是谁非，他总是跑回家，边跑边告诉自己："我的房屋如此简陋，田地这么少，努力都还来不及，哪来闲工夫与人生气争吵？"等到有了点成就，他又这样告诉自己："我的事业都这么大了，还为这么一点小事与人争斗，肚量也未免太小了吧！老天爷已对我这么宽厚，我还计较什么、气愤什么呢？"啊！一股似火山即将爆发的怒气，就这么被他轻轻一转就消失得无声无息，多高的智慧呀！

**请思考：**从案例中你得到什么启示？你认为情绪是可以控制的吗？控制情绪靠的是什么呢？

竞争日趋激烈的社会为现代人带来了日益凸显的情绪危机，来自生活、学习、工作、环境和精神等方面的压力使越来越多的大学生背负了情绪失调的困扰。大学生正处于生理与心理趋向成熟的时期，他们在诸多矛盾冲突中成长，其情绪特点显得尤为突出，情绪的健康发展和自我调适显得尤为重要。如何培养和延续大学生的健康情绪，改善大学生的心理健康状况，是一个急需解决的重要课题。

## 一、大学生情绪的特点

大学生作为一个特殊的群体，其社会地位、知识素养、年龄特征、身心状况等因素决定了他们的情绪表现具有复杂而显著的特点。大学生的情绪表现通常有以下方面：

### 1. 积极性与消极性并存

考上大学的同学心里非常高兴，他们带着理想、带着追求愉快地来到了学校，他们觉得自己没有辜负老师和同学的希望，"十几年的寒窗终于有了个结果"，他们的未来是充满阳光的，他们积极地对待每一个人和每一件事。可是在一段时间的愉悦后，他们又会有一种莫名的消极情绪产生，特别是随着新老生之间，不同学校同学之间交流面的扩大，他们开始意识到未来就业的压力，感觉到现实的诸多不良现象会在他们的人生路上设置障碍，认识到上大学高额的经济投入与毕业后较低的工资待遇会给自己和家人带来怎样的生活压力。这种消极情绪在家庭条件不好的学生中表现得尤为突出。按理说每个人都是积极情绪与消极情绪的统一体，任何人的情绪都不可能始终保持积极性或消极性，大学生也是如此，但如果大学生长期出现消极性的情绪则会影响他们的身心健康。因此，学会调节、学会从咨询人员或专业人士那里获得帮助就显得十分重要了。

### 2. 稳定性与波动性同在

随着年龄的增长，知识水平的提高，社会经验的积累，大学生对自己的情绪已经有了一定的控制能力，情绪趋于稳定。但同理智的成年人相比，大学生的情绪仍然带有明显的波动性，情绪起伏较大，时而激动、时而平静，时而积极、时而消极。学习成绩的优劣、身体健康的状况、同学关系的好坏、恋爱的成败等都会引起大学生情绪的波动。

### 3. 外显性与内隐性共融

大学生的情绪表达一般比较外露、直观，喜怒哀乐往往都是形之于色的，他们的情绪状况基本上都能通过言语、表情、行为作出判断，这就是大学生情绪外显性的特点。但是大学生的情绪外在表现和内心体验并不总是一致的。有些大学生会在某些场合和特定问题上文饰、隐蔽或抑制自己的真实情绪。比如在对待异性的态度上，明明是感觉良好、希望接近，但却表现出淡漠无情、毫不在乎的样子。在对待学习的问题上，明明是希望得到好成绩并悄悄下着苦工夫，却偏偏表现出无所畏惧、事不关己的态度。需要指明的是，这是大学生有意识控制和无意识防御的结果，与表里不一的虚伪是两回事，不能混为一谈。

### 4. 冲动性与理智性共振

相比较而言，大学生在面对外界的刺激时基本能够理智地分析，采取适当的行为，能够做到自我控制和自我调节，往往会三思而后行，这就是大学生情绪的理智性特征。另一方面，当代大学生成长的社会和家庭环境也决定了其具有冲动性，以武打、复仇作为主题的电影、电视、网络游戏为青年大学生的冲动性作了“榜样”，独生子女的家庭成长环境为青年大学生的冲动性提供了“土壤和养分”。使得某些大学生在某种特定的场合下，会因为不足挂齿的小事而大发雷霆或与他人发生冲突，甚至采取极端的措施和手段。

### 5. 层次性与复杂性相随

大学生的情绪心理发展过程具有明显的层次性和复杂交错性。层次性主要体现在不同年级、不同年龄的学生之中。随着年龄的增长、年级的升高，逐步表现出会关心他人和社会、能积极思考前途和人生的情感倾向。不同家庭成长环境的大学生也有不同的情绪表现。一般来说成长环境良好的大学生情绪较为稳定，情绪的控制能力也较强。另外，男女生之间也会表现出不同的情绪特点，这就是情绪复杂性的一面。由于大学生的情绪在表现出一定层次性的同时，又具有复杂的交错现象，从而表现出多姿多彩的情绪特点。

### 6. 两极性与矛盾性相伴

两极性是大学生情绪的一个基本特征，所谓两极性就是指人的情绪容易从一个极端跳到另一个极端，摇摆不定、动荡不安，他们的情绪往往随情绪起伏而涨落。有的会因为遇到一点点委屈或很小的得失而斤斤计较、耿耿于怀甚至打击报复，有的会因听到一两句不顺耳的话就愁眉苦脸、痛哭流涕甚至大发雷霆。因为做了某件事情得到他人的认可而高兴得手舞足蹈、欢呼雀跃者大有人在，因为他人对自己的行为举止作出批评建议而耿耿于怀、悲愤不已的也不在少数。大学生情绪的两极性正好说明了其内心存在的矛盾，大学生常见的矛盾情绪表现为现实自我与理想自我之间的矛盾情绪，自我需要与社会需求之间的矛盾情绪，矛盾情绪得不到及时的调整，往往又会导致情绪体验的两极性，出现“非此即彼”的思维认识。

### 7. 希望与失望交织

由于社会、历史、观念、媒体等多方面的原因，许多同学对大学抱有不切实际的想法。认为上了大学就有了一切，上了大学就“春光无限好”，认为大学必然是宽敞的校舍、漂亮的教室、舒适的宿舍环境……可是真正进了大学以后才发现校园不是想象的那样宽敞，宿舍也不是想象的那样舒适，与家相比有很大的距离，比起中学也好不到哪里去，于是感到非常失望，就觉得大学生活也不过如此，于是产生了失落感，引发了不良情绪。

## 二、大学生常见的不良情绪表现

不良情绪是指一个人对客观刺激进行反应之后所产生的过度体验。无论人们对客观刺激抱有什么态度，自身都会直接体验到，体验是情绪的基本特征。对于同一个刺激，不同的人可能会产生不同的体验，即使是同一个人对待同一个刺激，在不同的时间、不同场合也可能产生不同的体验。客观刺激满足了我们的需要，我们就会产生积极正向的情绪体验；客观刺激没有满足我们的需要，我们则会产生消极负向的情绪体验。

不良情绪主要有两种，一种是过度的情绪反应，一种是持久的消极情绪。过度的情绪反应主要指出现狂喜、暴怒、悲痛欲绝等强烈反应，这往往是由于一些重大的生活事件而引起的，过度情绪还包括反应过于迟钝、无动于衷、冷漠无情等。这种过度情绪如果得不到疏导和缓解，常会导致精神障碍或生活适应不良，持久性的消极情绪是指在引起消极情绪的事件发生后，很长时间沉浸在消极状态中不能自拔。

大学生的不良情绪主要表现在以下方面：

### 1. 过激的不良情绪表现

狂喜：喜悦本是一种良好的情绪，但有部分学生的表现却可以用“狂”来称，即碰到高兴事就欣喜若狂、手舞足蹈、摔盆子敲碗、忘乎所以。如某大学过泼水节，同学们纷纷拿出锅碗瓢盆并把住水管，把所谓的祝福水整盆整桶地往过往行人身上泼，弄得校内外一片惊慌，阻塞了交通，让人哭笑不得。

狂热：热情本是积极上进的源头，事业进步的前提。但如果热情不用在正处，再加上“狂”就会带来不利，引出麻烦。现代大学生的狂热主要表现在网络游戏、恋爱和追星等方面。一女大学生因为网恋，竟然不顾学业和家人，卖掉自己值钱的物品作为路费，千里迢迢去与所谓的网中情人相会。

大悲：悲欢离合本是人间寻常事，悲痛也是每个人都曾经经历过的情绪体验，但少数学生悲无止境，一旦陷入悲痛之中就长期无法缓解，甚至会因为芝麻小事而悲痛欲绝，从而酿成恶果。如一女生因为男朋友移情别恋，一口气吞下大把的安眠药差点丧失了性命。

大忧：“居安思危”、“深谋远虑”本是理智的表现，有忧患意识也是当今各行业的基本要求。但少数学生忧无限度，一旦遇到困难就陷入极度忧虑之中无法自拔。一男生因为几次向女同学表示爱慕之情被拒绝后就忧患万分、一蹶不振。觉得自己一无是处，成天烟酒相依、游戏相伴。

大怒：喜怒哀乐、人皆有之。但部分学生怒无节制，一旦发怒，做起事来不计后果。小则唇枪舌剑、争吵不休、谩骂不止，大则挥拳动脚，大打出手，甚至毁坏公物，酿成严重后果。某校要求一个班级的学生换教室，结果是学生集体发威，怒气之下挥拳踢脚将教室的桌椅毁坏，隔音设施全部捣毁，造成了较大的损失和极坏的影响。

### 2. 焦虑

焦虑是一种紧张、害怕、担忧、焦急混合交织的情绪体验，当人们在面临威胁或预料到某种不良后果时，便会产生这种情绪体验。焦虑是人处于应激状态时的正常反应，适度的焦虑是有利的，可以唤起人的警觉、集中注意力、激发斗志。只有不适当的高焦虑才会影响大学生的学习和生活，对身心健康造成不利影响。

引发大学生产生焦虑情绪并深受其困扰的原因主要来自社会、学校和个人三方面。首先是社会因素，现代社会正处在变革期，生活节奏不断加快、竞争日趋激烈、信息量急剧膨胀，人们的思想、观念、心理和行为受到巨大冲击。大学生也不例外，加之他们的人生观尚未稳固形成、心理发展尚未完全成熟、前途未定，因而更容易产生困惑、迷惘、紧张、焦虑和无所适从。此外，社会的不正之风也对大学生产生了一定的消极影响，一些大学生担心“毕业即失业”，十分焦虑。其次是来自学校的因素，教育体制的改革使“60 分万岁”成为历史，现在的考试成绩，往往与大学生的毕业、就业等紧密相连。面对激烈的竞争环境、繁重的学习任务、门类众多的考试，许多大学生感到紧张、焦急、担忧。最后是个人的因素，一些大学生还因害怕考试失败影响自尊或前途，担心准备不足、对成绩过分看重等原因，形成考试焦虑，在考试前忧虑紧张，在考试中怯场，甚至平时也陷入焦虑感中无法自拔。另外，在人际交往和性心理、生理方面的错误认识，也是大学生陷入焦虑困扰的重要原因。

### 3. 恐惧

恐惧是指对一般人眼中的平常事感到担心和害怕，或者恐惧体验的强度和持续时间远远超出常人的反应范围。它是对某一类特定的物体、活动或情境产生持续紧张的、难以克服的情绪体验。这种情绪往往伴随着各种焦虑反应，如担忧、紧张和不安，以及逃避等行为。恐惧也具有明显的强迫性，即自知这种恐惧是过分的、不必要的，但却难以抑制和克服。常见的大学生恐惧情绪主要表现在社交方面。恐惧是学生身心健康的一道巨大屏障。

产生恐惧症状的原因比较复杂，但一般都与成长中的不良经历有关，或者是通过条件反射作用而建立的一种不适应的行为。编者曾遇到一位典型的恐惧症患者，她特别害怕男性教师，究其原因竟是其中学班主任是一个脾气暴躁的男教师，这位班主任曾在班上发脾气摔凳子，凳子的碎片击中了她。患有恐惧症状的大学生常常表现出一定的性格特点，如胆小、孤僻、敏感、退缩等，遇到恐惧情境时会表现为心慌、出汗、发抖等症状。患有恐惧症的大学生可以通过系统脱敏法来克服和消除自身的各种恐惧反应，还可以应用暴露疗法、认知领悟的方法来治疗恐惧症。最好是到心理咨询中心，在咨询员的指导下克服和消除恐惧反应。

### 4. 淡漠

人人都有喜怒哀乐，这是正常的情绪反应。缤纷的大千世界必然引出人的七情六欲。但如果一个学生对周围的一切事物都丧失兴趣、采取漠然的态度，这就是值得分析、思考和引导的情绪不良症状了。一般来说，大学生正处于青春年少时期，情感丰富而强烈是其基本特征。但有的大学生却表现出对一切都漠不关心：厌倦学习，对成绩毫不在乎；懒于生活，对环境无动于衷；逃避责任，对集体漠不关心。心理学家把这种对人对事过分冷淡，甚至冷酷无情的表现称为“感情冷漠症”。日本心理学家又把这种具有冷漠情绪的大学生称为“三无”学生，即无情感、无关心、无气力。淡漠的情绪往往对学习效果、生活质量的提高都会产生极其不利的影响。

研究表明，产生淡漠情绪的主要原因是人的生理、心理与外界客观环境的矛盾冲突。淡漠是一种个体对挫折环境的自我逃避式的退缩心理反应，当人的生理、心理不足以应对外界客观环境变化的时候，或是逆境持续出现使人无力应对之后，人的心理就会出现冷漠的情绪反应。政治、经济、社会、道德、文化、环境等因素对冷漠情绪的产生也有一定的影响。情绪淡漠的大学生通常还与其独特的个人经历和个性特征密切相关。

### 5. 自卑

自卑是轻视自己或对自己不满意，认为自己无法与别人相比的一种情绪体验。这种自卑情绪一般表现为忧郁、沮丧、悲观、孤僻。具有自卑感的大学生往往表现出自信心不足、不愿谈吐、少有笑颜、不愿意或干脆拒绝在公共场合露面。认为自己是无能者、是注定要失败的，甚至还会将一切失败、过失归因于自己，就连集体活动的失利也会认为是自己的过错。这种情绪一经产生，若是任其发展，便会影响人的社会交往，抑制人的能力发展，限制人的潜能开发。

权威心理学家的论断和大量的事实研究表明，自卑产生的原因有以下几个方面：一是缺乏成功的体验。一个人的成功体验越多，他的需要和期望也越高，自信心也就越强。反之，若一个人几次努力都失败了，他就会怀疑自己的能力，在挫折中难以自拔，形成自卑。二是社会对个人缺乏正性强化。也就是说，人们常常根据他人对自己的评价和期望来认识自己的长短和优劣之处。如果他人（特别是父母和教师）对自己的期望和评价较低，就会影响本人对自己的正确认识，导致自己低估了自己。三是消极的自我暗示抑制了自信心。在人生经历中经常会面临新的选择和考验，每当这个时候，人们首先都会自我衡量是否有能力应付和驾驭。性格内向、胆小多疑的大学生往往夸大外部困难而低估自己的能力，总觉得“我不行”，从而抑制自信心，限制能力的发挥。四是生理或心理上的缺陷、恶劣的生活环境导致自卑。无论是生理方面的疾病、肥胖、身材矮小、相貌丑陋、心理方面的智力水平低、性格怪异、脾气不好还是家庭环境不好、经济困难等都会成为自卑感产生的诱因。

### 6. 抑郁

目前在大学校园里经常会听到“郁闷”一词，该词已俨然成了现代大学生表达自己情绪使用频率最高的词汇了。当他们不能满足自己的愿望时用“郁闷”，感觉自己不被他人接纳时用“郁闷”，目标不确定，无所事事时也用“郁闷”。其实“郁闷”一词往往在一定程度上反映的是大学生的抑郁情绪。抑郁是大学生中常见的情绪困扰，是一种无力应对外界压力而产生的不良情绪，这种消极情绪往往会伴有厌恶、痛苦、羞愧、自卑等情绪体验。抑郁就如同其他情绪反应一样，人人都体验过，但对大多数人来说抑郁只是偶尔出现，历时短暂，往往时过境迁，很快就消失，这是非常正常的。但也有少数人会让这种抑郁情绪长期保持，进而长时间地一蹶不振，闷闷不乐，甚至导致抑郁症。

大学生情绪抑郁的主要表现是：情绪低落、兴趣丧失、郁郁寡欢、注意力涣散、反应迟钝、社交退缩、性格孤僻、不爱谈吐、对生活缺乏热情和信心，并伴有食欲减退、失眠、做噩梦等症状。有抑郁情绪的大学生看上去疲乏无力、表情冷漠、目光茫然、脸色灰暗、精神萎靡。性格内向、孤僻、多疑多虑、不爱交际的学生，生活中遭遇意外的挫折、长期努力不能实现目标的学生往往容易产生抑郁情绪。长期的抑郁会使人的身心受到严重的损害，会使学生的学习效率下降、生活质量降低，甚至容易产生轻生自杀的念头。

### 7. 忌妒

忌妒是在大学生中具有一定普遍性的不良情绪。它是个体感到别人超过自己而产生的一种恐惧、痛苦、不满、自责和怨恨的情绪体验。心理学家分析说，忌妒是人类的一种本能，是一种企图缩小和消除差距，实现原有关系平衡、维持自身生存与发展的一种心理防御反应。黑格尔称忌妒是“平等的情调对于卓越才能的反感”。其特征是把别人的优势看做是对自己的威胁，由发生“酸葡萄效应”继而发展到“幸灾乐祸”甚至故意拆台、制造障碍、打击中伤。容易引起大学生忌妒的因素主要有他人外表的突出、成绩的优秀、智力的超常、物质条件的优越以及恋人的移情等。通常情况下，那些自尊心过强、虚荣心过盛、自信心不足、心胸狭窄、以自我为中心的学生更容易产生忌妒。忌妒情绪一旦产生，往往会保持持久而多样，表现为忌妒对象的不固定性和广泛性，不管关系的远近亲疏，也不管是否对自身构成直接威胁，他们都会自觉不自觉地表露出忌妒和不满。当然，关系越近，这种情绪表现也越强烈。忌妒情绪在人际关系中常常表现为排他性，即排他赞己，只能自己取胜、不许他人成功，甚至出现因忌妒他人美貌而毁其容，因忌妒他人成功而毁其誉的过激行为。忌妒情绪在态度上往往又具有逆向性，对于真、善、美不是采用积极的态度善意地去赞誉、羡慕、效仿，而是恶意地表现出厌恶、愤怒和不能容忍。

忌妒情绪的产生不仅与个体的性格缺陷、自我意识有关，也与特定的社会文化环境有关。一般来说性格缺陷的人容易产生忌妒，如偏执人格型的人处事敏感、多疑、固执、报复心强，一旦自身处于弱势地位，就会用想象来编织他人的缺点，捕风捉影，制造事端。具有强烈自我中心意识的人，往往会把个人的利益看得高于一切，希望在各个方面超过别人，一旦自己的愿望得不到满足，常常会产生对他人的忌妒，以求得自己心理的平衡。由于所处社会文化环境的不同，从劣势环境中成长起来的大学生往往会因为自己遇到的挫折比别人多、自己面临的困难比别人大而心生忌妒。忌妒心会影响大学生的人际关系，造成同学间的隔阂、对立甚至诋毁，同时使自己处于烦躁、痛苦的情绪折磨中，甚至酿成极端事件，毁了他人也毁了自己。

## 三、大学生不良情绪的自我调适

情绪能使人沸腾，也能使人冷静。古今中外的相关研究一致表明：情绪与健康的关系非常密切。一个人若能经常保持乐观的态度、愉快的心情，对身体和心理的健康都是十分有益的。反之如果心情苦闷，出现悲伤、焦急、恐惧、愤怒、暴躁等情绪，不仅会“积郁成疾”，造成心理的疾病，还会引起突发性的身体疾病或意外事端。但美国心理学家南迪·内森的一项研究发现，一般人的一生平均有3/10的时间会处于情绪不佳的状态。中国科学院心理研究所王极盛教授曾对青少年的情绪不良问题作过一项调查，结果显示，半数以上的学生情绪不良。可见，人们常常需要与各种不良情绪作斗争，这样才能保持良好情绪，以保证自我的身心健康。那么大学生应如何调适自我，培养自身健康向上的良好情绪呢?

### 1. 自助宣泄法调适

自助宣泄法调适就是通过借助自身的力量，调整心态、排除不良情绪以达到身心健康目的的心理调适方式。具体方式包括：

**（1）哭泣法调适**

哭，本是人的一种本能，是人的不愉快情绪的直接外在流露。在日常生活中人们常把哭当成懦弱的表现，也总是教育男孩子“男儿有泪不轻弹”。这不仅是对人性的一种错误认识，更是对心理健康的一种不切实际的损伤。爱哭的人不一定就是弱者，不哭的人也不见得就很坚强。从医学角度讲，人在情感激动时流出的泪会产生高浓度的蛋白质，它可以减轻乃至消除人的压抑情绪。因此短时间内的痛哭是释放不良情绪的最好方法，是心理保健的有效措施。不过哭泣也是要把握“时”和“度”的。只有在内心受到委屈和不幸达到极大程度时才哭，如果不分轻重，遇事就哭，反而会加重不良情绪。哭，还要把握一个“度”，要适可而止，才能有效调节情绪。

**（2）运动法调适**

运动是抑郁症的天敌，锻炼是抑制劣性心理的良方。有关研究表明：体育运动能使学生不良情绪得到合理的宣泄，可以使人的注意力发生转移，紧张程度得到松弛，情绪趋向稳定，可以为郁积的各种消极情绪提供一个合理的发泄口，从而消除情绪障碍，达到心理平衡。所以，常参加体育锻炼也是调节和控制情绪的一种良好方法。有趣的、自己喜爱的趣味性较强的运动，如羽毛球、乒乓球、排球、跳绳等对减轻学生的焦虑情绪有很大的帮助；足球、篮球、排球、健美操和集体舞等运动对大学生的抑郁情绪都有好处；游泳、溜冰、拳击和体操中的跳马、单双杠则对克服恐惧情绪有很好的效果。气功蕴藏着许多人生的哲理，练习它可以达到体悟人生、解开心中矛盾、使人精力充沛的效果。

**(3) 转移注意法调适**

情绪不佳时，转移自己的注意力，是一种控制情绪的好办法。如找一本自己喜欢的书来看，找一点该做的事情来做，转换一下电视频道，外出散散步，约人打打牌，给朋友打个电话，甚至蒙头睡上一觉都能使情绪困惑大大减轻。研究表明，睡眠不足常常是导致人情绪不良的重要因素，保证充足的睡眠有利于调节情绪。

**(4) 文饰法调适**

文饰又叫“合理化”，这是一种援引合理的理由和事实来解释所遭受的挫折，以减轻或消除心理困扰的方式。它的表现形式可概括为“找借口”、“酸葡萄效应”、“甜柠檬效应”等。

不少大学生在遭到失败或做错事时，往往会找一些原谅自己的理由，如有的同学考试不理想，以近来身体欠佳或社会工作过重为借口，以避免挫折感；因方法不当而导致工作失败，则以条件太差、设备不齐等理由来为自己开脱。找借口的人，总是企图以冠冕堂皇的理由来解释行为，在众多动机中选择一小部分最动听、最高尚，而且最适合理的动机加以强调，试图掩盖内心所不愿接受的那些原因，从而获得精神上的安慰。

当一个人无法达到自己追求的目标，或想得到的东西得不到时，常常会像伊索寓言里那只聪明的狐狸一样，吃不到葡萄就说葡萄是酸的，以冲淡内心的欲望，减少沮丧的情绪。有的同学当不上学生干部，虽然内心很苦恼，很失望，却安慰自己“当了学生干部杂事太多，耽误学习，没啥意思”；求爱不成，则说对方才貌平平，非己所求。与此同时，又以“甜柠檬心理”来肯定自己的成绩和价值，认为凡是自己所拥有的东西都是最好的、最重要的，以减轻内心“求而未果”的痛苦。

文饰法虽然是人们面临不良情绪时自觉或不自觉地采用的一种心理防御机制，但它除了暂时缓解内心冲突，保持心理平衡之外，对心理发展更多的是起消极作用。因为文饰自我的“理由”往往是不真实或次要的，起着自我欺骗和自我麻痹的作用，影响了对现实的正确客观地认知，长期地、过分地使用这种方式，会使自己放弃对自我的认识和改造，以致降低积极适应环境的能力。

**(5) 喊叫法调适**

当个体情绪不好时，可以选择一个相对安全适宜的场所（比如空旷的田野、密林的大山、一望无际的大海边）大声地叫喊，喊出内心压抑的事情来，这样对调适不良情绪能起到较好的效果。

**(6) 微笑法调适**

指个体觉知自己有不良情绪时，照着镜子反复做微笑的表情，这对帮助自己恢复好心情是非常有效的。

除了上述方法外，大学生们还可以通过创作作品，比如将自己的情绪写成抒情散文，将自己的情绪通过绘画、做手工等方法达到情绪宣泄的目的。

### 2. 他助宣泄法调适

他助宣泄法调适就是通过借助外界的力量，调整心态、排除不良情绪以达到身心健康目的的心理调适方式，具体方式包括：

**（1）倾诉法调适**

著名的哲学家培根说过，如果你把快乐告诉一个朋友，你将得到两份快乐，如果你把忧愁向一个朋友倾吐，你将被分掉一半忧愁。当遇到不愉快的事时，不要自己生闷气，把不良心境压抑在内心，而应当学会倾诉。每个人的周围总会有几个知心朋友，当产生不良情绪时，朋友们聚一聚，一碟瓜子，一杯牛奶，就事论事倾诉一番，把自己积郁的消极情绪倾诉出来，以便得到别人的同情、开导和安慰。美国有关专家研究认为："一个人如果有朋友圈子，就能长寿20年。"同时，现在上网在大学生中比较流行，网上比较可靠的朋友也可以成为倾诉的对象。

**（2）模拟宣泄法调适**

模拟宣泄是一种新兴的情绪调节方法，首先在日本的一些大公司中使用，当不良情绪无法调节时，当事人就到"发泄公司"去，那里有已经准备了的橡皮人和其他可供发泄的物件（如碗、杯子、报纸、布匹），发泄者可在橡皮人上画出敌人的像或写上敌人的名字，通过打骂模拟敌人而发泄怨气、消除愤怒。模拟发泄是一种较为合理的疏导方法。当然，发泄要注意选择适当的方法、时间、场合和强度，不能因为发泄而损害了自己，更不能因为发泄而损害了别人。

### 3. 音乐欣赏法调适

音乐作为一种艺术，是人的情绪情感的一种表现方式，曲调和节奏不同的音乐可以使人产生不同的情绪体验。古希腊人认为，不同的曲调代表不同的情绪：A调高扬，B调哀怨，C调和蔼，D调热情奔放，E调安静优雅，F调淫荡，G调浮躁。音乐对治疗心理疾病具有特殊的作用，音乐调节主要是通过听不同的乐曲把人们从不同的病理情绪中解脱出来，在国外，音乐调节已应用到了外科手术及精神病、抑郁症、焦虑症等病症的治疗上。如忧郁烦恼时可以听《蓝色多瑙河》、《卡门》、《渔舟唱晚》等意境广阔、充满活力、轻松愉快的音乐；失眠时可以听莫扎特的优雅宁静的《摇篮曲》、门德尔松的《仲夏夜之梦》等乐曲；情绪浮躁时可以听《小夜曲》等宁静清爽的乐曲。每个人都可以根据自己的情绪状况，选择适合的音乐来调节自己的情绪状况。除了听以外，自己唱也能起同样的作用。尤其高声歌唱，是排除紧张、激动情绪的有效手段。当不满情绪积压在心中时，不妨选择适合自己的歌曲来唱唱，歌的旋律，词的激励，唱歌时有节律的呼吸与运动，都可以缓解紧张情绪。

### 4. 理智消解法调适

研究表明，决定情绪的是人的认知。人的困扰不是来源于发生的事实，而是来源于对事实的观念和看法。如果我们能够应用美国心理学家爱丽斯提出的"ABC理论"来看待问题，对调节情绪会起到极大的作用。其理论的基本观点是：如果我们用A来代表诱发事件，B代表个体对这一事件的认识和评价，C代表事件后个体的情绪表现和行为结果，一般认为情绪及行为反应是诱发事件引起的，即A引起C，其实是B引起C，只不过B是在意识和潜意识中自发形成的，它常常被人们所忽略。

### 5. 放松法调适

放松法调适是目前较为常用的情绪调节方法。放松法有多种具体的方式：

**（1）深呼吸放松法**

站立——双肩下垂——闭目——做深呼吸（指导语：“呼——吸——呼——吸，深深地吸进来，慢慢地呼出去……”），如此反复，直至感觉紧张减轻为止。要求多训练，直到运用自如。

在做深呼吸放松时，如果同时配合心里默念“放松，放松”等自我暗示语，能起到更好的效果。

**（2）腹式呼吸放松法**

找合适的座位坐下——调整自己使之尽量感觉舒适——闭目——跟着指导语做腹式呼吸（指导语：“吸——呼——吸——呼，满满地吸进来，让空气充满整个腹部，使肚子鼓起来，最大限度地鼓起来；慢慢地呼出去，最大限度地把腹腔中的气体呼出去，一直到感觉前胸贴后背的样子……”）如此反复，直至紧张感觉大大减轻为止。

腹式呼吸就好像唱美声唱法的歌曲发音时的方法。要求方法要正确，呼吸要到位。

**（3）想象放松法**

放松坐好，根据导师的指导语或充分发挥想象做放松练习。常用的指导语是：“我躺在金色的舢板上，蓝蓝的海水、蓝蓝的天空、天空中飘着白云，海面上有微微的波浪，我躺在一个金色的舢板上，随着微波轻轻地荡漾，阳光温暖地照在我的身上，我感觉全身都放松，非常舒服……高大的椰子树在海风的吹拂下沙沙作响，我躺在金色的舢板上，在蓝色的海面上轻轻地荡漾，我感到非常舒服，心中充满了愉快的感觉……”

想象放松的指导用语内容不限，只要使人感到舒适、轻松即可，但实施指导时要注意节奏和语调，配合呼吸。

## 第三节　大学生良好情绪的培养

不良情绪需要控制，良好情绪需要培养，情绪与行为密切相关，再大的脾气只要措施得当都是可以控制的。

### 一、情绪健康的一般评价标准

情绪对人在各方面的影响都非常巨大，如何判断一个人的情绪是否健康、情绪发展是否成熟，就成了心理学家们普遍关心关注的问题，各种理论和见解纷纷问世。

借鉴国内外学者的基本观点，综合大学生的年龄及情绪特点，我们认为大学生的情绪健康应具备以下特征：

（1）情绪的基调是积极而乐观的。即能在较长时间内维持具有积极情感色彩的情绪，具体表现为愉快、乐观、开朗、振奋，对生活充满热情，对未来充满希望。

（2）情绪的表现是适度而和谐的。即在情绪的反应程度方面保持适当的强度，既不反应过激，也不是冷漠麻木。能够做到乐而不狂，悲而不滞，勇猛时不鲁莽，执著时不失理智，等等。

（3）能够及时分辨和调适不良情绪。当消极情绪不可避免地发生时，能够认清它的弊端和危害，能及时有效地加以调整，既能克制约束，又能适度宣泄，保持良好情绪。

（4）能够不断提升自己、优化情绪。大学生不仅要学会调适不良情绪，更要能够优化情绪。也就是要用辩证的方法来认识自己、认识社会、认识自己与社会的关系，能以科学的态度来把握自己的情绪。既能正确对待自己的情绪，又能正确对待别人的情绪，使自己的情绪表达既符合社会的要求，也符合自身的需要，从而使情绪得以优化和提升。

（5）能使理智的、道德的、具有美感的良好情绪得到进一步延伸和发展。

## 二、情绪健康状况的测评

情绪对人的心理健康有着极其重要的影响，如果能较客观地了解自己的情绪状态和情绪特征，就可更好地调节和控制自己的情绪，所以有必要对情绪，尤其是对不良情绪进行测量。临床上主要是对焦虑和抑郁情绪进行评定。常用的评定量表有：汉密尔顿抑郁量评定表（HAMD）、汉密尔顿焦虑量评定表（HAMA）；Zung 抑郁自评量表（SDS）和 Zung 焦虑自评量表（SAS）。另外，人格测验中也有情绪评定量表，如爱森克人格问卷（EPQ）、卡特尔 16 项人格问卷（16PF）、明尼苏达多项人格问卷（MMPI），这些问卷中均有显示个体情绪状况的分数。需要说明的是：专业量表可以帮助我们了解大学生情绪健康状况，但是专业量表必须在专业人士的指导下使用，只有在专业人士的指导下使用，结果的可参考性才强，解释的科学性才能得到保证。因此，大学生如果要了解自身的情绪状况，就应寻找受过正规培训的专业测量教师，以求得正确指导。当然，如果只是想大概了解自己或他人的情绪状态，可以用我们推荐的一组简明易用的测评表，同学只要按其说明操作即可得知自己情绪的紧张性和稳定性状况（见“健康情绪的测评”）。

## 三、大学生良好情绪的培养

大学生不仅要学会控制调适自己的不良情绪，学会合理、适当地表达自己的情绪，也要学会保持愉快的情绪、维护良好的心境。如何才能优化情绪呢？

### 1. 增强自信心

正确地认识自己是保持自信的重要条件，而足够的自信心又是保持心情愉快，培养良好情绪的重要基础。过度焦虑在很大程度上源于自信心缺乏、自卑心理的作祟。自信代表着一种优秀的心理品质和积极的人生态度。自信心就是相信自己一定能达到某一目标或完成某一任务的心理状态，是人自身能力发展的巨大动力，是人们走向成功的不可缺少的条件。要培养自信心就要学会体验成功，就要学会及时调整期望值，就要学会把握好自信的度。在体验成功方面，要知道成功是相对的，是要靠自己体验的，哪怕只是一点点进步，其实也是一种成功。要知道，每实现一个小目标，都是能增加一分自信的。当然，树立自信心要把握好“度”。自信心的树立取决于人对自己能力的估计与对客观可能的了解。如果过高地估计自己的能力，或者过低估计存在的困难，就有可能产生自负的心理；而如果自己不能充分地估计自己的实际能力，或者在不是很大的困难面前就认为自己无法解决，就有可能产生自卑心理。一句话，自信心的树立取决于人对自己能力的估计与对客观可能的了解，也取决于如何把握好“度”的问题，以避免自负或自卑的发生。

### 2. 培养乐观情绪

相信每个人都曾经有过这样的体验：当情绪乐观的时候，我们会干得好、感觉好、身体也好，情绪悲观时则感觉什么都不如意，万事都与我作对。俄国心理学家 K. 柯克契夫通过试验人在乐观与悲观思维中的生理状态后得出这一结论，人在乐观的思维中，视觉、味觉、嗅觉和听觉都更灵敏，触觉也更细微。精神医学也证明，在乐观的时候，我们的胃、肝、心脏和所有的内脏会发挥更有效的作用。培养乐观情绪要有“快乐不在未来，而在现在”的意识，要有培养乐观的习惯和态度，还要能在挫折中练习乐观。乐观需要学习，快乐需要有困难衬托，乐观也要在困难中培养。

### 3. 广泛兴趣爱好的培养

兴趣是一个人积极探究某种事物的心理倾向。当一个人做自己喜欢的事情时，可以为它披星戴月、废寝忘食，并乐在其中。所以培养广泛兴趣对于优化情绪具有十分重要的意义。培养兴趣，一要认识所作所为的社会价值；二要积极实践、体验乐趣；三要培养广泛的兴趣。调查显示，大学生中情绪不良者大多数是没有广泛兴趣爱好的，有的学生除了听老师的讲课以外别无其他所求，不良情绪无处释放，优良情绪无从产生。

### 4. 正确地评价自己

人的情绪变化是由认知评价引起的。当一个人对周围的事物或自己的行为、思想作出消极的评价时，会给自己以不良的暗示，导致各种消极的情绪产生。例如某学生在面临挫折和失败时，就认为是自己的能力差所致，自己是一无是处的，以后每遇到类似的情况都作出同样的评价。久而久之，就会形成一种自卑心理，对自己缺乏信心。这将大大影响良好情绪的产生和维持。心理治疗中的认知疗法就是基于认知评价能直接影响人的情绪这一点来对情绪问题进行治疗的。

### 5. 学会悦纳自我

大学生既要做到认识自我、悦纳自我，体验自身幸福。也要学会正确地分析自己的优势与不足，能够合理地接受自己的优点与缺点。也就是说，对自己身上的先天的所有特点和客观属性，如相貌、身材、欲望、家庭背景等，不管是喜欢的还是不喜欢的，都要怀着愉快的心情接受下来，而不要排斥和嫌弃。只有内心悦纳了自己，才会产生对自己的认同感和自信心，也才会珍惜自己，否则就会产生自我厌恶的情绪，从而也就不可能有自我幸福感。

### 6. 辩证地看待问题

大学生都是学过哲学的，在情绪的调节上很多时候也是需要充分利用辩证法的，也就是要懂得用变化的、一分为二的观点看问题，就是要在任何情况下都要用“两点论”的观点看问题，既要看到事物正面，又要看到事物反面，既看到事物的长处，又看到事物的短处，不能只看到事情的好处或只看到事情的坏处，不要把问题看得过“死”。同时，要客观公正地评价事物，尽量排除个人主观因素的影响。

### 7. 学会换个角度看问题

所谓换个角度看问题是指我们在对待一些看起来原本不好的事情上，试着从其他角度去剖析它，你会发现坏事也会变好事。例如：某大学生非常气愤英语老师常叫自己回答问题，而自己又不会。这位大学生气愤的原因可能是认为英语老师是故意在为难自己。但如果换个角度看，老师常叫自己回答问题，是因为老师比较关心自己，希望自己在英语上进步更快。如果这样来看的话，这位大学生就不会气愤了，反而会在英语学习上更加努力。

### 8. 学会宽容

能够宽容他人和宽容自己是心理健康的表现，同时也有利于保持心情愉快。宽容别人的人，对人、对事都怀着欣赏的心态，不仅让他人觉得高兴，而且可以保持自己心情舒畅。宽容别人的人是富有爱心悦纳自己的表现；不愿意宽容别人的人，也不会轻易宽容自己，对他人抱有怨恨，也对自己自责。当然，宽容不是无原则地妥协，而是要理解他人，接受自己。

### 9. 懂得适度比较

“人比人，气死人”，但人往往又是需要从与他人的比较中获得自我满足、体验幸福的。大学生可以从生活、学习、人际交往等方面适当选择参照系进行比较，选择高一点的参照物进行比较，可以增加前进的动力。适当选择比自己低或相差不大的人或事作为参照物，容易认识到自己的优势，提高自信、优化情绪，从而达到心理上的平衡和相对的满足。

### 10. 建立良好的人际关系

良好的人际关系是优化个人情绪的前提和基础。和朋友在一起，可以共同进行一些有趣和有意义的活动，以放松紧张的情绪；和朋友在一起，可互相交流情感，分享快乐、分担忧愁。当亲朋好友聚在一起，共同讨论问题畅谈人生时就会乐而忘忧，就会产生良好情绪。建立良好的人际关系一要遵循真诚的、尊重的、宽容的、互利互助的原则；二要端正交往的动机，把握人际交往的方法和艺术。

### 11. 亲近大自然

“当你感到烦恼和忧愁的时候，你就到这来，遥望大自然，你会从每棵树、每一朵花、每一个有生命的东西里得到安慰和力量。”这是电影《茜茜公主》中的一段精彩对白，这无疑给了我们一个启示。亲近大自然对培养良好情绪具有巨大的作用，实践证明亲近大自然有令人心情愉快之功效。

### 12. 合理膳食

膳食不仅能给我们提供所需要的能量和营养，也会对我们的情绪产生影响。有关的研究人员认为，食物对情绪的影响力，在于食物中的一些成分可以改变血液中某些神经递质的浓度水平。根据美国麻省理工学院科学家的研究，食物中的一些营养素正是这些神经递质的生发源，当身体摄入这些营养之后，通过体内加工，可以形成相应的神经递质，一定量的营养素可以产生一定量的神经递质，从而影响它们在体内的浓度水平，最终影响了我们的情绪。通常认为鱼、禽、肉、蛋、奶、豆制品等一类高蛋白食物对情绪优化有积极的作用；碳水化合物能使人心境平和、感觉舒畅；也有人发现食用巧克力、黄花菜可以使人心情愉快。

☞ 课后小资料

#### 健康情绪的测评

**一、紧张性测评**

（注：对下列题目作出“有”或“没有”的回答）

1. 晚上思虑各种问题，不能安寝，即使睡着，也容易惊醒。（有　没有）
2. 平时总觉得心慌意乱，坐立不安。（有　没有）
3. 抑郁寡欢，沉默无言。（有　没有）
4. 胃肠功能紊乱，经常腹泻。（有　没有）
5. 食欲不振，吃东西没味道，宁可忍饥。（有　没有）
6. 一到晚上就疲怠无力，焦虑烦躁。（有　没有）
7. 早晨起床后，就觉得头昏脑胀，浑身无劲，爱静怕动。（有　没有）
8. 轻微活动后，就出现心跳加快、胸闷。（有　没有）
9. 一回到家，就感到许多事不称心，暗暗烦躁。（有　没有）
10. 平时只做一点轻便工作，就容易感到疲倦。（有　没有）
11. 想要看到的东西，一时不能看到就感到心中不舒服，闷闷不乐。（有　没有）
12. 在家人面前，稍有不如意，就任性发怒。（有　没有）
13. 离家去上学，总觉得精神不佳，有气无力。（有　没有）
14. 任何一件小事，始终在脑子里想来想去。（有　没有）
15. 对别人的成功和荣誉常会忌妒。（有　没有）
16. 对他人的疾病非常关心，唯恐自己也患同样的病。（有　没有）

17. 处理问题主观性强，情绪急躁。(有　没有)
18. 听到左右邻居家中的噪音，心情烦乱。(有　没有)
19. 明知是愚蠢的事，但是非做不可，事后又后悔。(有　没有)
20. 看书学习不能专心致志，往往搞不清楚中心思想。(有　没有)
21. 性格倔强，脾气急躁，不易合群。(有　没有)
22. 休息日整天玩牌，消遣度日。(有　没有)
23. 碰到意外，失去信心，显得焦虑紧张。(有　没有)
24. 做事讲话，操之过急，言辞激烈。(有　没有)
25. 经常追悔往事，有负疚感。(有　没有)
26. 经常与同学或家人争吵。(有　没有)

评估方法：

统计回答为“有”的题量，若有10道题答“有”，为轻度紧张，可采取保护措施，如阅读、写字、绘画、参加体育活动、适当娱乐。有20道题回答为“有”，为中度紧张；有25道题回答“有”，为紧张症；对这两种情况，都要进行健康检查、心理治疗。

**二、稳定性测评**

1. 尽管发生了不快，也能毫不在乎地思考别的事情。(是　否)
2. 不拘小节，经常保持坦率诚恳的态度。(是　否)
3. 习惯于把担心的事情写在纸上并进行整理。(是　否)
4. 在做事情时，往往具体定下有可能实现的目标。(是　否)
5. 失败时仔细思考，反省其原因，但不会愁眉不展，整天闷闷不乐。(是　否)
6. 具有悠闲自娱的爱好。(是　否)
7. 常常倾听众人的意见。(是　否)
8. 做事有计划地积极进行，遭挫折也不气馁。(是　否)
9. 无路可走，能够改变生活方式和节奏，以适应生活。(是　否)
10. 在学业上，尽管别人比自己强，但仍然保持“我走我的路”的信条。(是　否)
11. 对自己的进步，哪怕只是一点点，都会有高兴的表示。(是　否)
12. 乐于一点一滴地积聚有益的东西。(是　否)
13. 很少感情用事。(是　否)
14. 尽管想做某一件事，但自己估量不可能时就会打消念头。(是　否)
15. 往往理智、周密地思考和判断，不拘泥于细枝末节。(是　否)

**评分规则：**

每题选“是”的记1分，选“否”的不记分。然后将各题得分相加，算出总分。

0～6分：情绪不是很稳定，经常患得患失，又不能很好地生活，常常拘泥于一些小事，无论做什么事都过分认真，总是忙忙碌碌，耗费心机；难以作出重大的决策，一丝不苟反而使自己感觉迟钝。

7～9分：情绪稳定性一般。

10～15分：情绪很稳定，处理事物大多擅长于用科学的方法去判断和思考，不拘泥于细微小节，能积极大胆地处理一些事情，在各种困难面前毫不动摇。

### ☞ 思考与训练

**例1**　边塞有一个老头，喜欢养马。有一天，他有一匹马走失了，邻居们知道这件事后，都安慰他，叫他别伤心，而老头却说："丢失了一匹马，你怎么知道这不是福呢?"果然，过了不久，他那匹马又回来了，还带回一匹好马，邻居们又向老头庆贺，但老头又说："多得一匹马，你又怎知道不是祸呢?"过了不久，老头的儿子骑那匹跟回来的马，从马上摔下来，摔断了脚，邻居们又跑来安慰老头，老头又乐观地说："我儿子摔断了脚，又怎么知道它不是福呢?"果然，过了不久，战争爆发，所有的青壮年男丁都被抓去打仗，而老头的儿子因脚残，却能与老人家享受天伦之乐……

**例2**　有个古希腊传说：有一位国王受到宙斯神的惩罚，长了一对长长的驴耳朵。这个秘密只有他的理发师知道，他便威胁理发师不准告诉任何人。理发师战战兢兢地为国王理发，心里特别害怕。他整天处在又惊又怕的不良情绪之中，实在无法排遣。后来，他想了个办法，在一天夜里跑到城郊旷野挖了个洞，对着那个洞轻轻地说："国王长了一对驴耳朵!"对那个洞倾诉完之后，理发师马上觉得心里舒服多了，于是，他轻轻松松地回家睡觉去了。

（资料来源：人民日报（海外版），2005-09-28，第6版.）

**请思考：**

1. 以上两个案例中各用了什么方法调节情绪？
2. 这些方法各有什么优势？对我们良好情绪的培养有什么样的借鉴意义？

# 第八章　大学生学习的心理健康教育

学而不思则罔，思而不学则殆。

——孔子

学习这件事不在于有没有人教你，最重要的是在于你自己有没有觉悟和恒心。

——法布尔

我喜欢读书，喜欢认识人，了解人。多读书，多认识人，多了解人，会扩大你的眼界，会使你变得善良些，纯洁些，或者对别人有用些。

——巴金

学习对人类的发展起着举足轻重的作用。学习贯穿于人类生命的整个过程，也可以说，人类认识的一切方面都来源于学习。对于大学生来说，学习是他们的主要任务。通过学习，大学生可以获得广博的知识和扎实的专业技能，也可以了解社会规范，确立价值标准，为以后步入社会打下基础。

## 第一节　学习心理概述

21 世纪，科学以前所未有的高速发展，引起世界的迅速变化。如何去适应变化，在激烈的竞争中立足和发展呢？工业时代以物质开发为主体；知识经济时代，以人本身的潜力及知识资源开发为主体。现代的竞争是人才的竞争，而人才的竞争又集中体现在人才学习力的竞争。学习包括学习动力、学习毅力及学习能力。正如哈佛商学院戴维斯教授说：“现代人，最重要的是看你是否具有学习力。”

### 一、学习的概念

学习是个体在一定情境下由于反复的经验而产生的行为或行为潜能的比较持久的变化。这一定义阐明了“学习”这一概念的三个关键点：

第一，学习会引起行为或行为潜能的变化。经过学习，个体会获得新的知识，从而使个体有可能产生以下两种变化：一是外在的、可观察的变化。比如，经过练习，以前不会骑自行车的孩子会骑车了。二是某些潜在的、隐性的变化，即“行为潜能的变化”。比如，读完一首唐诗后，学生成功地记住了前两句，这是明显的行为变化。但是，这并不意味着学生对其他两句一无所知。因为，一旦有机会再读这首诗时，学生会感到熟悉，也许会记得更快。这说明学生的行为潜能已经发生变化了。

第二，学习引起的变化具有持久性。一旦学会了某种行为，行为或行为潜能的变化必然会在不同场合相对一致地表现出来。比如，只要你学会了游泳，你就总会游。可见，学习引起的结果具有稳定性、持久性，这是学习区别于其他非学习活动的重要特征。值得注意的是，持久性不等于永久性，比如，经过反复练习，你会成为一个游泳高手；如果你放弃了练习，你的游泳技能将会迅速下降。

第三，学习是一个过程。在这个过程中，个体通过反复的练习或经验使行为或行为潜能发生改变。有些行为的改变需要比较长的时间和反复而系统的练习，如学习舞蹈动作、游泳；有些学习比较简单，无需长时间或系统的练习，如获得“红灯停，绿灯行”的交通观念。

值得注意的是，不能把个体的一切变化都归为学习，只有通过学习活动产生的变化才是学习（如由于疲劳、生长、机体损伤以及其他生理变化所产生的变化都不是学习）。

## 二、学习理论

近百年来，心理学家对学习的性质、学习过程、学习动机和学习迁移等方面的理论与实践问题进行了大量的研究，使得学习理论成为心理学中最活跃的分支学科之一。在此过程中，逐渐形成了不同流派，一般可以分成：(1) 行为主义学习理论；(2) 认知学习理论；(3) 人本主义学习理论。

### 1. 行为主义学习理论

行为主义理论强调学习就是在刺激与反应之间建立联结的过程，因此行为主义学习理论又称刺激—反应（S—R）理论，最具代表性的是桑代克、斯金纳、班杜拉等人的观点。

从行为主义角度看来，学习过程大致有三种机制，即联想、强化和模仿。

**(1) 联想**

巴甫洛夫在铃声—唾液分泌实验中提出了联想的概念。通过对狗的观察，他发现：狗获得食物时，会分泌出唾液。开始，每次铃声一响，狗就能得到食物。反复多次以后，即使没有食物，狗听到铃声也会分泌唾液。于是，狗形成了铃声—食物的联想。人类可以通过联想学习态度和行为方式，比如，“武器”一词常与残酷的战争联系在一起，因为我们将它与战火硝烟建立了联想。

**(2) 强化**

行为主义学习理论认为，人类的思维是与外界环境相互作用的结果，即“刺激—反应”，刺激和反应之间的联结叫做强化。他们认为，通过对环境的“操作”和对行为的“强化”，任何行为都能被创造、设计、塑造和改变。因此，行为主义学习理论把“强化”看做是学习的核心。斯金纳在实验中发现，当饥饿的白鼠按压杠杆得到食物时，食物就是强化物。由于强化物——食物的出现，白鼠按压杠杆的行为就会得到强化，最终，白鼠学会了按压杠杆取得食物。

斯金纳将强化分为正强化和负强化，正强化给行为带来令人愉快的结果。而负强化是使行为获得某种令人厌恶刺激的强化。两种强化都会增加行为再次发生的概率。通过对强化物进行适当的安排可使某种行为出现或不出现，不同的强化可塑造不同的行为，例如，学生在回答问题时得到了老师的褒奖和鼓励，就会激发其再次积极回答问题的动机；相反，如果遭到了老师的批评和讽刺，就会挫伤他再次回答问题的积极性。

**（3）模仿**

行为主义认为，个体之所以学会某种知识或行为，往往是模仿榜样的结果。班杜拉认为，通过对他人行为与结果的观察，个体会获得新的行为反应模式，或对已有的行为模式加以修正。比如，儿童通过对父母使用筷子的观察和模仿，从而学会了自己用筷子夹菜，通过对父母或他人语言的模仿，从而学会了怎样自如地使用母语。

## 2. 认知学习理论

20 世纪 60 年代，行为主义心理学的统治地位被认知心理学所取代，认知学习理论得到快速发展，其基本观点是：人的认识不是由外界刺激直接给予的，而是外界刺激和认知主体内部心理过程相互作用的结果。认知学习理论的代表是苛勒的顿悟理论和托尔曼的认知地图理论。

**（1）苛勒的顿悟理论**

学习的认知理论起源于德国格式塔心理学派的完形理论。格式塔的德语名词是 Gestait，含义是完形，指被分离的整体或组织结构。它认为每一种心理现象都是一个分离的整体，是一个格式塔，是一种完形。人脑对环境作组织的反应，提供一种组织或完形，即顿悟，其作用就是学习。

1917 年苛勒在《猩猩的智慧》一书中发表了他的顿悟学习理论。他认为学习并非是简单的刺激—反应的联结，而是通过对学习情景中事物的理解构成一种完形而实现的，是通过有目的的、主动的了解而组织起来的一种完形。

苛勒在非洲沿海的西班牙属地特纳利夫岛对黑猩猩的行为进行了深入的研究。他发现，当猩猩看到房顶上悬挂的一串香蕉时，试图跳起来抓取香蕉，但是失败了。以后，它就不再跳了，而是在房间中走来走去，仿佛在观察房间里的东西。过了一段时间，猩猩突然走到了地上散落的箱子面前，站着不动，过了一会儿，它把箱子挪到了香蕉的下面，跳到了箱子上，取得了香蕉。苛勒发现，猩猩并不是通过尝试错误的方法来学习如何拿到香蕉的，而是突然学会了如何解决问题的，这就是“顿悟”。人类在学习中也常常出现顿悟现象。在顿悟学习中，个体学到的东西不是刺激—反应间的一种特定的联系，而是手段和目的间的一种认知关系。

**（2）托尔曼的认知地图理论**

托尔曼（E. C. Tolman）认为外在的强化并不是学习产生的必要因素，不强化也会出现学习。

他以白鼠学习方位的迷宫实验证明了自己的理论。迷宫有 1 个出发点、1 个食物箱和 3 条长度不等的从出发点到达食物箱的途径。其中，途径 1 最短，途径 2 次之，向左弯了一段后接入途径1，途径3最长。经过一系列的实验后，白鼠学会了选择最短的那条途径。然后，托尔曼在途径1与途径2重合的部分设立了一个阻塞点A，白鼠只能通过最长的途径3才能取得食物。按照行为主义的理论，当白鼠发觉途径1不通时，应绕回来再试一下途径2，但实际上白鼠却立即选择了最长的那条途径。白鼠能顿悟阻塞点将途径1与途径2同时关闭起来了。这说明白鼠是根据对情境的"认知地图"来行动，而不根据盲目的习惯，也不是依据途径的次序而形成的机械的奔走习惯来行动的。根据这一实验以及许多类似的实验，托尔曼认为：①学习是有目的的行为，而不是盲目的。因为有机体达到目的的过程中，会碰到各种各样的情景和条件，它必须对这些情景和条件因素进行认知，才能学会达到目的的手段，并利用掌握的手段去达到学习的目的。②托尔曼用"符号"来代表有机体对环境的认知，并且认为，学习者在达到目的的过程中，学习的是能够达到目的的符号及其所代表的意义，形成了一定的"认知地图"，这才是学习的实质。③在外部刺激（S）和行为反应（R）之间存在中介变量（O）。他主张将行为主义S—R公式改为S—O—R公式，O代表机体的内部变化（如图8-1）。

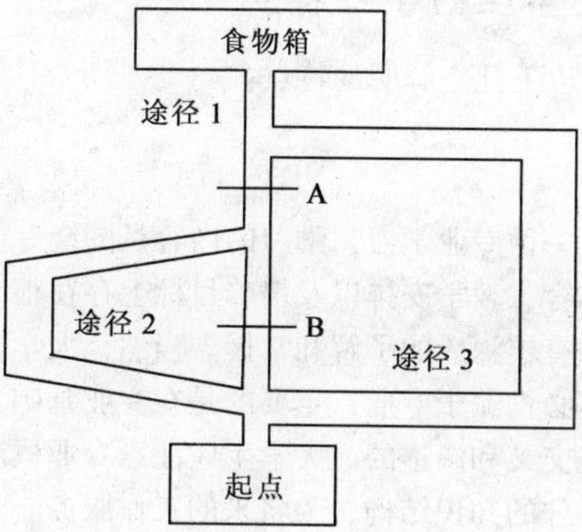


图8-1　托尔曼的三路迷宫示意图

### 3. 人本主义学习理论

人本主义心理学是20世纪五六十年代在美国兴起的一种心理学思潮，其主要代表人物是马斯洛和罗杰斯。

人本主义心理学家认为，人的成长源于个体自我实现的需要，自我实现的需要是人格形成发展、扩充成熟的驱动力。所谓自我实现的需要，马斯洛认为就是"人对于自我发挥和完成的欲望，也就是一种使它的潜力得以实现的倾向"。通俗地说，自我实现的需要就是"一个人能够成为什么，他就必须成为什么，他必须忠于自己的本性"。正是由于人有自我实现的需要，才使得有机体的潜能得以实现、保持和增强。

罗杰斯则把学习分为两类，一类是有意义的学习，一类是无意义的学习。无意义的学习，是与学生的生活经验无关、无用的学习。学生要记住那些对自己毫无意义的内容，是一项很困难的任务。因为它们没有生气，枯燥乏味，无关紧要，是一种

"在颈部以上"发生的学习。这类学习只涉及心智，不涉及感情或个人意义，与完整的人无关，所以很快就会忘记。罗杰斯提出，学校的教育和教学，对学生来说，应该是有意义的学习。

有意义的学习，是指一种使个体的行为、态度、个性以及在未来选择行动方针时，发生重大变化的学习。有意义的学习，是在真实情景下的学习。真实情景由于与学习者发生切身关系，在学习兴趣和动机方面对学习过程会发生较大的影响，可能产生较为有效的学习。真实情景学习也是一种体验性的学习。学习者在真实的情景中去感受、去做、去行动，所学的东西对他有切实的个人意义，具有生存和发展作用，他的智力活动和情感活动交织在一起，全部身心都投入到学习之中。所以它是高效率的，是不容易忘记的。

人本主义心理学家认为，人人都有学习的潜能。人生来就对世界充满了好奇心，总是怀着一种渴望发展和学习的心理。而教师的主要任务，就是激发学生的学习意识，降低学生的学习困难和痛苦，唤醒学生的潜在能力。

## 三、高等院校大学生的学习特点

大学生的学习表现出以下几个鲜明的特点：

### 1. 学习的专业性

大学学习实际上就是一种专业学习，学习的内容是围绕专业方向而展开的。不同的专业在课程设置、教学内容、教学安排以及培养目标上存在很大的差异。确定了专业之后，必须对该专业的知识有较深入的了解和掌握。当然，大学期间通常只是确定一个大致的专业方向，大学生不必拘泥于专业，重要的是在专业基础上广阔地拓展自己的知识面，因为学科之间是相互交叉和渗透的。大学生应注意专业概念的扩展，从而不断调整自己的学习内容，形成最佳的知识结构，为将来的工作服务。

### 2. 学习的自主性

大学生自主支配的时间比较多，除了课堂学习外大学生有相当比例可自己支配的时间。授课教师和辅导员不规定在这些时间内学生学什么、怎么学，大学生可以根据自己的需要、兴趣和特点自主安排；并且可以自由选择教室、阅览室或宿舍进行学习，而且学分制的实行使得大学生可以有广阔的选课空间。离开了教师的检查和督促，要求大学生有高度的学习自觉性，否则就会白白地浪费时间。

### 3. 学习的独立性

大学的课程安排具有内容多、信息大、学时少的特点。这要求教师采取灵活的教学方法，讲要点、讲思路。教师讲课的内容往往与教材不完全一样。这就要求大学生在学习方法上从中学阶段以记忆为主的再现型向理解为主的应用型转变。自觉能力成了大学生学习效果的主要因素。大学生要取得好成绩，必须具有较强的独立性，并有计划性。

### 4. 学习的探索性

大学生的学习具有研究和探索的性质。大学课堂已从阐释既定结论逐步转变为介绍各学派理论的争论。学生的思维也不能局限于死记硬背，而要向汇集博采众长、确立个人见解的方向转变。实践是教学活动中必不可少的重要的环节。用知识来解决实际问题，这不仅能培养应用知识的能力，对于更深入地认识和评价理论也是非常重要的。撰写学年论文与调查报告，这些都可以培养大学生良好的科研习惯。

### 5. 学习的多元性

虽然课堂教学仍是大学生学习的主要途径，但是大学生还可以通过各种途径和渠道开展多方面的学习。比如听讲座、参加讨论、社会调查和查阅文献资料等。这为拓宽知识面提供了良好的条件。

## 第二节　大学生常见的学习心理的困扰及调适

☞ 案例

**他为什么“甘愿”留级或退学**

毛某，男，19 岁，某工学院二年级学生，来自某市重点中学。在中学时是班上成绩优良的学生，从未有学习吃力的感觉，进入大学后学习在班上名次排列在后，自尊心受到了挫折，从此放弃了努力，迷恋上武侠小说。第一学年结束时两门功课不及格，还影响了班级评优。自己觉得对不起班级。

进入二年级以来，常感头晕，食欲不佳，晚上睡不着。早晨起不来，浑身无力，上课注意力无法集中，厌烦看书，捧起书来就昏昏欲睡。自己知道已经无救了，而且负罪感带来的自责、焦虑困扰自己不能自拔，计划向校方提出自己甘愿留级或退学的请求。

（资料来源：樊富珉．大学生心理咨询案例集．清华大学出版社，1994.）

**请思考：**导致毛某学习成绩下降的原因是什么呢？你能给他一些建议吗？

大学生的学习是繁重而紧张的，学习内容高深广博，学习形式复杂多样，大学学习是对大学生整体素质的综合考验。常见大学生的学习心理困扰有：学习动机缺失，学习动机过强，学习疲劳等。

## 一、学习动机缺失

### 1. 学习动机缺失的表现

大学生学习动机缺失主要表现为：学习目标模糊，缺乏理想，纪律观念淡漠，自制力差。他们上课无精打采、萎靡不振，对教师教授的知识毫无兴趣；一旦脱离课堂就眉飞色舞，要么在宿舍闲聊、打扑克，要么玩电子游戏、泡酒吧、上网吧等，更有甚者，有些学生会在不知不觉中沾上一些社会上的不良习气，如崇尚享乐主义、拜金主义、读书无用论等。

### 2. 学习动机缺失的原因

#### (1) 社会原因

随着与社会联系的不断加深，社会中的某些思潮对大学生的人生观、世界观、价值观产生了重大的影响。下海经商、升官发财者并非高学历者，再加上腐败、贫困、失业及其他社会不良现象，让一些学生感到困惑和茫然，新的“读书无用论”又有抬头趋势。而学校周边环境的精神垃圾，给那些意志薄弱的学生带来的负效应，也会导致学生逃学、厌学、弃学。

#### (2) 学校原因

学校是影响大学生学习观念的一个重要场所。学校的软硬件条件，如知名度、校园环境、师资力量、教学设施、校风学风等都影响着学生的学习行为和学习动机。知名度高、师资强、设施齐备、校风学风好的学校能激发学生的学习兴趣，提高学生的学习能力；相反，知名度低、师资薄弱、设施紧张的学校则无法调动学生的学习激情，易引发学生的厌学情绪。

#### (3) 家庭原因

就家庭而言，可分为两类，一类是家庭教育方法不当，有的家长忙于工作，对孩子疏于管理，不闻不问，甚至在子女面前散播“读书无用论”的思想；另一类是家庭贫困、经济拮据，给学生带来较大的思想负担。由于学习不安心，造成成绩下降，最终导致厌学。

#### (4) 个人原因

有的大学生由于所学专业是父母或老师的意愿，自己对所学专业缺乏兴趣，因而对专业学习缺乏热情；还有的大学生对学习缺乏自信，学习的自我效能感偏低，在他们看来，学习的成败与好坏不能由自己控制，因此，不论学习成败，他们的反应都是消极的。

### 3. 学习动机缺失的调适

#### (1) 设定具有一定挑战性的学习目标

对学习目标的设定是学习得以顺利进行的第一步，它决定了个体对学习活动的投入程度，从而决定了个体的学业成绩水平。因此，学生可针对自己的实际情况，设定合适的学习目标，建议采取长期目标与短期目标相结合的方式。研究表明，具体、明确又富有挑战性的短期目标有更直接的激励作用，它能使学生更加努力，最终取得较好的学业成绩，而较好学业成绩的获得可以让学生体验成功的愉悦，提高自我评价，激发潜在的学习动机，并在学习活动中持之以恒，直到长期目标的实现。

#### (2) 提高适应能力

“90 后”的大学生大多是生长在优越环境中的独生子女，对家庭和学校有较大的依赖性。但进入大学以后，学习、生活的环境都发生了较大变化，每个人都必须进行自我管理、独立生活。大学生要正确认识这种变化，把这些变化当成是对自己的挑战，学会调适现实和想象的差距，提高独立分析和判断的能力，以积极的心态适应环境，充分发挥自己潜能。

**(3) 培养良好的师生关系**

良好的师生关系可以减少冲突、弱化消极情绪、提高教师的影响力，诱发学习动机。古人云："亲其师，信其道。"因此，学生只有摘掉有色眼镜，以欣赏的态度来对待教师，才能培养师生间的亲密关系，进而接受教师教授的知识，提高学习兴趣。

**(4) 进行正确归因**

归因是对他人或自己的学习结果的原因作出解释或推测的过程。大学生应学会对自己学业中的问题进行正确的归因。即把成功归因于自己的努力和能力，把失败归因于自己努力程度的不足或技能的缺乏，这种归因方式能促进学生提高学习动机，发展学习技能，有助于能力的提高和学习活动的成功。

## 二、学习动机过强

动机是引导、激发和维持个体活动的一种内在心理过程或内部动力。学习动机就是激发个体进行学习活动，并朝向一定学习目标的一种内在动力。学习动机在大学生的学习过程中起着重要作用，它既能激发学生的学习欲望，使之朝着自己设定的目标努力，又能使这种学习行为维持一定的时间和强度，从而保证学习目标的实现。

### 1. 学习动机过强的表现

**(1) 自我期望过高**

有些大学生为自己确立的抱负和期望远远超过自己的实际水平，并强烈渴望成功。他们的成就欲望过于强烈，而忽视了失败的可能性，一旦遇到挫折或失败，自尊心和自信心就会被严重挫伤，甚至产生自卑心理，一蹶不振。

**(2) 学习焦虑**

学习动机过强的学生总是给自己安排过重的学习任务，学习压力较大，精神长期处于紧张状态，常常会造成学习焦虑。这种焦虑将会导致学习过程中的注意力减弱、记忆力下降、思维迟缓等问题，严重时会引起头痛、头昏、耳鸣、心悸、失眠等多种心理疾病。

**(3) 考试作弊**

调查发现，考试作弊者中包括一些平时学习认真、成绩优良的学生。这些学生或担心自己成绩不理想丢面子，或为了能拿到奖学金及各种荣誉称号，会铤而走险在考试中作弊。深深的自责和成功后的沾沾自喜会使这些作弊的学生产生心理压力，久而久之会造成沉重的心理负担，对学习产生怀疑。另外，一旦在作弊时被发现，自尊心将严重受挫，引发学习情绪波动。

### 2. 学习动机过强的原因

**（1）不恰当的自我评价**

正确而全面的自我评价是大学生认识自我、发展自我的出发点。如果自我评价过高，就会给自己设立超越自身条件和现实情况的学习目标，而为了实现这个目标就有可能对自己过于严格、过于苛刻。

**（2）学校评价体系不完善**

多年来，学校对学生的评价体系过于单一，绝大部分还是采用成绩来衡量，这势必导致部分学生视分数为“命根”。于是，这些学生会将大部分的精力和期望放在对分数的追逐上，造成学习动机过强。

**（3）个性原因**

大学生的个性特征也与其动机的强弱有密切的关系。具有过于认真、追求完美、好强、固执等性格特征的学生极易形成过强的学习动机。

### 3. 学习动机过强的调适

**（1）加强自我认识**

大学生应注意通过各种途径，如自我反思、家人评价、老师评价和同学评价等，对自己的能力和水平作出一个客观的评价，正确地认识自我，制定符合自己实际情况的目标，以避免好高骛远。

**（2）多参加社会活动**

大学生应积极参加校园里多种多样的活动。这些活动既能丰富大学生活，给大学生提供发展个人整体素质的舞台，又能让大学生在学习以外体验成功的愉悦，弱化其过度的学习期望。

**（3）注重过程**

一味强调学习的结果，会诱发比较、攀比心理。因此，大学生要多关注过程，重视对学习活动的主动参与和亲身体验，关注学习经验的形成、积累和建构，久而久之就会形成积极的学习态度。这时的学习动机是合理的、持久的，同时也会带来良好的学习效果。

## 三、学习焦虑

从心理学的角度来看，焦虑是一种普遍的心理情感，指个体由于长期不能达到目标或不能克服障碍，使得其自尊心与自信心受挫，或使失败感和内疚感增加，形成一种紧张不安、带有恐惧感的情绪状态。适度的焦虑是保持较高学习效率的重要条件，但过度的焦虑则会引发各种身心问题。

### 1. 学习焦虑的表现

学习焦虑常表现为心神不宁、自卑自责、头疼头晕、惶恐急躁等。过度的焦虑使注意力难以集中，干扰记忆的过程，影响思维的活动，而且对身心健康产生很大的危害。焦虑持续或频繁发生会导致身体全面衰弱、食欲减退、睡眠质量不高和过度疲劳；还会使恐惧、紧张和无力感加剧，注意力涣散，记忆力减退，思想慌乱，无所适从，易产生极端念头，夸大自身无能，顾虑重重，灰心丧气；有时还会导致易怒和暴躁。

### 2. 学习焦虑产生的原因

高等院校大学生学习焦虑的原因主要有以下几点：

**（1）外部环境的压力**

学习的压力会带来学习的焦虑。面对信息时代的信息爆炸、知识更新速度加快，社会建设向学习者提出了更严格的要求。学校对课程进行改革后，专业课程和各种基础课程都大大增加，使学生的学习任务变得更加繁重，让学生在学习中感到力不从心、身心不堪重负。同时进入大学后，学生们发现身边“高手如云”，大家在学业上既是帮手又是竞争对手，在各种评选中、在大学的成绩比较中，难免会遭受失败与挫折。在失败与挫折的经历中，多少会体验到痛苦与难过，加上一些学生本身的性格问题，他们开始害怕给自己带来失败的刺激，在有意无意中逃避学习，害怕学习。

**（2）个体因素**

学生本人的人格特点、身体健康状况、非智力因素的发展水平等，也会促成学习焦虑的产生。身体健康、精力充沛的人情绪会比较稳定；体质虚弱、疾病缠身的人情绪易波动，产生焦虑；意志薄弱的人，因害怕困难与挫折，也易产生焦虑。另外，个人的已有经验也影响着焦虑的水平，比如，当一个人的经验不足或有过多次失败的体验时，就容易产生较强的焦虑。

### 3. 学习焦虑的调适

**（1）找出产生焦虑的原因**

消除焦虑的首要一点，就是找出自己学习焦虑的原因。大学生要敢于正视自己的现状，冷静分析引起焦虑的主客观因素，决不能回避或放任。只有找到了原因，才能对症下药，选择适当的解决办法。如果自己无法找出原因，可以寻求父母、老师、同学的帮助，或向有资质的心理咨询机构寻求专业的帮助。

**（2）正视自己学习的失败**

学生焦虑的一个重要原因就是对自己学业成败的担忧。大学生要勇敢地面对失败，承认失败，从失败中吸取教训，发现不足，明确今后的努力方向，这就会变“坏事为好事”。另外，优异的学习成绩只是成功的一个方面，大学生只有做到德、智、体、美、劳全面发展，才是真正的成功。

**（3）合理调节情绪**

情绪化是焦虑者的一个显著特征。大学生要加强自我修养，培养处变不惊的良好心理素质，以冷静、理智、乐观的态度对待周围发生的各种事情，保持健康的情绪状态，从而缓解学习焦虑。

**(4) 自我放松的方法**

选取旋律舒缓、轻松的音乐，并配合以下动作：

第一步：身体直立，双腿分开，双手下垂，均匀深呼吸。

第二步：双膝微屈，上身自然弯曲，身体下垂至双手触地。深呼吸，从想象中努力将烦躁情绪排出体外。

第三步：身体自然下垂，并左右摇动，尽量放松情绪。

第四步：上身缓慢抬起，同时默数1～10，使身体恢复直立。想象中从脊柱的底部开始，每次活动一个脊柱，同时吸一口气，力图使体内充满新鲜空气，以增进活动，消除紧张和疲劳。

### 4. 考试焦虑的自我调节

考试焦虑是学习焦虑的突出表现，即临考前或考试时产生紧张与恐惧的情绪状态，表现为临考前的精神紧张、忧虑；考试时心跳加快、肌肉紧张、血压上升、手足发凉、注意力不集中、思维僵化；严重时甚至会出现“晕场”。除少数陷入极度焦虑中无法自拔，需要求助心理咨询及治疗的学生外，大多数学生可以通过自我调节来解决考试焦虑的问题。

**(1) 转移注意力**

考试的目的是检验学生掌握知识的情况，查漏补缺，以利于学生今后的学习进步和教师教学的改进。因此，不要总是提心吊胆地害怕失败，过多地纠缠于分数的高低，而要努力使自己的注意力，从对考试情景及结果的担忧上转移到如何作好应试准备上来。

**(2) 注重平时的学习**

只有平时认真学习，牢固地掌握考试必要的知识技能，才能有备无患，保持自信心；否则，如果平时努力不够、复习不认真，考试中一旦遇到难题，必然紧张不安，产生焦虑。

**(3) 稳定情绪**

在考场如果出现怯场情况，如肌肉紧张、手脚发抖、心跳过速、呼吸紧促、头脑混乱，以致思维混乱、注意力无法集中时，可做深呼吸，有意识地按从上到下的顺序使身体各部位的肌肉放松，逐步达到平心静气，从而将注意力和兴奋点集中到应试上来。

## 四、学习疲劳

学习疲劳是指长时间持续学习而引发的劳累感。心理学认为，学习疲劳是一种保护性抑制。一般来说，可以通过适当的休息得以恢复，但如果长期处于疲劳状态，就会导致大脑兴奋和抑制过程的失调，严重时还会引发神经衰弱等疾病，将严重影响学生的学习。

### 1. 学习疲劳的表现

学习疲劳在心理上和生理上都有明显的表现：

（1）心理上的表现

学习疲劳在心理上的主要表现是注意力不集中、思维迟钝、情绪躁动、易怒、精神萎靡、学习效率下降、学习错误增多、渴望中止学习等。

（2）生理上的表现

学习疲劳在生理上主要表现为肌肉麻木、眼球酸痛发胀、腰酸背痛、打瞌睡、动作不准确等。

### 2. 学习疲劳的原因

（1）自身原因

在学习过程中，由于学生本人压力过大、学习时间过长、睡眠不足、不注意用脑卫生和用眼卫生等，使得生理能力的消耗得不到补充，就易造成生理上的疲劳现象。长时间的生理疲劳会引发心理的疲劳，这不仅会导致学习不良，还会影响身心健康。

（2）外部原因

除了学生自身原因外，如果学习内容过于单一，使大脑所受的刺激过于单调，就会致使局部脑细胞过于疲劳而引起整个大脑的疲劳；如果学习内容难度过大，使大脑耗氧过多，就会导致身体供血相对不足，引发疲劳感；除此之外，学习中的其他干扰因素，如家庭关系不和睦、同学关系不良、师生冲突等也在一定程度上会造成学习疲劳。

### 3. 学习疲劳的调适

（1）注意用脑卫生

为了保证大脑的正常运转，首先必须克服那些有损大脑的饮食习惯，如长期饱食、不吃早餐、甜食过量、偏食挑食等，要合理搭配膳食，给大脑充分的营养。保持用脑卫生，还要注意适时更换学习内容，合理安排用脑时间。大脑的左右两个半球的分工各不相同，左半球主要参与与抽象思维有关的思维活动，右半球主要参与与形象思维有关的思维活动，而大脑各个半球又可分为若干区域，不同的区域司管着不同的人体功能。因此，我们应适时适度地更换学习内容，使大脑皮质兴奋与抵制区域不断更换，轮流休息，才能保证大脑较长时间的学习能力。

（2）劳逸结合

要做到劳逸结合，必须合理安排学习和休息的时间。我们可以根据自身生物钟的节奏变化，使学习、休息交替进行，如每学习 1～2 个小时，就可以适当休息十几分钟；保证每天 8 小时左右的睡眠，让大脑得以充分休息。另外，要加强体育锻炼，使脑力劳动和体力劳动交替进行，改善血液循环，消除大脑和肌体的疲劳。

（3）放松法

躺在床上或坐在舒适的沙发上，可以配合轻松舒缓的音乐，让自己放松。轻轻地合上双眼，深深地吸气，然后缓缓呼出；让所有的紧张离开你的脚底，放松你的整个身体：

脚背向脚心方向尽力弯曲，并保持十几秒钟，然后放松，深深地吸气、缓缓呼气；

脚背向上绷紧，并保持十几秒钟，然后放松，深深地吸气、缓缓呼气；

双腿夹紧，并保持十几秒钟，然后放松，深深地吸气、缓缓呼气；

双臂向后夹紧，并保持十几秒钟，然后放松，深深地吸气、缓缓呼气；

放松你的脸部，并保持十几秒钟，然后深深地吸气、缓缓呼气；

想象你徜徉在自己喜欢的风景中……

慢慢将场景移至现实中，想象你在学习中不断地坚持着，获得了很好的成绩，达到了自己的奋斗目标……

深深地吸气，缓缓呼气。

停止想象，心中默数 5 个数，然后缓缓张开双眼。

## 第三节　大学生良好学习心理品质的培养

### 一、树立正确的学习观

学习观是人们对学习的看法和观念。学习观直接涉及一个人在某一阶段乃至终身的学习心态和学习行为。在迅速发展的现代社会，树立科学、正确的学习观能帮助大学生积极主动地吸取人类智慧的成果，以更好地适应社会的发展和进步。

#### 1. 终身学习的观念

联合国教科文组织于 1976 年第 19 次会议上提出了终身学习的概念。1994 年在意大利罗马举行的首届“世界终身学习会议”对“终身学习（life-long education）”进行了具体的概括。所谓终身学习，就是“通过一个不断的支持过程来发挥人类的潜能，它激励并使人们有权利去获得他们的终身所需要的全部知识、价值、技能与理解，并在任何任务、环境、情况中有信心、有创造性和愉快地应用它们”。

树立终身学习的观念，必须要认清两个问题：

**（1）认清终身学习的必要性**

学习，是人类认识自然和社会、不断完善和发展自我的必由之路。21 世纪，人类社会进入了知识经济时代。在这个信息技术高度发达的时代，社会生活的信息化、网络化程度越来越高，知识的总量急剧增加，知识“更新周期”越来越短，人们普遍感受到了发展、竞争的压力，由此产生了普遍的、多样化的终身学习的需要。

**（2）认清终身学习的意义**

终身学习概念的提出，契合时代的脉搏，预示着知识经济和知识社会对现代人的要求。在学习型社会中，只有通过不断的学习，使知识和技能得到不断的提高，使才智得到不断的开发，个人的价值才能得到最好的体现，最终实现人的全面和谐的发展。因此，每个大学生都要清醒地认识到终身学习的意义，充满学习的热情，自觉投入到学习活动之中。

### 2. 全面学习的观念

社会发展对人的要求是多方面的。因此，只有在各个方面都获得良好发展的人才能更好地适应社会，而要想成为全面发展的人必须经过全面的学习。

**(1) 重视基础理论知识的学习**

掌握基础理论是领会、形成一定技能的基础，较深厚的基础理论知识能拓宽大学生的从业范围。特别是在当今知识经济大发展的时代，灵活的择业方向将有助于使大学生在职业竞争中找到适合自己的岗位。

**(2) 获得职业能力**

职业能力是从事一定岗位所具备的个体能力结构，职业能力也是职业环境对职业角色的主要期待。现代社会的人才观，已从过去的论学历、论资排辈，改变为讲能力、重实力。只有勤奋而富于创造性，协作而具有自立精神，有常识而精通专业的人才才是现代社会所期望的人才。因此，大学生要在宝贵的大学学习过程中，获得并积蓄自己的专业技能、社会能力等，培养自己的职业能力，从而在职业竞争中获得“一席之地”。

**(3) 正确处理全面发展和个性发展的关系**

所谓个性发展，就是指个体的发展不仅要形成一些体现人类共同点的东西，更要发展自己独特的、能够反映差别性的特点，使自己具备自主性、独立性和创造力。大学生必须认识到：全面发展不等于平均发展，个性发展也不是无序发展，个性发展是以全面发展为基础的。个体只有在综合素质全面提高的基础上显现出自己的特点，才是真正的个性发展，否则只是发展失衡。

### 3. 自主学习的观念

自主学习是学习者自己主宰自己的学习，它以学习者“会学”、“乐学”为主要特征。自主学习能力的培养，是适应大学学习自觉性特点的一个重要方面。每个大学生都应该养成自主学习的观念和习惯。

树立自主学习的观念，必须认识以下几点：

**(1) 了解自主学习的必要性**

与初中、高中相比，大学的周课时数明显减少，课堂教学也往往是提纲式的，教师在课堂上只讲难点、疑点、重点。这表明，高等教育将大部分的学习时间留给学生自己支配，让学生根据自身能力、专业要求和职业倾向自主地选择学习方式、方法。在这种情况下，大学生必须学会自己去攻读、理解、掌握知识，才能真正学有所成。否则，沿用以往的学习方法，一味地等待老师的安排和命令，只会浪费光阴、荒废学业。

**(2) 明确自己的学习现状，自主选择学习方法**

大学生要善于反思自我，对自己的学习现状有一个准确的定位，在此基础上，主动探索适合自身特点的、比较科学的方法，并能够在完成学习要求的同时发展某方面的能力，优化自身能力结构。

**(3) 能够自我监控**

自主性学习要求大学生充分发挥主观能动性，在学习活动中能对学习进展、学习方法进行自我监控、自我反馈和自我调节，在学习活动后对学习成果进行自我检查、自我总结、自我评价和自我补救。

**(4) 自主学习将贯穿于大学学习的全过程**

自主性的学习方式，不在一朝一夕，而在于将其贯穿于大学学习的全过程，并反映在大学生活的各个方面，如学习的自主安排、学习内容和学习方法的自主选择等。

## 二、掌握科学的学习方法

科学的学习方法可以有效地提高学习效率，也会取得良好的学习效果，提高学习的自信心。但很多大学生没有认清大学学习的特点和规律，沿用高中时的学习方法，必然会在学习过程中遇到重重困难。

大学生应在学习中注意以下几点：

### 1. 制订学习计划

合理的学习计划可以帮助学生理清学习思路，明确学习方向，确保学习的效果。制订学习计划要注意以下几点：

**(1) 根据个人的学习情况和生活习惯来制订学习计划**

每个人的学习情况、学习方法、生活习惯和能力倾向是各不相同的，因此，切忌为省事而照搬别人的计划。在制订计划时，要对自己的学习状况进行认真的评价和反思，才能制订出合理而有效的学习计划。

**(2) 学习计划要定时定量**

所谓定时，就是明确每天学习的时间段；所谓定量，就是要确定每个时间段的学习内容。通过定时、定量的规划，可以提高自我监控能力，保证学习计划的实施和学习任务的完成。另外，要注意安排一定的休息娱乐的时间，避免学习疲劳。

**(3) 要善于坚持，不可半途而废**

执行学习计划要有毅力和耐心，要坚持到底。可以把计划做成直观的图表，贴在课桌或宿舍的显眼处，时时提醒自己；也可以找志同道合的同学相互监督，提高自觉性等。

### 2. 把握课堂学习的主要环节

要把握住的几个主要环节是：预习、听课、记笔记、复习、总结等。这些环节把握好了，就能为进一步获取知识打下良好的基础。

**(1) 预习**

预习是掌握听课主动权的主要方法。课前预习要围绕教师所提出的要求和问题进行思考和探索，要善于发现问题、解决问题。同时，对于大学生来说，还要在以教材为主的要求下，能超出教材，尽可能地扩充知识面，这样可以促使大学生更深刻地理解教材内容，提高知识的运用能力。

**(2) 听课、记笔记**

大学的课堂是教学信息量大、速度快的课堂。大学生不仅要认真倾听教师的讲解，还应积极开动脑筋，确保充分领会难点、重点。

“好记性不如烂笔头。”所以，在听课的同时还应做好课堂笔记。课堂笔记不仅能促进思维、帮助记忆，还有利于课后查漏补缺。但是，记笔记时应注意以下问题：

① 要处理好听课与记笔记的矛盾。记笔记的目的是为了便于理解和吸收课堂知识，所以应将主要精力放在听课上，不应为记笔记而记，顾此失彼反而会得不偿失。

② 要提纲挈领。记笔记不能不分轻重，有言必录，而是要提纲挈领，这既保证了听课的效果，又能使笔记清晰、明了。另外，还应注意突出重点、难点，以便课后复习。

③ 要及时地整理、归纳。记笔记不是目的，而是手段。笔记如果不及时整理、归纳，就难以发挥它的作用。通过整理笔记，可以加深对知识的理解，促进消化吸收。

**（3）复习、总结**

及时复习可以有效地巩固记忆。复习中要认真整理课堂笔记，对照课本和参考书，进行归纳和补充；每天都要对当天所学的知识进行复习，每过一个月或一个阶段都要进行一次总结，以融会贯通所学知识，温故而知新，形成自己的思路；复习要充分调动听、说、读、写等多种感官参与，丰富复习的方法；复习的内容要根据本人掌握知识的程度来定，不可机械、盲目。

### 3. 做好时间管理

你知道吗？人们常常在20%的时间内完成80%的事情，而剩余80%的时间内完成的任务只有20%。可见，因为缺乏时间管理能力，人们的大部分时间都白白浪费掉了。所以，大学生要学会科学地安排自己的学习时间，有效地提高时间的利用率，提高学习效率。

**（1）要有积极的学习态度**

在有限的学习时间里，积极的学习态度、高涨的学习情绪，可以提高学习的效率，无形中也就提高了时间的利用率。

**（2）找出自己的“黄金时间段”**

在“黄金时间段”里，人的精力最充沛、注意力最集中、效率最高。大学生要留意自己一天中各个时间段的表现，找出自己的“黄金时间段”，在这段时间里去完成较为重要、较难解决的学习任务。

**（3）善于化整为零**

抓住大量存在的零星时间，是做好时间管理的重要方面。可以在零星的时间安排一些可以持续的任务，如利用课间10分钟回顾一下课堂上的内容；利用睡前半小时背几个英语单词；散步的时候可以安排英语听力等。

**（4）制订合理的学习计划**

合理的学习计划对时间进行有目的、有计划的安排，明确每个时间段的学习任务，可以使学习时间利用得更充分、更合理。

**（5）养成一些好的习惯**

如果处理不好一些生活的小事，会使你的学习时间大打折扣。为此，建议培养以下习惯：

将所有可以吸引你视线的东西全挪开；

将你每天必须用的文具放在桌上；

将你要用的器材放在容易找到的地方；

将可以鼓励自己的金玉良言放在你抬头可以看到的地方。

### 4. 掌握科学阅读的方法

大学生巩固知识、扩充知识面的一个重要途径就是读书。大学生不仅要乐于阅读，还要会阅读，才能学有所获。但相当多的大学生阅读时不善于找出重点和难点，眉毛胡子一把抓，看后也不知所措。这不仅浪费了时间，还会因收效甚微而产生对读书的厌烦情绪。因此，掌握一套科学的阅读方法是特别重要的：

（1）明确阅读的目的。只有明确了阅读的目的，才知道为什么读、读什么、读到什么程度。

（2）浏览整体内容。拿到一本新书或新的文章时，首先要通过目录或标题浏览整体内容，了解主题思想和主要内容，做到心中有数。

（3）区分主次，重点阅读主要内容。根据阅读的目的和对整体内容的浏览，确定阅读的重点，并认真仔细研读重点部分。对于一些非重点的内容可以稍加了解。

（4）摘抄重点内容。对于一些重点内容，要摘抄下来，以便以后查阅。

（5）复习。对于一些重要的书籍或文章要及时复习，强化记忆，巩固阅读成果。

（6）反思。最后，要对阅读的全过程进行反思，包括寻找新旧知识间的联结、有无误解和遗漏的内容、有哪些需要改进的地方等。

## 三、养成良好的学习习惯

对于任何一个人来说，良好的学习习惯是保证学习效果的重要方面。对于高职院校的很多大学生来说，他们在学业上的很多挫折都源于缺乏良好的学习习惯。

### 1. 独立思考的习惯

处于青年时期的大学生，其辩证思维能力得到了进一步完善，分析判断的能力也进一步增强，这为大学生独立思考和解决问题提供了生理和心理上的支持。因此，大学生要克服“等、靠、要”的思想，积极开动脑筋，不迷信权威，不期望现成的答案，运用自己的眼睛去观察世界、用自己的头脑去思考问题。养成这种独立思考习惯不仅有利于搞好现在的学习，发展思维能力，也能为将来的学习乃至终生的事业奠定基础。

### 2. 认真听讲的习惯

听讲是课堂上接受信息的第一道大门。只有认真听讲，才能将教师传授的知识在人脑中形成清晰和深刻的反映，也才能将其有效地吸收和消化，要做到认真听讲必须安排好以下细节：

（1）上课之前就准备好课上可能用到的教材、资料和文具用品；

（2）上课铃一响就要作好听课的准备；

（3）时常与教师保持目光的交流；

（4）带着欣赏的心态看待教师；

（5）积极发言和思考问题；

（6）仔细听其他学生的发言或回答；

（7）记好笔记；

（8）记录模糊和不理解的内容，以便课下向老师请教；

（9）防止注意力分散。

### 3. 善于反思的习惯

反思可以进一步理清思路，形成对知识更加清晰、系统的认识。完成一道习题之后，还应认真地考虑一下：

（1）这道题是怎样做出来的（解题采用的方法）？

（2）我为什么这样做（解题依据的原理）？

（3）我为什么会想到这种方法（解题的思路）？

（4）还有没有其他解题的方法？哪种方法最好（多种途径，培养求异思维）？

（5）能否把这种方法应用到其他类型的问题（一题多变，促进思维发展）？

通过反思，既锻炼了多角度思考问题的能力，培养了创造性思维，又完善了知识结构。

### 4. 总结归纳的习惯

大学课程的章节之间、科目之间都具有相对的独立性，要想形成系统的知识体系，必须对所学的知识进行总结和归纳。每学习一个章节，都要找出关键的问题，并发掘其与新旧知识间的联结，提高知识的系统性；每学习一个单元，要把分散在各章中的基本理论串起来，使学到的知识规律化、结构化，这样运用起来才能联想畅通，思维活跃。

### 5. 查阅工具书和资料的习惯

大学学习主要靠自学。在这个过程中，工具书和资料就是不会说话的老师，能有效地帮助学生解决疑难。因此，大学生要熟悉并充分了解图书馆藏书，并充分利用这丰富的藏书资源，养成自主查阅资料的习惯。

### 6. 善于请教的习惯

善于请教是一种好习惯。养成善于请教的习惯并不是说凡事都要问，而是对于自己通过努力没有解决的问题，或感到模糊的问题，要及时向老师、同学请教，这样可以少走弯路。善于请教应该以善于思考、善于提出问题为前提，因为带着问题请教会收获更大。

## 四、培养良好的学习品质

学习品质指学习的态度、情感、意志和方法方面的综合体现。学习品质是学习过程中的动力系统，它对学习方法有助动和调控作用，因此，在学习过程中，只有将科学的学习方法和良好的学习品质结合起来，才能既肯学、爱学，又会学，这样才能高质量、高效率地完成学习任务。

### 1. 树立正确的人生价值观

人生观是一切品质的基础，决定着人的一切思想个性和行为习惯。一个正确的、积极的、健康的人生价值观，对培养学生良好的思想个性和行为习惯具有至关重要的作用。而那些金钱至上的人生观、贪图享乐的人生观、个人第一的人生观等，不利于学生确立正确、积极、健康的生活和学习态度。

### 2. 认识接受教育的价值和意义

对接受教育的价值和意义的正确认识，直接影响到学生的学习态度。如果对读书的意义认识不清，认为是父母强逼着来的，或者只是为了混文凭，那么，就认识不到学习的意义，也就无法产生学习的动力。

### 3. 磨炼坚忍不拔的意志

学习是一件长期而艰苦的事，需要付出大量的脑力劳动和体力劳动，因而必须要有坚忍不拔的意志，一方面用意志的力量去战胜学习中的困难，自觉地、积极地为达到目标而努力行动；另一方面又控制那些与预定目标相矛盾的欲望或行动。培养坚定的意志，就要从一个难题的解答、一篇文章的阅读等小事做起，下定决心，坚持不懈地将它完成，避免半途而废。这样，通过一件件看似细小的事情，来不断地磨炼意志，提高自己的意志品质。

### 4. 培养耐心、细致的学习品质

学习是一项系统而复杂的任务，必须有耐心的精神和细致的心理。耐心与细致对于大学生尤其重要，因为大学生毕业后大多直接进入工作状态，没有耐心，就难以坚持；没有细心，就功亏一篑。因此，大学生要在就读期间，要着力培养自己的耐心、细心，认认真真、踏踏实实地学习，这不仅对提高学习成绩有着重要的作用和意义，而且对自己一生行事处世都有价值。

### 5. 提升学习兴趣

“兴趣是最好的老师”，稳定而持久的兴趣是长时间、高效率从事学习必须具备的心理品质很多学生即使对自己感兴趣的学习内容，也往往只有“三分钟热度”。另外，部分学生的学习兴趣也容易倾向于低级肤浅的内容，对于高深难懂的学习内容不感兴趣，表现为对老师生动有趣的描述本身产生兴趣，而对描述内容的本质、对逻辑性的讲述兴趣索然，这些都是兴趣狭隘的表现。就学习而言，兴趣狭隘使他们很难建立对知识的持久追求和向往，也很难发展多方面的能力，因此，大学生要注重提升自己的学习兴趣，提高自己的人文素养。

培养良好的学习品质，绝非一朝一夕之功，绝无一劳永逸之举，也难有立竿见影之效，大学生要注重平时一点一滴的积累，逐渐提升、完善自己。

☞ 课后小资料

### 艾宾浩斯遗忘曲线

艾宾浩斯（Hermann Ebbinghaus，1850—1909），德国心理学家，在1885年发表了他的实验报告后，记忆研究就成了心理学中被研究最多的领域之一，而艾宾浩斯正是发现记忆遗忘规律的第一人。

艾宾浩斯以自己作为测试对象，选用了一些根本没有意义的音节，也就是那些不能拼出单词来的众多字母的组合，比如shjfifnj，jfiwng，等等。他经过测试，得到了一些数据。然后，艾宾浩斯又根据这些点描绘出了一条曲线，这就是非常有名的揭示遗忘规律的曲线：艾宾浩斯遗忘曲线。图8-2中竖轴表示学习中记住的知识数量，横轴表示时间（天数），曲线表示记忆量变化的规律。

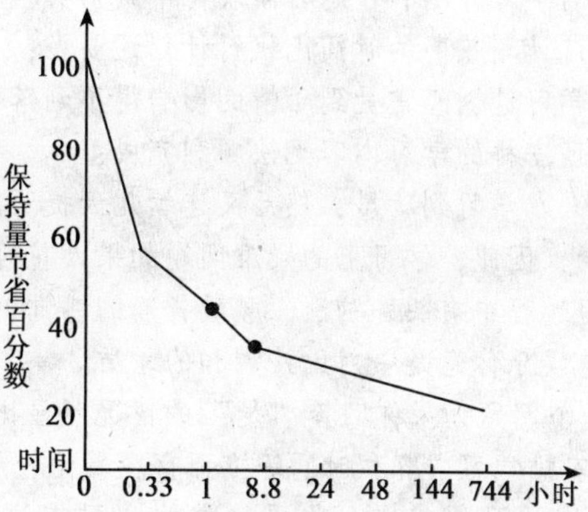


图8-2

这条曲线告诉人们在学习中的遗忘是有规律的，遗忘的进程不是均衡的，而是在记忆的最初阶段遗忘的速度很快，后来就逐渐减慢了，即“先快后慢”的原则。通过这条遗忘曲线，可以发现，学得的知识在1天后，如不抓紧复习，就只剩下原来的25%。随着时间的推移，遗忘的速度减慢，遗忘的数量也就减少。有人做过一个实验，两组学生学习一段课文，甲组在学习后不久进行一次复习，乙组不予复习，一天后甲组保持98%，乙组保持56%；一周后甲组保持83%，乙组保持33%。乙组的遗忘平均值比甲组高。

另外，艾宾浩斯还发现，记住12个无意义音节，平均需要重复16.5次；为了记住36个无意义音节，需重复54次；而记忆6首诗中的480个音节，平均只需要重复8次！这个实验告诉我们，凡是理解了的知识，就能记得迅速、全面而牢固。否则，死记硬背，只会费力费时。因此，比较容易记忆的是那些有意义的材料，而那些无意义的材料在记忆的时候比较困难，也难以回忆起来。

艾宾浩斯的实验向我们充分证实了一个道理，学习要勤于复习，而且记忆的理解效果越好，遗忘得也越慢。

（资料来源：http：//www. iselong. com/English/0000/945. html.）

### 学习能力自测量表

这里有一份学习能力自我测查表，帮助我们测试自己在制订、执行学习计划以及安排学习内容和时间等方面是否受到问题行为的困扰。请在符合自己情况的题目后打"✓"，在不符合自己情况的题目后打"×"：

（1）每次考试之后，你从不总结，即使有不及格的科目也觉得无所谓；

（2）就计划而言，你认为一学期的整体学习计划就足够了，你从未制订过阶段的和每天的学习计划；

（3）你的假期在学习方面总是没有什么具体的安排，漫无目的，过一天算一天；

（4）你常常因为看小说或做别的事情不能按计划学习；

（5）你常常为自己的学习计划和作息时间表得不到切实执行而烦恼；

（6）你觉得自己制订计划花费的时间比执行计划还要多；

（7）你觉得自己的学习计划经常受到心情的影响得不到落实；

（8）你经常感到自己安排的学习内容无法顺利完成；

（9）你常常有一时兴起学习到凌晨，然后又连续几天提不起精神学习的情况；

（10）你的时间很紧，因此，学习上的疑难问题如果太花时间你就会"绕道而行"；

（11）你常常在学习过程中有头昏脑涨、腰酸背痛的感觉；

（12）你认为学习与娱乐休息是一对无法调和的矛盾。

**结果解释：**以上12个问题如果你回答"是"的情况明显比"否"多，证明你在制订、执行学习计划以及安排学习内容和时间等方面存在着比较严重的问题，是该调整自己的学习策略了，也许，学习和掌握一些更科学的学习方法是你目前首先应该做的事情。

## ☞ 思考与训练

**1. 擂台赛**

问题：平时学习中，你遇到困难时，有哪些好点子让自己坚持下去？

要求：以组为单位进行；各组轮流发言，每次每组一个人发言。

规则：一个点子记1分，得分最多的组胜。

**2. 案例讨论**

有一位大二的男生说："我考上大学后好像没有什么明确的目标和定位，我是调配志愿来到这个学校的，现在的专业我根本不感兴趣，没有办法。平时我想听课就去听课，不想听课就睡懒觉。睡觉是我最喜欢的事，因为睡觉的时候什么都可以不想。”

讨论：你或周围的同学是否有这样的苦恼？你有什么方法帮他克服？

**3. 管理好我的时间**

请根据自己现有的时间安排，画一个饼状图，如图8-3。

仔细观察这个图，看看自己有没有浪费的时间，浪费了多少时间？可以怎样调整，才能让自己的时间分配更加合理？

理想的时间安排表是你学习的好帮手，在以后的学习中，要努力遵守呦！

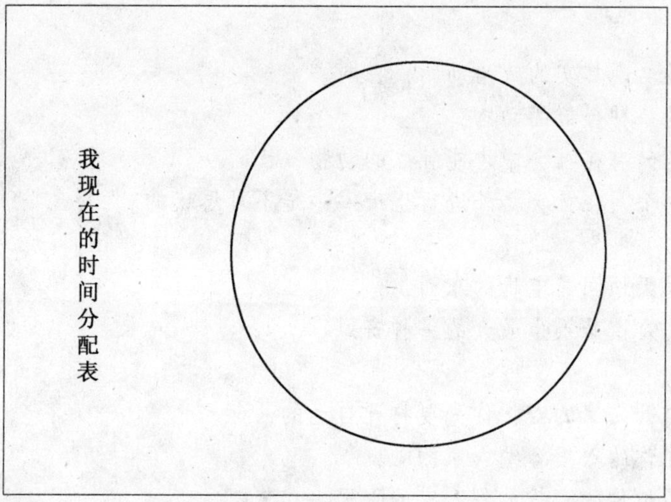


图8-3

# 第九章　大学生人际交往的心理健康教育

人是最名副其实的政治动物，
不仅是一种合群的动物，
而且是只有在社会中才能独立的动物。
孤立的个人在社会之外进行生产……是不可思议的。

——马克思

友谊是天地间最宝贵的东西，
深挚的友谊是人生最大的一种安慰。

——邹韬奋

你要打开人家的心，你先要打开自己的，
你要在你的心里容纳人家的心，
你先得把你的心推放到人家的心里去。

——钱锺书

每一个人都生活在人际关系网中，每个人的成长和发展都依存于人际交往。人际关系的好坏往往是一个人心理健康水平、社会适应能力的综合体现。现代社会是一个开放的社会，开放的社会需要开放的社会交往。对于正在学习、成长中的大学生来说，人际交往是生活的基本内容之一。同学之间、师生之间、室友之间、个人与班级和学校之间等错综复杂的社会交往，构成了大学生人际交往的网络系统。培养大学生良好的人际交往能力，不仅是大学生活的需要，更是将来适应社会的需要。

## 第一节　人际交往的概述

☞ 案例

### 探险家失去了交往能力

18 世纪末，欧洲的一位探险家施金克，在一个荒岛上生活了 4 年。在这 4 年之中，他可以自如应付自然界的变幻无常，满足自己基本生活的种种需要，但却无法忍受孤独。为此，他养了一只狗、一只鹦鹉以及几头野兽为伴，每天和这些动物们交谈。然而，他的精神却越来越差，以至于经常陷入精神恍惚的状态。4年后，他重新回到了家人身边，但却无法恢复以前与人交往的能力了。

（资料来源：http://ks.cn.yahoo.com/question/1407033004290.html.）

**请思考：** 探险家施金克为何精神状况越来越差？4年后的他为何失去了交往能力？

人类有与人交往的需要。我们害怕寂寞，渴望与人分享。人的本性要求我们与其他个体交往，形成各种各样的人际关系，构成各种群体，由此构建整个复杂的社会。

## 一、人际交往的概念

### 1. 人际关系的含义

社会中的人总是处于一定的社会关系之中的，这种社会关系以及与此相伴的人际交往，将伴随每个人的一生。

那么，什么是人际关系？

人际关系，指人与人之间一切直接或间接的相互作用，是人与人之间通过动态的相互作用形成的一种心理关系。它主要表现在人与人之间交往过程中关系的深度、亲密性、融洽性和协调性等心理方面联系的程度。

### 2. 人际交往的功能

人总是在一定的社会群体中生活，总是在不断交往中从事工作、学习和其他社会活动的。人际交往是适应环境、适应生活、适应社会，形成健全心理的必要途径。具体来说，主要有以下功能：

**（1）获得信息的功能**

在人际交往过程中，人与人之间通过长期、广泛、直观、迅速的交流，使信息、知识得以传播，并且交往的双方互通有无，使双方的知识面都得到了扩展，使信息、知识得以增值，这是个人乃至整个人类文化积累、发展的重要方式。

**（2）认识自我的功能**

人的自我意识不是自然而然形成的，而是通过交往，在与别人的相互作用中逐步成熟起来的。首先，人需要在与别人比较中认识自我。一个人如果孤独封闭，不与他人交往，那他对自己的认识就缺乏“参照系”，也就失去了衡量自己的尺子。其次，人还可以通过他人对自己的评价和态度，以及自己与他人的关系来认识自我。当然，人要想了解别人，也必须通过与别人的接触，才能洞察其心理、品格等。

**（3）表现自我的功能**

几乎每个人都希望别人了解、理解、信任、赏识自己，而人际交往为个人的自我表现提供了一个广阔的舞台。在人际交往的舞台上，你可以充分地展示你的能力、才干、特长、学识以及你的品质和性格。你得到的认可越多、评价越高，那么就越有可能获得更多的发展机会。

**（4）协调合作的功能**

人际交往是人类在改造自然的过程中通力协作的产物，通过协作，可以相互促进、取长补短，共同战胜困难、完成任务。因此，要想取得事业的成功，就要学会善于与人合作，培养组织、协调的各种力量，调动各方面的智慧。

**（5）身心保健的功能**

在人际交往中，通过相互倾诉、相互帮助、相互理解和相互支持，可以使人产生一种归属感和安全感，这有助于预防或减轻身心压力；另外，一旦遇到困惑、恐惧，通过与他人交流可以排解忧愁、获得心理慰藉，保证身心健康。

### 3. 人际关系的建立与发展的阶段

一般来说，良好人际关系的建立与发展要经过定向、情感探索、情感交流和稳定等4个阶段：

**（1）定向阶段**

这个阶段，是交往双方从互不认识到开始注意，并建立初步沟通的阶段。

**（2）情感探索阶段**

在此阶段，双方沟通的范围越来越广泛，探索在哪些方面可能建立情感联系，并且有一定程度的情感卷入。

**（3）情感交流阶段**

双方的信任感和安全感开始建立；沟通的广度和深度以及感情卷入的程度进一步增加，此时，双方关系的性质发生了重要变化。

**（4）稳定阶段**

交往的双方在心理相容性方面进一步拓展，允许对方进入自己的私密性领域，自我暴露的程度加深。

## 二、影响大学生人际交往的因素

大学生的人际交往会受到多种因素的影响。研究表明，主要的影响因素有：

### 1. 空间距离

心理学研究表明，空间距离与人们之间交往的频率有关。处于物理空间距离较近的人们，见面机会多，有利于彼此了解，产生吸引力，心理空间就容易接近。所以，在其他条件大体相当的情况下，人们会喜欢与自己邻近的人。比如，同一寝室的同学之间比不同寝室的同学之间更容易形成友谊，因为共同生活在一个寝室里，比较熟悉，容易沟通，还可以相互帮助、相互理解。俗话说，“远亲不如近邻”，正是体现了这个道理。

但是，时空的接近并不是形成良好人际关系的决定因素，只是一个必要条件，并非充分条件。空间上接近的人之间未必一定能相互吸引，有时反而会由于发现对方的弱点或缺点，产生分歧或矛盾，从而日久生厌，甚至疏远或中断关系。

### 2. 相似或互补

“物以类聚，人以群分。”就是说人往往喜欢那些和自己相似的人，比如，价值观、学科背景、人格特点、能力及兴趣等方面的相似性都在很大程度上影响着人际交往。对于大学生来说，如果学科背景相似、能力相近又有相同爱好，那么，共同话题较多，交流起来也比较容易，相反，知识背景差距过大，兴趣各不相同，则阻碍交往。

相似性之所以影响人际交往，其原因可能在于：第一，相似的人有较多共同参加某种社会活动的机会，交往机会增加；第二，有相似性的人会在对方表达相似的看法或兴趣时得到积极的回应和肯定，在感情上产生共鸣，很自然地会相互喜欢并相互吸引。而不相似的人之间表达看法或兴趣时，常常会感到不被理解，容易引起误会和曲解，相互的吸引力就会下降，从而降低进一步交往的可能性。

互补是相似性的特殊形式。当双方在某些方面互补时，彼此的喜欢程度也会增加。研究发现，需要的互补、社会角色的互补、某些人格特征的互补可以增加喜欢和吸引的程度，如开朗外向的学生和沉默内向的学生、数学成绩优异而外语成绩不良的学生和外语成绩优异而数学成绩较差的学生也能形成友谊。这是因为，交往双方由于拥有不同于对方的优点或缺点，彼此可以取长补短，相互满足对方的需要。当然，互补性发挥积极作用是有前提的，即双方有相似的态度或共同的目标。

### 3. 外在形象

容貌、体态、服饰、举止风度等个人的外在形象在人际交往中起着重要的作用，尤其是在交往的初期，好的外貌容易给人一种良好的第一印象，人们往往会以貌取人，武断地认为外貌美的人也具有其他的优秀品质，虽然事实并非如此。

人的外在形象在交往中的作用存在着性别差异。在交往的初期，人们更看重男性的风度和身高，对女性则较为看重其相貌和年龄等。

值得注意的是，外在形象较好的人不应因此沾沾自喜，外在形象欠佳的人也不应感到沮丧。随着交往的不断深入，人们之间的认识和理解也在不断地加深，外在形象的作用会越来越小，人格品质、交际能力等内在因素的作用会更加凸显。

### 4. 人格品质

在大学生的人际交往中，那些外向、幽默、宽容、诚信的学生更容易赢得好感，而自私、猜疑、势利、古怪的学生则不受欢迎。可见，个人的人格品质也是影响人际交往的重要因素。

1968 年，美国学者安德森在大学生群体中作了一项关于影响人际关系的人格品质的调查。他将 555 个描绘个性品质的形容词列成表格，让大学生按照喜欢的程度将这些词汇进行了排列。结果显示，影响人际吸引的六种最积极的人格品质是：真诚、诚实、理解、忠诚、真实、可信。其中后五种品质都直接或间接地与真诚有关，可见，真诚的人在人际交往中是最受欢迎的。而最消极的人格品质是说谎、假装、不老实等，它们是真诚的反面，是最令人厌恶的。尽管安德森的研究是在 20 世纪 60 年代，但仍然可以发现它与当代人的选择倾向仍有高度的一致性，这对当代的大学生有重要的启发意义。

### 5. 才能

人们往往会钦佩有才能的人，所以，人们总是渴望和能力较强的人结交，大学生也不例外。比如，大多数大学生喜欢和品学兼优的学生交朋友；有某种特长的大学生更具吸引力等。可见，才能一般会增加个体的吸引力。但是如果这种才能对别人构成了一种压力，让交往的人感到无能或失败，那么这种才能将不会有助于交往发展。在这种情况下，增加吸引力的好办法就是犯一些“小错误”。

## 三、大学生人际交往的特点

处于青年期的大学生，思想活跃，精力充沛，兴趣广泛，人际交往的需要极为强烈。他们力图通过人际交往去认识社会、认识自我，满足自己物质上和精神上的各种需要。在这个时期，大学生的人际交往主要呈现出以下特点：

### 1. 平等性

随着自我意识的不断完善，大学生表现出越来越强烈的“成人感”，对交往的平等要求越来越高。他们既力求平等地对待他人，也希望得到他人平等的对待，尤其渴望得到家长和老师的理解和尊重。一旦这种要求得不到满足，往往会引发冲突。

### 2. 理想性

大学生思想单纯，对人际关系的追求往往带有较多的理想化色彩。无论是对同龄朋友，还是对师长，往往希望交往不带任何杂质，同时他们也常常以理想的标准要求对方，一旦发现对方某些不好的品质就深感失望。

### 3. 开放性

首先，大学生的交往范围进一步扩大了。大学生的交往范围由原来的家庭、班级、宿舍扩展到了不同院系、不同学校、不同地区甚至不同国家，由原来的亲戚、同班同学、室友延伸出校友、社（团）友、老乡等多种新型的人际关系，使交往对象不断丰富、范围不断扩大。其次，大学生的交往方式更加多样。除了传统的面谈、通信等交往方式以外，现代化的通信设备使大学生的交往方式变得更加便捷了，如手机、网络等。

### 4. 独立性

大学生之间的个性差异很大，在交往中呈现出较强的个性色彩，他们相互影响又互为独立个体，在心理上存在较强的独立感。另外，过去的人际交往常常受情绪的影响，随着社会经验以及心智的成熟，大学生不但学会了控制交往过程中的情绪，而且个人自由选择的能力增强，强迫或被动的成分很少。

**5. 复杂性**

与复杂的社会人际交往相比，尽管大学生的交往是比较纯洁的，但其社会化的倾向却愈加明显，从交往的对象、交往的范围和交往的手段等方面看，都更加复杂了。另外，大学生选择与什么样的人交朋友，不再单纯出于情感交流、寻找友谊，而是越来越倾向于寻找与自己切身利益相关的交往对象，如有的学生喜欢在学生活动中结交一些所谓的"校园名人"，还有的结交一些所谓的"大款"，并常常以此为荣。可见，大学生人际交往呈现出情感与功利并存的现象。

## 四、大学生人际关系的类型

大学生的人际关系具有多样性，归纳起来，主要包括：同学关系、师生关系、室友关系、网络人际关系。

**1. 同学关系**

同学是大学生人际交往的主要对象，同学关系是大学生人际关系的主要内容。大学生十分重视同学之间的情谊，希望感受彼此之间相互帮助、相互照顾、相互倾诉的学友情谊。即使个别同学之间出现了某种隔阂，大家也注意"着眼长远、面向未来"，有意去弥补。

总体来说，大学校园里的同学关系是和谐、友好的，但个体之间的亲疏程度却有很大区别。在新生阶段，班级群体的凝聚力比较强，但通过学习和各种集体活动的交流，不同个体在班集体中的地位和作用会发生分化，他们开始按照接近原则、相似性以及个人需求等组成小集团，并经常一起行动，甚至形影不离。集团内成员间关系比较亲密，集团外的人很难融入。但这种团体成员间的关系又是比较松散的，一旦遇到矛盾，就会导致亲密关系的破裂，经过一段时间，有些关系会得以修复，而有些矛盾可能会持续在整个大学期间。

大学同学关系开始社会化的一个明显的标志就是称呼世俗化。如：同学中几个关系亲近的同学可以用"哥们儿"、"姐们儿"、"爷们儿"相互称呼；在学生社团的活动中，为了让大家多参与、多配合，组织者常用"兄弟们多帮忙"之类的话来调动大家的积极性，这时同学之间的互相配合不仅仅是"组织"层面的，更是个人感情层面的。

**2. 师生关系**

老师是学生人际交往的重要对象，师生关系是学生人际关系的重要内容。师生关系如何直接影响着学生能否健康地学习、成长，并在很大程度上决定着学校教育目标的实现。学识渊博、教学水平高的教师容易获得学生的尊敬、喜爱，也能激发学生的求知欲；而知识匮乏、缺乏教学技巧的老师会引来学生的不满，也会挫伤学习的积极性。

大学期间，师生之间趋于平等，相互尊重。一方面，与初高中的教师相比，大学教师很少向学生下达指令性的要求，而是充分考虑到大学生心智趋于成熟的特点，给予大学生更多的自由空间，并能够赋予学生成人的地位，平等地进行交流和沟通，更加尊重学生自己的想法和观点。另一方面，在学生中“尊敬师长”的主流一直没有改变。对知识的追求和渴望使大学生对教师充满了崇拜和尊敬。当然，随着辩证思维的发展，大学生们对一些问题有了自己独到的见解，已经敢于挑战权威，希望给予他们平等的话语权。

随着学习环境、学习方法和生活方式的改变，大学生对教师的依赖感逐渐减少了。师生之间交往、交流都不多，关系也不密切。据调查，学生只有遇到与学习有关的“功课问题”、“学业问题”，才会去寻求教师的帮助，至于其个人的心理问题、情绪问题、家庭问题、交友问题、恋爱问题等，则很少有人会去找教师帮助。

### 3. 室友关系

在学校这个特定的场所里，寝室室友之间关系的处理恐怕是最基本的人际交往了。室友关系会影响到学习、生活的各个方面，倘若处理得好，无疑能促进自己在学习生活等方面的进步；倘若处理得不好，则有可能给自己或他人带来不必要的烦恼甚至伤害。

大学生的室友关系体现了亲情化、家庭化的趋势。几乎每个大学生寝室都按年龄大小进行了排行，一个寝室的几个同学就像一个家庭的几个孩子一样，按大小排序，谁是大哥、大姐，谁是小弟、小妹，分得很清楚。同学间平时的称呼，也不叫名字，而是叫老大、老二之类。

表面上看，大学生的室友关系比较和谐、融洽，但由于活动空间小又经常打交道，所以也容易产生矛盾，马加爵等事件的发生就是一个惨痛的教训。贫富差距、性格差异、生活习惯不同、缺乏沟通技巧常常是引发矛盾的主要原因。另外，类似的“爱情宠儿”、“老师宠儿”、“学习宠儿”常常是学生中的焦点人物，也往往是其他同学妒忌的对象，如果这类同学在言行上表现不当，常常容易引发同学矛盾而导致悲剧发生。大学生要处理好寝室里的人际关系，除了宽以待人外，还要学会悦纳别人。

### 4. 网络人际关系

网络人际交往是人们在网络空间里进行的一种新型人际互动方式。网络人际交往给大学生的生活方式、价值观念带来的挑战和改变是前所未有的。据中国互联网络信息中心发布的统计报告，目前学生在中国的网络用户中占21%，是上网用户比例最大的一个群体，其中，高校学生占所有上网学生的90%。

网络空间好比一个巨大的城市，有图书馆、大学、博物馆、娱乐场所，也有各种各样的人；无论什么人，都可以到这个“城市”去逛逛。在这个虚拟的空间里不仅可以获取和发布信息，还可以通过 E-mail（电子邮件）、icq（网络寻呼）、irc（网上聊天室）、bbs（电子公告板）、虚拟社区等方式进行聊天、交友、游戏和娱乐。这为学生们缓解现实生活的压力、寻求解脱或满足好奇心、寻求一种角色转换提供了巨大的空间。

大学生的网络社交体现了网络的虚拟性，可靠程度不高，因此学生在交往过程中缺乏真实的感情交流，交往的层次也过于肤浅。另外，在现实交往中要遵守的一些社会规范，在网络交往中也不必遵守，只要按照网络技术要求去操作，就可顺利完成网上人际交往。这种弱社会性、弱规范性的网络人际交往，容易使一些人放纵自己，无视道德规范的约束，从而造成非人性化的倾向。网络是一把“双刃剑”，网络人际交往对大学生的健康成长既有正面效应，也有负面效应。

## 第二节　大学生常见的人际交往障碍及其调适

☞ 案例

### 性格孤僻的苦恼

某学院本科二年级学生张某，来自南方的山村，父母均是农民，家境差。他排行最小，全家人都很疼爱他。他自幼性格十分内向，孤僻，不善言谈，不会处事，很少与人交往。他聪明，踏实用功，成绩一向很好，从小学到高中毕业期间的十几年成长还算顺利。然而自上大学之后，开始感到许多事情总不顺心，尤其是如何与人交往，怎样处理人际关系的问题使他伤透了脑筋，吃尽了苦头。一年多来，张某与班上同学很不融洽，与同宿舍人曾发生过几次不小的冲突，关系相当紧张。后来他竟擅自搬出宿舍，与外班的同学住在一起。从此，张某基本上不和班上同学来往，集体活动也很少参加，与同学的感情淡漠，隔阂加重。他觉得自己没有一个能相互了解、相互信任、谈得来的知心朋友，常常感到特别的孤独和自卑，情绪烦躁，痛苦之极，而且无处倾诉，长期的苦恼和焦虑使他患上了神经衰弱症。经常失眠和头痛使他精神疲惫，体质下降。他曾想尽力克制自己，强打精神，力图用埋头学习的方法来减轻痛苦，冲淡烦恼。然而，事与愿违，由于他学习精神很难集中，效果很差，成绩急剧下降，后来竟出现考试不及格的现象。张某感到震惊和恐慌，心境和体质也越来越坏，深感自己已陷入病困交加的境地而无力自拔，失去了坚持学习的信心。他开始厌倦学习，厌恶同学和班级，一天也不愿再在学校待下去了。于是，他听不进老师的劝告，也不顾家长的来信劝阻，坚持要求休学。

（资料来源：游永恒．大学生心理咨询案例集．四川大学出版社，2005.）

**请思考：** 面对心理困惑张某休学逃避是好办法吗？怎样避免张某的悲剧在自己身上发生？如何建立良好的人际关系？

大学是人际关系走向社会化的一个重要转折时期。面对复杂而众多的人际关系，有的学生因为处理不当，整日郁郁寡欢，心情沮丧；有的学生因为人际关系紧张，精神压力很大，导致不同程度的心理病症；而更多的同学则由于不知如何处理复杂的人际关系，而经常为苦闷、烦恼的情绪所困扰。可见，如何处理好人际关系，对于几年大学生活和未来事业的成就，是至关重要的。

## 一、社交敏感

社交敏感，又称社交紧张，是当前在大学生人际交往中普遍存在的一种心理现象。社交敏感表现为害怕与他人交往，对交往特别敏感，不愿与人接触，在不得不与他人交往时，则感到紧张、心跳加快、面红耳赤等。

### 1. 社交敏感成因

一般的社交紧张或社交敏感实质上是一种心理未成熟的表现，常与交往者的个性特点、不当认知和缺乏交往技能有很大的关系。

**（1）个性缺憾**

社交敏感者多半性格内向、不善言辞。他们往往比较沉郁，处事胆小谨慎，喜欢安静，常独处，对人、对事较敏感等，有些则具有严重的羞怯心理。

羞怯心理是一种阻碍人们交际活动正常进行的不良心理。羞怯是生活中人们常遇到的现象，通常表现为紧张、不自然、胆怯等特征。现实生活中羞怯的人非常普遍：有的人做事大胆泼辣，可是一同别人谈话就面红耳赤，胆战心惊；有的人同亲人、熟人交谈滔滔不绝，而遇到陌生人，就束手束脚，语无伦次，这都是羞怯的表现。

羞怯感并不是天生就有的，而主要是在后天的教育方式和环境影响下形成的。比如，在儿童时期，如果父母、老师的管教方法不当，使儿童的心理长期处于压抑状态，就会弱化儿童交往的自信心，产生羞怯心理。再如，如果个人在众人面前丢过面子，自尊心受到过严重挫伤，心理就会变得比较脆弱，胆子就会越来越小，越来越怕人。在特定的情况下，害羞有一定程度的社会适应功能，如保持身份的隐秘性、保持独特的吸引力等。但如果羞怯达到一种不正常的程度，或者与自卑感联系在一起，就会严重妨碍人际交往，使人失去许多参与社会交往的机会。

具有上述个性特征的人虽然表现出不善于交往，但并非都是不愿与人交往，而往往是由于顾虑重重、胆怯、羞涩等心理原因造成的。由于他们性格上的这些特征或缺陷导致了他们不能向他人敞开胸怀，尽管在他们的内心深处也十分希望得到别人的帮助、支持和理解，希望获得友情，但由于他们不愿表露自己、常给人以比较孤僻、冷漠、不易接近等感觉。

**（2）不当认知**

对于很多大学生来说，中学阶段的光环已失去了意义，一切要从头开始，重新对自己进行评价和定位。一旦不能正确认识和估量自己，自视过低，自暴自弃，缺乏与人交往的勇气和信心，就会引发社交敏感。例如，有些大学生在高中时学习成绩优秀，课堂回答问题也很自如，无论老师还是同学对自己都很好。进入大学后，学习成绩不如高中那么突出了，开始出现心理上的不平衡，一旦获得周围人对自己表示鼓励和赞赏时，就表现得很自信；而当受到别人指责或批评时，则表现得很不自信，常产生一种孤独感。随着这种感觉的不断加深，就越来越表现出在别人面前不愿讲话，渐渐把自己封闭起来，从不愿与别人交往变为害怕与人交往。

产生这种情况的主要原因是不正确的认知，因为总觉得自己比别人差，低估自己的能力，夸大自己的弱点，如，认为自己不但学习成绩不如别人（在班上处于中等水平），而且有很多事情自己都不懂。当同寝室的同学在高谈阔论时，自己从来插不上口，感到自己知识贫乏，久而久之，对自己产生了不满意，希望自己尽量不要被别人注意到，逃避同学，从而产生了对人际交往的紧张。

**（3）社交技能的缺乏**

缺乏必要的社交技能也是引起社交紧张或社交敏感的一个原因。

很多存在人际交往障碍的学生往往是由于沟通技巧的问题所造成的。比如，不少的大学生在与自己比较熟悉的人交往时能表现得很自如，但与不太熟悉的人交往时，往往很害怕，不知道如何与他人交往。有些学生由于缺乏交流和人际交往的技巧，不能恰当地表达自己的想法而被他人误解；有些学生在交往时受到别人的语言攻击而自己又无力用语言还击，从而感到十分懊恼和心里不痛快。由于以上不愉快的经历，很多大学生害怕在众人面前讲话，常感到自己底气不足，从而采取了一味回避的措施，由此使自己渐渐脱离了集体，失去了进行人际交往的兴趣和勇气，最后出现对社交的紧张或恐惧。

### 2. 社交敏感的调适

具有社交紧张或社交敏感的大学生，大多会有意识地回避与同学交往，甚至拒绝与任何人交往。对这类学生，要鼓励他们树立信心、勇于实践，调整不当认知。

**（1）找到恐惧的原因**

找到了恐惧的原因，就找到了问题的症结，就有利于解决问题。所以，首先要弄清自己究竟恐惧什么，为什么会出现这些恐惧现象。如果是由于不正确的认知而造成自卑、缺乏自信心所致，则可以通过调整认知，增强自信心来解决；如果是采用不正确的比较方法，即总是拿自己的短处与他人的长处比，或总是与自己强的人比，而失去自信，可以通过改变比较方法来调整，即不但与比自己强的人比，还要与比自己差的人比，同时要与自己的过去比。通过全面、客观的比较以确立对自己的正确评价。

**（2）要提高自己的自信心**

首先，要学会正确地评价自己。有的人对自己的期望值比较高，而一旦达不到预期目标便会感到痛苦。应该客观地评价自己，按照自己的能力、水平，确定目标；其次，要寻找自身的优势，增强自信。不妨从自己感兴趣、熟悉的方面入手，获得成功的情绪体验。比如，通过展示自己体育方面、音乐方面的特长，赢得别人的称赞，消除面对"公众"的恐惧，提高自信心。

**（3）要正确对待别人的议论**

人生活在世界上，每天与人打交道，议论别人和被别人议论都是常常发生的事情，是不可避免的事情。有时议论的事情符合实际，有时不符合实际。我们应该采取正确的态度对待别人的议论。对别人议论自己的缺点要勇于改正，借助别人的议论使自己进步；对别人议论的不符合实际的事情，就当没听见，听见了也不必理睬，不必为此苦恼，因为在生活中这样的事情太多了，不可能每一个人、每一件事去纠正，这正应了那句话："走自己的路，让别人说去。"

**(4) 增加社交锻炼**

社交敏感者经常表现出明显的交往经验、交往技巧的缺乏，因此在克服社交敏感时，要加强社交锻炼、认真学习各种社交技巧，提高实际交往能力。在加强社交锻炼中，我们认为社交者要提高自己的心理素质，培养良好的交往品质，严格遵守交往的原则，熟练掌握交往的基本技巧。

## 二、以自我为中心

以自我为中心是一种严重影响人际关系的心理障碍。所谓“以自我为中心”是指凡事都只希望满足自己的欲望，要求人人为己，却置别人的需求于不顾，不愿为别人作半点牺牲，不关心他人痛痒的心理特征。以自我为中心的人，在与人交往时总是处处为自己着想，只关心自己的需要和利益，强调自身的感受，不尊重他人的价值和人格。

### 1. 以自我为中心的表现

在交往中，以自我为中心的人总是把个人利益和意识放在第一位，不顾别人的感受：自己高兴时，就忘乎所以，手舞足蹈；自己不高兴时，就郁郁寡欢，乱发脾气。他们只希望得到别人的尊重，却不知道尊重别人，恨不得所有的人都以他为中心，服从于他。以自我为中心的主要表现有：第一，以自我为中心的学生遇到困难时，不主动求助，反而抱怨同学不主动帮忙，武断地认为同学忽视了自己，从而心生不满情绪。第二，以自我为中心的学生遇事总是从自身的立场看问题，只顾自己的感受，不能换位思考，一旦自己的需求得不到满足，就会怨天尤人。以自我为中心的人使人敬而远之，使自己处于可怜的自我封闭和自我隔离的状态之中。长此以往，会导致自卑、孤独、退缩等其他种种心理障碍。

### 2. 以自我为中心产生的原因

以自我为中心的意识主要是由于家庭教育不当引起的。现在的大学生多是“80后”。在城市独生子女的家庭里，他们是“小皇帝”、“小公主”，永远享受着来自长辈多方面的宠爱。这种宠爱使他们很难养成分享的习惯，也很少顾及别人的感受。他们惯于心安理得地接受，却不知道如何给予和奉献。

### 3. 以自我为中心的调适

如何才能逐渐克服这种自我中心意识呢？关键在于改变自己的认识。

**(1) 正视自己的权利和义务**

大学生应认识到，每个人都有其各自的欲望与需求，也都有其权利与义务，这就难免会出现矛盾，不可能人人如愿。这就要求每个人都正视客观现实，学会礼尚往来，在必要时作出点让步。当然应该承认自我的权利与欲望的满足，但不能只顾自己，忽视他人的存在。

**(2) 转换视角**

从自我的圈子中跳出来，多设身处地地替他人想想。大学生要学会欣赏他人、换位思考，并学会尊重、关心、帮助他人，这样才能获得别人的回报，从中也能体验人生的价值与幸福。当自己的需要没有得到满足时，不要一味地抱怨，首先应审视一下自己的思想是否正确、自己的要求是否正当，如果是正确的、正当的，可以坦诚地向对方表明；如果有失公允，则应进行自我调整。

**(3）提高人际交往技能**

要克服“以自我为中心”这种不良心理的危害，就要提高人际交往的技能，改变凭感情行事的习惯。例如多在公众场合赞扬别人，批评则放在私下和他单独说；同时，善于控制自己的情绪，当别人冲你发火时，尽量克制或暂时离开；不打听、不乱传别人的隐私；交谈的时候多倾听，少抢话或坚持己见等。

## 三、猜疑

猜疑是人际交往中的一种不良心理品质。英国哲学家培根说：“多疑之心犹如蝙蝠，它总是在黄昏中起飞。这种心情是迷陷人的,又是乱人心智的。它能使你陷入迷惘,混淆敌友,从而破坏人的事业。”好猜疑的人敏感多疑、忌妒心重,常常为一些可能根本没有或不会发生的事而忧愁烦恼，其结果是无法结交到朋友，变得孤独、寂寞，对身心健康都有危害。

### 1. 猜疑的表现

猜疑心很重的人整天疑心重重、无中生有，认为人人不可信、不可交。比如，有的学生看到两个同学在窃窃私语，就认为是在说自己的坏话；别人无意中看自己一眼，就以为对方不怀好意；别人一句玩笑，就当成是在嘲笑自己。喜欢猜疑的人特别在意别人的一言一行，不能轻松自然地与别人交往，经常会感到孤独、寂寞、心慌、焦虑。

### 2. 猜疑心理产生的原因

猜疑心重的人心胸狭窄，爱计较个人得失，常抱着怀疑、防范的心理与别人交往。猜疑心理产生的原因主要有以下几点：

**(1）思路封闭**

猜疑的人往往先在主观上设定他人对自己不满，带着以邻为壑的心理，必然把无中生有的事情强加于人，甚至把别人的善意曲解为恶意。人一旦产生猜疑，就如掉进陷阱一样，常常反复琢磨，不仅无法自拔，而且疑虑会更甚。

**(2）缺乏信任**

交往双方如果缺乏信任，就容易产生误会，引发疑虑。另外，疑神疑鬼的人，看似怀疑别人，实际上也是对自己有怀疑，至少是信心不足。因而总以为别人在议论自己，看不起自己，算计自己。一个人自信心越足，越容易信任别人，越不易产生猜疑心理。

**(3）过强的自我防卫**

有些在交往中有过类似挫折经历的人，容易将当时的受伤心理迁延到其后的交往中。为了避免再次受伤，就会产生过强的防卫，失去对他人的信任。

### 3. 猜疑心理的调适

**（1）用理智克服冲动情绪**

当发现自己开始怀疑别人时，应当立即寻找产生怀疑的原因，而不要意气用事。如“疑人偷斧”中的农夫，如果丢失斧子后能冷静地想一想，找一找是否放在什么地方了，那么，这种险些影响邻里关系的猜疑，就根本不会产生。如果能冷静思考、理智分析，现实中的很多疑虑就会不攻自破。

**（2）要信任别人**

爱猜疑的学生总是以一种怀疑的眼光看人，对别人怀有戒备心理，不肯讲真话，或戴着一副假面具与人交往，久而久之，周围的同学会与之疏远。只有诚心地对待别人，别人才能诚心地对待你，信任别人必然能赢得别人的信任。信任是处理好人际关系的重要法宝，也是克服猜疑心理的重要方法。

**（3）要学会全面地、辩证地看待人和处理事情**

猜疑者往往把别人想得太坏，把事情看得太糟，问题分析得太复杂，靠主观想象下定论，往往与事实不符。大学生要学会遇事保持冷静，要全面地了解，客观地进行分析，本着实事求是的原则，去待人处事。对已发生或即将发生的事情做到不轻信流言，不主观臆测，多想别人的好处，多看别人的长处，进行积极的自我暗示。这样就可以将猜疑之念扼杀在萌芽之中。

**（4）及时沟通**

大学生在人际交往过程中，难免产生误会。一旦发生误会，首先要冷静，调整自己的心态；其次要心平气和地，开诚布公地，把问题摆在桌面上；然后用善意的心态、诚恳的态度、讨论的方式，相信别人的解释，以恢复事实真相，达成共识。及时地释疑、解惑，不仅使歪曲的事实得到纠正，还能使不理解变为理解，不信任变为信任，不和谐变为和谐，改善和促进人际关系的健康发展。

## 四、自卑

由于生理、家庭、学习等方面的挫折，很多高职大学生极易产生自卑心理，这不仅影响学业和发展前途，而且也给学校和社会带来了一定的影响。

自卑是由于过低的自我评价而产生的一种消极情绪体验，表现为过低评价自己的能力与品质，担心失去他人尊重的心理状态。自卑的大学生，一方面总认为自己不如别人，因而情绪消沉、精神萎靡、敏感多虑、自怨自艾；另一方面对自己期望过高，在交往中总想使自己的形象完美，对别人的评价过于敏感，唯恐出丑、受挫、遭到拒绝或耻笑。

### 1. 自卑心理的特点

自卑感人人都有，只有当自卑达到一定程度，影响到学习和工作的正常交往时，才会被认为是心理疾病。大学生的自卑心理有如下特征：

（1）敏感性。自卑的大学生对自己的估价偏低，往往不能正视自己的不足，最怕别人知道、揭露自己的缺点，担心别人瞧不起，因而，与人相处时比较敏感。

（2）掩饰性。有自卑心理的大学生总是设法掩饰自己的不足，会过分抬高自己，或者以自己之长比他人之短。这样虽然能够或多或少地减轻自卑心理，但不能提高人格水平，因而是不可取的。

（3）虚荣性。自卑的人常常具有一定程度的虚荣心。他们凡事都讲究“面子”，更听不进别人的批评，一旦事与愿违，就会产生一种自卑的情绪体验，加重虚荣感。

（4）封闭性。自卑常常会带来孤独的体验。有自卑心理的大学生对外界评价敏感，害怕自己和他人不一样，害怕被别人排斥，因而他们常常把自己禁锢起来，以逃避的方式来自我防卫，极易养成孤独、自卑的封闭性格。

### 2. 自卑心理产生的原因

**（1）性格缺陷**

性格内向的大学生比较容易自卑。内向的人更害怕失败，如果再加上不利的外在原因，就会感到格外的紧张和苦恼，极易丧失自信心，演化成自卑心理。

**（2）自我评价过低**

自卑的大学生常常夸大自己在身材、外貌、学习、家庭等方面的不足，不仅看不到自己的长处与优势，而且总是拿自己的短处比别人的长处。

**（3）消极的自我暗示**

有自卑心理的大学生惯于消极自我暗示。他们不相信自己的力量，常常感到“我很差”、“我不可能成功”等，这会抑制其能力的正常发挥，造成行动的失败，从而强化他们的片面自我意识，增强自卑感。

**（4）不当归因**

大学生对自己学习、交往等方面的不当归因也是自卑心理产生的原因之一。许多自卑的大学生常常将自己的优胜与成功归之于偶然的机会、外界有利的条件等，而失败时又总认为是自己缺乏能力和本领。

**（5）理想自我与现实自我的冲突**

大学生往往都为自己设计了一个令人羡慕的理想自我，比如外表俊美，才能突出，受人尊重，但现实的自我总是与之有很大距离，两相对照，就会有自惭形秽、自我不满之感，从而形成自卑心理。

### 3. 自卑心理的调适

**（1）正视自卑**

自卑的人一提到自卑就恐惧，不敢承认自己自卑，这样反而会加重自卑，造成一种恶性循环。因而正确认识并客观对待自己的自卑是颇为重要的。自卑并不可怕。自卑的人一般不会与人争名夺利，所以比起狂妄自大的人要讨人喜欢。认识到这些优点，就可以增强解脱自卑的信心，为消除自卑奠定心理基础。

**（2）积极自我暗示**

自卑是一种消极的自我暗示。这种消极的暗示会抑制自信心，导致不必要的心理紧张和精神负担，使自己内心充满失败感，结果做事情畏首畏尾，自然会妨碍成功。而积极的自我暗示反而能增强机体在困难时夺取胜利的信心，激发活动的主动性和创造性。所以，当面临某种情况而感到信心不足时，不妨给自己一点积极的暗示。

**(3) 勇于面对自己的不足**

俗话说，金无足赤，人无完人。每个人都有自己的长处和短处。当面对自己的不足和短处时，要勇于承认、接受，并加以客观的分析。对于有些通过努力可以改变的不足，如知识的匮乏、技能的欠缺等，要积极行动，尽快改变；对于有些难以改变的短处，如生理的缺陷、家境的贫困等，可以通过加强修养、丰富知识等其他方面进行补偿。

**(4) 重新规划理想的自我**

要适当降低自我期望的水平，努力使理想自我的内容符合自我所能作出努力的程度，不过分追求完美，或对自己提出过高的要求，也就是避免给自己定一个不切实际、过于理想的目标，造成理想自我与现实自我差距过大。

**(5) 多参加社交活动**

积极参加社交活动，既能增加社交经验，也能获得成功的体验，增强交往的自信心。

## 五、忌妒

朱智贤在其主编的《心理学大词典》中指出，忌妒是“与他人比较，发现自己在才能、名誉、地位或境遇等方面不如别人而产生的一种由羞愧、愤怒、怨恨等组成的复杂情绪状态”。

### 1. 忌妒的危害

忌妒往往是对周围和自己差不多“同等条件”的人而产生的一种扭曲的心态和行为。也就是说忌妒的主体和忌妒的对象之间在受教育程度、学习成绩、经济状况、生活圈等方面有着高度一致性或相似性。在大学里，正是因为这种一致或相似，才容易引起比较、竞争，也就容易引发忌妒心理。

从本质上看，忌妒心理是一种不健康的心理。无论是何种形式和内容的忌妒，都有害于保持正常的人际交往及忌妒者的身心健康，具体来讲有以下几个方面：

**(1) 有害于人际关系**

有忌妒心理的学生总是有意无意地设想对立面，很难与同学和平相处。尽管有些学生产生忌妒心理后，可能会不露声色，但内心却充满了怨恨和怒气。而将忌妒表露于外的学生则会表现出强烈的排他性，常常会恶意诽谤、散布流言、讽刺挖苦、指桑骂槐等，这可能使他渐渐地远离同学、朋友，造成一个不良的人际关系氛围。

**(2) 有害于学习**

有忌妒心理的学生会长期处于低迷不振的状态，大部分时间和思绪都花在抱怨、攻击别人上，这会大大降低学习的效率。严重的忌妒者会有强烈的报复心理，会引发报复行为，甚至犯罪。忌妒心理作祟而引发的犯罪行为，就是忌妒发展到极端的表现。

**（3）有害于身心健康**

妒火中烧而得不到适宜的发泄时，会造成人体内分泌紊乱，消化腺活动下降，肠胃功能失调，经常腰酸背疼和胃疼腹胀，夜间失眠，情绪低沉，抵抗力下降。心理学家研究证明，忌妒心强烈的人易患心脏病、头痛、胃痛、高血压等。

### 2. 忌妒的成因

大学生的忌妒并非天生的，而是在大学的特定环境条件下逐步形成的。忌妒主要是由以下原因引起的：

**（1）性格缺陷**

自卑、自我中心等性格缺陷者常常会产生对自身现状的不满情绪，并容易将这种不满投射到超过自己的同学，而产生忌妒。心胸狭窄、敏感多疑的人也容易滋生忌妒心理；偏激、傲慢等性格上的弱点，同样是诱发忌妒心理的温床。

**（2）自我评价过高**

自我评价过高的大学生会盲目追求徒有虚名的荣誉，总是认为自己才是最强和最好的，不肯承认自己某些方面与别人的差距，不允许别人超过自己，把别人的长处与发展当做自己成功的绊脚石。

**（3）个人的强烈欲望**

每个人都有一种积极向上和追求美好幸福生活的强烈欲望。当这种欲望得到满足和实现的时候，就会产生一种强烈的占有欲和排他性，生怕别人夺走自己已拥有的幸福生活；当这种愿望未能实现而其他同学比自己先实现这种欲望时，心里会有一种强烈的失落感，如果处理不当，便会产生忌妒心理。

### 3. 忌妒的调适

**（1）要正确评价自己**

忌妒他人的人总是注意他人的优点，忽略自己的长处，因而怀疑自己的能力。事实上，“人无完人”，任何人都有不如别人的地方。因此，克服忌妒要从正确的自我评价入手，既要看到自己的长处，又要正视自己的不足。一旦认清自己之后，再重新看别人时，自然就能够有所觉悟了。

**（2）要正确比较**

与他人比较是人际交往的必然结果，是催人奋进的动力。但在与别人比较时，大学生要冷静地分析自己、客观地评价自己，找出差距和问题。同时，要改变两种错误观念：第一，不要把别人的成功看成是自己的失败；第二，不要把别人的成功看成是对自己的威胁。

**（3）要合理地自我宣泄**

学习和生活中会有种种令人不满意的地方，难免一时会心理失衡和忌妒。一旦感觉产生忌妒，可以适当地宣泄一下，比如，可以向知心朋友、老师倾诉，出气解恨，暂求心理的平衡。这种方法只能消减忌妒情绪，但不能最终解决忌妒心理，还要配合其他方面的调整。

**(4) 要降低预期**

目标远大固然是件好事，但如果对自己的期望过高，超过了自己的能力范围，就会错误地评估自己，容易产生心理的失衡。所以，要适当地降低预期，制订符合自身条件的行动计划，追求可能获得的成功。

## 第三节　大学生人际交往能力的培养

人际交往能力是现代人取得成功的必备条件。大学生有强烈的成才愿望，向往成功，在大学生活中遵循正确的交往原则，培养良好的交往心理、掌握人际交往的技巧，对大学生未来的成长发展有着非常重要的意义。

### 一、遵守人际交往的基本原则

#### 1. 平等原则

平等原则就是不论性别、年龄、民族、家庭、成绩等，一视同仁，平等对待、相互尊重、相互爱护，这是和谐交往的基本前提。也就是说，在人际交往中总要有一定的付出或投入，交往双方的需要和这种需要的满足程度必须是平等的。因此，在与他人进行交往时，要把双方放在平等的位置上，既不能觉得低人一等，也不能高高在上；要对自己有信心，对别人有诚心，彼此尊重、平等地交往，才可能持久。对大学生来讲，不论学习好坏、家庭背景如何、是否班干部、长相如何等，都应得到同等的对待，不要冷落集体中的任何人。

#### 2. 宽容原则

这里的宽容不是宽容别人对你的侵权，而是对那些意见、习惯和信仰方面与你不同的人，表现出耐心、容纳、包涵、体谅。世界上没有两片完全一样的叶子，人也是一样。因此，我们与人交往时，既不能用一种标准去要求他人，也不能太苛求他人，要学会宽容，求同存异。大学生应该学会接受别人，尽量减少与他人的辩论，当遇到对方有不同观点时，不能直接说："你说的不对。"而应说："你说的有一定道理，我的想法是……"因为仅凭我们自己的知识和经验很难判断对方对错，如果直接否定对方，则表示你不尊重别人，独断专行，心胸狭隘。但宽容也不是完全接纳别人的观点而放弃自己的观点，而是欣赏和接受对方观点的合理成分，使自己的想法或决策更完善。宽容的心态可以使你成为一个心胸宽阔和合作能力强的人。

#### 3. 信用原则

信用就是人与人之间要诚实守信、遵守诺言。讲信用作为个人品德，每个人都应具备、遵守。失信于人，会让人产生一种极强的不信任感，感觉你言不守信，缺乏交往的诚意，甚至会让人觉得你的人品有问题，这是人际交往的大忌。因此，大学生要认识到，许诺是非常郑重的行为。该许诺的许诺，不该许诺的不要许诺，要量力而行，许诺了的就一定要兑现。履行诺言、讲求信用，才能为交往创造出真诚、安全的交往环境。

#### 4. 真诚原则

真诚是人际交往中最受欢迎的品质。每个大学生都渴望与别人真诚地交往，渴望在良好的人际关系中度过美好的大学生活。可很多大学生却时常感到真心的交往太难，同学间的交往不外乎是寒暄、恭维、应酬以及心不在焉的同情和关心，缺乏真情实感的交流，这正是缺乏真诚所造成的。如果每一个人都积极投入，用心交流，真诚相待，就会改变这种现状，营造出融洽、宽松的人际环境。

#### 5. 互利原则

人与人之间的相处如果没有做到“互助互利”的话，就不可能建立、维持和谐融洽的人际关系。互利是纯洁友谊的内容之一，它绝不是斤斤计较的功利原则，并非“我今天帮助你，你明天必须报答我”的狭隘想法。互助要注重双向性、互利性，不能只索取不给予，也不能只给予不索取，因为这两种做法要么让对方觉得自己被人利用，要么会觉得给予是有企图的，很可能会使交往中断。事实证明，交往中互利性越高，双方的关系越稳定和密切。

### 二、增强自身的人际魅力

人际魅力，又称为人际吸引，是在人际交往过程中形成的一种肯定形式，是与他人在情感上的一种相互亲近状态。一般来讲，人际魅力大的人能赢得他人的喜爱，结交更多的朋友；缺乏人际魅力的人，难以获得别人的好感，不易建立和谐的友谊。那么，大学生如何增强人际吸引力，做一个受欢迎的人呢？

#### 1. 建立良好的第一印象

良好的第一印象是推动交往进一步发展的最初动力。卡耐基在《怎样赢得朋友，怎样影响别人》一书中指出，要给别人留下良好的第一印象，必须做到以下六点：

（1）真诚地对别人感兴趣，让别人体会到被重视、被关注。

（2）微笑。微笑给人亲切的感受，增强亲和力。

（3）多提别人的名字。记住对方的名字，并把它叫出来，等于给对方一个很巧妙的赞美。

（4）做一个耐心的倾听者，鼓励别人谈他们自己。

（5）谈符合别人兴趣的话题。

（6）以真诚的方式让别人感到他很重要。

### 2. 注重自己的仪表

中国人历来就有“文质彬彬，而后君子”的古训，而美好的仪容仪表也是个人涵养的外在表现。在时代发展的今天，仪容仪表更是一张无字的却无比重要的名片，是个人与社会交流的基础。所以，大学生应恰当地修饰自己的容貌，扬长避短，形成自己独特的气质和风度。

**（1）着装得体**

大学生着装应当基于统筹的考虑和精心的搭配。其各个部分不仅要“自成一体”，而且要相互呼应、配合，在整体上尽可能地显得完美、和谐，比如，穿西装时，应配皮鞋，而不能穿布鞋、凉鞋、拖鞋、运动鞋；提包、佩饰与衣服风格要搭配、协调等。大学生不仅要做到会穿衣戴帽，而且要努力做到文明着装。也就是，着装要文明大方，符合社会的道德传统和常规做法，忌穿过露、过短的服装。另外，着装要整洁，切忌邋里邋遢。

**（2）仪容整洁**

面部要注意清洁与适当的修饰。男生要剔净胡须、刮齐鬓角；女生可适当化妆，但不可浓妆艳抹，避免使用气味浓烈的化妆品。头发要勤于梳洗，发型要朴素大方。男士头发不应盖过耳部，不触及后衣领，也不要烫发。女士头发不应遮住脸部，前面刘海儿不要过长。要做到勤洗澡、勤换衣袜、勤剪指甲、勤漱口，上课、交谈前忌吃大葱、大蒜、韭菜之类有异味的食物，必要时可含一点茶叶或嚼口香糖，以除去异味。

仪表姿态能影响人的交往魅力，它凭借外在形象的非语言形式向人们展示着一个人的习惯、个性、道德、风貌、文化素养及情绪等心理状态。高雅的风度、整洁的仪表能给人愉悦感，并且能在心理上形成一种精神的慰藉。

### 3. 培养良好的个性

个性是指一个人在社会生活中，在其行为模式中表现出来的内心活动，换句话来说，是指一个人的整个精神面貌。良好的个性不仅能帮助人从困惑中走出，保持良好的心态，而且能增强人际吸引力，稳定人际关系；而不良个性会使人陷入痛苦的境地，对建立良好的人际关系有阻碍作用。在生活中，大家都愿意与性格良好的人交往，没有人愿意与自私、虚伪、狡猾、性情粗暴、心胸狭隘的人打交道。因此，大学生要注意克服性格上的弱点，不断培育豁达、谦让、真诚、热情、坦率的个性特征。

### 4. 有幽默感

幽默是人际交往的润滑剂，它与机智、诙谐、乐观、自信等优秀品质联系在一起，是知识和能力的展现。幽默能增强男人的风度，提升女人的魅力。幽默的语言，能使社交气氛轻松、融洽，利于交流。尤其是当人际交往中产生误会、矛盾时，只要能来点幽默，就能化干戈为玉帛，把人带出尴尬境地。大学生要学会幽默，就要注意培养自己敏锐的观察力、丰富的想象力、灵活的应变能力和获得广博知识的能力。但要注意，幽默不是讽刺，不是哗众取宠。

### 5. 主动交往

大学生的交往应该是一种双方积极互动的过程，只有双方都主动一些，才能使交往正常进行，维持长久。主动大胆地与人交往能够锻炼自己的胆量，有利于消除自卑以及性格内向所带来的交往障碍。对于某些大学生来说，最困难的是迈出交往的第一步。只要迈出了第一步，并不断积累交往的经验，就可以消除担忧、恐惧，建立起交往的自信心。

## 三、提高人际交往的技巧

### 1. 把握交往的“度”

把握交往的“度”，包括对交往的广度、深度、频度的把握以及语言、行为分寸的讲究等。

交往的广度要适当，既不能过广也不能过窄，过广则容易滥交，影响质量，浪费精力，过窄则又可能错过许多可交的朋友，使自己眼界狭小。

交往的深度也要适度，对于志同道合的朋友要相互信赖、深入交往；而对于泛泛之交，就要保持应有的礼节和距离。

交往的频率也要把握好。即使是好朋友，也不能过于亲密，这样既影响彼此的正常生活，也会减弱彼此的新鲜感，增加出现摩擦、矛盾的频率。当然，也不能长时间不来往，这样会使亲密的关系慢慢变淡，甚至消失。

### 2. 提高人际交往的语言艺术

“良言一句三冬暖，恶语伤人六月寒。”良好的语言艺术，可以推进交往双方的交谈，有利于交往的发展。

（1）要称呼恰当。恰当得体的称呼，使人能获得一种心理满足，使对方感到亲切；称呼不得体，往往会引起对方的不快，甚至愤怒，使交往受阻或中断。

（2）语言要简单、清楚、准确、生动。表达思想时，不要绕来绕去，含糊其辞，以免引起不必要的误解；说话要注意语气、语调、语速；语言要文明、礼貌，不讽刺、挖苦；讲笑话要注意对象、场合、分寸，以免伤害他人的自尊心。

（3）避免争论。大学生喜欢争论，但争论往往是在互不服输、面红耳赤、不愉快甚至演化成直接的人身攻击或严重的敌意中结束。这对人际关系的影响是显而易见的。因此大学生要尽量避免争论，而要通过讨论、协商的途径解决分歧。

### 3. 管理好自己的情绪

一个人过分情绪化是心理不成熟的表现，大学生如果能够管理好自己的情绪就可以为自己创造出更多的成功机会。走向成功道路上最大的敌人并不是缺少机会或是资历浅薄，而是缺乏对自己情绪的控制，因此，大学生要注意克服不良情绪。

大学生的不良情绪包括：恐惧、仇恨、愤怒、忌妒、抑郁、紧张等。在这些不良情绪中，愤怒往往是年轻的毕业生最不容易控制的。愤怒使人失去理智思考的机会，许多场合，由于不可抑制的愤怒，使人失去了解决问题和冲突的良好机会，而且，一时冲动的愤怒，可能意味着事过之后要付出高昂代价的弥补。在实际生活中，愤怒导致的损失往往是无法弥补的，你可能从此失去一个好朋友，也可能损害自己在他人眼里的形象，别人也会从此开始对你产生疑虑。

但如何控制自己的不良情绪呢？你可以把引起愤怒的事情写下来，也可以单独找一个地方来发泄怒气、怨气；当你受了侮辱有仇恨感觉的时候，可以告诉自己沉默 1 分钟，这样可以让你冷静下来，找问题症结或更好的解决办法；如果生活中一些琐碎的事情使你老是烦躁不安，最好是休息一下，或是去跑步，或者找出使你烦躁的原因，然后想办法解除。

#### 4. 学会赞美

人是渴望赞美的动物。在与人相处时，要注意满足别人的这种渴求，多赞美人。

(1) 赞美他人，要诚心诚意、实事求是，否则，就会成为虚伪的恭维、肉麻的阿谀奉承，这只会迅速暴露出一个人的人格与企图。

(2) 赞美要具体，避免空洞、含糊的语言，这样才能激起对方的认同感，达到赞美效果。对于任何一个人，最值得赞美的，不应是他身上早已众所周知的明显长处，而应是那蕴涵在他身上，既可贵又尚未引起重视的优点。内容明确，有特点的赞美，比一般化的赞美可贵也更可信。

(3) 赞美行为本身，而不要赞扬人。与其空泛、笼统地赞美对方很聪明、能干，不如具体地赞美他办成的几件聪明事。这样有助于对方发现、发挥自己的长处和优点，激发起更强的上进心、荣誉感、自豪感，还能避免尴尬、混淆，增强对方进一步交流的愿望。

(4) 要学会背后赞美他人。背后的赞美更能够引起被赞美者的认同，提高赞美的效果。

(5) 快乐方程式：养成赞美的习惯。

爱听赞美之词，是人自尊的需要，是一种正常的心理需要；经常听到真诚的赞美，明白自身的价值获得了社会的肯定，有助于增强自尊心、自信心。大学生多发现和赞美别人的优点，这既能满足他人的心理需要，也能营造出融洽、和谐的交往氛围。

#### 5. 学会解决冲突

在大学期间，由于各种竞争带来的利益冲突，大学生交往中的冲突是在所难免的，再加上生活习惯、价值观、信念、兴趣、爱好等方面的差异，大大小小的分歧就产生了，大学生学会自己解决冲突也是促进其成长的必要环节。

(1) 解决冲突首先要消除自我委屈情绪，保持冷静，对冲突进行客观的分析。引起冲突的事件是什么，冲突的原因在哪里，可能的解决办法是什么等。

(2) 解决冲突重在懂得尊重，求同存异。每个人都拥有自己的个性特点，因此，大学生要尽可能理解别人的需要，尊重别人的兴趣、爱好，承认他人与自己的差异，不贬低他人，不轻视他人，才能克服心理上的对立情绪，有效地解决冲突。

(3) 解决冲突的关键在于沟通，可以借助同学、朋友、网络等中介，与冲突的对方进行恰当、平静、积极的沟通，以达成谅解。有效解决冲突还要学会宽容、理解，以免过度损害同学情谊。

### 6. 学会倾听

倾听是一门学问，适当、有效的倾听要做到以下几点：

(1) 倾听需要专注。每个人都希望别人认真听自己倾诉。不专注听别人的谈话无异于轻视或侮辱别人。专注的倾听对于倾诉者来说是一种无形的褒奖，说话者会从专注的倾听中感受到真诚和善意。

(2) 倾听要仔细并且不要妄下判断。当你聆听别人的观点时，如果心里充斥着“他们应该怎么做”及“他们怎么不对”之类的想法，你就错误领悟别人观点的真谛，造成不必要的误会。

(3) 倾听时保持积极的参与体态。倾听时或上身前倾，平视对方；或俯身侧耳，紧闭双唇，洗耳恭听；或面带微笑，微微颔首等，都体现了倾听者的积极参与精神，让说话者体验到被尊重的感觉。

☞ 课后小资料

#### 人际交往的空间距离

人与人的交往需要保持一定的空间距离。美国学者霍尔通过对美国白人中产阶级的研究指出，可根据空间距离推断人们之间的交往关系，由此，他提出了四种人际交往距离：

**1. 亲密距离**

亲密距离在45厘米以内，属于私下情境，多用于情侣或夫妻间，也可以用于父母与子女之间或知心朋友间，此距离上双方均可感到对方的气味、呼吸、体温等私密性感觉刺激。两位成年男子间一般不采用此距离，但两位女性知己间往往喜欢以这种距离交往。

**2. 私人距离**

私人距离一般在45厘米到120厘米之间，表现为伸手可以握到对方的手，但不易接触到对方的身体，一般的朋友交谈多采用这一距离。这种距离使双方说话变得温柔，可以接受大量体语信息。

**3. 社交距离**

社交距离大约在120厘米到360厘米之间，属于礼节上较正式的交往关系。办公室里的工作人员多采用这种距离交谈，在小型招待会上，与没有过多交往的人打招呼可采用此距离。

**4. 公共距离**

公共距离指大于360厘米的空间距离，一般适用于演讲者与听众。这种距离的交往多是单向的。

影响人际距离的因素有文化、民族、社会地位、性别等。

（资料来源：http：//61. 172. 146. 41/xlhp/Article/xljy/200804/56. html. ）

## 测量自己的社会交往能力

同学们已经知道了培养社会交往能力的重要性，那么，如何测量自己的社交能力呢？

这里给大家介绍一种自我测量社交能力的方法。请你按照自己的符合程度如实打分。凡符合者打2分，基本符合者打1分，难以判断者打0分，基本不符合者打-1分，完全不符合者打-2分。

(1) 我的朋友都是同我年龄相仿的人。

(2) 我不喜欢在大庭广众面前讲话。

(3) 我害怕做接待工作，害怕与陌生人打交道。

(4) 我不喜欢广交朋友。

(5) 我只喜欢跟与自己谈得拢的人交往。

(6) 到一个新环境中，很难适应，无法跟人交往。

(7) 我的文字表达能力远比口头表达能力强。

(8) 上别人家做客时，先要问清有没有不熟悉的陌生人也出席，如有，我的热情就会明显下降。

(9) 我的知心朋友很少。

(10) 我不喜欢与地位比我高的人交往，因为那样我会感到很拘束、不自由。

(11) 在公众场合讲话，我不敢看听众的眼睛。

(12) 与生人交往时，我感到很难找到彼此交谈的话题。

(13) 别人话中带刺揶揄我时，除了生气之外我别无办法。

(14) 我宁愿做会议记录，而不愿主持会议。

(15) 参加集会时，我总是希望坐在熟人旁边。

(16) 我几乎没有异性朋友。

(17) 不到万不得已，我不会求助于人，因为我觉得很难对人开口。

(18) 当有人对我不友好时，我常常不知道该怎么办。

(19) 我很少主动到同学、朋友家串门。

(20) 我不知道怎样同忌妒我的人相处。

(21) 我不习惯和别人聊天。

(22) 我看见陌生人常常觉得无话可说。

(23) 我最怕在社交场合中碰到令人尴尬的事情。

(24) 尽管我觉得自己很有道理，也不善于说服人。

(25) 在陌生的异性面前，我常感到手足无措。

(26) 领导、老师在场时，我讲话特别紧张。

(27) 参加一次新的集会后，我结识不了多少人。

(28) 我同别人的友谊发展，多数是别人采取主动态度。

(29) 我不善于赞美别人，感到很难把话说得自然、亲切。

(30) 当别人向我求助，我无能为力时，常感到难以处理。

对上述各个问题打分后，得分越低，说明你的人际交往能力越强。具体说明如下：

如果低于-20分，表明你是个比较善于交往的人；

如果在-20～0分，意味着你的社交能力可以；

如果在0～30分，说明你的社交能力较差；

如果高出30分，则表明你的社交能力很差。

## ☞ 思考与训练

### 1. 案例讨论

曾经有一个女人，她看见有三位老人坐在她家的院子里，就对他们说："我想我不认识你们，但你们一定饿了吧？那么就请进屋吃点东西吧。""我们不会一起进屋的，"三人异口同声地回答。"为什么？"女人感到奇怪。其中一个解释道："他叫财富，这个叫成功，而我则是爱，现在你回屋去跟你家人商量一下，选择我们中的其中一位进去。"女人进屋跟丈夫商议，丈夫说让财富进门，女人说让成功进门，而女儿让爱进门，因为那样屋里就会充满爱。在女儿言辞恳切的说服下，最后全家人一致选择让爱进门。

女人走出来，礼貌地请其中的爱进屋做客，另外两人也站起来跟着往里走，女人说"我只邀请了爱，你们怎么也来了？"三位老人再次同声回答："如果你邀请了财富或成功，我们中的另外两个就会待在外面，但你既然邀请了爱，无论他走到哪里，我们都会跟着他，因为哪里有爱，哪里就会有成功和财富。"

孝敬父母、尊重别人、富有同情心、团结合作、诚实信用这些高贵品格无一不体现为爱。

### 2. 戴高帽游戏

准备：7～10人一组，围成圆圈坐着。

目的：学习发现别人的优点并欣赏，促进相互肯定与接纳。

操作：5～10人一组围圈坐，请一位成员坐或站在团体中央，其他人轮流说出他的优点及令人欣赏之处（如性格、相貌、处事等），然后被称赞的成员说出哪些优点是自己以前察觉的，哪些是不知道的。每个成员到中央被戴一次高帽。

规则：必须说优点；夸别人时态度要真诚，不能毫无根据地吹捧；要注意体验被人称赞者感觉如何，怎样用心去发现别人的长处，怎样做一个乐于欣赏他人的人。

**3. 分角色扮演**

通过角色扮演，展现以下故事中的六个角色。

### 公平与不公平

小母鸡在谷场上扒着，直到扒出几粒麦子，她叫来邻居，说：“假如我们种下这些麦子，我们就有面包吃了。谁来帮我种下它们？”

牛说：“我不种。”鸭说：“我不种。”猪说：“我不种。”鹅说：“我也不种。”“那我种吧。”这只小母鸡自己种下了麦子。眼看麦子长成了，小母鸡又问：“谁来帮我收麦子？”

鸭说：“我不收。”猪说：“这不是我们应该做的事。”牛说：“那会有损我的资历。”鹅说：“不做虽然饿一点，但也不至于饿死。”“那我自己做。”小母鸡自己动手收麦子。

终于到了烤面包的时候，“谁帮我烤面包？”小母鸡问。牛说：“那得给我加班工资。”鸭说：“那我还能享受最低生活补偿吗？”鹅说：“如果让我一个人帮忙，那太不公平。”猪说：“我太忙，没时间。”“我仍要做。”小母鸡说。

她做好五个面包并拿给她的邻居看，邻居们都要求分享劳动成果，他们说小母鸡之所以种出麦子，是因为地里找出了种子，这应该归大家所有，再说，土地也是大家的。但小母鸡说：“不，我不能给你们，这是我自己种的。”

牛叫道：“损公肥私！”鸭说：“简直像资本家一样。”鹅说：“我要求平等。”猪只管嘀嘀咕咕，其他人忙着上告、要求为此讨个说法。

村长到了，对小母鸡说：“你这样做很不公平，你不应太贪婪。”小母鸡说：“怎么不公平？这是我劳动所得。”村长说：“确切地说，那只是理想的自由竞争制度。在谷场的每个人都应该有他该得的一份。在目前制度下，劳动者和不劳动者必须共同分享劳动成果。”

从此以后，他们都过着和平的生活，但小母鸡再也不烤面包了。

**讨论：**

(1) 小母鸡为什么烤面包失败了？

(2) 如果你是村长你会怎样改进自己的工作？

(3) 你如何看待交往中的“公平与不公平”？请举例说明。

# 第十章 大学生性心理健康教育

一开始就给以全然的性解放，不会有结果。你不难明白，
一旦情欲的满足太容易，它便不会有什么价值可言。

——弗洛伊德

如果男女之间相互了解的愿望仅仅限于性接触的直接要求，
那么，爱情实际上就只是似是而非的爱情或者干脆就是感情的欺骗。

——瓦西列夫

如果性的要求只是为了轻率地满足一下短暂的快乐和乐趣，也就是说，
它要面临巨大的危险，就像一朵鲜花，乍看上去非常美丽诱人，但它却暗含着毒素。

——苏霍姆林斯基

性作为一种生理、心理、社会的现象，伴随人的一生，给人以欢乐，亦使人痛苦。性也是人格的一面镜子，既可以使人高尚，也可以诱人堕落。大学生处于性生理的成熟期和性心理的逐渐成熟期，既有性生理成熟与性心理尚未完全成熟之间的矛盾，也有性的生理需求与社会道德规范之间的冲突。这些矛盾与冲突造成了大学生对性的不适应感与强烈的心理困惑感，直接影响着大学生心理的健康发展。因此，帮助大学生正确地掌握性心理、性生理和性道德知识，形成正确的性观念和性行为，对于维护大学生的身心健康和提高大学生的心理素质，都是必不可少的。

## 第一节 性心理概述

☞ 案例

### 为什么她屡爱屡败

小娟是某大学三年级学生，看起来是很普通的女孩子，在班级里无论是学习、工作还是身材相貌都很普通。

小娟的母亲很早就去世了。在小学四年级一次下了体育课后，小娟被老师强奸

了。在这个老师的威胁下，小娟没敢和任何人说此事，而粗心的父亲也一直没有发现女儿的变化。在余下的两年小学时光里，小娟又数次被这个体育老师强奸，尽管身体没有第一次感觉到的痛苦，但是屈辱感却深深地压在了她的心底，她已经觉得自己再也不是干净的孩子了。

中学的生活是平安无事的六年。上大学后，长大了的小娟看到很多同学都成双成对。离家千里的她更加渴求被爱，曾有过的性经历使她不再有少女的矜持，获得性的快感和吸引男友成了她自信的支柱。两年多来，她已经历了五次恋爱的失败，并且发生过一次堕胎的事件。每次恋爱的结束都是在她和男友发生性关系后不久，五次中只有一次是因为她受不了男友的坏脾气而主动分手，其他四次她都是“被抛弃者”。

（资料来源：http://man.91.cn/ganx/qcqbj/man270073.html.）

**请思考：**为什么小娟为了爱情主动献出了自己的身体，却总是落到被抛弃的结果？大学生应如何认识性？怎样正确对待性问题？

人类社会的发展离不开性，性不仅关系到个人的健康成长、婚姻家庭的美满和人们的生活质量，更关系到人类的繁衍、文明进程和人类社会的发展。大学生处于性生理发育基本成熟，性心理发展正趋激烈的时期，性意识十分活跃。性问题是他们既感到好奇和敏感，又必须要经常面对的问题。因此，必须用科学、严肃的态度正确地对待性问题。

## 一、性的概念

性是什么？长期以来，由于受到我国封建社会虚伪的性道德观念的影响，人们一直是谈性色变，甚至将性同脏、罪恶等画上了等号。一谈到性，一些大学生会表现得十分敏感或羞怯。在敏感和羞怯的背后，隐藏着一种狭隘的认识，即性是一种单纯的性心理，是男女之间生理上的性关系，这种认识是十分片面的。人类文明的发展，已逐渐把性从纯生殖的功能中分离出来，而是追求情感的交流和快乐的满足。因此，目前众多学者都认为，应从生理、心理和社会三种方式来认识、理解性的概念。

从生理的角度说，性是人类最基本的生物学特征之一，性的需要，就如人需要呼吸、饮食一样，都是人的一种自然本能。孟子所云“食、色，性也”，《礼记》所云“饮食男女，人之欲存焉”，均表明人生来就有食欲和性欲两大欲望。

从心理的角度说，性的基本意思是指与“性”有关的一切心理现象，它不仅包括性交、性爱抚等所有直接的性活动，还包括人们对于性的情感、态度、价值观和性方面的喜好等心理方面的表现。尤其是，它不仅指人们普遍认为是“正常”的性活动，也包括所有被认为是“反常”或“不像话”的性行为。

从社会的角度说，性是人类得以繁衍、进化之本，性活动则是人类社会生活的基本内容之一。无论何时何地，人类的性观念和性行为都受制于一定的社会意识形态和道德规范，而不是“两个人的私事”。

人类的性是由生理、心理、社会因素形成的一个整体。其中，生理属性是性活动的物质基础，心理属性是人区别于动物的特性，而社会属性则是人类性的本质属性。性生理因素的正常是人类性活动的前提，它为性心理因素的健全提供了可靠的物质基础；同时，性心理因素的健康发展又有赖于性社会因素的作用。所以，在人类性的三个因素中，起决定作用的是性的社会因素。

综上所述，“性”的科学含义从人类性的生理学属性、心理学属性和社会学属性这三维角度可以概括为：人类的性是指以生物繁衍的机能为基础，受特定的社会关系影响的、由人的心理因素支配的两性行为。因此，性具有生理属性、心理属性和社会属性。

## 二、性心理

性心理是指人对性生理变化、性别特征和差别，以及两性交往关系的内心体验。

性心理的产生，一般受两方面因素的影响。一是性发育自然本能的作用。进入青春期后，男性睾丸发育产生精子和雄性激素，并由于雄性激素的作用，出现并维持男性第二性征。这种生理发育的自然本能，强有力地影响着人的心理发展，促使性心理的萌芽。二是两性社会活动对大脑的影响作用。人类两性间的活动是社会生活中的一个重要组成部分。在青春期，脑的形态发育已经基本完成，因此，外界各种有关性知识的书刊、文艺作品中的爱情描写以及成年人的两性交往活动等，都会对青少年产生影响，促使性心理的产生。所以，性心理的产生，既是一种自然本能的驱动，又是社会生活中两性交往活动影响的结果。换句话说，性心理是由性生理发育的内部冲动和社会意识的发展相结合而形成的。在产生性心理的两个因素中，对性心理的内容起决定性作用的是社会生活条件和环境影响。

由此可见，性心理的产生是不可避免的，是正常的。

### 1. 性心理发展

儿童开始知道自己的性别，大约是在一岁半到两岁的时候。这是在大人教他们上厕所和小便的姿势以及学习语言等过程中逐渐学来的。儿童有时会注意两性外生殖器的不同，询问母亲自己是从哪里生出来的，但这只是好奇心和求知欲的一种表现，并非儿童对性问题特别感兴趣。性心理的觉醒是在青春期开始的时候，这是跟性生理的发育成熟密切相连系的。女子青春期以月经初潮为起点，男子青春期以首次遗精为标志。男子青春期一般比女子晚一年。按这个标准，女子青春期从12~13岁开始，男子从13~14岁开始。由于我国幅员辽阔，自然地理条件差异很大，经济发展不平衡，青春期的开始年龄有地区差异。变异范围女子在11~14岁，男子在12~15岁。

性心理发育大体可以分为四个阶段：

**（1）异性疏远期**

青少年在第二性征出现后的1~2年内，会发现自己与异性在身体外表上有了差别，可能感到羞涩和不安，在异性面前会显得拘束和尴尬。女孩怕男孩观察到自己的乳房发育了，特别怕男孩知道自己来月经；男孩怕女孩发现自己脸上长胡须，更怕让女孩看到腋毛和体毛。于是男女孩子彼此疏远，课间活动保持界限，男孩一堆，女孩一群。即使是儿童时代很要好的异性朋友，此时也有所冷淡和回避。有的人在家庭中还不由自主地疏远异性长辈，女孩生怕父亲知道自己来月经了，男孩也生怕母亲发现自己遗精的秘密。这种青春初期异性疏远的背后，潜藏着对两性差异的莫名感和神秘心理。

**(2) 异性吸引期**

对异性产生好感与爱慕，一般发生在女孩12~13岁、男孩13~14岁以后。两性的外表差异突显出来，正是这种差别产生了吸引力，“同性相斥，异性相吸”，这就是所谓“磁场效应”。这时少男少女一般好表现自己，吸引异性。男孩乐于在女孩面前显示自己的能力和才华，以赢得女孩的好感和赞许；女孩开始注意修饰打扮，以引起男孩的注意和喜欢。男女相互接近的渴望使人乐于参加与异性在一起的集体活动，喜欢结伴外出郊游、娱乐或参加体育锻炼等，并对异性表示关心、体贴，乐于帮助异性同学以博得异性好感，但这种接触交往多半没有专一性和排他性。要多在集体活动中与异性同学普遍交往，而不要过早地陷入与某位异性同学的单独的特殊亲密关系中，以免“作茧自缚”，孤立自己，失去在集体交往中获益的机会。

**(3) 异性眷恋期**

15~16岁之后的青少年到达了青春旺盛期，加快了向成人过渡的步伐。少男少女的独立意识越来越强，与父母的关系倾向疏远；由于体内激素水平越来越高，异性相吸的磁场效应也越来越强，每个人都可能交上一个或多个亲密的异性朋友。此时的青少年应当加强责任感与自我控制，积极自然地多交异性朋友，在交往中学习两性尊重和平等，并增强自尊和自信。但此阶段，如果失去自我控制，容易发生越轨行为。

**(4) 爱情尝试期**

进入大学的青少年（18~20岁），已到青年期，对异性的爱慕和追求更趋专一化，萌发爱情，自然地进入了恋爱择偶的季节。社会上各种媒体的展示，大学里社交的自由和频繁的社团活动，加之初离开家庭的孤独感、无助感，都可能使大学低年级男女生对异性交往的兴趣大增，突破自我封闭和羞于袒露内心秘密的心理，开始不加掩饰地追求异性，并向往忠贞不渝的爱情。他们的初恋带有一定的选择性、专一性和排他性。爱情不失为人生的美好的体验和精神追求，也能被一部分大学生理解，所以，他们的初恋理应是严肃的。但在现实生活中，大学生恋爱最终结合的并不普遍。

以上只是很笼统的概括，变异很多也很大。

## 2. 大学生性心理的影响因素

大学生性心理的发展受自然属性、心理属性、社会属性的影响。

**(1) 自然属性的影响**

① 人的生物学属性是性心理产生的物质基础。

② 人类的进化改变了性交的行为方式，从而促进了性心理的产生和发展。

③ 从个体发育的角度看，性心理是性生理成熟的产物。

**(2) 心理属性的影响**

丰富多彩的人类心理活动使人类的性关系早已脱离了动物界，变成了人的一种高级复杂的情感和心理活动。

① 一方面，心理因素决定了以生理机制为内在驱动力的性通过性欲望、性幻想、

性梦、性情感表达出来。

② 另一方面，心理因素使性独立于生物学本能之外，广泛地反映和化解在各种文化艺术之中，如小说、诗歌、戏剧、舞蹈、音乐、美术、摄影、雕塑、服饰以及建筑设计等。

**(3) 社会属性的影响**

① 家庭环境的影响。两性关系缔结的基本形式是家庭，故家庭因素对性心理的影响十分重要。家庭性环境对子女性观念和性道德的特殊作用在于：一方面，对子女的性角色意识，性心理，性的是非、善恶、荣辱观念的初始定势起着十分重要的作用；另一方面，它是在日常生活中，在耳濡目染中，在潜移默化中，在无意识的示范和模拟中进行的，具有持久深入、具体细微、渗透性强、示范性强等特点。

② 社会环境的影响。一定的社会文化背景对性的态度会直接影响个体的性态度。长期在封闭的社会文化环境中成长的青少年，容易对性征变化持惊奇、恐慌等消极的心理状态；而在开放社会成长的青少年，则会因为处于性信息无处不在的氛围中，性心理成熟较早，对性问题的态度比较坦然开放。特定社会的道德观念、社会舆论导向，也会影响个体性心理的产生和发展，使其或按某种既定的模式出现，或逐渐地发生某种演变。

③ 同龄群体的性氛围。同龄群体由于年龄和发育阶段的同步和相仿，性问题、性关系成为他们共同关注的重要问题，从而形成了小群体内部特有的性道德价值取向和舆论氛围。群体中的性观念和性规范并非代表每个人的意愿，但是个人对群体从心理上的依附和从属，从感情上的亲密和稳定，常常使他们服从小群体的性道德舆论，认同其道德价值，长此以往，小群体的性道德价值标准就内化为每个成员的内在的性道德观。同龄小群体中的性道德舆论是一种强化和放大了的舆论，对其成员性观念的影响力和控制力常常超过家庭、学校和社会。因此，从不良小群体中获得的性道德观念，教育改造起来是非常困难的；反过来，如果从小群体入手来矫正不良的性观念和性行为则会起到事半功倍的作用。

这说明，性心理受着文化传统、当时的教育状况和社会舆论、家庭背景、个人的人格以及流行的文艺作品等许多因素的影响，而不只是生物学所决定的东西。

## 3. 大学生的性心理特征

从年龄特点看，绝大多数大学生正处于青年中期和晚期阶段，他们的性心理不可避免地会带上该年龄段的特征；同时，大学生的社会角色和所处的社会环境，也不可避免地会对大学生的性心理产生影响。因此，大学生的性心理发展一般具有以下特征。

**(1) 性心理的本能性和朦胧性**

相当一部分大学生，尤其是低年级大学生的性心理，尚缺乏深刻的社会内容，主要还是生理发育成熟带来的本能作用，好像情不自禁地对异性发生兴趣、好感和爱慕。加上不少学生不了解性的基本知识，对性有较浓厚的神秘感，使得这种萌动又罩上了一种朦胧的色彩。大学生由于性生理和性心理日趋成熟，希望与异性交往，他们喜欢探索异性的心理秘密。正是在此基础上，在朦胧纷乱的心理变化中，大学生的性意识逐渐强烈和成熟起来。

(2) 性意识的强烈性与表现上的文饰性

大学生对性的关心程度明显强于中学生。他们十分重视自己在异性心目中的形象，十分看重来自异性的评价，并常按照异性的要求和希望来进行自我评价和塑造自己的形象。从大学生宿舍中每晚的卧谈会中我们不难看出大学生对性的关心程度之高，表现出明显的对性的强烈渴求性。同时，我们可以看到尽管大学生心理上对性问题和异性都很关注、很敏感，但在行为上却表现得拘谨、羞涩和冷漠，具有明显的文饰性。

(3) 性心理的压抑性和动荡性

青春期是人一生中性欲最旺盛的时期。但不少大学生心理不够成熟，尚未形成稳固的道德感和恋爱观，自控和自制的能力有限，他们的性心理极易受外界各种因素的影响而显得动荡不安，表现出明显的动荡性。而且大学生并不具有通常意义上的满足性冲动的伴侣，容易导致过分的焦虑和压抑，少数人还可能以扭曲的、不良的甚至是变态的方式表现出来。

(4) 性宣泄的普遍性

在强烈的性驱动力的影响下，大学生有了性的需要和欲求，甚至会产生性冲动。因此，在大学生中性幻想、性梦等现象明显比中学生增加。然而，由于主客观条件的限制，大学生缺乏正常的满足性生活要求的条件，因此，手淫便成为大学生性宣泄的主要形式，有的大学生甚至出现了边缘性性行为或性行为。

边缘性性行为是指两性之间由性吸引而产生的一系列亲昵性行为。如两性交往中，具有性吸引倾向的握手、谈话、拥抱、恋爱中的眉目传情等行为。

(5) 性心理的性别差异性

大学生的性心理存在着明显的性别差异性。在对于异性感情的流露上，男生显得较为外显和热烈，女生往往表现得含蓄而温存；在内心体验上，男生更多的是新奇、神秘和喜悦，女生则常是羞涩、敏感和不知所措；在表达方式上男生比较主动和直接，女生更喜欢采取暗示的方式；男生的性冲动易被性视觉刺激唤起，而女生则易在听觉、触觉刺激下引起性兴奋。不过，这种差异近年来有缩小的趋势。如在表达方式上，女生变得较为主动的情况也是越来越常见。

当然，由于个人的生理、心理条件的不同，家庭环境、地区及文化背景的差异，大学生性心理发展的各种特征呈现出参差不齐的复杂局面。需要指出的是，由于性问题本身的复杂性、敏感性和隐蔽性，加重了这种混乱的状况，使其较之任何心理的其他方面的发展状况更为复杂。

### 4. 大学生性心理的矛盾冲突

(1) 生理成熟与心理不适的矛盾

大学生的性生理与整个身体的发育已基本成熟，性心理正趋向成熟。可是大学生需要在大学校园里进行半封闭的学习，经济上不独立，他们的未来又有许多不确定因素，性心理成熟落后于性生理成熟的现实，导致许多与性有关的心理矛盾产生，如性认知偏差、性冲动困扰、性行为失当等。性方面的问题既多却又隐蔽，使许多人默默忍受痛苦，却没有勇气去接受指教和疏导，这更加剧了大学生的心理困惑、心理冲突。

**(2) 性意识的强烈性与社会规范的矛盾**

大学生随着性机能的成熟，在青春期就出现的性欲望和性冲动此时会表现得更加强烈，这是身体发育中正常的生理和心理现象。但人不仅是生物的人，更是社会的人；性也不仅具有自然属性，更具有社会属性。社会道德和法律的要求，学校纪律的约束，使得绝大多数大学生无法以社会认可的合法婚姻形式获得性满足。性的生物性需求与性的社会性要求的矛盾使不少学生感到不安和压抑。由于个体的性欲望有其隐蔽性的特点，大学生的这种性压抑往往以多种形式宣泄出来。如谈论有关性的话题、“桌面文学”、“厕所文学”中表现出性的内容，有时以非理智、非文明的方式宣泄，都可能与性压抑有关。

**(3) 传统性观念与开放性观念的矛盾**

在中国传统的性观念中，孔孟的“男女授受不亲”，宋明理学的“存天理，灭人欲”，对性强调“非礼勿视、非礼勿听、非礼勿言、非礼勿动”，把性看做是“万恶之源”。改革开放以来，由于受到西方资产阶级价值观念和生活方式的不良影响，西方所谓的“性解放”、“性自由”等思想大量涌入，社会上的性观念又走向了另外一个极端，色情泛滥、性病横行。传统的性观念与开放的性观念之间产生了巨大的反差和矛盾冲突，使大学生性心理的发展处于多种矛盾的相互作用之中，一些大学生无法处理好这些矛盾，从而使性心理的健康发展出现了偏差。有的大学生对性冲动持否定、抵制的态度，采取压抑的方式，性压抑的结果不仅有碍性心理的健康发展，严重的会导致性变态或性犯罪。与此相反，有的大学生对性持放纵态度，性意识受到错误强化，沉湎于谈情说爱之中，甚至发生性犯罪。

### 5. 大学生不健康的性心理表现

**(1) 性作为消除疑虑的手段**

从男性的角度看，性行为是男子气的最简单的证明。因而一个人可能寻求许多性经验来证明自己的本领，只要他还继续他的“征服”活动，他就可以保持自尊；如果有某种因素，如疾病或被迫禁欲，阻止他继续保持一定水平的性活动，他就容易产生抑郁、自卑、焦虑等情绪。从女性的角度看，则可能因极度怀疑她对男性的魅力和她的“女性气质”，而表现在性生活方面放荡不羁，以此证明她确实是风姿绰约、魅力十足的。在这些情况下，性被用作消除疑虑的手段，这是不健康的，因为这并未解决促使人们产生疑虑的根源。

**(2) 性作为心理“麻醉剂”**

性满足是一种基本的快感。对于许多人来说，日常生活是灰色的，没有什么快乐可言，他们的工作或学习可能单调乏味，他们的人际关系也可能是肤浅的，不能令人满意。在这种情况下，人就可能用频繁的性关系或手淫来弥补其生活的空虚。把性行为当做麻醉剂也是不健康的，因为它也没有从根本上解决问题；相反，性快感使人如此“镇静”，以至于使他丧失了为改变环境而进行努力的动力。

**(3) 性作为可交换的条件**

人可以把性行为当做一种手段，用以获得他认为用其他方法无法或难以获得的东西。卖淫是把性当做可以交换的商品的最明显的例子，妓女为了钱而出卖性。现实社会中，还有不少变相的或抱着类似的心态的例子（例如，在当前的社会腐败现象中，性贿赂是非常普遍的），虽然有时候这种交换的性质并不明显。这些人可能不断地为自己寻求各种开脱的“理由”，然而又总难免来自社会的或内心的谴责。最主要的是，“卖主”把他自己当做一件商品，这对于“买主”和“卖主”来说都是卑劣的、不人道的。

## 第二节　大学生常见的性问题及调适

☞ **案例**

**出租屋冻死母子三人**

2006年1月3日，兰州市发生了一件骇人听闻的惨事，一名大二女学生和她刚刚出生的一对双胞胎男婴孤零零地死在一间出租屋里。

2004年十一长假兰州某学院大二女生林某上网聊天，结识了一某专业学校大一新生李某。两人相互感觉不错。以后他们经常上网聊天，三个月后两人见面了。他们觉得彼此跟网上的感觉差不多，更是有了好感，几次见面后，两人自然成了一对恋人。

2005年4月的一天，林某兴高采烈地打电话约李某。见面后带李某去一个地方。那是一间10平方米左右的房间，一张大床占据了房间大半的位置，床上是印有淡紫色小花的床单，让整个房间充满了温馨。还有一台电视机和一些简单的生活用品。俨然是一个幸福的小家。他们开始了快乐的同居生活。

2005年9月，有同学说林某越来越胖，有点像孕妇了。林某这才猛地想起来，自己已经几个月没有来例假了。惊慌的她赶紧到医院检查，果然是怀孕了。

得知林某的怀孕，李某一时不知所措。思前想后，他镇定下来，劝林某打掉孩子。林某不同意，坚持要生下孩子。他们在每次吵闹中，都是谁也说服不了谁。一直拖到12月下旬。林某总算同意去打掉孩子。

但因为怀孕的时间长，引产要花好多钱，他们决定凑钱去做。李某借遍了同学朋友只凑到1060元，离手术费还差几十元。不料，就在李某四处借钱的同时，林某却将自己手头上的200元借给朋友。狂怒之下李某离开了待产的女友。

两天后，兰州的天空飘起了雪花，天气异常寒冷。李某到底还是放心不下，晚上他又赶到了出租屋，打开房门，立刻被眼前的一幕震惊了：地上全是鲜血，林某躺在血泊中，两个刚出生的婴儿，脸色铁青，缩成一团，在血泊中泡着。李某傻了，半天才回过神来，拍拍林某的脸：“你咋了，快醒醒。”

林某的脸冰冰的，没有丝毫反应。李某没有查心跳和呼吸，第一感觉是林某死了。李某恐惧极了，转身关上房门，一口气跑到宿舍。

第二天上门催缴房租的房东发现了林某，并立即报了警。这时，林某和两个双胞胎孩子已经惨死了。

（资料来源：生活文摘报，2006-12-19.）

**请思考：**是什么原因致使大二女生林某过早地当上了母亲，并付出了生命的代价？而林某的男友见死不救，不负责任又说明了什么？

大学生因为性的成熟，面临许多性心理卫生问题。由于中国是传统上忌讳谈“性”的国家，加上大学生性心理的封闭性特点，使得大学生在性心理发展过程中出现较多问题，虽然大多数属于调节问题，但由于带有隐蔽性，又由于社会的忽视与个体的掩饰而不易被发现，如果严重发展下去，就会发展成各种性心理障碍和疾病，严重影响他们的身心健康，影响正常的学习、工作与生活，造成不良后果。因此，加强性心理调节，培养健康的性心理十分必要。

## 一、性认知的偏差与性冲动的困扰

据调查，不少青少年对“性”持有不正确的认识，有的视它为下流、肮脏、见不得人、难以启齿、无所适从，以致对自己的性冲动感到羞愧、自责、苦恼和困惑，并产生厌恶与恐惧心理。其实性冲动是男女青年生理心理的正常反应，是在性激素的作用和外界有关刺激下产生的，并不是不纯洁、不道德或可耻的行为，产生上述不正确的看法的青年如不及时醒悟会造成心理障碍，对性的冲动要靠性道德来约束自己，并进行适当地调适。

### 1. 认知升华

用一种积极的、富有建设性的、能为社会所接受的欲望和方式来取代性欲，转移性欲。比如用音乐、体育活动、娱乐、绘画等转移性能量、平衡性情感。弗洛伊德在他所著的《精神分析理论》中认为“对性冲动的升华创造了文学、艺术和社会文明”。这说明性欲是可控的，一个人格健全的人能适时适度地升华性欲。

### 2. 合理宣泄

宣泄是大学生调节性冲动的一种常用方式，合理的宣泄是采取积极的方式和态度去释放、缓解、转移性能量的过程。比如可以通过学习、社会实践活动以及男女的正常交往等多种合理途径使生理能量得到释放、代偿、升华；也可以通过性幻想等手段来缓解性冲动引起的紧张、焦虑等情绪。

### 3. 预防性诱惑

当前由于与性相联系的信息在生活中到处都是，一些媒体更是充斥着色情信息，色情物品本身传递着一种不真实、扭曲的性观念，它的目的并非客观地传递性知识，而是要透过文字或图片，透过感官去刺激人的性欲。所以若长期暴露于色情物品充斥的环境，个人的情欲必定会高涨，增加很多不必要的性幻想及性冲动。这对大学生的性自控能力是一种挑战，深深地影响着大学生的性认知、性审美和性态度。因此，大学生要自觉远离色情物品，及充满色情诱惑的地方，阅读格调高尚、情趣健康的书报，收看思想性强、艺术水平高的影视节目，自觉抵制网络色情垃圾，这样做可以预防和避免不良性刺激引起的性冲动。

## 二、性焦虑

性心理的冲突、矛盾及各种性适应不良都会引起广义上的性焦虑，这里所讲的性焦虑主要是指对自己的外形、性角色、性功能的焦虑。

一个人随着生理发育成熟，到青春期往往会出现对自己形体的不安。男青年都希望自己长得魁梧高大，女青年都希望自己长得苗条漂亮。如果有的男青年觉得自己矮小、瘦弱，就感到自卑；而有的女青年觉得自己过胖、长相平平，也会感到苦恼。有的男青年由于受网络、报纸杂志、影视等媒体对性功能一味夸大的影响，十分担心自己的生殖器的发育状况以及性功能是否正常。个别大学生甚至为此忧心忡忡，整日愁眉苦脸、无精打采，就像真的患了性功能障碍。有的女青年对乳房的大小十分敏感，并为此心事重重。还有的男女青年甚至对自己皮肤的黑白、脸上的“青春痘”等烦恼不安。

性焦虑还表现在性角色与心理行为是否吻合上，有的男青年感到自己缺乏男子汉的气质；一些女青年觉得自己不够温柔、不够细心。于是有些青年便产生了“过度补偿”的念头，比如有的男青年为了使自己更像个男子汉，故作深沉，或表现出大胆、粗鲁行为，如打架与冒险等。

以上几种性焦虑对青春期男女青年的性心理发展影响很大，而且常常影响到他们的日常生活以及整个精神状态。

进行调适的方法为：

通过多种渠道接受性教育和性咨询可以起到改善的作用，重新建立自信心。其中最重要的是建立起健康的审美观，接受自己的现实，不要怨天尤人，要扬长避短，对自身的性生理、性心理方面的疑惑，应及时寻找心理医生咨询与帮助，重建正确的性认知结构，打消顾虑，缓解内心的冲突。

## 三、遗精恐惧与月经困扰

遗精是指男性在无性交状态下的射精现象，是青春期男子常见的正常生理现象，是性成熟的标志。因为男性进入青春期后，睾丸就开始造出精子，到18～20岁达到高峰，“精满则自溢”。过去传统观念往往把遗精看得很严重，认为这种行为会伤元气。青少年常因此而焦虑不安，惊惶失措。实际上精液由精子和黏液组成，一次排放的数毫升精液中99%是水分，其余是蛋白质、糖等，其营养物质微乎其微。认为遗精就是“泄阳”的想法是不科学的，这种想法会引起紧张焦虑的情绪，对身心健康产生不利影响，甚至产生严重后果。

女性的月经期及来月经的前几天是女性生理曲线的低潮期，身体的耐受性、灵活力下降，易疲劳。这些都是正常的生理反应，但确实会给女性带来一些不适的感受，这的确是一个需要加倍体贴的“特殊时期”。但一般不会影响工作、学习和生活。有些女生过于担心经期的不舒服，这些消极暗示会加重自身情绪的低落和躯体的不适感，甚至造成恶性循环。

### 1. 遗精恐惧的调适

首先，要正确地认识和对待遗精现象，顺其自然。

其次，一旦发现遗精，要及时清洗内裤、床单和性器官，以保持卫生。

再次，应多参加文体活动，培养兴趣爱好，不看色情的书刊、录像，同时避免穿太紧的内裤、盖太重被子，以减少性刺激。

最后，遗精的次数有多有少，并不规则。有时一两个月一次，有时一星期两次，这都很正常。如果遗精过于频繁，就应去医院检查，这可能是因为某种疾患引起局部刺激而频繁遗精或沉溺于追求性兴奋而使大脑神经功能紊乱，性神经反射调节失控所致，若对症治疗，效果较好。

### 2. 女生经期烦恼的调适

首先，要了解自己经期规律和特征，对自己情绪的不稳定有心理上的准备，有了心理准备便可以控制自己的情绪。

其次，月经期可以有意识地回避一些矛盾，以减少刺激，尽量避免做出感情上的重大决策，一旦遇到不愉快的事情，尽量控制自己，或告之别人近期情绪不佳，以得到别人的谅解。同时让自己参加一些较轻松、运动量又不大的活动，像散步、看电影等，使自己保持较愉快的情绪。

最后，不给自己不良暗示。有些女生每月月经来临前，就害怕担心有严重的心理反应，这种期待产生的焦虑不安会导致加重不舒服的感觉。有人暗示自己月经期间会记忆力下降，全身无力，于是就真的会如此，这都是心理作用的结果。反过来，如果能给自己积极的心理暗示，那么就可有效地改变身心状况。

## 四、性自慰焦虑

“自慰”行为是指在没有异性参与的情况下所进行的满足性欲的活动。一般来说“自慰”有三种形式：性幻想、性梦和手淫。

### 1. 性梦

性梦是指在梦中与异性发生性行为。例如，接吻、搂抱、抚摸和性交等。

据调查，大学生做过性梦的人比例较高，其中男生多于女生。从性梦的内容看，男生在梦中有接吻、拥抱、性交行为的人数比例大大超过女生，表现出强烈的性欲望，许多男生的遗精就是在性梦中发生的，这是大学生性生理成熟的一种正常的生理现象和心理现象，并非思想品德不端正。在现实生活中，不少大学生对性梦存在一定的误解。

第一，把性梦当成是个人的品质问题，性意识活动成为一种干扰因素，影响了正常的学习和生活。

第二，把无意识的性梦当成了自己自觉的愿望。认为梦见谁就是爱上了谁，于是，在性梦的驱使下盲目地求爱。

研究结果表明：性梦作为意识控制解除下的一种潜意识行为，既无法控制也无法预防。因此，大学生完全没有必要为性梦中出现的异常性行为感到紧张、自责。此外，认为自己具有的这种心理状态是一种“毛病”，并想改掉它的想法，是个体走向成熟的标志。这种情况绝非病态，不必过于紧张。

调适的方法有：

首先，重视科学性知识的学习，包括性生理和性心理的有关知识，掌握性生理和性心理的发展规律。只有正确地看待自己的性生理变化和性意识活动，才能有效地消除性无知所产生的不良情绪。

其次，睡前进行适当的体育锻炼，以利于上床后尽快入睡。

最后，尽量避免夜间过多地涉及与性有关的话题和活动，有意识地培养自己保持性健康的克制力。

### 2. 性幻想

性幻想是指在白天清醒的状态下想象与异性发生性行为。性幻想心理活动的基础是性吸引，它主要是通过联想异性的形象，特别是异性的性特征、性表现外露的部分、一些性情景，以及在已有性爱经验的基础上自编、自导、自演与性交往内容有关的心理活动过程。它可以幻想出在日常生活中不能满足的与异性一起约会、接吻、拥抱、性交等性活动。这种白日梦可以导致生理上的性兴奋，偶尔也会出现性高潮。这在一定程度上可以缓解人们的性需求。白日梦是一种普遍的心理现象，但是，性幻想不能过头，如果成天沉溺其中，甚至把幻想当成现实，那就会成为病态，就会有碍于大学生的健康成长。

性的白日梦是人为的幻想，而性梦则是真正的梦。性梦的产生是无意识的，性幻想的产生则不是完全无意识的。沉湎于性幻想的学生往往在学习时注意力分散，思想无法集中，对学习的妨碍很大。故大学生应集中精力学习，克服有害的性幻想。

调适的方法有：

首先，树立文明的性观念。将性视为“下流”、把性看做是“万恶之首”的思想，是落后愚昧的。作为当代大学生，应抛弃这些陈旧的性观念，树立文明的性观念。要敢于正视性的问题，科学对待性问题，把性看成是正常的生理、心理现象，避免自我道德谴责所产生的强烈的罪恶感和自卑心理。

其次，开展正常的异性交往活动，建立异性间的友谊，能够满足青春期青年学生的心理需要，减少人为的压抑，防止形成强迫性观念。同时，与异性交往，还有利于了解异性，消除对异性的神秘和敏感，建立适当的异性心理反应，促进大学生心理健康。

### 3. 手淫

手淫是指通过抚摸自己的生殖器官，或者用其他器具、其他方式刺激性器官获得快感，疏泄性冲动、满足性欲望的一种行为方式。传统的性观念认为手淫是邪恶的，是有罪的，是不道德的。在这种传统的“手淫有害”论的影响下，许多青少年手淫后常常会陷入负罪感、羞耻感等诸多焦虑不安的情绪中，成为性自慰焦虑的主要心理原因。

实际上手淫是一种自然的、正常的性行为，手淫是对性冲动的缓解。它是“标准的性行为的一种”。美国著名的性研究专家玛斯特斯和约翰逊用先进的实验仪器，对手淫和性交作了比较，发现两者基本一致，认为没有理由把手淫当做是有害身心健康的异常性行为看待。并且，在青少年不能用性交行为来释放他们内心积聚起来的性冲动能量的情况下，手淫是他们唯一可以采取的主要性行为。

手淫的危害并不在于手淫本身，而在于对手淫的担忧、恐惧、羞愧和罪恶感。对手淫的错误认识，常使大学生难以摆脱由此带来的巨大的心理冲突。对手淫强烈的内心冲突，容易引起生理、心理紊乱，出现一系列身心反应，如记忆力下降、注意力不集中、自卑、无力、情绪紧张等，影响到学习、工作和生活。但这一切并不是手淫行为所直接导致的，而主要是由于手淫伴随的心理冲突引起的。而心理冲突又是由于手淫有害、罪恶的观念所致。因此对手淫有了正确认识，甩掉心理负担，对手淫的欲望和行为反而会减少或容易调节了。

需要指出的是，说手淫无罪、无害，并不等于手淫是必需的，更不是说手淫可以无度，因为纵欲伤身。长期、频繁的手淫，会引起大脑高级神经功能和性神经反射的紊乱。所以既不能过分压抑，也不能毫无节制，应加强自我调节，减少性刺激，通过更好的方法来宣泄、转移和升华。

调适的方法有：

首先，改变认知。国外大量的研究表明，手淫是性宣泄的一种方式，对身体无害。手淫的危害主要是由于对手淫的过分担忧而引起的心理困惑。所以，必须正确认识手淫，改变错误的认知，消除过分担忧，才能减轻危害。

其次，调整行为。改变不健康、不科学的生活方式，积极参加集体活动，加强人际交往，培养广泛的兴趣爱好，缓解对手淫问题的关注。

最后，发展独立意识。手淫引起的心理困惑的实质是大学生青春期的自恋倾向，说明其心理断乳的问题尚未解决好，缺乏自信。要解决这一问题，必须发展独立意识，把注意力转向外界，关注社会，关注学业，树立远大理想，追求高层次的心理需要。

## 五、性骚扰的恐惧

性骚扰一般是指一个人以某种引诱或威胁为要挟，将自己的性欲强加于他人，迫使他人服从自己的性意志。性骚扰的形式包括对异性表现出低级粗俗的性侵扰欲望，浪言疯语的挑逗，违反妇女意愿的抚摸、拧捏和调情。有时是让人感到不舒服、委曲的暗示和肮脏下流的笑话，淫秽、猥亵的言论和要求；有时是对异性身体的有意碰触以及发生性关系的意图等。

大学校园虽然是相对单纯的环境，但是由于大学校园的日益开放，生源的日益复杂，尤其是国际互联网的普及，性骚扰也不同程度地存在。由于缺乏自卫心理，一些同学常常面对性骚扰时惊慌失措，恐惧万分，甚至长时间地自责，认为自己不“干净”，心理困扰长时间不能解脱。

调适的方法有：

第一，大学生应该懂得什么是隐私和隐私权。每个人都有他的隐私，每个人都有保护自己的隐私不受侵犯的权利。例如，人身体的某些部分，像女孩子的生殖器、臀部、乳房部位是不可以给人随便看、随便碰的，否则就是侵犯了隐私。

第二，应当维护自己自尊、自重、自爱的自我形象，做到举止大方、行为得体、作风正派、衣着打扮不轻浮。

第三，大学生应当学会自我保护。女生晚上尽量不要单独外出，更不要单独在男性家中或住所长时间停留。面对异性的非分要求，不要畏惧，要勇敢地说不。

第四，要以严厉的态度制止和反抗性骚扰，必要时向别人呼救或向公安部门寻求帮助。避免因受到性骚扰或是性侵犯难以启齿而使作案者屡屡得逞，从而给受害者造成更大的心理伤害。

第五，受到性骚扰的学生不要过分恐惧和自责。为了更快地排除自己的心理困扰，可以向父母、老师、知心朋友宣泄自己的情绪，也可以寻求心理咨询师的帮助。

## 六、婚前性行为

在讨论婚前性行为时，我们都会说到“艾滋病”、生理伤害、感情伤害等问题，其实，意外怀孕是比这些伤害还糟糕的事情。婴儿的诞生原本是婚姻状态中的一个高潮，对相爱中的父母来说，那是件得意而令人激动的事。然而，对一个年轻的未婚妈妈而言，却变成一个前途未卜的悲剧。

婚前性行为，目前呈现着数量愈来愈多、年龄愈来愈小的发展趋势，它已成为世界普遍关注的社会性问题之一。近十年来，国内外大范围调查表明，社会对婚前性行为的认可程度，国外的比例在60% ~70%，国内虽有所松动，比例也仅达30.5%。

对于婚前性行为，一些大学生认为只要双方愿意就可以发生，有的甚至相识不久就发生性关系，有的在校外租房同居。他们常常不能对自己的性冲动进行理性的控制，不能对自我和他人负起性行为后果的责任。年轻的大学生们没有真正意识到自己还在读书，在没有工作、不能担负起独立的经济责任和社会责任的情况下，性行为对于自己的现在和将来究竟意味着什么。

有人对未婚先孕而做人工流产的少女进行了一次调查后发现，发生婚前性行为的，主要有以下几种心理：

热恋心理：两人由初恋进入热恋，感情如胶似漆，有一日不见如隔三秋之感。恋爱达到白热化程度，一旦海誓山盟，性行为也随之而来。这类少女做人流虽有羞涩之感，但并不感到空虚和沮丧，甚至还认为这是自己对男友的一种无私奉献。

迎合心理：这些少女认为男友各方面条件都比自己好，当男友提出性要求时，因怕失去对方，便默然应允，迎合对方。

占有心理：这类少女认为男友不错，同时别的少女对她又有一定的竞争性，为了不使自己在竞争中失利，便发生性行为，造成既成事实，达到占有目的。

掩饰心理：她们常常是在迫不得已的情况下与男友发生性行为的。当男友提出性要求时，从她们内心来讲并不想这样做，但又抵挡不住而就范。

侥幸心理：首次发生性关系后，大多产生怕怀孕的紧张恐惧心理。但时间一长，发现没事，便产生了侥幸心理。

屈从心理：有些女性有求于男性帮助解决招工等困难时被男方要挟、控制，尽管她们内心并不愿意，但还是忍气吞声地发生了性行为。

好奇心理：进入青春发育期的少女，随着体内性激素水平的增高，在身体发生一系列变化的同时，对性也产生了好奇心理。这些少女是抱着好奇的尝试心理而发生性行为的。

逆反心理：这些少女的婚姻常常因受到家庭、亲友、组织的阻挠，不准她与心上人交往，于是，产生逆反心理，发生性行为。

无所谓心理：这些少女受到西方性解放的影响，对婚前性行为抱着无所谓的态度，于是一发不可收拾。

性觉醒提前：青春期少女产生了朦胧性感，喜欢结交异性。影视剧中性镜头的增多，丰富的青春交际，纷繁的社会熏陶，使她们喜欢幻想的性觉醒超前了，银幕上情人的一个飞吻、画刊上一个多情的姿态、小说中一段入微的性描写、公园里的一个亲昵动作……都会很自然地引起性朦胧期少女的关注和思索，使她们激起结交异性的愿望，并隐隐产生性冲动。她们的社会经验不丰富，又不容易控制自己的感情，容易坠入情网而不能自拔，甚至一失足成千古恨。因此，青春期又被心理学家称为性危险期。

### 1. 婚前性行为的不良后果

婚前性行为使男女双方在性欲和其他动机方面都获得了一定满足，但人在情中不知迷，乐极生悲，祸起于喜。从近年来全国部分地区对未婚人流者的调查结果来看，婚前性行为给当事者，特别是直接给女方所带来的不良后果是毋庸置疑的。

**（1）给女方心理带来极大压力**

婚前性行为的发生，有时是女方主动提出的，而更多的是男方要求女方迎合或女方抵御不了，但事前事后心理状态大不相同，它给女方造成的心理压力如恐惧、自卑、冲突等接踵而来。如果怀孕以后又被抛弃，对她的一生则可能产生重大影响，心里留下一片永远抹不去的阴影和创伤。她可能对男性产生敌意，选择独身主义；或者改变自己的道德观、价值观而“破罐子破摔”；或者以自杀逃避现实；或者仓促与他人结婚以遮丑。

**（2）给女方身体健康造成严重影响**

在不想生育的前提下受孕，其补救措施就是人工流产。对婚前性行为者来讲，人流的不良后果有三：一是不能正常地恢复身体的健康状况。有的女生为了不让别人知道，做完手术后不休息，立刻去学习，严重影响了健康状况的恢复，甚至导致大出血。二是容易损伤生殖器官，出现意外事故。有的学生不敢去医院人流，找那些江湖游医，在极不科学的条件下实施手术，使生殖器受到很大损伤，有的甚至送了命，也有的遭到品质恶劣的江湖医生的凌辱，身心均受摧残。三是引起许多并发症。医学研究和临床资料表明，人流对女性造成的危害有：引发月经量少、闭经、性冷淡、不孕、再次妊娠易导致流产、子宫内膜异位症、生殖器官炎症、前置胎盘、胎盘粘连植入、子宫穿孔、产后大出血等，甚至引起宫颈癌等。

**（3）使恋爱关系出现不利于女方的发展趋势**

在未发生婚前性行为时，恋爱双方是相互平等、自由选择的关系，可发生之后情况则有所不同：一是对方吸引力比过去逐渐减弱。原以为两性关系很神秘，现在变得“不过如此”，过去的光彩、魅力显得不夺目，不充满憧憬了。二是女方再选择机会减少。原来男方十分迁就女方，自女方委身于他之后，便以为“她再也离不开我了”、“非我莫属了”，故对女方开始态度随便、任意支配。反之，女方则因把贞节已交给他了，“已经是他的人了”，可又担心男方改变初衷，唯恐被抛弃，于是对男方一再迁就、容忍，即使发现他有较大缺点，可事已至此，只得将就成婚，贻误了终身大事。三是使男方对女方的猜疑开始萌生。恩格斯曾讲：“性爱按其本性来说就是排他的。”女性如此，男性也不例外，男子总希望女友只信任自己，对自己开放，一旦与之发生关系，便又开始猜疑女方，“她对别人是否也这样”？若女方过去已谈过几个对象，这种疑心就会加重，或导致终止恋爱关系，或婚后生活不和谐。

**（4）使新婚蒙上阴云**

新婚是人生最快乐的事件之一，但婚前有过性行为或新娘子已有孕在身，这样的新婚就会失去应有的欢乐。对新婚夫妇而言，双方已没有新鲜感，只不过走走形式；周围人也会有议论、看不起，以为“有伤风化”。虽然传统观念中有些东西比较苛刻，但要一下子扭转“国情”，对传统文化进行摒弃并非轻而易举。

**（5）给婚后生活造成诸多不愉快**

婚前性行为往往是在提心吊胆、唯恐别人发现的心理状态下进行的，缺乏良好的性生活环境，双方不仅难以从中体验到性快感，反而留下了痛苦的性经验，容易造成夫妻某一方的性功能障碍，如性冷淡等，导致夫妻性生活不和谐。婚前性行为没有法律保证，女方因被抛弃而对男方怀恨在心，可能会导致家庭不幸。

此外，婚前性行为不经过身体检查，很容易传染疾病，殃及双方及下一代的健康。由于不能受到法律保护，也给有些坏人以恋爱为名，而行玩弄女性之实。

### 2. 面对婚前性行为

**（1）提倡婚前性节制，尽量延后性行为**

生命中充满了变数，无论男女，学会理解自己的性欲及与之相关的复杂内容，是一道永无答案的难题。尤其是青春期的个体，身心都处于不断变化之中，自身必须随时针对新的情形不断作出调整。他们在迷茫中探索，在探索中成长，认识并悦纳自我，这种自我认识也包括对情感的认识。基于此，太早卷入性生活是不明智之举。近年来，在很多西方国家，人们都将禁欲和延后性行为作为青春期性教育的一个重要方面。

婚前性节制被认为是未婚青年唯一安全的负责任的选择。它是一种切实可行的、积极的生活方式，能提高人的自控能力，培养自尊，懂得尊重他人，具备责任心，能使个体终身受益。同时，婚前性节制能够促进未来的婚姻更健康、更幸福、更甜蜜。

**（2）强调安全负责任的性行为**

已达法定年龄的同学无论对自己或对他人都应尽责，做任何事之前都应再三思量，原则上应对得起自己的良心，不伤害到他人。在发生性关系前，应考虑是否真爱对方，是否真的要用这种方式才能表达你的爱。如果答案是否定的，请不要发生性行为。无论男女，都该正确对待性和爱的关系。理智可以战胜情感，不要因为一时的情感冲动而伤害到别人。在激情过后该负责任的也不单单只有男性，责任是双方的。

坦率地讲，身处校园的大学生做出负责到底的承诺并不现实。在性行为发生时，最起码应保证它是安全的，不会由此带来怀孕和身体的不健康。

## 第三节 大学生健康性心理的培养

人的性心理健康，有如机体的健康，一方面要能对自身面临的心理困扰积极地去调适解决，另一方面要做好预防的准备，做到防患于未然。大学生要注重性心理健康，科学地掌握性知识，积极地进行正常的两性交往，学会调整性心理困扰的方法，培养健康的性心理。

### 一、性健康教育的重要性

随着改革开放的深入，西方国家已经过时的“性自由”、“性解放”思潮被相当部分的大学生所接受并效仿。“一夜情”成为一些大学生推崇的“性的权利”，伴随而来的问题是：“婚前同居”导致的“非婚生子”被抛弃的事件、校外租房导致的凶杀事件、因失身后失恋而导致的自杀事件、违反校纪校规后“状告母校”事件、不安全的性行为导致的“大学生成为性传播疾病”受害群体的事件、“大学生卖淫嫖娼”被学校开除的事件屡见媒体及报道。在大学生中开展性健康教育，通过性文化素质的培养，帮助大学生通过科学的性知识和性文化的学习，拥有健康的性意识和性道德，引导大学生健康成长，是实现高素质人才培养的保障措施之一。

我国的性教育在改革开放前几乎是一片空白。20 世纪 70 年代后期，在我国打破了性教育的禁区后，国家从立法和政策上对性教育作出了一系列规定。

首先，从教学大纲和健康教育来规定性教育的内容。1978 年颁布的《全日制十年制学校中学生理卫生教学大纲（试行草案)》中指出：“必须重视青春期卫生和晚婚、计划生育的教育。”1988 年国家教委、计生委颁布了《关于在中学开展青春期教育的通知》，通知明确规定：“青春期性教育包括性生理、性心理和性道德教育三方面，以社会主义道德教育为核心。”1993 年国家教委颁布了《大学生健康教育基本要求》，其中性健康教育有重要地位。1995 年国家教育部体育卫生司《关于在各大、中学校开展“加强预防艾滋病教育及搞好控制艾滋病宣传活动”的通知》中指出：“高等学校和普通中学要把青春期教育与预防艾滋病、性病教育结合起来，要加强性道德教育，提倡洁身自爱，要教育学生防止性失误。”

其次，从国家法律和法规方面提供性教育的法律依据。2002 年施行的《中华人民共和国人口与计划生育法》第 13 条中明确规定：“……学校应当在学生中，以符合受教育者特征的适当方式，有计划地开展生理卫生教育、青春期教育或者性健康教育。”为在学校实施青春期性教育提供了法律依据。

性作为衡量文明的标准，体现着社会的文明程度，也体现了人生不同阶段的美好内涵。大学生处在人生的黄金阶段，他们面对着人生的一系列的重要问题，完成学业、培养综合素质、就业择业、异性交往、恋爱成家等。因此，帮助大学生通过科学的性知识和性文化的学习，拥有健康的性意识和性道德，在人生发展道路上健康成长是我国大学生性教育的主要目标。

## 二、性心理健康的标准

### 1. 性心理健康的标准

世界卫生组织对性心理健康所下的定义是："通过丰富和完善的人格、人际交往和爱情方式，达到性行为在肉体、感情、理智和社会诸方面的圆满和协调。"性不单纯是肉体的需求，还有丰富的精神性和社会性的内涵。

性心理健康评定标准必须具备以下四个条件：

（1）个人的身心应有所属，有较明显的反差。如果阴阳莫辨，就难以实施健全的性行为与获得美满的爱情。

（2）个人有良好的性适应，包括自我性适应与异性适应，即对自己的性征、性欲能够悦纳，与异性能很好地相处。

（3）对待两性一视同仁，不应人为地制造分裂、歧视或偏见。对曾因种种历史原因形成的一切与科学相悖的性愚昧、性偏见及种种谬误有清醒的认识，理解并追求性文明。

（4）能够自然地高质量地享受性生活。

### 2. 大学生性健康的标准

对于大学生而言，其标准应当有以下几条：

（1）有正常的性需要和性欲望。

（2）有科学的性知识。

（3）有良好的性道德。

（4）有正当的性行为。

正常的性需要和性欲望是心理健康的物质基础，科学的性认识是性心理健康的自我调节机制，正当的性行为是符合校纪、道德、法律规则的行为。只有在以上几方面做到协调，才具备健康的性心理。

## 三、维护大学生性健康的途径

### 1. 自觉掌握科学的性知识

众多研究和事例均表明，缺乏科学的性知识，是大学生出现各类性心理障碍的主要原因。掌握科学的性知识，能帮助大学生以坦然客观的态度面对性问题，正确对待性生理和性心理发展过程中出现的各种生理心理现象，免受忧郁、焦虑、恐惧等不良情绪干扰。要建立健康的性心理，掌握科学的性知识是最基础的一环。

**（1）从科学健康的渠道获取性知识**

随着大学生性生理和性心理的成熟，他们对性知识和性信息必然表现出一种关注和渴望。但是，社会上信息渠道的多种多样，传播的性知识良莠不齐，对大学生的性心理健康也会产生不同的影响。大学生应该选择恰当的性知识传授者，从科学健康的渠道获取性知识。性知识的传授者应是具备性知识的父母、性教育工作者或者医生。许多大学生由于受传统观念的影响，有了性的困惑往往不愿意向家人、老师和医生求助或进行探讨，而是压抑自己，或者四处翻阅与性相关的书籍，或者通过和同学、朋友间隐晦性的交流，获取一些与之相关的知识。但是现在一些性知识书籍良莠不齐，同学朋友的认识也大多带有片面性，通过这些途径获得的所谓性知识，常常是不恰当、甚至是错误的性知识，不少还带有色情和暴力倾向。这不仅无助于缓解和消除性的困惑，而且常常是适得其反的，导致不健康性心理和性行为的产生。

**（2）以科学的态度坦然面对“性”**

性是一门科学，大学生应该以科学的态度坦然面对，积极主动地向具备科学、系统性知识的家人、教师和医生请教，或者去新华书店购买正式出版发行的、符合自己年龄特点的有关性知识的图书或影视资料。大学生们应当努力学习和掌握性科学知识，避免性无知，消除把性仅仅看做是生物本能的片面认识，学会以科学为标准来鉴别和选择性信息，才能真正地从身心及社会各方面把性统一起来，达成和谐的性的自我同一。

**（3）以科学的方法掌握性健康知识**

首先，学习科学的性知识要坚持中国特色的社会主义方向。虽然性生理和性心理等问题是人类共同的问题，但是不能一味地兼收并蓄西方性文化中的腐朽、没落的东西，不能把性问题仅仅看做是个人的问题。要从“性”的社会属性方面坚持人的本质的社会性，冷静地分析各种性观念和性思潮带来的震荡。同时，要在老师的指导下，选读一些相关学科的书籍，包括性心理学、性生理学、性伦理学、性社会学、性审美学、性法律学等，构建合理的性知识结构。

其次，接受性健康指导要坚持理论联系实际，用科学的性知识和理论去认识、检验、影响和改造大学生性方面的主观世界，针对性地解决自己在学习、生活和成长过程中面临的与异性交往、友谊、恋爱、婚姻等实际问题。

再次，接受性健康教育要坚持知行统一。知行统一要求大学生从自己做起，从与异性交往做起，在性爱实践活动中加深对系统科学的性知识的理解，在实践中去实现性的道德价值，升华自己的人格。在自己、他人和家庭幸福、社会的稳定中把握性爱的真谛，创造美好的人生。

### 2. 提高大学生性道德修养

性道德是道德的重要组成部分，是用来规定人类个体的性行为、调节两性之间关系的，它是通过社会舆论、传统习俗和人们的内心信念来维系并发生作用的性行为原则和规范的总和。我国性道德教育的目标是：培养人们正确的性价值观、健康的性道德品质和负责任的性态度，提高社会成员的性道德水准，营造良好的性道德氛围，促进婚姻家庭的幸福和谐，抵制和消除腐朽的性道德观念，推动整个社会精神文明的发展。

**（1）要提高性道德认知水平**

性道德和其他社会意识形态一样，是人的社会发展的反映，表现出多样性、一致性、历史继承性等特征。首都师范大学的高德伟教授把社会主义的性道德概括为“自愿、无伤、相爱、合法、秘密”的十字原则。要使我们的学生认识到，性道德是指导和评价人们的性关系、性行为价值取向，规范个体性行为，调节两性关系的善恶标准体系。它关系到人类的性文明，而性文明则是整个社会文明的标志之一。马克思曾指出：“人和人之间的直接的、自然的、必然的关系是男女之间的关系。因而，从这种关系就可以判断人的整个教养程度。”

**（2）要重视发展健康的性道德情感**

大学生要有意识地培养和发展积极健康的道德情感。具体地讲，即在协调两性关系时处理好和谐与冲突、愉悦与骚扰、奉献与索取、融洽与占有、发展与停滞、创造与束缚等六种对性道德范畴之间的关系：（1）追求情感和谐，避免冲突。（2）增加两性相处的愉悦，把握交往中的言行分寸，学会避免和应付性骚扰。（3）在两性之间的个人交往中，只想索取，却不懂得奉献，爱情便不可能产生。（4）坚持双方情感互动，让和谐、愉悦、互动成为促进性道德情感的力量。（5）两性之间的情感应随着年龄阶段的不同而不断丰富、发展。（6）拥有共同的情感、意志和理想，会使性爱升华，迸发出极大的创造力。

**（3）要养成坚韧的性道德意志**

主要是诚敬、恭谨、笃信、忠贞四个性道德原则。

诚即真心实意，敬即尊重有礼。诚敬，是一般的行为准则。缺少真诚的异性交往，举止再文雅，言词再动听，只会使人感到虚伪，别有用心，故而产生厌恶；同理，交往出于诚心，却对异性不够尊重，甚至令异性感到粗鲁，只能使人敬而远之。因此，无论是出于青春期对异性的好奇，还是青春期对异性的爱恋，诚敬是两性交往成功的开端和关键。

恭即肃敬，谦虚有礼；谨即慎重小心。恭谨是用以规范较亲密交往、具有异性友谊的性道德行为的。相对于同性交往而言，异性交往时我们的服装、礼仪、表情、语言和行为尤其要表现出彬彬有礼，肃敬适中，不能有任何粗鲁和亲昵的偏差。因此，两性交往中的恭谨态度和言行，是友谊能继续维持的途径。

笃信和忠贞一道，用以规范恋爱、婚姻关系中的性道德行为。笃即忠实、全心全意；信即诚实不欺。在异性交往中实行笃信规范，目的是建立持久可靠的相互信任的关系。笃志、尽心，这就是人们常说的“路遥知马力，日久见人心”。所谓笃志，即志同道合，矢志不渝；所谓尽心，即一心一意，全力以赴。两性交往以诚敬为开始，以恭敬为方式，笃志于共同的事业，尽心于共同的目标，才能逐渐形成共同的意识、情感、意志、信念甚至理想，而这无疑是最可信赖的关系。

忠即忠诚无私，竭心尽力；贞即坚定有节操。在现代性伦理科学中，忠贞涵盖着过去所谓的贞操问题，但较过去的含义更广。它不仅规范夫妻双方，也规范恋爱中的双方；不仅要求女性，而且要求男性讲贞操。无论是恋人，还是夫妻，忠都表现在彼此的关系上，而贞则是对自身的要求。对人的忠，会促进对方的贞；要求自己贞，是对对方忠的表现。具体讲，忠贞包括两层含义，首先，它要求已经确立了恋爱关系或结为夫妻的双方要经得起时间、空间和条件变化的考验；其次，它强调的是对性欲的自制。

因此，人的心理过程是一个整体，可以从认知、情感、意志三个相互独立又相互渗透的方面来考虑。大学生的性道德修养应遵循心理活动的规律，同时心理活动还必须与道德行为实践相配合，才能完成自我修养的过程。

### 3. 培养健康的人格

性是人格的完成。性，不仅仅决定于生物本能，一个人对待性的态度，反映了一个人人格的成熟。人自身的尊严感和对他人是否尊重，都会在两性关系中充分体现出来。

**(1) 要树立正确的世界观，培养远大的理想**

青春期的性生理发展给青少年学生带来了心理上的骚动，他们感到自己的性欲望和性冲动，但由于社会道德规范的限制，要求他们必须给予控制、延缓性的满足，这令他们感到压抑和烦恼。然而，这种矛盾并不是不可调和的，它可以通过注意力的转移和情感的升华来达到。因此建立正确的人生观，培养远大的理想是首要的，因为有了正确的人生观和远大的理想，就可以使自己明确奋斗的目的和方向，并通过积极的行动来达到所确立的目标。在这个过程中，性心理的欲望及其带来的困扰就成了个人生活中的一个小插曲，并会随自己的成功而变得理性和成熟。当然，不可把性心理的欲望看成是实现理想的绊脚石，而应该顺其自然，即使有一些性幻想和其他性心理表现，都无需惊慌，只要认识到这是正常反应并加以适当宣泄则可。

**(2) 正确认识自我，培养悦纳自我的态度**

认同自己的性别角色。性别角色意识是一个人社会化成熟与否的重要体现，是心理健康的重要标志。世界是两性的和谐统一。男性和女性在生理和心理上各有自己的特点，各有自己的性别魅力。因此大学生应当接纳和欣赏自己的性别角色，发展出适应时代要求的优秀个性特点。性别角色的认同和胜任是现代人成功适应和发展的重要心理基础。

接纳自己的外貌和生理特征。世界上没有完全相同的两个人，每个人都有自己独特的外表美,你不必时时与别人进行比较,而且一个人的外貌及身体的生理特征是先天遗传的,个人无法改变,人最重要的是增强自己的内在美,即增强自己的人格美、气质美、才华美。俄国大文豪托尔斯泰曾经说过:人不是因为美丽才可爱,而是因为可爱而美丽。当你拥有了自信、乐观的性格，拥有了高尚的品格和高雅的气质时，你就拥有了令人喜爱的魅力。

**(3) 培养高尚的性审美观，自觉规范性行为**

树立大学生健康向上的性形象，储备婚姻生活的基本性知识，理解婚姻的稳定是家庭和人生性爱幸福的保证，也是社会稳定的保证；理解性道德和性法律是人类性文明的产物，自觉树立运用性道德和性法律进行自我保护的意识。

### 4. 积极进行自我调节

每一个大学生都应该懂得：每个人都应该尊重任何一个他人的存在价值；每个人都

应该以希望他人如何对待自己的方式去对待他人；每个人发展自尊与自重都应该建筑于良好的人格标准基础上，即责任心、诚实、善良，并对自己的道德能力有信心。性欲是正常的和健康的，而且，性欲是可以控制的。维护大学生的性健康，不仅要具备健康的性知识，还要进行积极的自我调节。

**(1) 正确认识，端正思想**

青年期是性欲望、性冲动、性兴趣频繁出现的时期，教育学生努力培养自己的性抑制力，以便适应复杂多变的文化、生活环境；既要遵从人的自然本性，又要符合道德规范和法制观念。

**(2) 积极引导，良好适应**

通过学习、工作和各种活动等多种途径使生理能量得到释放、代偿、升华以及有效的转移。教育学生正确处理学业与爱情的关系，指导学生掌握异性交往的方法，处理好两性关系。

**(3) 关注问题，及时处理**

通常性心理困惑的直接后果是自卑、自责和自我否定的倾向。它不仅影响学生的情绪，还影响学生的人际交往和学习效率。所以，一旦发现问题，应及时处理。一方面合理宣泄不良的情绪；另一方面获得应对性困惑的信息和经验，有助于自我调节；对一些较严重的性心理问题要寻求性心理咨询帮助。

**(4) 积极主动地进行正常的两性交往**

从性心理卫生角度看，男女交往可满足彼此的心理需求，尤其是性心理需求，达到性心理平衡。不仅仅如此，男女大学生之间广泛深入的交往，有助于加深自己对异性的了解，丰富生活，陶冶情操，互相取长补短。男女交往是丰富完善人格的重要渠道，对青年人的成长至为重要。如果大学生的两性交往更多、更自然，那么大学校园里的恋爱风不但不会蔓延，反而会趋于正常化，会更趋稳妥认真地对待恋爱问题。不必把恋爱作为了解异性、结交异性或弥补性心理寂寞的手段，更多的人会在交往中逐渐地发展关系，而不会人为地增加恋爱的盲目性或随意性。同时，如果连两性间的基本交往的社会化过程都没有完成，很难想象恋爱能够成功，而由此带来的烦恼也是可想而知的了。当然，在与异性交往中，有的人不分场合、时间、地点，拼命地追求异性，把两性交往看得过于随便，或将与异性交往看成生活的唯一目标，都是不可取、不健康的心理行为。为此，大学生要充分认识和正确对待两性交往，培养与异性自然、友好、文明交往的能力，通过与异性的交往来充实自己、发展自己。

### 5. 寻求心理咨询

性心理咨询是心理咨询的一个特殊领域，它是心理咨询人员，运用性心理学的知识和技术，给寻求性心理咨询的来访者以启发、指导和帮助，使来访者免受性意识或性行为障碍困扰，改变不良的性适应行为方式，提高当事人性适应能力，增进当事人身心健康的过程。可见，它对解决大学生中存在的各类性心理问题，有着积极的作用。所以，向心理学专家请教更有必要性和有效性。在心理咨询室中，性不再是一个难以启齿的问题，因为，面对具有较高专业素养和职业道德水准的教师或心理咨询人员，大学生通常会更信赖，更容易解除顾虑，诉说性方面的问题，以寻求理解、支持和帮助。心理学专家不仅能帮助解决一个具体的问题，还能协助个体心理和人格的健全发展。因此，咨询的意义更为深远。

目前，国内多数高校都设立了心理咨询中心或相应机构，随着教育部、卫生部、团中央《关于进一步加强和改进大学生心理健康教育的意见》(教社政［2005］1号）的颁布，大学生心理健康教育和心理咨询服务，必将成为高等学校学生教育和学生工作的重要组成部分。这对当代大学生的性心理健康，对当代大学生的身心健康成长，必将起到积极而重要的推动作用。

总之，大学生要正确地进行异性交往，把握好性别角色的道德和法律尺度，使自身的性行为约束在社会规范的框架内。大学生要尝试从生理、心理、社会、历史、文化、道德和哲学等不同角度来学习科学的性知识，培养对性的正确态度，建立健康的性价值观。健康的性价值观的普遍建立，必然使社会生活更科学、更文明、更愉悦，也必将使整个社会的道德得以净化和提高。

## 四、大学生性病、艾滋病的预防

### 1. 什么是性病和艾滋病

凡是通过性行为，包括生殖器的性行为和类似的行为接触而发生的传染疾病称为性传播疾病。我们习惯将之称为性病。它包括：淋病、尖锐湿疣、生殖器疱疹、梅毒、非淋菌性尿道炎和滴虫病等。

艾滋病全称为获得性免疫缺陷综合征（AIDS)，是由一种名为“人类免疫缺陷病毒(HIV)”，又称为艾滋病毒的致病微生物所导致的性传播疾病。HIV的传播，主要有下列四种途径：

(1）与艾滋病患者发生不安全的性行为，从而接触到受感染的血液、精液或阴道分泌物；

(2）与带菌的吸毒者共用针筒进行静脉注射；

(3）输入带有病毒的血液或血液制成品；

(4）受感染的妇女在怀孕、生产或哺乳时把病毒传给婴儿。

艾滋病主要损害人体免疫系统，破坏人体的抵抗力，使患者容易得上一些普通人不容易发生的严重传染病和恶性肿瘤，最后导致病人死亡。由于艾滋病是当代对人类威胁最严重的性传播疾病，因此被西方称为“20世纪的新瘟疫——超级癌症”。

人们对艾滋病都“谈艾色变”，其实，一般的生活接触是不会感染艾滋病的。

(1）普通的接吻又无口腔黏膜的破损，不会感染艾滋病，但如果带有大量唾液且有口腔黏膜的破损和血液的渗出，则可能传播艾滋病；

(2）共同进餐不会传染艾滋病；

(3）同住、同用一个浴池、坐便器不会传染艾滋病；

(4）咳嗽、打喷嚏、谈话不会传染艾滋病。

## 2. 性病、艾滋病的危害

性病、艾滋病严重地摧残着人们的身体，吞噬着人们的生命、给人类的发展带来巨大的灾难。性病、艾滋病的危害主要有：

**(1) 损害人的机体健康**

性传播疾病能够导致病人的皮肤溃烂，生殖器发炎，会造成眼科疾病、心脏病、心血管病和神经系统疾病，还会并发肝炎肾病等。性传播疾病会造成女性不育症，导致女性生育能力的丧失。

**(2) 吞噬人的生命**

性传播疾病会直接导致癌症的发生，直接威胁人们的生命，性传播疾病造成的性器官损伤是艾滋病毒感染的直接途径。艾滋病的治愈率很低。医学专家认为，艾滋病的患者，50% 将在确诊后 18 个月内死去；80% 将在 36 个月内死去。

联合国艾滋病计划署的最新报告显示，仅 2002 年全球就有 310 万人死于艾滋病，全球艾滋病患者和病毒感染者的总数达到了 4200 万人。艾滋病正以前所未有的程度威胁着人类的安宁、社会的发展与稳定。据统计，每天全球就有 16000 例新的艾滋病病毒感染者，同时有 8000 人因艾滋病而死亡，艾滋病是吞噬人类生命的恶魔。

自 1985 年我国发现首例艾滋病至今，艾滋病在我国的流行呈蔓延和持续增长态势。进入 21 世纪以来，中国已进入艾滋病快速传染时期，艾滋病在中国是“很大的危险”。2001 年全年报告艾滋病病例数比 2000 年增长 206%，2002 年比 2001 年增长 44%。此后几年，艾滋病病例报告数的年增长幅度都在 30% 以上。截至 2005 年 6 月底，全国累计报告艾滋病病毒感染 126808 例，其中艾滋病病人 28789 例，累计死亡 7375 例。2006 年 12 月 1 日是第 15 个世界艾滋病日，卫生部又公布了一个惊人的数字：到 2006 年上半年，中国艾滋病病毒感染总人数已增长到近 100 万。

**(3) 威胁后代的延续**

性传播疾病和艾滋病不仅使本人遭受疾病的折磨，而且还会通过妇女怀孕，把罪恶的病毒传给无辜的婴儿。同时，母乳喂养，也会使受艾滋病病毒感染的母亲把病毒通过乳汁传给婴儿。医学专家统计，受艾滋病病毒感染的婴儿存活时间一般不超过 2～3 年。据统计，全世界有 300 万婴儿在出生时就感染了艾滋病毒，许多儿童很快发展为艾滋病，几年之内就丧失了生命。

**(4) 摧毁世界经济**

艾滋病对于世界经济的摧毁丝毫不亚于世界大战。据统计，全世界仅 1991 年用于防治艾滋病的经费总额就高达 85 亿美元，其中用于艾滋病研究的经费，高达 20 亿美元。亚洲开发银行副总裁苏利有面对艾滋病对亚洲的威胁时说：“艾滋病是亚洲繁荣的大敌”，“艾滋病威胁到过去 20 年来取得的许多经济成果。有些国家最近才开始改革经济并已有了经济增长，但这些经济成果也可能被艾滋病摧毁，亚洲的经济成果可能毁于一旦。”

一项权威报告显示，在未来 10 年，艾滋病流行造成的损失将不少于 225 亿元。

### 3. 性病、艾滋病的预防

艾滋病正在全球疯狂地肆虐，艾滋病已经不再是个人隐私问题，也不仅仅是公共卫生问题，而是严重的社会问题。社会各界、各种人群都要对预防艾滋病负起责任。由于病毒繁衍中的差异，人类10年来所作的各种试图研制出杀灭艾滋病病毒的药物的努力都归于失败。卫生部艾滋病预防与控制中心副主任、国家新药评审专家库成员邵一鸣研究员说，他参加新药评审已十多年，但他没有发现一种药物对艾滋病有效。据了解，人类至少还要等8～10年后才可能研制成功预防艾滋病的疫苗，而距离治愈艾滋病的目标就更加遥远。

因此，要想有效预防艾滋病，在仍没有发现有效阻断艾滋病病毒、预防感染的好办法之前，预防艾滋病的最好“疫苗”就是对高危人群进行行为干预。而大学生已经是艾滋病传播的高风险人群，为了我们的身心健康，为了中华民族的繁荣昌盛，为了我国现代化事业的不断发展，大学生应当积极参加性病、艾滋病的预防。

**（1）要人格健康**

一位美国学者在回顾了美国同性病、艾滋病作斗争的20年的痛苦经历后深深地感受到，人类最后遏制性病、艾滋病流行的途径既不可能是特效药和疫苗，更不可能是避孕套，而是人格教育和建立健康的家庭。

大学生们应当不断完善自己的人格，学会自尊、自爱和自信，拥有积极进取的人生态度和健康的生活方式，同时也能尊重他人的人格，遵守性道德、有效地控制自己的性行为，对自己，对他人，对社会负起责任。

**（2）要洁身自爱**

大学生要倡导性纯洁，减少婚前性行为和婚外性行为的发生，这不仅可以有效地预防性病、艾滋病的传播，而且也能使人们享受到真正的性爱。同时，大学生应当拒绝各种媒体中的性污染，减少不良的性刺激。

**（3）要预防宣传**

性健康是关系到一个民族兴衰的大事，普及宣传性病、艾滋病预防知识，使青少年了解性病、艾滋病的传播是预防性传播疾病的重要工作。同时，宣传教育的目的也是为了建立一种正确对待性传播疾病的态度。防止对艾滋病人产生恐惧和歧视心理，大学生们应当积极参与预防性病、艾滋病的宣传教育活动。

向全社会宣传预防艾滋病的科普知识，是我国预防和控制艾滋病传播和流行的重要措施之一。卫生部于1998年10月编发了《预防艾滋病宣传教育知识要点》，其中最为重要的内容有预防和控制艾滋病的10条基本知识。摘录如下，供大家了解。

① 艾滋病是一种病死率极高的严重传染病，目前还没有治愈的药物和方法，但可以预防；

② 艾滋病主要通过性接触、血液和母婴三种途径传播；

③ 与艾滋病病人和艾滋病病毒感染者的日常生活和工作接触不会感染艾滋病；

④ 洁身自爱、遵守性道德是预防经性途径传染的艾滋病的根本措施；

⑤ 正确使用避孕套不仅能避孕，还能减少感染艾滋病、性病的危险；

⑥ 及早治疗并治愈性病可减少感染艾滋病的危险；

⑦ 共用注射器吸毒是传播艾滋病的重要途径，因此要拒绝毒品，珍爱生命；

⑧ 避免不必要的输血和注射，避免使用未经艾滋病病毒抗体检测的血液和血液制品；

⑨ 关心、帮助和不歧视艾滋病病人及艾滋病病毒感染者是预防与控制艾滋病的重要方面；

⑩ 艾滋病威胁着每一个人和每一个家庭，预防艾滋病是全社会的责任。

## ☞ 课后小资料

### 性教育要构筑三道“防火墙”

帮助青少年建立“三道防火墙”的概念，已在部分专家和德育工作者中得到基本认同。

第一道防火墙就是防止未成年人的性关系，即未成年人应当“洁身自爱”。对这一点，青春期性教育者应当理直气壮、开诚布公地对学生讲。青少年不能发生性关系是因为其心理、生理方面均不成熟，无法承受性关系的后果。“春天就忙春天的事”，是少男少女都应当懂得的人生规律。我们不能否认少男少女本能的性欲望和性冲动，但如何去应对欲望和冲动，则要通过大脑和意志力去回答和行动。我们还必须讲明爱情是心与心的交融，而不是性器官的约会；青少年无法用肉体关系来证明爱情，反而可能以此毁灭爱的种子。

第二道防火墙就是避孕和紧急避孕。我们希望所有到达成年以前的孩子都安全地呆在第一道防火墙之内，但却往往不能百分之百地如愿。我们难以预料究竟哪些孩子会越墙。讲解“生命的孕育和诞生”，孩子们可以从光盘上直观地看到精子与卵子结合的情景；讲解“计划生育”可告知，用哪些方法能够阻挡或避免精子与卵子见面，等等。这是以成年人的计划生育为背景的，不会让孩子感到是在针对他们，或赞同他们发生性关系。所以他们不会有羞怯感、触及隐私感或意欲尝试感。

第三道防火墙就是如何终止妊娠。但要讲明各种避孕手段都不是万分可靠的。

总体来讲，我们既要帮助孩子建立道德屏障，又要把科学的信息向他们转达，让他们真正做到“知情选择”，其终极目标是为了确保其身心健康。

（资料来源：陈一筠．解读青春密码．中国妇女出版社，2005：7.）

## ☞ 思考与训练

1. 谈谈大学校园中的婚前性行为的心理动机是什么？

2. 男女分组，同学们互相谈谈自己在成长过程中遇到的一些性方面的困惑或笑话。

3. 辩论会：同学分成甲乙两方，分别持有赞同婚前性行为和不赞同婚前性行为的观点，双方辩论，最后请专家点评。

# 第十一章　大学生恋爱心理健康教育

爱情不是花荫下的甜言，不是桃花源中的蜜语，不是轻绵的眼泪，更不是死硬的强迫，爱情是建立在共同的基础上的。

——莎士比亚

爱一个人意味着什么呢？这意味着为他的幸福而高兴，为使他更幸福而去做需要做的一切，并从中得到快乐。

——车尔尼雪夫斯基

毫无经验的初恋是迷人的，但经得起考验的爱情是无价的。

——马尔林斯基

大学生正处于青春期，随着生理的成熟和性意识的产生，他们对爱情特别关心和敏感，但是他们既是成熟的，又是不成熟的。大学生心理还不成熟，感情脆弱，自控力差。他们的社会责任感，他们的道德观念，他们的恋爱态度，他们对恋爱与学习关系的处理等都是不成熟的。因此，正确对待恋爱问题，适时解决与恋爱有关的矛盾和心理障碍，是大学生心理健康教育的重要内容。

## 第一节　恋爱心理概述

☞案例

### 不经意间，她成了别人的新娘

小宁和春天（均为化名）的故事说起来有些令人心酸。

春天比小宁高一届，当小宁第一次在图书馆见到她时，便无法安心看书。此后他一直想找机会接近她，终于有一天，他们在图书馆再次相遇，就这样相识了。

春天脾气好，会关心人。小宁渐渐地喜欢上了她，可春天一直把他当弟弟看。那年的圣诞节，在几个朋友的怂恿下，小宁鼓起勇气买了一束玫瑰花送给春天。春天拿着玫瑰花，望着小宁一直笑。他们的恋爱从此开始。

此后，他们一起去教室，一起上图书馆，一起坐在操场的台座上数星星。日子过得很愉快。

一转眼，春天到了大四，开始忙忙碌碌地找工作。还在上大三的小宁，无法体会她那种焦急和无奈，还认为受到她的冷落而说了一些让她伤心的话。直到送她去外地的车上，伤感才开始袭上小宁的心头。春天用笔在他手心写下“好好读书，争取考上研究生，我会等你”的字句，感动得小宁泪水流淌。

春天工作的地方离学校很远，两人只能通过电话和网络联系。这期间他们见过面，春天的工作并不如意。

一年之后，小宁也毕业了，来到了春天所在的城市。接他的那天，春天穿着那套他认为最漂亮的衣服，眼睛里充满了喜悦。春天特意请了两天假，陪他熟悉这座城市，陪他去参加各种招聘会，两个人像两只快乐的鸟儿一样。但小宁花了半个月的时间，却没有落实一家单位。就在这时，他收到了一所高校研究生录取的通知。小宁脸上闪着成功的喜悦，却不曾留意春天眼中露出的愁容。

分处两地的他们继续着恋情。春天很忙，但经常打电话说想见他，而他则一心想着先干一番事业，对她关注得少了。

这一年的暑假，当小宁打电话告诉春天想去看她时，春天却告诉他说她已经有了新的恋人。她哭着求他别怪她，说她现在需要一个安定的家，而这些小宁不能给她。小宁在痛苦和震怒之下摔掉了电话。

后来，小宁从朋友那里知道春天结婚的消息，一丝悔意涌上心头，但还是给她发送了一条“祝你们幸福”的短信。

(资料来源：http：//www. 39. net/mentalowrld/jjxy/79126. html. )

**请思考**：导致大学生恋人分手的主要原因是什么？

德国著名诗人歌德曾说：“天下哪个倜傥少男不善钟情？天下哪个妙龄少女不善怀春？”大学生恋爱在今天已不是个新鲜的话题，弥漫在大学校园里的一个个看似缤纷的爱情故事，像一颗青涩浪漫的果实充满诱惑。走在当今的大学校园，经常可以看到校园情侣的身影。有人甚至说，要是没谈过恋爱，大学就白读了。一些学生甚至有过不止一次的恋爱经历。但校园恋情究竟有多少能最终“修成正果”？

恋爱的心理结构包含了恋爱价值观、恋爱道德观和性心理三个密切相连的组成部分。其中性心理是基础、价值观起评价、指导和选择作用，道德观起重要规范和制约作用。从性生理、性心理的发展角度来看，大学生恋爱是一种无可厚非的正常现象。但是，大学生的内心状态还不完全成熟，很不稳定，社会阅历少，对爱情看法也比较单纯，很容易出现一种心理上的巨大变动，处理不好就会影响大学生活，甚至影响了自己一生，造成无可弥补的恶果。

因此，在理解大学生谈恋爱的同时，还必须进行引导，使其向有利于大学生活、学习，有利于大学生身心健康的方向发展。帮助大学生树立正确的恋爱观，消除恋爱中的不良现象。

## 一、恋爱和爱情的概念

恋爱一词包含的内容很复杂，很难给予准确的定义。刘达临定义为异性之间发生爱情、建立爱情，直到结婚的过程。这是恋爱健康发展的一般规律。在国外的专著中一般只用“爱情”和“爱”这样的字眼，而在中国习惯于用“恋爱”这个词。

“什么是爱情呢?”从古到今，有许多人在苦苦探索，似乎都说得清楚，似乎又说不清楚。有人说：“在人类一切感情中，只有一种是不需要任何理由的，这就是爱。”这种看法是不对的。世界上没有无缘无故的爱，爱总是有它一定的理由、一定的原因，它既受人的自然本能的影响，更受社会属性支配。

《诗经》第一篇：“关关雎鸠，在河之洲。窈窕淑女，君子好逑……”这表明，一个小伙子“追求”一个女子，不单是出于性欲（种族延续本能），而且还有其他欲求。其中之一，就是“窈窕”，只有“窈窕”，才能满足心理上的美感需求。另外，男女间的爱情还要满足依附本能，即社会本能的需要。爱情是同时满足这三种基本需求并得到体验的过程。所有全面满足三种基本需求的“爱”，才可以定义为真正的爱情，否则，便是残缺的畸形的爱情。我们在说明爱情问题时，有时侧重于性满足，这时用“性爱”一词表达；有时侧重于依附体验，就用“恋爱”一词表达；有时侧重于心理上的满足，便用“情爱”一词表达。

简单地说，爱情就是一对男女基于一定的社会关系和共同的生活理想，在各自的内心形成了对对方的最真挚的倾慕，并渴望对方成为自己终身伴侣的强烈感情。这种感情，既不同于同学、同事、朋友之情，也不同于父母子女、兄弟姐妹之情，而是由两性的自然吸引、在一定的社会条件下所形成的特殊感情，是感情的一种复杂的高级形式。爱情帮助人们理智地选择自己的人生道路和生活伴侣，所以，它有利于提高人的精神修养。

## 二、爱情的特征

### 1. 爱情以男女双方的互爱为前提

爱情是互相爱慕之情，是相爱者双方内心感情激流的汇合，是由两颗心灵弹奏出来的和谐旋律，而不是一方的独奏。相爱的双方既是爱者，又是被爱者，各自既要获得爱，又要奉献爱，这才能构成爱情关系。一方强制另一方与之结合，绝不是爱情；同时，如果仅有自己对对方的爱，即单相思，也不是真正的爱情。

### 2. 爱情具有排他性

爱情一旦存在于一对男女之间，双方在心理上是不能容纳第三者的存在的。男女双方一旦形成爱情关系，就不允许第三者存在，也不容许其中任何一方同时涉足第三者。爱情所包含的为它所持有的情感和义务，只能存在于恋爱者两人之中。恋爱者的任何一方，可以同其他任何异性建立和发展友谊；但是，这种友谊及相应的关系，在现有爱情存续期间，不能超出同志和朋友的范围。

### 3. 爱情只有自主性和平等性

两性之间爱情关系的确立，必须建立在当事人充分自愿的基础上，而不能是其他任何外来因素和势力干预的结果。在一些特定的情况下，不能不通过他人的中介作用，也不排除需要听取父母及他人的意见。但是，最终决定是否建立爱情关系必须是完全出于当事人双方的自愿，并由当事人自主决定。爱情是完全平等的，爱情的建立必须遵守平等原则，在爱情关系发展的过程中，男女双方必须处于完全平等的地位，甚至表达爱情的方式也必须是男女双方所愿意接受的。这种平等既是精神上的平等，也应当包含物质上平等的因素。爱情的建立必须有相应的物质基础，任何虚幻的、纯粹的、柏拉图式的爱情是不存在的。因此，怀有崇高的爱情追求是应该的，但在为建立爱情关系所作的选择以及为之努力的过程中，一定要实事求是，既不好高骛远，又不妄自菲薄，努力求得两人感情生活的一致和平等。在这样的基础上建立起来的爱情，才会天长地久。

## 三、大学生恋爱心理产生的原因

### 1. 生理发育成熟

随着年龄的增长，生理和心理发育日益成熟，大学生开始产生对爱情的渴望和追求，这是爱情产生的基础条件。大学生在校的年龄一般都在18～23岁，这个年龄段上的青年都处在青春期的后期。他们的性生理发育已完全成熟，性意识增强，心理极度躁动不安，渴望与异性交朋友，恋爱欲望强烈，积极构思配偶对象的理想模式并试图尽快付诸恋爱实践。一旦遇到接近理想的异性同学，便会以各种借口，寻找各种机会进行试探和追求。

### 2. 情感需要

男女大学生都是经过十年寒窗之苦，奋力拼搏才进入大学校园的。中学阶段由于升学的精神压力而被暂时压抑的丰富的青春期情感此时得以爆发，自我形象逐渐清晰，渴望情感需要的满足，而恋爱则是其情感满足的一种重要方式。在高校中经常可发现一种从众心理现象，即同宿舍里的几个同学，一旦有人谈恋爱，其他人很快也开始谈恋爱，这是从众心理的表现。有些同学本来暂时没有谈恋爱的需要，如果没有其他同学的影响，可能不会那么快地萌发恋爱的念头。但是，当看到身边的同学在谈恋爱，就激发起恋爱的意识和行为。

### 3. 校园文化环境的诱导

超越生死的爱情电影，风花雪月的言情小说，缠绵悱恻的爱情歌曲，体验恋爱感觉的广告片……校园里流行的一切都会潜移默化地影响大学生的心理和行为。

### 4. 社会和家庭的影响

社会上大男大女的“老大难”的信息不时传到高校，对大学生产生一定的影响。

有些学生担心自己毕业到工作岗位后找不到合适的对象，也会加入大男大女的行列。尤其是女大学生，更担心自己"曲高和寡"，成为"孤家寡人"。一些家长也出于这种担心，希望自己的子女在大学期间谈好对象以解除后顾之忧。这种外在压力对大学生恋爱之风起到了推波助澜的作用。

### 5. 价值观念的变化

社会的变革和发展引起了人们价值观念的变化，部分大学生价值取向中的消极因素反过来影响了他们对生活的态度。如淡化政治意识，回避社会问题。学习动力不足，甚至玩世不恭，一味追求享乐等。于是，试图用谈情说爱来弥补精神上的空虚。

### 6. 外来文化的影响

在与西方文化交流的对外开放过程中，海外影视、书籍等大众传媒中不乏男女拥抱、接吻等情节，它们猛烈冲击着民族传统的伦理道德。一些大学生受西方性文化观念的影响，视谈情说爱、婚前性行为是个人的自由。

### 7. 引导失误

很多高校对大学生谈恋爱都采取"既不提倡，也不反对"的模糊态度，缺乏必要的引导，其实这是一种消极回避的做法。由于校方态度含糊，就给学生留下了很大的自由度，既然"不反对"，何乐而不"谈"呢？他们得不到必要而正确的引导，不知如何对待爱情，只有根据自己本能之需要，盲目地去尝试。

## 四、当代大学生恋爱的基本特点

当代大学生是青年群体中文化层次最高的一部分，由于大学生恋爱意识的完善程度还不够，较之其他同龄人以及历史上的大学生，他们的恋爱除了具有一般青年恋爱过程中所具有的排他性、冲动性、强烈性、直觉性以外，还具有以下独有的特点，可概括为"三性"和"三化"。

### 1. 三性

#### （1）恋爱心理的普遍性

大学生年龄多数在18~23岁，生理发育已基本成熟，虽然身高、体重、内分泌等尚在不断变化中，但要求接近异性、拥有意中人却是一种普遍现象。这一时期容易产生情窦初开的恋爱心理，因此，高年级学生有谈恋爱的，低年级学生也有谈恋爱的。

#### （2）恋爱需求的特殊性

大学生的恋爱，一般只谈爱慕之情，交流对学习，对人生的看法，很少或者根本不讨论结婚、建立家庭、举办婚礼、生儿育女等具体问题。这是由大学生的经济地位决定的。在上学期间，他们的工作岗位尚未确定，经济上还没有独立能力，要依靠国家、父母或者其他亲人的资助，才能维持学业和生计，而恋爱是选择配偶的过程，恋爱—婚姻—家庭是个整体。已经走上工作岗位的青年谈恋爱，在明确了恋人关系之后，过不了多久就会开始商量确定结婚日期、筹办婚礼等具体事项，双方的矛盾往往是在这些实质性的问题上暴露出来的。而大学生谈恋爱一般不接触这些实质性的问题，带有浪漫色彩。这样，他们的恋爱基础不够坚实，一旦遇到实际问题，比如毕业分配不在一地等，便会产生动摇甚至分手。

**（3）恋爱确立的自主性**

在大学里，男女大学生的平等权利与平等价值观特别突出，反映在恋爱问题上，一般都是自己做主，个性特点强，并不信奉什么统一的模式。走上工作岗位的青年明确恋人关系前一般要征求成人或同事的意见，甚至第一次见面就在家里进行，明确恋人关系后，双方家长来往密切，成人指导贯穿在各个环节。大学生则不同，自己看准了就追求，甚至确定了关系连家长也不知道。

### 2. 三化

**（1）普及化**

当前，在大学生里，有人形容有一股“恋爱热”，也有人说是一股“恋爱风”，这都不为过。调查情况表明，大学生中已谈恋爱的人数占总数的1/3左右，高年级学生高达50%～60%，而赞成谈恋爱的学生约占学生总数的95%。

**（2）低龄化**

大学生谈恋爱历来有之，但过去多是高年级学生，是所谓“学业、爱情双丰收”的时期，而现在很多低年级的学生学业未成，却恋爱先行，他们有的刚进大学校门就走进了恋爱圈。他们普遍社会阅历浅，思想单纯，很多学生对于自己的人生目标和需要，还没有一个很清楚的概念。造成在对待恋爱问题上简单、幼稚和不成熟。恋爱择偶标准上，往往重外表、轻内在，男生倾向于追求漂亮、温柔的女生；女生则倾向于追求才华出众，有男子汉风度的男生。在恋爱方式上，往往重形式、轻内容。在恋爱行为中，往往重过程、轻结果，重享乐、轻责任，缺乏对自己、对他人和社会的责任意识。加上他们上学期间经济上没有独立，恋爱过程中感情和思想易变，缺乏妥善处理恋爱中情感纠葛的能力，极易造成恋爱的周期性中断，成功率低。

**（3）公开化**

过去，大学生谈恋爱很讲究东方民族的含蓄和深沉，恋爱处于“地下活动”状态，常常鲜为人知。而现在大学生谈恋爱，不仅不怕别人知道，而且有故意让人知道的心态。在公开场合下，手拉手，肩并肩，整日形影不离，甚至搂搂抱抱，致使旁人不得不退避三舍。有的同学甚至对婚前性行为持认可和宽容态度，偷吃禁果的男女同学并不罕见。这些不良行为不仅破坏了学校的学风，也影响了学生自身的正常学习和心理健康。

## 五、恋爱对大学生成长发展的意义

### 1. 学习建立亲密关系

恋爱是发生在两个人之间，一个人与另一个人建立起的一种亲密关系。这种亲密关系能否稳固、发展、走向成熟，其实也是大学生自我成长的一个重要标志，也是良好心理素质的体现。学习建立和发展亲密关系，是在学习如何去爱另一个人，学习如何和一个人长期相处，学会包容、体贴、关心、尊重，学会接纳失望、痛苦、不满等；是在学习保持恰当的关系距离，不会因为怕失去爱而过度的依赖，或过于疏远，享受安全感、亲密感；是在学习体会在亲密关系中满足自身及相互的心理需要。

### 2. 培养发展爱情关系

恋爱会使人有许多的情感体验，被爱是一种幸福，爱别人也是一种幸福。爱情要巩固与发展需要不断地培养，由于爱情中有激情的成分，激情却不能总保持在一个高度状态。所以，爱情是一个平淡的过程，爱情的成分在爱中变化，少了激情，而多了亲密和承诺。爱情在产生的瞬间不是就此停止，爱情是要发展和不断更新充实，要不断提供养分才能使爱情之花常开不败。

爱情发展首先是看每个人生命中有没有发展更新的东西，你有什么新鲜的东西可以让对方感受到充实的爱情生活。在两个人生命中，都有新鲜的东西带给对方，这自然为爱情增添了新的活力。

爱情的培养发展，也是建立在对对方不断了解、接纳、发现和欣赏的基础上的。

### 3. 恋爱是自我认识与成长的一个过程

通过恋爱，更好地认识自己。恋人对一个人来讲是一个重要人物，重要人物对自己的看法无疑是了解自我的重要途径，并有着巨大的影响力。恋人就像一面镜子会照出自己的许多东西，从中发现真实的自己。

另外，对于个人来讲，大学生在恋爱关系中，也会不断发现自己的情感世界、个性特点，发现自己为人处世的方式，发现自己的以往经历对自我的影响。这种美好的情感使人乐于承担责任。爱可以改变人的趣味，升华人的人格，开发人的潜能，促进人的新生。

## 第二节　大学生恋爱中常见的心理问题及调适

☞ 案例

**失败的玲玲**

玲玲是大学二年级的女生，父母都是中学教师，她聪明伶俐且漂亮时尚，同时还有一张很好的成绩单和在学生活动中很高的知名度。

玲玲对自己的条件非常自信，经过半年的比较和考验，终于在众多的追求者中选定了一位帅哥作为自己的男朋友。他风度翩翩、大方自信，并且还有一个有实权的局长爸爸。带着走进权力家庭的梦想，玲玲与男朋友的关系越来越近，并很快就在男朋友的别墅中放弃了少女的身份。

就在玲玲满怀希望准备进入这个家庭的时候，却得知男朋友的母亲根本不同意自己的儿子找了个普通家庭的姑娘，她早已经为儿子物色好了另外一个领导的女儿，而她也是个漂亮的姑娘，玲玲的男朋友一方面慑于母亲的压力，另一方面也被那位姑娘所吸引，终于放弃了玲玲，结束了这场持续了半年的恋爱。玲玲发现自己的爱情到头来竟然是这样的结果时痛苦不已，但她又不愿意在众人面前表现出自己是个爱情的失败者，尤其是不能在那么多曾经追求过自己的男生面前表现出痛苦和失败。

痛苦虽然被埋藏起来了，可是在痛苦的影响下，她再也无心学习，也没有了参加学生活动的兴趣。生活状态的低落更加剧了她失败的感觉，她的自信开始丧失，聪明伶俐、漂亮时尚似乎都已不再属于她，迷人的身材也失去了往日的回头率。

（资料来源：http://psy.m216.cn/xinlizixun/20080114/67210.html.）

**请思考：**大学生涉足恋爱的人为数不少，但“有情人终成眷属”的能有多少？

恋爱挫折会严重影响青年学生的正常生活和心理健康。大学生要学会正确对待爱情挫折，掌握科学的调适方法，提高心理承受能力，将爱情境界升华，使人更加丰富和充实。

## 一、大学生恋爱中常见的心理困扰

### 1. 寂寞与爱情

大学生活中，由于种种原因，如离开父母和朋友来到新的环境、对学习没有兴趣或不适应等，常会使大学生陷入孤独寂寞之中，一些同学会不自觉地希望寻求异性知己，试图以“爱情”来抚慰自己，消愁解闷，寻求寄托，即所谓“寂寞期的恋爱”。

### 2. 好感与爱情

好感与爱情是大学生异性交往中经常遇到又难以区分的两种感情。青年人在性发育成熟时，便开始被异性所吸引，对异性产生好感，开始有寻求恋人的需要。这是人生理上的自然本能。但生活中，一些大学生容易将这种男女之间相互对异性的吸引、好感等同于爱情。其实并非异性之间凡有好感便可产生爱情；异性之间的好感一般来讲是广泛的、无排他性的，而爱情则是专一的、排他性的、具有性爱的因素。好感常常表现为人们一时出现的情绪感受；而爱情则是在长时间的相互了解中形成的。

### 3. 虚荣与爱情

一个杂志曾报道一个5人女大学生宿舍，其中4个人有了男朋友，另外一个女生就发誓一定尽快找一个男朋友，理由是难道自己“嫁”不出去吗？此女生的想法与虚荣心紧密相关。从心理学角度说，虚荣心理是人的一种情感的反映，也反映着人的某种需要。根据美国心理学家马斯洛的需求层次理论，需求是人的心理活动的基本动因，人的需求有各种不同的层次和广泛的内容，其中包括受他人尊重的需求。虚荣心理是一些人试图以追求名誉、荣耀等表面的光彩，来满足自尊需求的心理。谈恋爱，有一个令人羡慕的男朋友、女朋友，似乎便满足了这种需求。

### 4. 友谊与爱情

现实中确实有不少大学生把一般的友谊误解为爱情。常有同学讲：那个男同学为什么总是帮我们送报纸、送信；为什么在一些活动中那个女生总是对我特别地关心。大学生异性相处中，一个眼神，一个动作，常常都会赋予很特别的意义。确实友谊和爱情有时很难严格划分。日本青年心理学家曾对异性间的友谊和爱情的异同作过区分，他认为二者在五个方面有不同：

(1) 支柱不同：友谊的支柱是理解，爱情的支柱是感情；

(2) 地位不同：友谊的地位是平等，爱情的地位是一体化；

(3) 体系不同：友谊的系统是开放的，爱情的系统是关闭的；

(4) 基础不同：友谊的基础是信赖，爱情则纠缠着不安和期待；

(5) 心境不同：友谊充满“充足感”，爱情则充满“欠缺感”。

## 二、大学生恋爱中的心理挫折与情感危机

### 1. 单相思

所谓单相思是指一方的倾慕情感因苦于不被对方知晓或接受而造成一厢情愿式的恋爱渴望。

形成单相思的原因很多，主要有以下几点：

(1) 自卑。单相思的大学生往往在内心把自己暗恋的人过分地美化了，他们在相处过程中，被对方的容貌、才华或者品行所吸引，从而形成对对方的爱慕，但是，由于吸引而美化对方，相比之下总感觉自己配不上对方，因此，不敢接近所暗恋的人，而是以其丰富的想象力，在幻想中得到异性爱的一种心理活动。

(2) 信念误区。单恋者认为爱仅仅是投入，不要承诺，不要回报，认为不顾一切的精神恋爱才是最伟大的爱。

(3) 心理防卫。有的单相思者由于自己的认知偏差，不能正确地对待被拒绝的事实，而仅仅是为了“自尊”，就自我强迫坚持求爱到底。在现实生活中，经常出现有的大学生在遭到对方反复拒绝后，并不死心，仍然“缠”着对方。给双方造成心理负担，甚至有的单相思者经过锲而不舍的努力，最后获得对方的爱以后，主动终止与对方的恋爱关系，以挽回自己的面子。

单相思是一种畸形的爱情，是一种“恋爱错觉”，一般有三种情形：其一是自作多情，明知对方不爱自己，还一味地追求、纠缠，追星族也是属于这类。其二是误解对方的言行、情感，把双方正常的交往和友谊误当成爱情。其三是自己深爱对方，却不知对方的情感，又怯于表白，独自苦苦思念，使自己终日神魂颠倒，魂不守舍。无论哪种情形，单恋都是没有现实基础的无效追求。求之而不得对当事人是很痛苦的，爱的情感越深，单恋所带来的情感折磨就越痛苦。因此，单恋者应及时调整自己。

第一种情形，应及早止步，强求不但难以实现目的，而且令人生厌。要增强理智

感，勇敢地面对客观现实，摆脱虚幻的爱情罗网，积极地采取现实的方法去发展和培养自己的爱情。恩格斯说过，爱情是“以互爱为前提”的，它应是两颗心弹拨的和弦，绝不是单方的独奏。强扭的瓜不甜，婚姻不能强求。虽然对方给自己留下了美好的“第一印象”，但既然这无法发展为爱情，我们就应该勇敢地接受现实。

第二种情形，不要过分相信自己的感觉。“情人眼里出西施”，感觉里往往包含错觉。要划清“爱情”与好感的界限。心理学实验证明：爱情与好感绝不是一回事。爱情与喜欢是两种性质不同的体验，如果不能有效地辨别，常常会错把好感当爱情而过早地射出丘比特之箭，从而平添许多痛苦。因此，大学生一定要学会客观地判断对方的行为，从而获取有关爱情的“真实”信息。妥善处理好彼此的关系，相爱不成友谊在，珍惜和发展友情，或许某一天水到渠成，友情也能变成爱情，但不宜操之过急，拔苗助长。

第三种情形，不妨直接或间接地向对方表白，勇敢地追求爱情和幸福，即使对方无意，也不再有任何遗憾，把自己对对方的爱转移到学习和工作上。青年人都有爱和被爱的权利，但是，过度地追求爱情，必然降低人本身的价值。生活中还有比爱情更重要的东西，这就是事业。把更多的精力投入到事业中去，不仅可以使自己从事业中寻找到新的乐趣，而且这也是排解烦恼的有效办法。更为重要的是，当你的事业成功了，爱情就自然会主动地找上门来。

### 2. 失恋

恋爱有时难免失败，如果一方还爱着另一方，另一方却要中断这种关系，这就叫“失恋”，意味着男女双方恋爱过程的终止。而单相思，一般不称之为失恋，因为本来没有“得”，又何来“失”呢？

失恋后主要表现为以下几种类型：

颓废型。一旦失恋，感觉丢脸、吃亏、悲观失望、心灰意冷，以酒消愁，以烟解闷，在酒精与尼古丁中麻醉自己。失恋后万念俱灰，看破红尘，离校出走甚至走上轻生的道路，想当爱情的殉葬品，这是软弱、幼稚的一种表现。爱情是重要的，但是它绝不是生活的全部，那种把爱情置于工作和学习之上，由于失恋就对生活灰心绝望的人，既对不起父母，也对不起社会。

怨恨型。如果在恋爱分手后就怨恨对方，甚至采取极端报复行为，也很不正常。男女双方一般是由相互认识到交朋友，从交朋友而恋爱的，恋爱不成，友谊长存。如果因为恋爱不成，友谊也不存在了，那么友谊的性质只是为了得到对方吗？每个人都有感情上的自由和择偶的自由，如果对方离开自己，也不必怨恨。

大学生失恋的原因通常有以下几个方面：

（1）家庭的压力。大学生尽管恋爱自主性水平较高，但是家庭和社会舆论对他们恋爱的选择仍然起着重要作用。大学生从恋爱发展到一定阶段，通常都会把自己的恋爱对象的情况介绍给父母，或者父母从其他途径得知子女恋爱的情况，这时父母常常要根据自己的意愿对子女的恋爱进行肯定或者否定。在遭到一方父母否定后，如果恋爱双方缺乏信心和勇气，迫于父母的威严，只得痛苦地分手。

（2）社会的压力。社会往往对恋爱有着一种不成文的标准，人们常常以之评价一些恋爱的对象，以此作出肯定或者否定的评价，对恋爱双方形成支持或者反对的社会舆论。例如，一个城市的女生和一个贫困的农村学生恋爱、一个长相漂亮的女生和一个各方面都非常普通的男生恋爱，人们都会认为不般配，这个时候各种世俗的眼光就会给恋爱双方形成巨大的压力，如果不能承受这种压力，自然会以分手为结局。

（3）对方见异思迁，移情别恋。由于对方缺乏应有的恋爱道德，不尊重对方的情感，或者对方并非真正把自己作为心上人，因此，当发现有更符合自己的恋爱对象时，便主动地终止已有恋爱关系，而把自己的爱转移到其他对象身上。

（4）自身的缺点。缺点过多又不加克制，同样会失去恋人。有的大学生由于自身脾气不好，在恋爱初期还能有所收敛，随着双方关系的发展，以为对方已经可以接受自己的一切，这时便表露出自己的真实脾气，结果使对方根本无法接受而造成分手。

（5）初恋的盲目性或恋爱动机不纯。例如，有的学生恋爱动机就是为了消除寂寞，为了证明自己的价值，他们并非真心恋爱，一旦自己的目的达到便终止恋爱关系。

从上述可以看出，大学生失恋的原因是多方面的，既有自身的因素，也有其他方面的因素。失恋并非就是自己无法被对方所接受，更不是自己无法被所有异性接受。对此，必须要有清醒的认识。

失恋，既是人生中的一次刻骨铭心的挫折，也是考验一个人意志和人格的一次机会。当然，失恋无论如何都是痛苦的。因此，失恋后应积极进行心理调适，尽快从生活的阴影中走出来。

（1）找出原因，完善自我。恋爱不成功，也许是你的缺点使对方难以容忍，这时应该及时地反省，努力地改造自己，完善自己，通过努力终有一天会获得更完美的爱情。

（2）失恋不失志。莎士比亚说："当爱情的浪涛被推翻以后，我们应该友好地分手说一声'再见'，再见时，我们还是朋友。"

（3）培养自信，失恋不灰心。大学生失恋就断定自己不讨人喜欢，对异性没有吸引力，是没有自信的表现。"天涯何处无芳草"，失恋一次也许就多一次选择的机会。

（4）转移注意力，积极投入到学习、工作中。诺贝尔年轻时也曾有过爱情，后因心爱的姑娘不幸夭折了，他抑制住心头的悲伤，竭力摆脱心头的惆怅，把全部生命献给了崇高的科学事业。德国大诗人歌德，经历了多次失恋，在他第五次失恋以后，他获得了灵感和激情，写出了名著《少年维特之烦恼》。

（5）积极放松，调适心绪。失恋后可以外出旅游，投入大自然的怀抱；或参加体育运动，听听音乐，找知心朋友倾吐心声；或向心理咨询机构求助，放松自己，心情就会好起来。

（6）要从积极方面认识失恋。如果对方不接受自己，不适合自己，分手本身是幸运的。失恋的痛苦犹如一杯难咽的苦酒，但是，阳光依然明亮、生活依然美好，有得有失才构成了完整的人生。

## 三、多恋

陶行知先生说得好："爱之酒，甜而苦。两人喝，是甘甜；三人喝，酸如醋；随便喝，毒中毒。"因为爱情是严肃的，具有专一性和排他性；爱情是神圣的，应具有责任心和道德感。如果一个人同时喜欢上了两个以上的异性，并保持恋爱关系，或是同时接受两个以上异性的追求，就是"三角恋爱"或"多角恋爱"。

导致多角恋的原因主要有以下几个方面：

### 1. 择偶标准不明确

由于个性不成熟，生活经验不足，择偶前没有一个较为明确的标准，不知如何才能断定与自己关系密切的异性中哪一位与自己更合适，因此只好颇费心思地多方应付，多头追逐，从而出现了多角恋。

### 2. 择偶动机不良

有的人一开始和异性交往就出现了动机冲突，一会儿认为张三英俊、潇洒，一会儿又觉得李四深沉、稳重；今天认为王某开朗可爱，明天又觉得赵某妩媚、艳丽，各人的长处他都想兼得。为了满足不同欲求，有些人只好在不同角色中周旋以寻求快乐，有的甚至发展到玩弄异性的程度。

### 3. 虚荣心强

总以为追求者越多，身份就越高，若退出竞争，就是承认失败，承认自己比别人差，这是导致恋爱上的自私自利，对别人和自己感情不负责任的多角恋的主要原因。

### 4. 盲目崇拜

明知对方已有对象，但由于盲目崇拜，加上忌妒好强，固执任性，从而导致冲动性、竞争性的多角恋。

无论你在多角恋关系中是唱主角的，还是处于被动的位置，都要及早地从这种感情纠葛中解放出来。具体措施包括：

（1）处理这种关系要保持高度的冷静和理智。

（2）要重新审视自己与对象之间的恋爱关系。

（3）要勇敢地作出退让。瓦西列夫在《情爱论》一书中就说："一旦发现自己是'多余的人'，就应该高尚地忍受自己的不幸，无论自己在感情上是多么的痛苦。"

## 四、网恋

首先需要下一个定义，所谓网恋，就是基于互联网发生的恋爱。网恋大抵可以分为两种。一种是恋爱双方的主要了解交流的渠道是互联网。双方或一方基于互联网了解对方，并且利用互联网来交流感情。另外一种则是恋情的产生虽然基于互联网，但互联网不是双方的主要交流渠道。恋爱的双方还使用其他方式，例如电话、书信等，并且频繁见面。互联网只是情感交流的一个补充工具。

随着高校校园网络的广泛建设以及校园内外 Internet 网的开通，大学生上网的人数越来越多。但是，相当数量的大学生偏离上网的正确方向，网恋这种特殊的恋爱方式，正在成为当代大学生的“缘分天空”。而大学生之所以钟爱网恋，不外乎以下几个原因：

第一，距离产生美。大学校园本来就充满着浪漫的气息，大学生又对新事物有强烈的猎奇心理，容易被网上陌生人的神秘、浪漫和新鲜吸引，陷入爱河而不可自拔。

第二，寻找自我。有一些大学生性格内向、敏感、抑郁、自卑，缺乏社会交往，自我价值感低，不敢向身边的女性表白情感，而网络正好给他们提供了掩护自尊、获得异性认可的虚拟环境。

第三，学习压力。一些学生进入大学后，成绩落后，自信心下降，丧失了学习动力；而另外一部分学生，没有学习目标，生活空虚寂寞，于是到网上寻找刺激。

第四，大学生普遍有“凡事都想体验”的心理特点，对网恋也不例外。这些因素导致大学生经常忽视了现实的爱情生活，回避真实的情感，而在网上，又容易轻易地付出情感，这也是因为他们忽略了网络中潜伏的危险。网络专家研究认为，网络世界中，人们以匿名方式出现，容易诱发人性恶的一面，许多人可能会从恶作剧开始，发展到故意欺骗情感。犯罪分子也会利用大学生的心理特点和网络的间接性，实施诈骗。

第五，有失恋经历者更容易网恋。曾经在感情方面受过创伤或是失恋过的大学生更容易尝试网恋。按照马斯洛的需求理论，人的需求从低到高分为五个层次：生理需求、安全需求、爱与隶属需求、尊重需求、自我实现需求。处于“爱与隶属”需求层次的大学生，更需要别人的接纳、关爱、欣赏和理解。当他们在现实生活中得不到这种需求或是在这方面遭受挫折和创伤时，就会将这种需求转移，寻找其他途径补偿。网络的适时出现恰好迎合了大学生的这种需求。

大学生网恋不仅具有比例高、公开化的特征，而且轻率、速成的程度令人瞠目结舌。有些学生同网友聊过一次、发过一次 E-mail 后，便一见钟情，相见恨晚。有些学生第一次“接触”，便敢说“我要娶你”，并迅速在网站上确立恋爱关系。因此，学校与社会要干预大学生的网恋，正确的方法是：

第一，认识网恋的危害。其一，“网恋”需要占去大学生很多的宝贵时间，使得他们的学习和体育锻炼的时间减少，不但影响学业，也不利于身体的健康。其二，“网恋”双方缺乏真正的了解，也没有任何现实的感情基础，这样的关系是脆弱的，情绪化的，非常容易破裂。这对于大学生来讲，不但是一个感情上的伤害，同时也会造成他们对现代社会人际关系认识上的偏差。其三，网恋对象的身份是隐藏的，包括性别，有的网恋双方“恋”了很久，见面才发现自己的“恋人”居然和自己是同一个性别，这对于一般人来说是不能接受的事情。有的情况是自己的“恋人”居然是骗钱劫色之徒，轻则失身，重则失去宝贵的生命。其四，网恋对于经济条件不好的人来说，无疑是一个负担。有些大学生付不起上网的费用，便采取偷的方式，不利于他们人格的健全发展。其五，有的同学沉溺于网恋中，把网恋当成生活的唯一追求，这就减少了他们与老师和同学之间的交流，使他们变得性格孤僻，甚至造成人格分裂。

第二，提高大学生的自信心、自尊心，促进大学生自我意识的健康成长。帮助大学生建立明确的学习目标，提高人际交往技能，丰富课余生活。引导大学生远离不正确的网恋，培养高尚的生活情趣，要让大学生们明白当前的主要任务是学习，未来社会的就业压力是很大的，大学生要抓紧宝贵的黄金时间来充实自己。

第三，开展婚恋教育。学校方面应该多开一些讲座与论坛等活动，消除两性之间的神秘感，而且大学生的爱情观和婚姻观尚不成熟，需要正确的引导。爱情不是生活的唯一，生活中有更多更重要的事情等着我们去做，不可沉溺其中。

第四，引导男生与女生的正常交往，加强理解与沟通。多交一些志同道合的朋友，大家可以互相交流，缓解离开家人后的寂寞心情。

## 第三节　培养健康的恋爱心理和行为

### 一、树立正确的恋爱观

所谓恋爱观是指对待配偶和爱情的基本看法和态度，是社会经济制度、婚姻制度和伦理道德观念在恋爱问题上的反映。男女双方共同培养美好爱情的过程必须遵守一定的道德规范，并以此来调节和制约恋爱中的行为和各种关系。在人生道路上，恋爱是每一个大学生迟早要经历的重要课题。要如何树立正确的恋爱观呢？对于大学生而言，我们提倡树立科学的恋爱观，它包含以下几方面的内容：

#### 1. 提倡志同道合的爱情

大学生恋爱应把具有一致的思想、共同的信仰和追求放在首要地位，把心灵美好、情操高尚、心理相融作为择偶的第一标准。在恋人的选择上最重要的条件应该是志同道合，思想品德、事业理想和生活情趣等大体一致。马克思和燕妮的崇高爱情就是建立在志同道合的基础上的，正是因为如此，他们的爱情才经受住了艰难困苦的考验，传为佳话。大学生作为新时代的栋梁，其恋爱观应该是理想、道德、义务、事业和爱情的有机结合。

#### 2. 正确处理爱情与事（学）业之间的关系

爱情是美好的，它是人生的重要组成部分，但不是人生的全部，它应该服从于事业，促进事业的发展。一个人只有事业取得成功，其爱情之花才会开得更加鲜艳芬芳。所以，大学生应该把事业放在首位，摆正爱情与事业的关系，不要把宝贵的时间全部用于谈情说爱上而放松了学习。没有事业的爱情如同在沙漠中播种，缺乏坚实的根基和土壤，迟早会枯萎。只有爱情同事业相结合，爱情才有旺盛和持久的生命力。

#### 3. 要懂得爱情是一种责任和奉献

大学生在恋爱中应该懂得，爱不仅是得到，更重要的是一种责任和奉献。在社会生活中，人具有两方面的责任：一是个人对社会应尽的责任；二是个人对家庭、父母、孩子、朋友和爱侣的责任。第二方面的责任属于私人生活的性质，是社会干预最为微弱的生活领域，主要依靠良好的道德修养和自觉的责任感来维持。正因为如此，它体现了一个人的人格魅力。大学生一旦进入爱的王国，就必须具有强烈的责任感和奉献精神，才能获得崇高的爱情。

#### 4. 恋爱要严肃认真、感情专一

爱情是一个男性与一个女性之间的爱慕关系。这种关系包括自己特有的感情和义务，它只能存在于恋爱者两人之间，不容许第三者介入。而且，恋爱不是儿戏，双方要真诚相待，实事求是地对待自己，也实事求是地对待对方。无数事实证明，用欺骗手段骗取爱情，是不会幸福的。另外，双方一旦建立了恋爱关系，就要忠贞专一、一心一意；不能三心二意、见异思迁。任何一个人搞三角恋爱、多角恋爱的行为都是不道德的。

#### 5. 在恋爱过程中，应多一些理解、信任和宽容，互相尊重，共同进步

爱情是互爱的统一，相爱的双方，都有着自己独立的人格和精神世界，既不能完全依附对方，也不能要求完全占据对方。爱情与做人一样，理解、信任、诚实和宽容都是十分可贵的品质。爱很多时候意味着付出，要相知、相敬、相让。“世上没有十全十美的人”，两个人在一起并不是简单的组合，必须互相迁就；爱，就必须接受对方的一切，包括缺点。

树立正确的恋爱观，最关键的是要加强正确恋爱观的学习。在此基础上以正确的恋爱观指导处理好以下几方面的关系，对于正确把握当前的主要任务，获得纯真、高尚的爱情有重要意义。

**（1）爱情与人生的关系**

爱情是人生的重要组成部分，但不是人生的全部内容。爱情是人生百花园中的一朵花，尽管它鲜艳、光彩夺目，但是除了爱情以外，人生还有无数的内容。人生需要爱情，但是不能仅为爱情而活着。一个真正有理想、有抱负的青年大学生，应该摆正爱情的位置，树立崇高的理想，把自己的青春、智慧和才能投入到改造自然、改造社会的伟大事业中，为社会主义现代化贡献自己的力量，才能实现生命的价值，才能给自己的人生及爱情赋予真正的意义。

**（2）恋爱与学业的关系**

大学阶段是人生成长的黄金时期。大学生应当把主要的精力放在学业上，努力培养和锻炼自己各方面的能力，承担起历史赋予的神圣使命。在科学技术日新月异、人才竞争空前激烈的今天，没有真才实学的人，不能够肩负起时代重任，没有真才实学的人在社会上也难以获得应有的地位，缺乏他人的尊重与承认，事实上也无法为恋爱建立牢固的基础。所以，当代大学生一定要牢固树立“学业第一，其余第二”的观点。

**（3）恋爱与婚姻的关系**

恋爱是培育爱情的过程，是婚姻的前奏，爱情是恋爱的结果，爱情以婚姻为归属。社会属性在爱情中体现为一种相爱双方相互之间的承诺和责任。有人比喻，恋爱和婚姻

就像饺子，婚姻是皮，爱情是馅儿。要坚决反对“不求天长地久，只求曾经拥有”这种分离爱情和婚姻的做法。要用理智控制自己的感情冲动，把自己的恋爱行为控制在社会和法律允许的范围内。

此外，要培植文明高尚的爱情。首先，追求爱情一定要以尊重对方选择权利为前提，用自己的爱心去赢得对方的爱心，用自己的人品去赢得对方的倾慕。其次，在表达爱情的方式上，应多从精神上、感情上进行交流，培养高尚的情操，保持健康的交往。男女双方应当自尊、自重，行为端庄，举止得体。大学生要特别注意，在恋爱中表现自己良好的道德品质和精神风貌。

## 二、发展健康的恋爱行为

大学生在具体的恋爱过程中，应该注意以下几个方面：

(1) 恋爱言谈要文雅，讲究语言美。交谈中要诚恳坦率自然，不要为了显示自己而装腔作势，矫揉造作；不能出言不逊，污言秽语，举止粗鲁；相互了解，不要无休止地盘问对方，使对方自尊心受损。否则只能使之厌恶，伤害感情。

(2) 恋爱行为要大方。一般来说，男女双方初次恋爱，在开始时常感到羞涩与紧张，随着交往的增加会逐渐自然与大方。这个时期要注意行为举止的检点，有的人感情冲动，过早地做出亲昵动作，使对方反感，影响感情的正常发展。

(3) 恋爱过程中要真诚相待。不要拿自身的优点去比较对方的不足，以此抬高自己，贬低对方。也不宜想方设法考验对方或摆架子，这些都可能挫伤对方的自尊心，影响双方的感情。

(4) 善于控制感情，理智行事。恋爱中引起的性冲动，一方面要注意克制和调节，另一方面要注意转移和升华，参加各种文娱活动，与恋人多谈谈学习和工作，把恋爱行为限制在社会规范内，不致越轨，要使爱情沿着健康的道路发展。

## 三、培养爱的能力与责任

爱的能力是指和他人建立亲密关系的能力，它对人的一生发展有着重要的意义。具备了爱的能力会引导一个人去真正地爱他人，也真正地爱自己，能真正体验到给人带来的快乐和幸福。恋爱的过程也是培养爱的能力的过程。爱的能力实际是一种综合的素质，表现在爱的过程中的许多方面。

### 1. 迎接爱的能力

包括施爱的能力和接受爱的能力。一个人心中有了爱，在理智分析之后，要敢于表达、善于表达，这是一种爱的能力。一个没有爱心的人是个自私自利的人。一个人面对别人的施爱，能及时准确地对爱作出判断，并作出接受、谢绝或再观察的选择，这也是一种爱的能力。缺乏这种能力的人，或是匆忙行事，或是无从把握。大学生要具有迎接爱的能力，就应该懂得爱是什么，有健康的恋爱价值观，知道自己喜欢什么，需要什么，适合什么。当别人向你表达爱时，能及时准确地对爱的信息作出判断，坦然地作出选择，这样才能把握爱情的主动权。

### 2. 拒绝爱的能力

对自己不愿或不值得接受的爱应有勇气加以拒绝。拒绝爱要注意两个方面：一是在并不希望得到的爱情到来时，要果断、勇敢地说“不”，因为爱情来不得半点勉强和将就。如果优柔寡断或屈服于对方的穷追不舍，发展下去对双方都不利。二是要掌握恰当的拒绝方式，虽然每个人都有拒绝爱的权利，但是，珍重每一份真挚的感情是对他人的尊重，同时也是一种自重，更是对一个人道德情操的检验。不顾情面，处理方法简单轻率，甚至恶语相加，使对方的感情和自尊心受到伤害，这些做法都是很不妥当的。

### 3. 发展爱的能力，培养爱的责任

前苏联著名教育家马卡连柯说：“爱的力量只能在人类非性欲的爱情素养中存在。他的非性欲的爱情范围愈广，他的性爱也就愈为高尚。”发展爱的能力，并不是非要具体到对某一异性的爱，可以是更广泛意义上的爱。我们的亲人、同学、朋友、祖国和人民，都值得我们去热爱。发展爱的能力，包括付出的能力、理解的能力、宽容的能力和自我承担的能力。不要指望爱人会为我们分担一切，很多东西我们仍然需要独自面对；付出比索取对爱情更有益，也使自己更快乐；宽容对爱情有出乎意料的效果，用要求、指责、恐吓都达不到的目的，宽容也许可以奏效。发展爱的能力，还要培养无私的品格和奉献精神，要培养善于处理矛盾的能力，有效化解消除恋爱和家庭生活中的矛盾纠纷，为恋人负责，为社会负责，才能创造出幸福美满的婚恋。

### 4. 提高恋爱挫折承受力

大学生的恋爱受多种因素的制约，因而在追求爱情的过程中遇到各种波折是在所难免的。单相思、爱情错觉、失恋等恋爱心理挫折对大学生承受能力就是一种考验。如果承受能力较强，就能较好地应付挫折，否则就有可能造成不良后果。因此，提高恋爱挫折承受力对大学生的心理健康是非常重要的。

当爱情受挫后，用理智来驾驭感情，分析原因，总结经验教训，寻找解决问题的方法和途径，在新的追求中确认和实现自己的价值，从而提高自己的心理承受能力和思想水平。通过适当的情绪调节、宣泄和转移，来减轻痛苦。对失恋的应对方式反映了一个人的心理成熟水平和恋爱观。一个人能够理智地从失恋中解脱出来，往往会使自己变得成熟起来。

☞ 课后小资料

#### 怎样应对失恋?

古希腊哲学家苏格拉底想看看21世纪的世界，但一来到人间就见到一位年轻人，这位年轻人茶饭不思，精神萎靡，其状甚哀。

苏格拉底（以下简称“苏”）：孩子，为什么悲伤?

失恋者（以下简称“失”）：我失恋了。

苏：哦，这很正常。如果失恋了没有悲伤，恋爱大概也就没有什么味道。可是，年轻人，我怎么发现你对失恋的投入甚至比对恋爱的投入还要倾心呢？

失：到手的葡萄给丢了，这份遗憾，这份失落，您非个中人，怎知其中的酸楚啊。

苏：丢了就是丢了，何不继续向前走去，鲜美的葡萄还有很多。

失：等待，等到海枯石烂，直到她回心转意向我走来。

苏：但这一天也许永远不会到来。你最后会眼睁睁地看着她和另一个人走了。

失：那我就用自杀来表示我的诚心。

苏：但如果这样，你不但失去了你的恋人，同时还失去了你自己，你会蒙受双倍的损失。

失：狠狠地伤害她，我得不到的别人也别想得到。

苏：可这只能使你离她更远，而你本来是想与她更接近的。

失：您说我该怎么办？可我真的很爱她。

苏：真的很爱？

失：是的。

苏：那你当然希望你所爱的人幸福？

失：那是自然。

苏：如果她认为离开你是一种幸福呢？

失：不会的！她曾经跟我说，只有跟我在一起的时候她才感到幸福！

苏：那是曾经，是过去，可她现在并不这么认为。

失：这就是说，她一直在骗我？

苏：不，她一直对你很忠诚。当她爱你的时候，她和你在一起，现在她不爱你，她就离去了，世界上再没有比这更大的忠诚。如果她不再爱你，却还装得对你很有情谊，甚至跟你结婚、生子，那才是真正的欺骗呢。

失：可我为她所投入的感情不是白白浪费了吗？谁来补偿我？

苏：不，你的感情从来没有浪费，根本不存在补偿的问题，因为在你付出感情的同时，她也对你付出了感情，在你给她快乐的时候，她也给了你快乐。

失：可是，她现在不爱我了，我却还苦苦地爱着她，这多不公平啊！

苏：的确不公平，我是说你对所爱的那个人不公平。本来，爱她是你的权利，但爱不爱你则是她的权利，而你却想在自己行使权利的时候，剥夺别人行使权利的自由。这是何等的不公平！

失：可是您看得明明白白，现在痛苦的是我，而不是她，是我在为她痛苦。

苏：为她而痛苦？她的日子可能过得很好，不如说是你为自己而痛苦吧。明明是为自己，却还打着别人的旗号。年轻人，德行可不能丢哟。

失：依您的说法，这一切倒成了我的错？

苏：是的，从一开始你就犯了错。如果你能给她带来幸福，她是不会从你的生活中离开的，要知道，没有人会逃避幸福。

失：什么是幸福？难道我把我的整个身心都给了她还不够吗？您知道她为什么离开我吗？仅仅因为我没有钱！

苏：你也有健全的双手，为什么不去挣钱呢？

失：可她连机会都不给我，您说可恶不可恶？

苏：当然可恶。好在你现在已经摆脱了这个可恶的人，你应该感到高兴，孩子。

失：高兴？怎么可能呢，不管怎么说，我是被人给抛弃了，这总是叫人感到自卑的。

苏：不，年轻人的身上只能有自豪，不可自卑。要记住，被抛弃的并非就是不好的。

失：此话怎讲？

苏：有一次，我在商店看中一套高贵的西服，可谓爱不释手，营业员问我要不要。你猜我怎么说，我说质地太差，不要！其实，我口袋里没有钱。年轻人，也许你就是这件被遗弃的西服。

失：您真会安慰人，可惜您还是不能把我从失恋的痛苦中引出。

苏：是的，我很遗憾自己没有这个能力。但，可以向你推荐一位有能力的朋友。

失：谁？

苏：时间，时间是人最伟大的导师，我见过无数被失恋折磨得死去活来的人，是时间帮助他们抚平了心灵的创伤，并重新为他们选择了梦中情人，最后他们都享受到了本该属于自己的那份人间之乐。

失：但愿我也有这一天，可我的第一步该从哪里做起呢？

苏：去感谢那个抛弃你的人，为她祝福。

失：为什么？

苏：因为她给了你一份忠诚，给了你寻找幸福的新的机会。

说完，苏格拉底离去了。剩下的路便由这位失恋者自己去走了。

（资料来源：华夏心理网．http：//www.psychcn.com/enpsy/200506/949413315.shtml.）

## ☞ 思考与训练

1. 已经发生了婚前性行为，该怎么办？

2. 案例讨论：

一夜未眠，男生终究忍不住向自己同寝室的室友倾诉了自己一见钟情的秘密。寝室里的兄弟们当即表示支持，并想出贴寻人启事的招儿。男生立即动手写了20封“寻你启事”张贴在A、B区食堂、宿舍等人流密集的地方，希望女孩看见后能主动与他联系。“相信只要有缘，我们会再见面。”男生说，他目前并无女友，希望这位令他朝思暮想的女生能成为他生命中的另一半。

请讨论：一见钟情是爱吗？

3. 请写一份你自己的“征婚广告”。

# 第十二章　大学生网络心理健康教育

它有动态新闻发布，以满足时效需要；
它有各种论坛呈现，以实现广泛交流；
它有视频音频相伴，以适应媒体挑战；
……
但凡上帝有一座庙宇的地方，魔鬼也会有一座礼拜堂。

因特网的出现，宣告着人类信息时代的真正到来。它消除了人类跨地域沟通的“时滞”，拓展了人类的交往空间，深刻地改变着人与人、人与社会的关系，给人类带来了一个全新的时代，在家办公、网上学校、电子商场、电子银行等新生事物的出现，使人类的生活方式发生着深刻的变革。但是互联网是一把双刃剑，网络世界既是一个充满自由、开放、平等的世界，也是一个充满着诱惑与陷阱的危险之地。对于当代大学生而言，他们天性好奇、好学、爱好刺激，他们对网络更是情有独钟。他们通过电子邮件、即时通信等新的联系方式，互相联系，广交朋友，搜索最新的科技信息、新闻动态，也利用电脑和网络带来的刺激打发闲暇时光，这引发了一些人长期沉迷于网络，造成一些学生孤独抑郁、网恋、游戏瘾、色情瘾等心理障碍，严重影响了他们的身心健康。帮助大学生正确对待网络，矫正网络使用中的不良心理和行为，也是大学生心理健康教育的重要内容。

## 第一节　网络与心理健康

☞ 案例

### 贪婪是最真实的贫穷，适度是最宝贵的财富

**例 1**　小周高中成绩一直很好，由于发挥失常没能考上大学，只有选择远程教育来实现自己的大学梦。凭借对未来目标的向往，他坚持每天按部就班地在网上学习，三年后顺利通过两个专业的考试，找到了理想的工作。

（资料来源：什么人适合选择远程教育 . 北京青年报，2004. ）

**例 2**　李女士每天都花大量的时间上网浏览信息，但心里还是不踏实，总觉得遗漏了信息。如果突然断电、网络堵塞、电子读物无法打开时，就变得心情浮躁，焦虑不安，担心漏掉重要信息和新闻，害怕给工作带来负面影响，并引发精神、生理反应，出现失眠、头痛、食欲下降、恶心、呕吐等症状。

（资料来源：患上时尚心理病．健康时报，2006.）

**请思考：**面对浩如烟海的网上信息，我们如何把握好浏览信息的“度”？

今天的网络已经成为大学生学习、生活中不可缺少的一部分，网络与大学生活的结合，给大学生的学习、生活带来了巨大的帮助，使大学生活更加丰富多彩，开拓了大学生的眼界，把学生带入一个更加广阔的空间。但令人担忧的是，在相对宽松的环境下，有些大学生把大部分的时间荒废在虚拟的网络世界，不愿意与周围人交往，形成孤僻、内向的性格；网上的黄色垃圾更是漫天飞舞，一些经不住诱惑的学生容易沉溺而不能自拔。大学生因过度使用网络而导致诸如情绪障碍、社会适应不良等心理问题的情况日益增多，已引起了社会的广泛关注。因此，作为大学生，应该正确认识网络，保持健康的网络心理，审慎对待、趋利避害。

## 一、网络的特点

网络起源于 1969 年年底美国国防部 4 台计算机内部联网，美国军方在 1993 年才对外界开放，但是就在迄今为止这短短十余年内，全球已有 200 多个国家和地区提供网络服务。1994 年 4 月我国获准接入互联网（1997 年规定其标准英译名为因特网）。据中国互联网络信息中心（CNNIC）2011 年 6 月发布的中国互联网调查报告显示，中国网民总数已达 4. 85 亿。网络是指通过计算机等现代技术手段，构架起来的跨地域、跨时空的信息快速传递和便捷交流的通道。

随着信息传输技术的发展和我国信息网络建设力度的加大，互联网很快地成为与电视、广播、报刊齐名的第四大媒体，并以其高速度、大容量、交互性强等特点著称。现代人越来越清晰地意识到“网络社会”已经到来。网络技术正在改变着我们的学习、工作、生活乃至思维方式。

### 1. 开放性

国际互联网是一个大型的交互式多媒体高速计算机信息网络系统，它能有效地将分散在各地的计算机、电话、电视、广播、传真和数据库等通信系统融为一体，使之成为大容量、高速度的数据传输系统。它是一个全球性的开放系统，任何人都可以通过一台联网计算机，与整个网络世界，与所有“网络人”进行交往，接收来自世界各地的信息，也可以方便地发送信息。网络不排斥任何人，网络用户可以在网上随心所欲地“冲浪”。网络的开放性可以给人们带来大量的新信息和先进观念，但同时也给虚假和不健康甚至反动信息的传播提供了可乘之机。由于网络用户来自不同的国家和地区，他们在文化类型、意识形态、政治制度、宗教信仰、价值观念、生活准则方面的差异，使得网络上的信息内容也必然是多元的。

### 2. 便捷性

以计算机、通信和信息技术为支撑的网络已成为联结信息社会的纽带，它将世界各个国家和地区联为一体，形成一种崭新的信息和通信网络系统，快速便捷地传递和处理数量日益增多的数据、信息和知识，并将世界上的万事万物尽收网中。通过网络，人们可以从浩如烟海的信息中查询到自己需要的部分，可以和远隔重洋的亲朋好友互通音信，可以和未曾谋面的陌生人交流情感，可以实现网上学习、网上购物、网上就医、网上婚礼。不用骑马、不用坐船、不用坐飞机，你的触觉就能够到达你所能感知的任何一个范围。网络使"海阔凭鱼跃"、"天涯若比邻"由期待变为现实。"秀才不出门，能知天下事"第一次得到了如此具体的实现。随着网络技术的发展，其兼容性将越来越强，人们不仅可以在网上满足越来越多的愿望，而且上网将变得更为方便、快捷，它实现了整个世界的快速、适时连接，形成了信息内容地域性和信息传播方式超地域性的统一。目前，世界上主要新闻网络大多能做到在重大新闻事件发生后一个小时之内，甚至是新闻发生的同时，使用户获得最新的报道。网络打破了时空的限制，信息来源丰富、搜寻方便。

### 3. 隐匿性

每个人都可以在网上注册，无须实名登录。运用网名上网，畅所欲言，来去自由，能够大胆展现自身独特的个性，极大地满足了不同层次的心理需求。"在网上，没有人知道你是一条狗。"这句网民的口头禅反映了网上交际的主要特点：你不仅可以匿名，而且还可以隐匿性别、年龄、种族和社会地位。网络用户可以摆脱现实中的不如意，摆脱来自各方面的压力和困扰做自己愿意做的事情，随心所欲地成为"大侠"、"剑客"或者"流氓"、"泼妇"；其身份、行为都能得到充分的隐匿和篡改，成为一个完全理想的自我。在网上可以给自己戴上各种各样的面具，也不用担心自己的面具被揭穿，因为这是目前网络规则所允许的。这种"匿名性"使得人们之间的交往范围无限扩大，交往风险却大大降低，交往更具随机性和不确定性。由此，许多人将网络视为猎奇与宣泄情绪的场所和寻求隐秘嗜好的途径。

### 4. 虚拟性

网络运行具有"数字化"的特点，数字化的最终结果就是"虚拟化"。网络社会的虚拟性是其最主要的特征。在网络这个虚拟空间中，人们的交往不存在现实生活中的种种交往角色界限，人们凭借电脑来交谈、沟通，甚至建立彼此的关系。交往者来去自由，若碰到不喜欢的交往对象或遭遇尴尬局面可以及时终止、退出交往；或以新的角色重新进入交往、不会出现正常交往中的难为情及得罪人的局面，从而使交往变得更加自由、平等，营造出一种宽松的交往环境。在互联网世界中，网络打破了传统的时空观，把距离和时间缩小为零，实现了形式上的"天涯若比邻"。但与此同时，由于这一切都是借助电脑完成的，脱离了这个特定环境，也许会出现相见不相识的情况，反过来又使"比邻"若"天涯"。在这个虚拟空间中，人们以一种看不见、摸不着的方式进行交流，人与人的交往没有责任，也没有义务。因此，人们在网上常常表现出与社会生活中的现实人格不同的虚拟人格，有的人借助于网络释放自己在现实生活中的种种压抑，达到心理暂时的平衡和满足；有的人则依赖网络生活逃避现实，导致人格虚伪出现生活幻想，甚至造成人格分裂。正是网络这一虚拟性的特性，给我们的社会道德带来了巨大的冲击，如网上谎言、黄色泛滥，逆流渗透，黑客袭击等。这对于世界观、人生观正在形成的大学生来说危害极大。

### 5. 平等性

只要能够掌握搜索引擎的方法，通过网络，每个人都可以在任意地点、任意时间平等地向任何人学习，驱除了我们由于社会经济地位不平等带来的享用资源不公的现实，尤其是自哈尔滨“网上盲道”技术研制成功后，盲人、老人、小孩等“信息弱势群体”，亦可以通过键盘、鼠标等操作来“读图片”，顺畅地获取信息。

### 6. 互动性

在网上，人与人之间是互动式联系的，所发布的信息能够迅速反馈，相对于信件、书报等来说及时得多。我们也可参与媒体的传播活动，同媒体传播者进行交流沟通，只要信息一发送，总能得到迅速回复，成为媒体的一部分。

## 二、网络对大学生成长的影响

### 1. 正面影响

#### (1) 开凿信息渠道

计算机网络的逐步普及，使得大学生能够从各种网络上获得千变万化的时代信息和人文科技知识，广纳百川精华，汲取各种知识营养，来发展和壮大自我。通过上网，社会经验不足的大学生得到了充实和提高，他们可以通过网络了解校园文化、社会热点、国家大事、国际风云；了解政治、经济、文化、军事、哲学、科技的发展动向、历史沿革；进行休闲娱乐、感情交流、学术讨论等。所以，网络在很大程度上可以使青年大学生得到各方面知识的陶冶和锻炼，成为象牙塔中的社会人。

#### (2) 开拓知识视野，有所创造

网络是知识和信息的载体，它作为一个全新的事物进入我国，引发了创造性极强的大学生群体的极大好奇，也正是基于网络本身的普遍应用和软硬件技术的不断改进和更新，给广大学子带来了极大的创造空间：网页制作、电脑设计、三维动画、工业造型、电脑预决算、网络科研项目、网络课件教辅、远程教育技术服务、大学生网络创业大赛等，无不在内容和形式上造就了大学生的创新欲望，于是，一大批以在校大学生为核心的电脑公司、网吧、信息公司、学生企业应运而生，它推动并引领了当今高校学子的无限创造激情，也给国家的未来和现实的经济发展带来了生机和活力。据调查，我国家电行业中国际知名品牌“海尔”，就从全国各高校寻找到了大批在学习中创造性极强的学子充当其技术核心力量，“北大方正”、“清华同方”

旗下更有大批优秀学子的身影，据悉，每年各高校不断涌现出许多大学生创造的国家发明专利和技术拍卖项目。

**（3）友情互动，共同提高**

网络最突出的优点是它的交互性，它既是信息的载体，又是媒体的中介，实现了人与人之间交流的通畅。花样繁多的论坛、聊天室、虚拟社区、情感驿站等使广大学子网民可以直抒胸臆，发表自己的见解和看法，并充分表达和表现自我，结交各种朋友，相互介绍经验，共同进步。

目前，在校大学生大多数为独生子女，他们渴望得到与同龄人的交流和认可，但独生子女在家庭中的中心地位在走出家门的人际交往中受到了强烈的冲击和挑战，许多心理和情感苦恼常会不期而至。高校大学生问卷调查中发现，大学生心理障碍严重影响了学习和生活，很多案例显示，有的大学生因此形成畸形心理并导致多种不良后果。同时，大学管理机制与中学不同，人际真情沟通减少，学业和未来择业的压力迫使学生为学习而疲于奔命，但是校园文化的丰富多彩又引发不定时的人际情感交流，这样，网上交友就解决了专心学习和择时交友的矛盾。因为网上交友是“点之即来，击之即去”的速成交友方式，在网上既可以推心置腹，抒发情感，交流思想和心得，又可以大发牢骚，排解抑郁，达到缓解学习和精神压力的双重功效。

**（4）弥补教育缺陷，拓展教育空间**

当前，我国仍以传统的灌输式教育为主，因材施教的方式只有极少的高校能够做到，而登录各种各样的教育和科研网站，则可以弥补这一教育真空。英语四六级、考研等网站，各种层次计算机学习指导网站，对于数学、物理、化学、历史、地理、医学、生物等科目，学生均可登录相应站点，进行自学辅导、作业测验、大考冲刺、升学模拟考试等。每个大学生可以根据自身发展的不同需要，浏览不同网页，来给自己加压充电。另外，还可以从网站上浏览和学习本高校不具备而其他高校具备的相关教学资料，借鉴其学习方法，达到居一校而学于各高校、知己知彼、扬长避短的效果。

**（5）指导就业，描绘事业蓝图**

当前，我国大学生教育已逐步实现从精英教育向大众化教育的转型，招生规模日渐扩大，升学人数不断增加，就业形势日趋严峻。如何在激烈的就业竞争中找到适合自己的工作，网络在其中扮演了重要的角色。近几年来，网上就业指导由初露端倪到日渐兴盛，据有关资料统计，2000 年，建有就业网站的高校还不到 10%，但到了 2004 年年初建站学校的比例已达到 80% 以上，并且很多高校招生就业办已越来越将网络指导就业作为一个主要渠道来抓，以中国矿业大学为例，校园网上“就业指导”专栏不仅信息量大，功能完备，并且该专栏自 2005 年就直接挂在了主页上，而且保证所有新的就业信息在一小时内完成真实性、合法性验证并上传。

因为网络承载的信息不同于传统的广电新闻，它突破了时空限制，根据使用者的需要，可以随时点击浏览、比较总结，同时网络招聘范围广信息量大，可以从网上浏览企事业单位的背景和详细资料及发展演变情况，比现场招聘了解到的企事业单位信息要全面辩证，因此，具备一定计算机知识的大学生纷纷利用网络求职，在网上为自己选择单位。据东方时空“2006 年大学生就业‘力’调查”数据，12463 人参加的网络调查“现在学生找到工作信息的渠道”结果表明，通过网络找到工作信息的占到了50%。同时，网络招聘快捷方便的优势对于兼有经济压力、学业压力的大学生可以节约资金、时间和精力，在较低成本下，提高了学生和用人单位的接触频率。据调查，中国矿业大学化工学院2005届毕业生中已有网上远程视频面试案例。所以，对于喜爱网络的大学生来讲，这里是他们就业的乐土，是描绘事业发展蓝图的风水宝地，是指导就业的重要武器。

### 2. 负面影响

**（1）角色错位**

在网络环境下，大学生的网上行为往往是在“虚拟的”世界中发生的，即人与人之间的交往不是面对面、实在真实的交往，而是“人—机”式交往。这种交往关系的发展将影响和改变学生的人际交往方式，导致他们忽视真实可信的人际关系，而偏重于“人—机”对话式网上虚拟交往，产生人际关系的冷漠、人际情感萎缩、人际距离疏远，从而造成新的人际关系的障碍。有人认为：即使网络能够使人学会在网上与更多的人进行信息交流，也不能代替最直接的人际生活体验，因为直接交流的方式比网上交流更复杂、更有人情味。

**（2）人性异化**

网络虚拟社会是一个崇尚主体性和个性张扬性的社会，人的主体性、创造性得到发挥，但这并不意味着人性的优化，相反或许还会滋长人性中的劣根性，并可能给大学生带来“人性异化”。面对网络虚拟世界中信息污染、信息过剩、信息欺骗、色情引诱等现状，大学生若不能自制，就会沉迷其中，导致失去对现实环境的感受力、失去积极的参与意识，从而形成缄默、孤僻、冷漠、紧张、不合群、暴力、谎言、缺乏责任感和欺诈等心理，进而导致“数字化”人格障碍。

**（3）自我迷失**

网络是一个交往的平台，也是一个交往的屏障。它为人类展示自我提供了一个自由、开放、没有约束的空间，同时又掩盖了“网络人”的真实身份。因此，大学生的自我系统中至少存在三种自我，即“真实的自我”、“现实的自我”、“网络的自我”。这三个“自我”的含义有时相互交织，有时相互冲突。大学生在网络中常会产生这样的追问和困惑：“我是谁？”“我还是原来的我吗？”网络为性格内向的学生提供了展示自我的平台，但另一方面，也使他们在网下变得更加内向和自我闭锁。网上网下的性格错位，结果可能会导致多重人格问题的产生。网络在整合世界的同时，也有可能分裂和肢解大学生网民的自我性格结构。

**（4）道德失范**

网络上活动的最大特点就在于虚拟性。虚拟状态既为网上行为提供了安全的屏障，也给不正当、不道德的行为披上了虚拟的外衣，从而造成网络社会虚假信息的泛滥及非道德行为的发生。由于网络道德体系尚处于建构和规范之中，网络社会本身很难让学生网民“独善其身、独慎其行”，加上处于青少年时期的学生自我约束能力不足和道德自律意识的淡薄，就很容易产生无所限制、为所欲为的感觉和冲动，进而做出一些在现实世界中不可能去做的、不道德的事情，诸如：恶意侮辱，人身攻击，网上“多角恋爱”，“黑客”攻击等行为。

**(5) 技术崇拜**

大学生的自我约束力的相对弱化，道德行为自律意识的淡薄，使大学生由“上网”变成“落网”。制作精美的主页、丰富的内容、悦耳的音乐、生动的影视图像以及友好的界面形象和多样的网络游戏，对大学生产生了新颖无尽的刺激和魅力无穷的诱惑，牢牢地俘获了大学生的注意力和好奇心。一些大学生不能抗拒诱惑，沉溺于网络中不能自拔，甚至对网络产生了心理依赖，成为“电子海洛因”的忠实“吸食者”，患上了“网络迷恋症”。沉迷网络对大学生的身心发育带来了不可估量的负面影响，使学生在网下情绪低落、生物钟紊乱、思维迟钝、荒废学业，而在网上精神亢奋、恶意攻击，甚至一些学生无法摆脱网络的纠缠，产生自残和自杀的行为与念头，这些对大学生的心理健康造成了严重的损害。

## 三、网络对大学生心理健康的影响

### 1. 网络对大学生心理健康的积极影响

**(1) 扩大了人际交往圈子，有助于建立良好的人际关系**

人际关系与个体心理健康有着密切关系，有助于维护个体的心理健康。网络交往通过全方位、多层次的信息传输为大学生提供了更方便且范围更大的社会交往机会，使大学生的社会性得到空前的延伸和发展，有利于良好人际关系的建立和发展。网络的开放性、大众化、虚拟性、直接性等多种特点使得网络人际交往比较容易突破传统交往方式中存在的年龄、性别、地位、身份、外貌等人际交往影响因素的限制，为人际交往提供便利。通过网络，人们可以直接地交往，而免去了彼此的客套、试探、戒备和情感道义责任。同时，网络交往所具有的间接性和虚拟性特点，为性格内向、羞于言谈、社会交往能力较弱的大学生进行人际交往打开了方便之门。

**(2) 增强了主体意识，有利于增强大学生自信心，促进其个性、能力的发展**

网络中各电子网站、校园网的个人主页及个人网站等为大学生提供了一个展示自我、发展个性的角色实践的“虚拟环境”。在这样的环境中，人的主体性、创造性得到充分张扬，个体可以毫无顾忌地扮演自己喜欢的角色，自由地表达和展现自己的思想和情感，张扬其现实生活中隐蔽的个性。通过从虚拟世界中社会角色的认知体验引起对现实世界中社会角色职责及义务的思考，体验内心的冲突，深化对社会和他人的认识，通过自我控制和自我教育，来认识自我的社会角色，提高自信心，从而加强对社会的责任感，使心理健康水平不断得到提升。

**(3) 网络提供了丰富的信息环境，有助于激发大学生的创造性思维**

网络的内容丰富，信息量大，影响面广，功能齐全，传递方便快捷，意识观念开放，气氛轻松自由等特点，极大地满足了大学生对新生事物的好奇心，使其认识、了解了更多更广阔的新事物、新知识，开阔了认知视野，激发了想象力、求知欲，为他们提供了一个打破传统线性思维束缚的环境，有助于大学生创造性思维的有效培养。

**（4）网络提供了心理宣泄和寻求专业心理援助的可能，有助于保持个体的心理健康**

社会的发展要求大学生具备完善的综合素质，而学业、就业等诸多的压力使得大学生容易产生紧张、恐惧、焦虑、抑郁等负面情绪，心理健康受到影响。大学生需要通过适度的情绪表达和宣泄来维护自身的心理健康。网络交往的虚拟性、安全性和广泛性恰恰迎合了大学生渴望交往而内心闭锁、渴望获得真情而又怀疑真情的矛盾心理。大学生们可以通过聊天倾诉等方式，尽情地宣泄压抑内心的不良情绪，缓解心理压力。这些虚拟的网上交流给大学生提供了一个表达情感和宣泄不良情绪的新途径，在一定程度上起到了很好的心理疏导作用。同时，许多面临心理困惑和发展问题的大学生们更愿意通过互联网上一些专业的心理网站，及时地了解心理健康知识、寻求专业的心理援助和互助。由于这些心理学的专题网站或主页既方便快捷而又具有较好的保密性，因而受到大学生的广泛青睐，确实在一定程度上对大学生保持心理健康起到了积极的作用。

### 2. 网络对大学生心理健康的消极影响

**（1）人际交往萎缩，交往能力下降**

大学阶段是大学生人际交往能力和人际关系形成的重要时期，由于网络交往和现实交往大不相同，人与人之间面对面交往的机会大为减少，取而代之的是人与电脑的频繁接触，这种虚拟的网络交往有时难以形成真实可信和安全可靠的人际关系。迷恋上网使大学生参加集体活动、社会实践等社交的机会大为减少。热衷于虚拟交往使得部分学生疏远了现实中的人际交往，对现实生活中的人际沟通缺乏耐心，造成了他们的现实人际关系障碍和角色的错位，人际情感的逐渐萎缩和淡化，趋向于社会分隔化和个人孤立化，其孤独感会越来越强，交往能力也随之下降，继而产生对现实人际交往的逃避和恐惧，严重影响了他们的学业和生活，并诱发心理疾病。

**（2）易产生不良的情绪体验，情感趋于冷漠**

大学生的情感体验极为丰富、强烈、敏感，也极为复杂，表现得很不稳定。如果长时间地上网，沉迷于虚拟世界中，就可能极大地妨碍大学生通过亲身的社会实践生活来形成稳定良好的社会情绪体验。随着上网人群的不断扩大，网恋也逐渐成为大学生上网的一个重要内容，网恋导致情感创伤的情况也在呈上升趋势。这些情况都容易使大学生们趋向于孤立、自私、冷漠和非社会化，产生焦虑、紧张、抑郁等不良的情绪体验。

**（3）沉溺网络，导致自我分裂**

随着互联网的广泛使用，人们对网络的依赖也越来越强。当大学生从虚拟世界获得比现实世界更多快乐体验时，就可能将更多的时间和精力注入网络交往。每当现实生活受到挫折时，总想到网络中得到回避或安慰。网络掩盖了真实生活，扩大了“现实生活”与“虚拟社会”间的差距，他们渴望在网络上追求虚拟的完美人生，而消极地对待或逃避现实世界，其自我系统中的“真实的我”、“现实的我”、“网络的我”产生冲突，往往会在网上、网下判若两人，严重的可导致二重或多重性人格问题，分裂自我。

**(4) 网络色情的泛滥，易使大学生性心理畸形发展**

我国目前性健康教育滞后于现实需要，来自于老师和家长传授的性知识微乎其微。又由于网络传播信息方式的全球性、超地域性，网络中存在着大量色情、暴力信息。电脑网络的双向性又使这些色情内容更易传播，且手法更为隐蔽快速。大学生正处在青年期，性意识高涨，对色情内容具有极大的好奇心，且往往自制力较差，相关的性知识匮乏，面对网上不健康的性信息，很容易引发他们性心理的畸形发展。

## 第二节　大学生常见心理问题及调适

☞ 案例

**网瘾恶果**

2006年10月，2006级新生入社团、选课程、认识老乡等忙得不亦乐乎。而同为2006级“新生”的小周却出离这一切，既平静又不平静，这已是他第四次考入大学。他一烦就玩游戏，使大学之路格外曲折：2001年考入武汉大学，次年被退学；2002年再次考入武汉大学，主动退学；2003年，高分考进华中科技大学，2005年11月，再次被退学；2006年第四次参加高考，重新考回华中科技大学。

（资料来源：四次入名校三次退学．中国青年报，2006.）

**请思考：**大学四进三退，由学习榜样到反面典型。经济损失，前程耽误，其父母还落下教子无方的名声，贻害身心，连累家庭。究竟什么原因让小周大学四进三退？

网络世界新奇刺激，扑朔迷离，对于大学生和每一个接触网络的人，都具有极大的诱惑力，而大学生由于意志品质还在成长完善的过程中，脆弱的心理缺乏拒绝网络魔力的能力，使得沉迷网络，无视现实生活，学业受阻，身体受损，精神失常的现象在大学生中比较多见。我们必须增强自控能力，不要养成网瘾恶习，这是认识自我、考验意志和塑造人生的高级心理过程。

### 一、大学生上网心理的分析

#### 1. 好奇心理

大学生正处于精力旺盛、求知欲和好奇心强的阶段，而因特网具有信息快、内容新、覆盖面广等特点，这正符合了他们的需要，使他们领略到传统信息传输方式难以实现的境界，极大地刺激了他们的好奇心，引起他们的特别关心和兴趣，激发出他们学习和掌握网络知识和应用技能的欲望。正是这种求新、好奇心理，使之在网络的海洋里漫游，猎取着不同的信息。

### 2. 从众心理

所谓从众心理，就是在群体的影响和压力下，放弃自己的意见而采取与大多数人相一致的行动，即通常所说的“随大流”，这是日常生活和工作中常见的社会心理现象。在大学校园中，从众现象也很普遍，有的同学本来对网络世界并不感兴趣，但经常听同学们议论上网如何有趣，不会上网则如何地遗憾，为了和他人保持一致，也开始学习如何上网，有的逐渐上瘾甚至不能自拔。

### 3. 宣泄心理

由于我国教育制度尚未健全，以考试为主的选拔机制成为一座“大山”长期压在学生心头。大学生经历十几年的寒窗苦读，学习负荷大，精神长期紧张，再加上青春期的大学生生理和心理都尚未发育成熟，惶惑、烦躁、苦恼等情绪经常伴随他们，由此造成的长期压抑，需要一定的方式加以发泄，无拘无束的网上冲浪无疑是较为方便的途径。

### 4. 逃避心理

如今许多大学生是独生子女，他们从小学到高中一直受到家庭无微不至的关怀，独立生活的能力比较差，受到的挫折也比较少，在家里一切都以自己为中心，而到大学以后，一个人生活在学校中，家庭的关心已鞭长莫及，许多事情要依靠自己，在与同学、老师交往过程中，他们还习惯于以自我为中心，很少考虑他人的心理需要，往往在人际交往的过程中受到挫折，在与现实生活中的人发生冲突后，他们就很可能到虚拟的网络空间里以回避挫折。大学生低年级学生的心理承受能力比较差，到了高年级后，他们的心理承受能力已逐渐变强，到网络上去逃避现实的可能性就会变小。

### 5. 自卑心理

自卑沮丧是一种性格上的缺陷，它表现为对个人的能力和品质评价偏低，因而使人忧郁、悲观、孤僻，在激烈的高考竞争中有幸进入大学的人，在群英荟萃、强手如林的新环境中，以往的优势不复存在，学习生活中遇到的困难和挫折使他们容易产生自卑心理。

由于因特网不是一个现实的物理空间，而是一个“虚拟世界”，是一个无形的信息空间，可以超越时间和空间的有形障碍，进行思想交流、发布信息、学习、交友、谈判、购物等，它改变了过去传统的人与人交往的方式，有的大学生希望上网忘记现实生活的烦恼，例如考试不及格、失恋等，对于那些需要寻求较高社会赞誉的人，那些社交焦虑比较严重的人，有可能在现实生活的交往中遇到相对较多的困难，而网络具有匿名、有限的感官接触等特殊性质，使他们在网上社交中易获得成功。这种网上社交的游刃有余和现实生活中的不断遭遇挫折，势必导致更多地重复上述行为，最后成为网络成瘾倾向较为严重的个体，国内外许多学者认为网络成瘾现象与赌博现象特别相似，是在没有致醉物的情况下的行为冲突。

## 二、网络环境下大学生常见的心理问题

### 1. 撒谎

遨游在网络中的人不需要真实的姓名、身份，不仅可以匿名，而且还可以隐藏性别、年龄、种族和社会地位。在这个虚拟空间中，人与人的交往没有责任也没有义务。因此，人潜在的一些不良心理就会得以引发或强化，其中撒谎最为严重。有一位少年网民这样说："在网络上没有一句话是可信的，你被人骗只能证明你是白痴，你不骗人只能说明你是傻子。"调查表明，有不少中小学生就是从网络中学会了撒谎，并以撒谎为乐事。

### 2. 孤独

就信息本身来看，互联网是开放的，它能使大学生接收到更全面、更生动、更形象的信息，但对信息的接收者来说，其接收的过程却是相对封闭的。尽管有不少的网站具有互动性，但毕竟需要依靠冷冰冰的网络、电脑等设备作中介物，学生一旦下线离开电脑，就很难表达自己，无法与他人沟通，"上网时间长了，我连怎么用嘴说话都忘了"，这是一个"网虫"的自白。由此，不可避免地造成大学生"网民"情感上的孤独。心理学家指出："当一个人专注于某一事物时，对其他事物都有不同程度的忽视。大学生对互联网虚拟世界的依恋必然会产生心理上的孤独。"

### 3. 冲动

一方面，虚拟空间是一个无底洞，你永远无法穷尽它，甚至你根本无法触摸到它，但你却无法抗拒自己深入它的欲望，你越是沉迷，就越发现它的庞大，而人们对于无法捉摸和过于庞大的事物总是会产生害怕和狂躁的心理；另一方面，由于在网络中缺乏正常的情感疏通，人们很难在网络上正确地表达自己的情感，再加上网络上浮躁的言词与画面的刺激，青少年网民常常具有冲动的心理，遇事不冷静。

### 4. 暴力

比冲动更为严重的是一些青少年网民在不良的网络环境下形成暴力的心理倾向。由于网络上有大量的暴力游戏，致使一些涉世不深的青少年沉迷其间，形成暴力崇拜。他们期望以暴力解决一切问题，通过暴力达到自己的目的。因此，网吧斗殴或因上网而发生的争吵、杀人事件屡有发生。

### 5. 淫秽

色情网站以挑逗人们的性心理，刺激网民的感官为能事，其肮脏的语言、淫秽的画面等对处于青年期的大学生的吸引力和腐蚀性极大。上网的大学生中存在着性放纵等现象，缺少起码的贞操意识。

#### 6. 虚空

网络是精彩的，但网络也是虚拟的；现实是客观的，但现实常常使人很无奈。正因为如此，一些大学生无节制地花费大量时间和精力在互联网上持续聊天、浏览，企图以此摆脱学习生活的重负，减轻精神的压力。但事与愿违，长时间的上网不但损害了身体健康，而且造成自我评价降低、能力下降和思维迟缓，直接导致学习成绩下降。结果，上网犹如借酒浇愁，旧愁未去，又添新愁。而且由于网络的镜像与生活的实际反差巨大，于是不免产生无聊的空虚心理，使人觉得人活着是一种痛苦，严重的可能会产生自残或自杀的意念和行为，危害个人和社会的安全。

网络环境下的心理问题客观存在，而且有愈演愈烈的倾向，但无论是学校、家庭还是社会，对网络时代的心理健康关注得都不够。例如，我国有关网络心理学的书刊很少，即使从国外引进的相关图书也很少有人问津。这是一个非常危险的信号。

## 三、大学生网络成瘾问题

### 1. 网络成瘾的表现形式

网络成瘾是一个广泛的概念，它包括各种行为和冲动的控制性问题。

**(1) 网络游戏成瘾**

这是最早引起人们注意的网络成瘾症，患者长时间地沉迷于网络游戏而不能自拔，主要表现为寻求电子游戏活动的行为，这与寻求药品的行为类似，为了进行电子游戏的活动，甚至可以不择手段，用掉自己的学费、生活费，欺骗父母索取钱财以达到玩网络游戏的目的，造成个人品行方面出现问题，丧失人格和自尊。

**(2) 网络交际成瘾**

网络交际成瘾就是利用各种聊天软件以及网站的聊天室进行人际交流，并到了成瘾的程度。网络交际成瘾又可分为交友成瘾和网恋成瘾两种。与网络交友成瘾不同的是，网恋成瘾者交谈的双方通常是异性关系，并在网上确立了恋爱关系，享受着恋爱情感带给他们的快乐，并不可遏止地越陷越深。

**(3) 网络色情成瘾**

在网络中，各种与性和色情有关的网站比比皆是，各种淫秽文字、声音、图像信息泛滥，它们可以毫无障碍地在网络中传播，只要稍不留心，就可能陷入其中而不能自拔。

**(4) 强迫信息收集成瘾**

这类成瘾者经常强迫性地从网上收集无用的、无关紧要的或者不迫切需要的信息，这种现象与以强迫性物品收集为主的强迫症类似。患者下网后担心错过了什么“重要”的信息，即使这些信息对他来说是无关紧要的，也总想查看或者下载到自己的计算机中。有的甚至在夜间起床时，还情不自禁地打开计算机，到网上“浏览”，看看有关的重要信息。

**(5) 网络技术成瘾**

患者强迫性地沉溺于计算机编程和游戏程序中，不能自拔。这与计算机程序员的工作不同，网络技术成瘾的患者往往没有目的，没有计划。

## 2. 网瘾诊断标准

网络成瘾综合征即“互联网成瘾综合征”，我们简称“网瘾”，英文简称为IAD。其基本症状是上网时间失控，欲罢不能，可以不吃饭、不睡觉，但是不能不上网。患者即使意识到问题的严重性，也仍然无法自控，不上网就表现出情绪低落、头昏眼花、双手颤抖、疲乏无力、食欲不振等症状。

网络成瘾常用的判断标准有三个：一是连续一个月以上每天上网玩游戏4～6个小时，严重影响学习；二是认为上网能得到快乐；三是不上网就会出现躯体症状，如头痛、出汗、烦躁不安等，但一坐到电脑面前，这些症状就会立刻消失。

美国IAD评估网瘾的标准：

(1) 每个月上网的时间超过144个小时，即一天4小时以上。

(2) 头脑中一直浮现和网络有关的事。

(3) 无法抑制上网的冲动。

(4) 上网是为了逃避现实、解除焦虑。

(5) 不敢和亲人说明上网的时间。

(6) 因上网造成课业及人际关系问题。

(7) 上网时间往往比自己预期的时间久。

(8) 花许多钱更新网络设备或上网。

(9) 花更多的时间在网上才能满足自己的需要。

只要有5项以上的回答为“是”，即说明大学生上网成瘾。

## 3. 大学生网络成瘾对其身心的影响

**(1) 躯体方面**

心理学研究表明，沉迷于网络会破坏生物钟和新陈代谢。上网时间过长，大脑中枢神经长期处于高度兴奋状态，引起肾上腺素水平异常增高，交感神经过度兴奋，血压升高，这些改变可引起一系列复杂的生理和生物化学变化。当我们的神经系统遭受急剧变化，超过自身上限时，就突发疾病。一般来说，整天呆坐在电脑前，易引起视力下降(重则失明)，腰、颈椎弯曲，植物性神经紊乱，免疫力下降，引发失眠、头痛、恶心等躯体症状，重者还会产生呼吸障碍，不省人事。

**(2) 心理方面**

患者一旦停止上网便会产生上网的强烈渴望，难以控制对上网的需要或冲动，这种冲动使其不能从事别的活动，工作学习时注意力不集中、不持久，感到记忆力明显减退；沉迷于网络游戏的患者由于长期的视觉形象思维，导致逻辑思维活动迟钝；沉迷于虚拟世界而对日常工作、学习和生活兴趣减少，与现实疏远，为人冷漠，缺乏时间感；因不能面对现实，常常处于上网与不敢面对现实的心理冲突之中，情绪低落、悲观、消极。许多研究表明：网络给大学生带来各种人际关系障碍和情感问题，主要有网络孤独症、人际信任危机和网恋、网婚等。

**(3) 行为方面**

网络成瘾对大学生最为直接的危害是阻碍学业的完成，尤其是网络游戏，导致他们不能集中精力听课，不能按时完成作业，成绩下滑，甚至逃课、辍学。网络中各种不健康内容，也可造成大学生过分放纵自我，法律以及道德观念淡薄，人生观、价值观扭曲，甚至导致犯罪行为。

## 第三节　培养健康的网络心理

网络的出现正在改变人类的生产和生活方式，对人的心理和心理学的发展也会产生影响。信息时代人类的焦虑与不安成为一个普遍的事实。但是，这不是网络的过错。网络只不过是一个媒介，一个工具性的存在，用好了可以造福人类，用不好也可以贻害无穷，关键是看谁来用它、怎样用它。所以，与其说我们应该关注网络，不如说我们更应该关注自身。人类生存和发展的古老话题并没有也不可能因为网络的异军突起就简单明朗起来。面对网络给大学生心理带来的不良影响，我们需要采取一系列科学有效的应对策略，充分发挥网络的积极功能，努力克服上网过程带来的消极影响，培养健康的网络心理，提高大学生的上网素质。

### 一、大学生网络心理健康的标准

(1) 正确的网络心理健康的意识或观念。

(2) 能够保持在线和离线时人格统一与和谐，在虚拟性与现实性之间能够做到以现实为主。

(3) 不因网络的使用而影响正常工作、学习。

(4) 有正常的人际交往，人际关系协调，能够与周围环境保持良好的互动。

(5) 离线时身体没有明显的不适应。

### 二、恪守网络道德，遵守网络秩序，实现网络文明

正如“水能载舟，也能覆舟”一样，利用好网络，我们的生活将受益无穷，滥用网络，我们则会掉入万丈深渊。据某媒体一项调查表明，大学生上网主要用于聊天者占34%，主要用于玩游戏者占28%，主要用于查资料者占30%，其他占8%。如此看来，62%的大学生在网上从事与学习、工作无关的活动。大学生不良网络行为也应运而生，如出现沉溺网络、网络道德缺失、黑客行为、网络不文明用语等。因此，对大学生上网的引导亟待加强，大学生的“网络素质”亟须提高。

所谓网络文明是以网络为基本空间，以优良的精神风貌、价值观念、道德行为、人际关系和文明氛围等为基本内容呈现出的一种新型文明，包括这样几层含义：

(1) 在网上传播的信息是健康文明的。

(2) 网络本身的运作是文明合法的，对社会无不良影响。

(3) 网民对网络资源的访问和使用符合社会道德规范。

那么，究竟怎样的网上行为才算是文明上网？标准有四个：

(1) 于己无害。网上任何行为，对自己的身心还是道德都不应该造成伤害。

(2) 于人无损。在网上骂人、骗人、损害别人的利益也是不道德的。

(3) 于私有得。自己上网有所收获。

(4) 于公有益。有益于所有网民，至少对其无害，即遵守道德底线。

既然道德是文明的重要体现，那么网络道德作何解释？其典型特征是什么？对网络文明建设又有什么作用？

网络道德是以"慎独"为特征对网络行为进行规范的伦理准则，其中"慎独"是指在个人独处之际，没有任何外在监督和控制，在网上也能言行文明、规范等遵守道德准则的理性体现。在计算机网络这一"虚拟的真实空间"里，网络道德起着规范我们的行为，调节人们利益的重要作用。这就意味着，在各种不同道德准则发生冲突时，我们可以作出最佳判断和选择，并采取合理行动；且面对不文明行为能够提出新的行为准则，即我们能以自己的道德鉴别、道德判断和道德选择应对千变万化的网络生活，使人人都能成为网络的文明使者。

### 1. 讲究网络礼仪

**(1) 尊重网友**

尊重他人的观点、身份、尊严等，网上用语文明规范，悦耳耐听；杜绝欺骗，真诚交流；当不小心打开别人的电子邮件、聊天记录等时，切勿私自浏览或到处散播；未经他人同意不要在网上将对方姓名公开；网上讨论，心平气静，以理服人。

**(2) 入乡随俗**

网络社会自由平等，但不同的网络也各不相同，一个社区可做的事另一社区可能不允许。尽量先了解一下不同网络社区的规则，然后再登录发表见解，使自己的行为令大家接受或满意。

**(3) 资源共享**

数字化教学、数字化实验、数字化生活已在校园信息化建设中逐渐普及。一切数字化的应用都离不开信息资源，而每个人又不可能掌握网上所有信息，这就需要我们将资料互相传阅，信息彼此共享，获取较多知识，实现全面发展。

**(4) 行为协调**

在现实生活中遵纪守法，网上道德也理应自觉遵守，当面不能说的话在网上也不要说，网上、网下行为协调一致。

网络礼仪是网络文明的标志和尺度，网络生活如同现实生活，又超越现实生活。注重网上礼仪，我们不仅可获得支持、理解和尊重，并且网上行为进而又可增强我们的现实适应力。

## 2. 规范上网行为

**（1）清醒面对网络信息**

网络正在改变着人们的行为方式、思维方式乃至社会结构，它对于信息资源的共享与快速交流起到了巨大的作用，并蕴藏着无尽的潜能。网络给予人们的影响是潜移默化的。用户在使用过程中，无疑会被动地受到网上信息的影响，而这影响又是在漫长的时间过程中不知不觉发生的。网络就其自身来说是一种技术，一种工具，并无阶级属性。而网络上的信息内容却均是出自有国家、民族、阶级之属性的人之手，故网络上的信息内容也必然会带有其提供者自身的某种烙印。任何人都可以向网络上发送信息，一条信息送上网络可瞬间传遍全球，也可以放在网上供使用者随时查阅；信息的提供者或发布者与使用者或接收者是紧密关联的，这就是客观存在的网络。

网络的开放、交互式、终端用户独立自由等特点，也使网络本身对不良信息缺少“天然屏障”；网上不仅有毒害青少年身心健康的黄色信息，也有制造社会政治、经济混乱的黑色信息。网络四通八达，似乎“无所不能”，正如因特网的发明者所宣称的：网络是一个“自由、平等”的世界，是一片“没有政府、没有警察、没有军队、没有等级、没有贵贱、没有歧视”的“世外桃源”。发达的网络系统为各种有害信息的制作和传播以及其他网络犯罪行为提供了便利条件；一些迷信、色情、暴力等方面的信息通过网络在大学校园里传播，对大学生的身心健康造成了很大的危害。

大学生应当正确认识网络这个虚拟世界，电脑只不过是传播信息的机器，网络并不能代替现实的人际交往活动。我们应当辩证地看待网络的作用，既要注意克服片面夸大其作用，对之盲目崇拜的倾向；又要克服因为网络的消极作用而对其全盘否定或盲目排斥的倾向。在纷繁复杂的信息网络世界里，大学生要学会利用网络筛选有用的信息，充分发挥网络的积极作用，让网络为我所用。同时，要用理智的眼光正视网络的负面作用，提高自身抵制污染的能力，自觉维护网络文明，不仅做计算机网络的使用者，而且做计算机网络的建设者和真正的主人。

**（2）遵守网络行为道德**

网络的虚拟状态为网上活动设置了安全保障，也给不正当、不道德行为披上了绝妙的隐身衣。在增强自觉性、提高自控性、自觉遵守网络规范、严格控制自己的网上行为、使自身利益免受伤害的同时，自己的网络行为也不应侵害他人。

第一，传播文明，不发布虚假、污秽信息。网络平等开放，任何人都可涉猎自己所需信息，若肆意散布虚假、污秽信息，存心打击报复，则不利于我们的道德培养和身心健康。这就要求我们自觉主动发布信息、传播文明，而不是蓄意捏造、了结怨恨、寻求刺激等。因为网络已不再只是虚拟世界的代称，也不是游戏人生的地方，更不是情绪无度宣泄的场所。无论是在现实世界，还是在虚拟网络，都要对自己的言行负责，而虚假、污秽言语对网友没有益处，同时对自己的灵魂也是一种污染与侵蚀，最终受害的还是发布虚假信息者本人。

第二，资源获得，取之有道。网络“财产”虽然虚拟，但却是网民投入了时间、精力和金钱后获取的劳动成果，属于特殊的私有财产，我国也将其列入了法律保护之列。盗用他人网上资源，不仅为道德所不许，也易使自己产生网络依赖、思维倦怠、认知下降，久而久之，不劳而获思想就会充斥着自己的脑海，所以不要企图在网上通过“高明”手段来求得非分之财。

第三，不用网络暴力威胁他人安全。一些以键盘为武器的网民爱起来惊心动魄，恨起来血肉横飞，在义愤填膺护卫道德准则的旗号下，一支支以隐匿身份躲在网络深处射出的“箭”刺向对手，威胁他人安全。的确，网络相对于其他媒体，更便于民意的发挥与表达，但多数人的话语也易出现暴力的倾向。己所不欲，勿施于人，君子当以“慎独”的原则修身养性，网络中的言语切忌涉及现实权益。

第四，不做黑客破坏网络系统。不论出于何种目的，破坏网络系统已在社会上造成了消极影响，损害了网络健康文明的发展。尤其是网络病毒、黑客等对网络的侵袭所造成的危害更是有增无减。

网络不是一个为所欲为的福地洞天。它就像一面镜子，折射着我们大学生的整体形象和道德风貌。不论我们来自何方、属于什么阶层、个体素质水平如何，只要主动参与网络、喜好网络、实践于网络，聚合在一起都是网络文明建设的有生力量。不求最佳，但求用心；不求一律，但求宜人；不求完美，但求有益；不求名利，但求利民。努力构建法治社会基本的网络文明，使网络成为“来年日日春光好，今日春光好更新”的场所。

## 三、培养健康心态，提高免疫能力，拒绝网瘾

进入信息时代，人们获得信息并不难，难的是分析信息的价值，有效地利用信息。网络使用者必须客观地把握、评价网络媒体对人们的影响，不要过分迷恋网络媒体。因此应引导学生客观、全面地了解信息，辩证地分析各种信息的意义和价值，自主得出结论，而不是简单地获知其结论。同时要广泛调动各种有利信息应对消极信息，并充分发挥大学生的参与热情，使其熟悉网络信息的运用手段和规则，懂得利用网络信息资源来发展、完善自我，使网上丰富的知识信息成为提高大学生综合素质的有益补充。要引导大学生走出网络天地，使其将网络视为一种如电话、电视和打字机一般的工具，而不能视其为精神的绿地。

### 1. 网瘾的预防

#### (1) 大学生应志存高远，奋斗不息

理想和信念是人生的精神支柱。有相当一部分大学生进入大学以后，人生的目标恍惚，特别是没有崇高的人生理想，所以对许多现实的东西不感兴趣，精神空虚，缺乏人生追求。个别大学生胸无大志，缺乏对生存问题的理性思考。人的生命是有限的，要使有限的生命有意义，就必须树立明确的奋斗目标，就必须在奋斗目标的指引下沿着正确的人生道路拼搏进取，这对人生具有决定意义。许多人庸庸碌碌，虚度年华，并不是因为他们没有智慧，而是因为没有高尚的人生追求。21 世纪是知识经济时代，知识经济对人们特别是对大学生的要求更高。大学生应志存高远，奋斗不息，努力创造辉煌的人生，对社会多作贡献。有了这样人生追求的大学生，自

然就没有那么多网络问题了。

**（2）高校领导要提高认识，大力加强网络管理**

高校是培养人才的摇篮，既然大学生网络问题普遍而严峻，高校领导应提高对大学生网络问题的正确认识，以高度负责的态度切实加强对大学生使用网络的管理，研究有效的管理运行机制。学校不仅要加强校方机房的规范化管理，不以经济利益来牺牲大学生的根本利益，还要加强学生公寓个人入网电脑的管理，要有效地限制学生的上网时间，这样就把自律和他律结合起来。还要建立一支思想品质过硬，技术精湛的高校“网上警察”队伍，及时堵截、删除、查找制造垃圾信息的人，以做好校园网络管理工作。

**（3）丰富校园文化，营造良好的网络文化氛围**

大学生出现网络成瘾问题不仅与个体的心理需要有一定的关系，文化环境的影响也是一个重要因素。因此，加强大学生校园文化建设对预防大学生网络心理问题的发生具有重要的意义。校园文化对于大学生行为的作用是潜移默化的，它对学生的行为起唤醒、定向、维持和激发作用。高校可以利用课余时间开办高水平的文艺欣赏讲座，提高大学生的审美能力，抵御网络中的颓废审美观；还可以组织校内大型文艺、体育活动，使大学生在实际的参与、操作中耳濡目染，开阔视野，从而提高自身的文化底蕴和审美情操；同时在校园网上有意识地营造良好的网络文化氛围，通过开办学生喜闻乐见的网站，提高大学生的点击率，使其真正成为大学生的精神家园。

**（4）增强心理防范，规范上网行为**

事物变化是内外因素共同作用的结果，网瘾也不例外。选择健康的网络环境有助于防止形成网瘾。要对电脑的功能和属性进行设置，过滤掉不良网络游戏系统和不健康信息网站；避免网上游戏、色情成瘾等危害。另外，每次上网前，请列出你的上网目标，并将之按重要性和紧迫性排序。要完成的具体任务列在纸上需要花几分钟，但这几分钟可为我们节省许多时间，有助于养成良好的网络习惯。

还可以对上网时间进行控制。上网前，仔细观察列出的任务清单，粗略估计在网上操作所用的时间，有效控制任务进度。如果我们大约需 1 小时，就在半小时后用不同的方法提醒自己：

其一，设置时间警示框。上网 30 分钟后，电脑上自动弹出“你已上网半小时，距离结束时间还有半小时，请及时调整您的网上任务进度”等样式对话框提醒自己。

其二，设置手机闹铃。时间过了一半时用闹铃警示自己，看任务进行到哪里了，如果完成了不到一半，就加快任务进度，有效调整网上操作进度。

其三，电脑设置上网时间。自己预先限定的时间一到，电脑就自动关机，避免养成网上随意浏览的心理习惯，提高网上的操作效率。

**（5）体验现实生活乐趣，网上、网下和谐发展**

① 积极参与实践活动。参与社会实践活动，不仅体现自身能力，还能锻炼自己，一举两得，两全其美。

其一，参加感兴趣的团体。在活动中体现自身优势，获得成就感；又可在多维社交中，满足交往的需要，避免去网络中寻求理解与支持。

其二，“招兵买马”自创团队。有条不紊地组织团队，举办同学较为关心的活动，让劳动和工作的成就使自己快乐。改善自己又服务同学，比起虚拟的网络更富有意义。

其三，深入实习基地。努力创造机会，主动联系实习单位，做点事情让自己忙起来，转移闲暇时间里对网络的专注，又能使自己学以致用，以用导学，学用兼济。

② 寻求替代爱好。兴趣是最好的老师，它带有明显的倾向性，吸引着我们的目光，引导着我们的行动。寻找新鲜、有趣、快乐的现实体验来取代网络虚拟的刺激，挖掘自我优势，找准自身亮点，打造理想自我，拒绝网络诱惑。

如阅读专业或感兴趣的书籍，确保心灵健康。通过跑步、游泳等运动，强身健体，改善心情，淡化网瘾。在闲暇时光，约上知己，外出爬爬山、品品茶、钓钓鱼等，离开网络，开阔视野，陶冶情操，磨炼意志，增强抵抗力。

③ 网上、网下和谐发展。在网络中投入得多了，面对现实却有了困惑，我们须把现实中的自我和网络中的自我有效地统一起来，实现网上、网下相互促进、和谐发展。可以将网络空间行为引入现实生活。在网上，因无人监视，我们反而能够挖掘自身潜能，常可能比起现实中做得更好。因此，我们不妨将网上的一些成功经验引入现实，增强生活的自信。

也可以将现实生活中不成功的行为引入网络空间，查找失败原因，搜索成功“秘诀”，进行尝试训练，失败了还可重来，没人追究我们的责任，直到行为完善为止。如这学期考得很不好，可能是因为刚入大学还没有适应新的学习方法的过渡与转变。在网上搜索有关“大学新生适应——学习方法”的知识，促使我们正视自我，良性发展。

其实，网络世界固然精彩诱人，但现实生活亦是美妙绝伦，我们的目光不仅要注意网络，更要留给现实。结交知心朋友，培养广泛兴趣，寻找快乐时空，丰富业余生活，远离网络诱惑，让亲情、友爱使我们感受到生活的可贵。

### 2. 网瘾的矫正

#### （1）远离网络世界

网络成瘾的一个特征就是患者不能自主控制自己的上网行为，也就是说，自己能够意识到网瘾的危害，也希望减少上网时间，但是又无法控制自己的上网行为。为了帮助大学生从网瘾之中走出来，最有效的办法就是让他远离网络世界，把他与网络世界彻底隔离开来。强制隔离，可能不是最好的戒除方法，但是肯定是最有效的。没有网络的时代，不存在网瘾的问题；没有网络的地方，也不可能存在网络成瘾现象。当然，戒断网瘾与不能上网不是一回事。有人通过在非典期间政府强制关闭网吧后对不同网络成瘾程度患者戒除网络成瘾的效果进行研究时发现，强制阻断对于网络成瘾患者矫正有一定效果。这种方法对轻度网络成瘾患者效果比较好，中度次之，对重度患者效果相对有限。这至少表明，对于网络成瘾程度较轻的患者，完全可以采用强制隔离的方式来戒除网瘾。但这也同时告诉我们，不能完全依赖强制隔离来矫正中度和重度网络成瘾患者。

#### （2）加强体能锻炼，培养自控能力

体能训练可以强身健体，也可以锤炼一个人坚强的意志。为了从生理上达到控制“网瘾”的目的，教育训练中心根据医学专家建议并结合本中心的训练理念、手法，从

运动医学的角度研究并开发了平托掌（训练学生注意力集中、控制手臂肌肉群的协调能力）、慢下蹲（增强大脑的中枢神经控制力）、蛙跳（增强意志力）等多种有效的体能训练项目，再结合艰苦的行军活动，对于培养大学生的自控能力确实能起到积极的作用。

**（3）转移注意力**

寻求替代内容，错开原来的上网时间，打乱原有的心理秩序。

① 用疼痛阻断上网行为。在手腕上套一个橡皮筋，当抑制不住上网的冲动时，就把橡皮筋弹起，弹自己的手，将上网的快感转换为被橡皮筋绷弹的疼痛，使自己远离网络。

② 用业余爱好替代网络沉迷。业余爱好使自己填充用于上网的时间，减少上网机会。

③ 用现实交友替代网络交往。规定每天与朋友交流至少 15 分钟。

④ 用关注家庭替代关注网络。多多关注自己的家境，体察父母的工作、生活状况。感受父母、老师对自己的期望，对比自己的上网状况，增加对未来的责任感，从网络的“快乐”空间里“拔”出自己。

**（4）寻求他人帮助**

当网瘾袭击身心，自身无法克服时，走出自己的天地，积极求助于他人。

① 寻求朋友、同学、老师监控。当我们需要外力帮助摆脱网瘾时，老师、同学、朋友都会及时出现在我们身旁，对我们的上网行为进行监督，严厉制止我们的网上耗时之举。

② 向网络求助。专家们提出，对待网络成瘾，应利用好网络这个平台来治愈它。据了解，20 世纪 90 年代末美国已成立了这样的心理咨询网站。通过借鉴多种方法，可以在网络中利用聊天室的功能开展团体咨询，还可参照朋辈心理咨询的原理，让部分治愈者成为志愿者，互相促进，帮助解决。目前世界上发达国家已经开始着手进行青少年网络成瘾症的预防与矫治研究工作。高校应借鉴国外的先进经验，不断探索更有效地解决问题的方法与途径。

③ 向专业人员求助。勇敢走向专业人员，从调节心理入手，培养积极向上的心理状态。而对于某些严重的大学生网瘾行为还需要采取另外的一些矫正方法，具体的矫正方法有以下几种：

其一，催眠治疗。在潜意识状态下，保持与催眠师密切的联系并严格执行催眠师的指令，从潜意识层面改变大学生的不良行为表现。在催眠状态下使其认识到，上网花费了很多的时间、精力、金钱，却仅仅得到了情绪上的满足，而并非得到了知识。这种在网络世界中的满足和快乐是短暂的、虚幻的。网络成瘾还会严重影响自己的前途，使自己不能更好地投入到学习中去，影响了自己的发展和成功。

其二，厌恶疗法。用厌恶的方法，使其一想到上网就有头痛、头昏、疲劳的感觉。重复使用厌恶暗示，建立上网和不良体验的条件反射，从而使其厌恶上网。

其三，药物治疗。目前用于治疗网络成瘾的药物主要有抗抑郁药和心境稳定药。研究表明，这些药物对网络成瘾的治疗收到了比较明显的效果。但是，使用药物进行治疗仍然处在尝试阶段。

其四，认知行为疗法。认知行为疗法是心理治疗的常用方法，是已被用来治疗网络成瘾的主要方法。

☞ 课后小资料

## 网络使用情况自测量表

下面的题目可以帮助你了解自己的网络使用情况。请根据你最近1个月的情况，在符合的数字上打“✓”（“1”表示“没有”；“2”表示“极少”；“3”表示“有时”；“4”表示“经常”；“5”表示“总是”）。

| | | | | | |
|---|---|---|---|---|---|
| 1. 花在网上的时间比预期的长 | 1 | 2 | 3 | 4 | 5 |
| 2. 试图减少上网时间却无法做到 | 1 | 2 | 3 | 4 | 5 |
| 3. 因为上网宁愿失去重要的人际交往 | 1 | 2 | 3 | 4 | 5 |
| 4. 上网没有明确目的，但就是不愿停下来 | 1 | 2 | 3 | 4 | 5 |
| 5. 每天早上醒来，想做的第一件事就是上网 | 1 | 2 | 3 | 4 | 5 |
| 6. 经常上网而影响学习功课及成绩 | 1 | 2 | 3 | 4 | 5 |
| 7. 经常放弃需要完成的事情去收 E-mail | 1 | 2 | 3 | 4 | 5 |
| 8. 常对亲友掩盖上网的行为 | 1 | 2 | 3 | 4 | 5 |
| 9. 遇到生活中烦恼的事总会避开，转而去回想上网时的愉快经历 | 1 | 2 | 3 | 4 | 5 |
| 10. 只要有一段时间没上网，就会觉得好像少了什么 | 1 | 2 | 3 | 4 | 5 |
| 11. 没有网络的世界是沉默、空洞、没有生机的 | 1 | 2 | 3 | 4 | 5 |
| 12. 总觉得上网的时间不够 | 1 | 2 | 3 | 4 | 5 |
| 13. 如果有人打扰你上网，你会很不高兴 | 1 | 2 | 3 | 4 | 5 |
| 14. 常常在离线时想上网的事情想得出神 | 1 | 2 | 3 | 4 | 5 |
| 15. 不上网时感到情绪低落，上网后马上精神亢奋 | 1 | 2 | 3 | 4 | 5 |

评分与评价：

每题所选择数字就是该题所得分数，15道题的分数相加。

15~29分：你是一个正常的网络用户，能够理性控制自己、健康使用网络；

30~59分：你会因网络产生情绪问题，需重新考虑网络对你的影响，合理使用网络；

60～80分：网络已经明显占据了你的生活，要想办法积极面对并改善你的上网习惯。

## ☞ 思考与训练

1. 请阅读这段材料并思考。

某教授每天到楼下店里买豆浆。一天店员说："以后你要到网上订购才行。"教授只得在网上学着预订豆浆。送豆浆的人来了，居然还是那个店员。这个教授有一种被愚弄的感觉，特别不高兴。

(1) 从中你认识到了什么？

(2) 你认为网络是把我们复杂的问题简单化了，还是把简单的问题复杂化了？

2. 网络对大学生的生活影响包括哪些方面？

3. 什么是网络成瘾？如何诊断？

4. 你是怎样看待网络文明的？

5. 怎样才能有效预防和矫正网络成瘾？

# 第十三章　大学生职业生涯规划与职业发展

选择职业是人生大事，因为职业决定了一个人的未来。

——罗素

今天你如果不生活在未来，那么明天你将生活在过去。

——波德·伊利亚德

你所从事的事业，必须是所有可能的事业中你最能胜任的。

——奥利森·马登

纵观古今中外，世上一切伟人与凡夫俗子的最大区别就是：前者懂得先规划自己的人生，后者则大多不懂得或不愿意规划自己的人生。人生最大的幸福莫过于可以从事自己喜欢并擅长的工作。因此，对自己的职业生涯进行科学的设计和规划，选好落脚点，把握好方向，对每一个人的成功至关重要。面对竞争激烈的人才市场，如何找到适合自己的职业发展道路，对大学生而言，尤为重要。帮助和促进同学们开始思考和设计自己的人生蓝图，为进入社会作好职业上及心态上的准备，是本章要解决的问题。

## 第一节　大学生的职业生涯规划

☞ 案例

### 趁你还年轻赶紧作规划

（李奕，女，30 岁，某网络公司策划部总监）

我认为职业规划最主要的目的是让自己的潜力、精力充分发挥出来，为社会，更为自己创造最大的价值。

我大学学的是国际贸易，毕业后做进口贸易，我擅长英语，工作也蛮得心应手的，但后来我逐渐认识到，靠外语工作一辈子是不可能的，外语只能是一种辅助你发挥个人才能的工具。于是，我离开了自己的本行，接触到 Internet。1995 年前后，国内知道 Internet 的人还很少，当时感觉既神秘又兴奋，觉得自己是在从事一种尖端事业，有一个 E-mail 的地址就好像拿到了一张大额支票。我认为这个行业很适合我，能发挥我的个性优势：自信、好学、聪明，而且我的外语也是一个有利条件。

职业规划必须物质、精神并重。我自己做规划时，有两个原则：一是对所进入的行业有三点要求：喜欢做；有较好的收入；该行业有较好的、稳定的发展前景。二是结合自身特点，对自己要有清醒认识：思维习惯、性格特征、知识储备及未来再学习的时间、可能性等。在这两项原则的基础上进行规划设计。

1996年后我开始有事业上的规划：如果有钱了，自己开一家与IT相关的公司；现在没钱，但有头脑，有精力，希望能给一个自己尊敬的人作助手，在某种程度上成为人与人之间，或企业与企业间的桥梁。我喜欢与人打交道，擅长市场营销、公共关系等领域的工作，目标是在这某个领域中做到最高位置。

据我了解，不是所有的人都对自己的前程有规划，尤其是女性。如果年轻的时候没有规划，走到哪里看到哪里，将来是要后悔的！二十多岁时，自我的人生空间大，个人设计的空间也大，年龄越来越大以后，设计的空间会越来越小，因此，职业生涯设计与规划要趁早！

（资料来源：聂振伟．高职心理健康教师用书．北京师范大学出版社，2004：122，123.）

**请思考：**在职业发展过程中，如何思考人生方向，进行科学的自我定位和职业定位，设计职业发展的阶梯？

在面对市场经济条件下令人眼花缭乱的机会时，我们必须要保持清醒的头脑，在知己知彼的基础上大胆地选择，学会自己把握自己的人生！

对于大学生而言，职业生涯规划就是在充分了解自己的兴趣、爱好的前提下，在认真分析当前形势的基础上，结合自己的专业特长和知识结构，对将来从事的工作所作的方向性的计划安排。大学生从跨入校园起，就需要结合实际，制订一份阶段性或长远性的规划。给自己的职业生涯一个清晰的定位，并以此不断地鞭策自己，激励自己，这是成功迈入社会，实现自己人生抱负的关键一步。

## 一、职业生涯规划的基本概念

职业生涯规划是指个人与环境相结合，在对自己职业生涯的主客观条件进行测定、分析、总结的基础上，对自己的兴趣、爱好、能力、特点等进行综合分析与权衡，结合时代特点，根据自己的职业倾向，确定最佳的职业奋斗目标，并为实现这一目标编制相应的工作、教育和培训计划，对每一步骤的时间、顺序和方向作出合理的安排并采取必要的行动实现职业生涯目标的过程。

职业生涯规划具有以下特点：

（1）可行性。规划不是“鬼话”，不是不着边际的空想和幻想。规划要建立在对自己、对社会、对环境的实事求是分析的基础上，具有可行性。

（2）适时性。规划是对未来行动的计划。我们需要把一个长远的职业生涯规划合理分割为若干个阶段，将职业生涯规划的目标分解成若干个子目标，并对实现目标的每个步骤、实施方法、完成期限、检验标准等作出具体妥善的安排，以作为检查行动的依据。

(3) 开放性。职业生涯规划并非一次完成，终身不变，它需要根据客观环境、自身条件的变化作出及时的修正和调整。

(4) 连续性。职业生涯是一个连续不断的过程，其中前一阶段是后一阶段的基础和准备。因此，职业生涯规划要注重各发展阶段的持续连贯性和衔接性。

(5) 个性化。人的个性、特点、能力、目标、价值观、成长经历、社会背景、思维和行为方式各不相同，每个人的职业生涯规划都应该体现出个体的独特性和差异性。

## 二、职业生涯规划的意义

职业生涯规划的目的，不仅是帮助个人找到一份合适的工作，更重要的是帮助自己真正了解自我，并根据自身的主、客观条件，设计出合理可行的职业生涯发展方向和目标。心中有了明确的发展目标，也就有了不懈努力的方向。在成功的道路上，就会少走或不走弯路。西方有句谚语："如果你不知道自己要到哪里去，那么通常你哪里都去不了。"

有调查显示，90%以上的成功人士都对自己的未来有明显的期待，都有明确的人生目标；也有研究表明，进行生涯规划的职业人约有70%以上能够取得良好的工作效绩，并且有强烈的成就和成功体验。可见，科学的职业生涯规划对于一个人的成才成功有着至关重要的作用。

### 1. 职业生涯规划可以发掘自我潜能，增强个人实力

一份好的职业生涯规划能够帮助你正确认识自身的个性特质，发现自己的资源优势并对自己的综合优势和劣势进行对比分析，帮助你对自己的价值进行重新发现和正确定位。好的生涯规划，还能使你树立明确的职业发展目标和职业理想，并学会运用科学的方法和采取可行的步骤与措施，不断增强你的职业竞争力，从而实现自己的职业目标与理想。

### 2. 职业生涯规划可以增强发展的目的性与计划性，提高事业的成功率

好的生涯规划是事业成功的开始。很多时候我们的职业发展之路走得磕磕绊绊，就是由于生涯规划没有做好。制订职业生涯规划，就是要使我们的职业发展更具目的性，行动更有计划和条理，从而使我们更有成功的希望和把握。古人讲凡事"预则立，不预则废"，便是这个道理。

### 3. 职业生涯规划可以提升应对竞争的能力

物竞天择，适者生存。高职生走出校门，步入社会，首先面临的就是激烈的就业竞争，不少学生由于在校期间没有认真规划自己的职业生涯，没有为自己走向职场做好准备，毕业时心存侥幸，拿着简历与求职书撒网般地到处投放，渴望能够碰到好运气找到好工作，不仅浪费了大量的时间、精力和资金，而且常常无功而返，结果除了抱怨招聘单位不能"慧眼识英雄"外，就只有不断降低就业门槛，将就找一份工作了事。

#### 4. 职业生涯规划可以增强个人的职业稳定性

科学技术日新月异，社会经济的快速发展，促使社会产业结构不断调整，职业结构的变化越来越快，旧职业不断消失，新职业不断产生。主动或被动更换职业或岗位的人越来越多。在职业发展过程中，必须前瞻性地考虑未来的变化：你现在的工作技能和专业知识，三五年后是否还有用；你现在的工作岗位，三五年后是否还存在。如果前景不够乐观，那么你就得及早采取措施，学习新知识，掌握新技能，以适应新技术或新岗位的要求。因此，作好职业生涯规划，就是未雨绸缪，将命运牢牢掌握在自己手中。

### 三、职业生涯规划的设计

现代人多数都想施展自己的才华，成就一番事业，体现自己的人生价值，一个想要在事业上有所成就的人，对自己的事业，不仅要有短期的打算、中期的计划，还须有终身的目标。然而社会的快速变迁，经济竞争的不断加剧，使许多人手忙脚乱，内心惶恐不安，不知何去何从，不仅事业无成，身心也受到影响。因此，及早作好职业生涯的规划，认清自己，并在自己内在潜质的基础上不断探索、觉察和发展，才能把握人生方向，创造成功的人生。

#### 1. 职业生涯规划的影响因素

职业生涯规划是一个系统工程，影响因素甚多，既有个人因素，也有职业环境因素。而其中个人因素又主要包括个性特征、身体状况、性别差异以及自我形象设计等。

**（1）个性特征**

个性特征包括个性倾向性（需要、兴趣、动机等）、个性心理过程（认识、情感、意志等），它是影响择业倾向以及与职业相适应的重要因素。或者说，这些都影响到规划中的一个重要环节，即职业定位。其中兴趣与能力是决定职业适应性的两个主要因素，是规划中必须着重考虑的。同时，气质与性格等也需在规划中兼顾。

① 兴趣与职业定位。所谓兴趣，是指一个人寻求并参与某些特定活动的心理倾向。这里所指的兴趣是中心兴趣，即相当稳定的兴趣，而对于职业定位，首先考虑的是个人的兴趣。兴趣是事业的基础，是成功的导向。当一个人从事自己爱好的工作，就会产生快慰感，对职业有较强的满意度，从而激发工作的热情与干劲，更容易使职业成功。

② 能力与职业定位。胜任工作与工作满意是职业适应的两大标志。一个人对某项职业有兴趣，即工作满意度较高，这仅是可能取得职业成功的一个方面；要取得事业成功，还必须有相应的能力。心理学认为，能力是保证顺利完成某种活动所必须具备的个性心理特征，它是影响活动效率的最基本的因素。对任何一种职业或任何一个从业者而言，要使职业活动顺利进行，必须要有相应的能力。然而，各个人的能力是有差异的，而能力发展方向也多种多样，按照霍兰德的分类，可划分为现实型、研究型、艺术型、社会型、企业型、常规型等，因此，就能力而言，职业选择就需注意：①能力类型与职业类型相吻合；②能力水平与职业层次相一致；③充分发挥个人的优势能力。

同时，气质、性格也影响着人的职业定位，在规划中也是必须考虑的。

（2）身体状况

身体状况对职业的选择非常重要，几乎所有职业都有对身体方面的要求，而且有些职业还有特殊要求。比如，军事系统的职业对身高、体重、视力等就有明确的要求；食品检测对嗅觉等有一定要求；化学研究人员就不能是色盲者……因此，大学生在规划职业生涯时，对于职业定位就务必考虑自己的身体状况是否符合所选职业的健康标准。

（3）性别差异

在中国的职业界中，男女平等的实现程度，相对而言还是可以的。但由于传统的职业观和男女“社会角色期望”的差异，导致在职业选择中还存在着性别因素的影响。一是两性的生理差异，决定了男女职业选择的范围有所区别。比如野外工作、井下作业、重体力劳动等不宜女性承担；二是两性的观念差异，更是影响人、职互择的关键。因此，大学生选择职业还需考虑性别因素。

（4）自我形象

对自己的评价和估计构成了自我形象设计（这里简称“自我形象”），它严格限制了一个人对职业的选择。有心理学家把自我形象设计比作“心理图”，其比例、尺寸完全是由自己定的。如果这图是虚构的，那将是一个与实际不符的你：要么高估自己，导致自我膨胀，结果把自己定位于力所不及的职业，而使事业失败，要么低估自己，导致不敢追求高目标，而错失良机。因此，大学生规划职业生涯时，应正确评估自己，找出一个真实的自我，既不要自我膨胀，也不妄自菲薄。努力寻求两极平衡的最佳点：自信与谦虚的融合。

（5）职业环境

任何事情的成功，都需取决于主、客观两方面条件，职业生涯规划也不例外。因此，大学生要作出一份恰如其分的职业生涯规划，既要充分考虑自身主观条件，也不能忽视客观条件即将来的职业环境。

所谓的职业环境，是指职业选择的一切外部环境。包括两个层面，一是社会的政治、经济、文化等社会大环境；二是学校、企业等工作组织的小环境。尽管人的主观努力是决定因素，但外部环境对事业的成功却起着非常重要的作用。就大环境而言，它决定社会职业结构的变迁，决定着职业岗位的数量与结构，从而决定了人们对不同职业的认定与步入职业生涯、调整职业生涯的决策。就小环境来讲，它的生存与发展空间如何，人文环境怎样等也决定着人在职业生涯中具体机遇的好坏，从而影响从职者自身发展，这也是规划中必须考虑的。

当然，对于环境的认识要用辩证法，因为环境也会发生变化，而且通过自身的努力，环境也是可以得到改善、创新的。

### 2. 大学生职业生涯规划的步骤

一份完整的职业生涯规划，包括题目、自我检测与评估、外部环境分析、职业定位与总体目标、目标展开与行动措施等主要内容。职业生涯规划的制订是一个不断完善的动态过程，它分六个步骤，即自我认知，环境分析，职业价值取向，目标确立，策略制定以及反馈修正。

**(1) 自我认知**

自我认知是指通过科学认知的方法和手段，对自己的职业兴趣、气质、性格、能力等进行全面认识，清楚自己的优势与特长、劣势与不足。自我认知要客观、冷静，既要看到自己的优点，又要面对自己的缺点。根据人职匹配原理，个体差异是普遍存在的，每一个个体都有自己的个性特征，而每一种职业由于其工作性质、环境、条件、方式的不同，对工作者的能力、知识、技能、性格、气质、心理素质等有不同的要求。进行职业生涯规划时，就要根据个人的个性特征来选择与之相对应的职业种类，即进行人职匹配。如果匹配得好，则个人的特征与职业环境协调一致，工作效率和职业成功的可能性就大为提高。反之，则工作效率和职业成功的可能性就很低。因此对于组织和个体来说，进行恰当的人职匹配具有非常重要的意义。这就要求我们进行职业生涯规划时必须要有良好的自我认知能力。

**(2) 环境分析**

环境因素分析，包括社会环境因素分析和职业环境因素分析，前者主要是对政治环境、经济环境、法律环境、科技环境、文化环境等宏观因素的分析，后者主要是对行业、职业、企业的分析。人是社会的人，社会是人的社会，每个人都不可避免地生活在一定的社会背景下，通过对社会大环境的分析，了解所在国家或地区的政治、经济、科技、文化、法制、政策与发展方向，有助于个人寻找各种发展机会。我们在作个人职业生涯规划时，要不断提高自己认识和理解环境的能力，认清社会大环境的发展状况、社会地位、未来趋势等，同时要仔细了解和把握当前热点职业的整体情况、发展前景、社会影响、对个人的要求等。

我们尤其需要注意对职业环境因素进行分析，它包括三个方面的内容：一是行业环境分析。行业环境分析是对即将从事的目标行业的环境分析，包括行业的发展状况、国际国内重大事件对该行业的影响，目前行业优势与问题何在、行业发展趋势如何等。分析行业环境时，一定要结合社会大环境发展趋势，将目标行业放到社会大环境的背景中进行综合分析。二是职业分析。现代职业具有自身的区域性、行业性、岗位性等特性。职业区域可能是城市，也可能是农村，可能是经济发达的特区，也可能是经济一般或贫困落后地区。作职业生涯规划时要考虑到职业区域的具体特点，比如该地区的特殊政策、环境特征；不同的职业岗位对求职者的自身素质和能力有着不同的要求，在职业生涯设计时，除了解所需要的非职业素质要求外，还要了解所需要的职业素质，除了解所需要的一般能力外，还要了解所需要的特殊职业能力。三是企业环境分析。企业是从业者直接生存和发展的土壤。每个企业都有自己的发展目标，运作模式，了解企业的基本情况是进入企业的基础，便于自己以后迅速适应新环境。企业环境分析包括企业在本行业中的地位、现状和发展前景等，我们一般主要从三个方面进行分析，即企业的实力、企业的领导人以及企业组织文化和制度。我们通过对企业环境的分析，可以衡量自己以后在该企业中的发展空间和自己的职业目标在该企业中得以实现的可能性。

**(3) 职业价值取向**

不同的人对职业特性有不同的评价和取向，这就是所谓的职业价值观。价值观对认识一生有着重要的影响。作为人们对待职业的一种信念和态度，职业价值观往往决定了人们的职业期望，影响着人们对职业方向和职业目标的选择。日本一家调查所在一项职业调查中选择和设计了 7 个价值取向：①能推动社会发展的职业；②助人、为社会服务的职业；③得到人们高度评价的职业；④受人尊敬的职业；⑤能赚钱的职业；⑥虽平凡，但有固定收入的职业；⑦若不为人所用，就自谋职业。而我国职业专家通过大量的调查，把职业价值观分为六大类并将个人适合的职业类型与之相对应，这六种价值观就是自由型、小康型、支配型、自我实现型、志愿型和技术型。在实际生活中，人们的职业期望常常由几种价值取向所左右，但居主导地位的职业价值取向，对职业期望起决定作用。这个居主导地位的职业价值取向实际上就是我们最希望得到的方面，也就是通常所提到的“职业锚”。

**（4）目标确定**

理想职业目标是指人们对未来职业表现出来的一种强烈的追求和向往，是人们对未来职业生活的构想和规划。行为科学认为，目标是一种刺激，合适的目标能够激发人的动机，规定行为的方向。行为科学家佛隆认为：人们把目标的价值看得越大，估计实现的概率越高，这个目标对他的激发力量也就越大。理想的职业生涯目标对人的发展有着重要的激励作用。

大学生由于知识、经验、阅历、态度、各自的利益等不同，因此，个人目标存在着差异，每个人对于自己预期的职业生涯目标各不相同，每个人根据自己不同的需要确定自己的职业生涯目标。马斯洛把人的需要归纳为五大类，由低到高分成五个层次：生理需要、安全需要、社交的需要（归属和爱的需要）、尊重的需要、自我实现的需要。人们在寻找自己理想的职业生涯目标时总是将以上五种需要结合起来综合考虑，选择确定与自己的性格、特长、爱好等最接近的职业生涯目标。

在目标设定上，应根据主、客观条件来设计，要保证目标适中，不可过高或过低。人生的职业目标有短期目标和长期目标以及近期目标和长远目标之分，而且在一定时期还有可能对职业目标提出一定的调整。要把长远目标和短期目标结合起来，通过不断实现短期目标最终实现长远目标。大学生应尽快确定自己的职业目标，打算成为哪方面的人才，打算在哪个领域成才等。对这些问题的不同回答不仅会影响个人职业生涯的设计，也会影响个人成功的机会。

因此，我们确定职业生涯目标必须符合以下要求：要符合自身特点，扬长避短；要符合组织和社会需求；要把“志向高远”与脚踏实地相结合；注意长期和短期相结合；简明、具体、定位适度；要把职业目标、生活目标、家庭目标等协调统一。

**（5）策略制定**

实现职业生涯目标必须有相应的职业生涯策略作保证。职业生涯策略是指为实现职业生涯目标所采取的行动计划。其包括职业生涯发展路线、实施措施、步骤与时间安排等。

其中职业生涯发展路线的选择尤为重要。它的确定可从三个方面考虑：一是个人希望朝哪条路线发展，主要考虑自己的理想、动机，确定目标取向；二是个人最适合走哪条路线，主要考虑自己的性格、特长、经历、学历等个人因素，确定自己的能力取向；三是个人能够向哪一条路线发展，主要考虑自身所处的职业环境（包括大环境与小环境）等，确定自己的机会取向。综合上述分析，最终选择最佳路线。

**（6）反馈修正**

行动计划制订好之后，在实施计划的过程中，我们要不断地进行评估与反馈。在人生的发展阶段，由于社会环境的复杂性和一些不确定因素的存在，会使我们与原来制订的职业生涯规划有所偏差，要使自己的职业生涯规划行之有效，必须时时关注内外环境的变化，对影响到职业生涯规划的因素进行监控和评估。随着自己工作经历的丰富和对职业深层次的理解，以及社会提供就业机会的可能性的变化，大学生在制订职业生涯规划后应及时修正职业生涯目标，行动方案和策略，使它更加符合自己的实际情况，最终实现自己的人生目标。这种评估和反馈过程实质上是个人对自己的不断认识过程，也是对社会的不断认识过程，是使职业生涯规划更加有效的有力手段。

### 3. 制订职业生涯规划的原则

实践证明，人职和谐（或称人职匹配）是制订职业生涯规划应遵循的基本原则。也是职业生涯规划的关键。要抓住这个关键，就要重点把握知己、知彼和抉择“三大要素”。同时要正确处理好“五种关系”。

**（1）人职和谐是职业生涯规划的关键**

“人职和谐”（也称“人职匹配”）是美国学者约翰·霍兰德提出的理论。霍兰德通过大量的现实研究，提出了六种典型的职业环境和典型个人导向（人格类型）：实际型、研究型、艺术型、社会型、企业型、传统型。他认为，多数人的典型个人导向都属于这六种，多数职业环境也可归入这六类环境中。他还认为，如果劳动者与职业的类型一致，即人职匹配或人职和谐，那么无论是个体职业发展，还是职业声望都将得到优化和发展；但如果人职不和谐，且不说从业者不可能淋漓尽致地发挥自己的才能，就是对一种职业以至整个社会也是一种不负责任。

心理学告诉我们，人的心理特征的多样性造就了人的能力、人格、气质与性格的差异，因此，其所适应的职业就不相同。而不同的职业，用人标准也是不一样的，因此，个人对职业的选择，同时也是职业对个人的一种选择。实践证明，两者必须一致，相互适应，相互匹配与和谐，只有这样，才能较好地胜任工作，取得较高效绩和享受工作的快乐。因此，人职和谐就成了职业决策中的关键。

人职和谐具体包括人格因素与职业和谐，气质、性格与职业和谐，兴趣爱好与职业和谐等。

**（2）重点把握职业生涯规划的三大要素**

著名的职业生涯规划专家罗双平曾用公式总结出了职业生涯规划的三大要素，即：职业生涯规划=知己+知彼+抉择。“知己”就是对自身条件的充分认识和全面了解；“知彼”就是对欲从事的职业环境、相关组织等信息的有效掌握。“知己知彼，百战不殆”，有了“知己”、“知彼”，就有了“抉择”的基础，才能作出正确的抉择。“抉择”就是在知己知彼的基础上，以自身的条件与现实的环境为依据，扬长避短，择优确定个人的职业生涯目标与生涯发展路线。

择己所长，就是要选择自己擅长的领域或职业。尺有所短，寸有所长。任何人都有一定的优势，只不过是多与少或强与弱的不同而已。因此，在职业抉择上，就要选择最能发挥个体长处的职业。然而，在优势选择上，除了与自己比，更需与他人相比较。力求做到“人无我有，人有我优，人优我特”，只有这样，才是真正的优势或长处。

择己所爱，就是要尽可能选择自己感兴趣或所喜爱的职业。兴趣是人们积极探究某种事物的认识倾向。它是一种强大的精神力量，是事业成功的一种重要推动力。因此，只有选择感兴趣的职业，才能使自己的积极性、主动性得到充分发挥，全身心地投入其中，并大胆探索，勇于创新，作出成绩。

择世所需，就是所选职业要符合社会需要。其实，这里有两层意思，一是指所选职业、职业目标以及发展路线都要与客观环境相适应，不能主观臆想；二是所选职业一定要为社会所需要，否则既不现实，也无意义。

受益最大，就是选择最理想的职业，制订最有发展前景的规划。这就要求规划个体既要考虑当前收益效果，更要用发展的眼光去审视、勾勒规划。为此，个体要有超前意识，能科学预测，决不能眼光短浅，只图眼前利益。同时，还要有点辩证思维，比如对于职业“热”与“冷”的认识，就要用辩证法。

**(3) 正确处理好五个关系**

大学生要规划好自己的职业生涯，还应当正确处理“五个关系”：

① 规划的稳定性与实施的灵活性。职业生涯规划是人生大事，是决定一辈子的事，对人生起着宏观指导的作用，具有相对稳定性，这就要求作规划时，要把握大方向，锁定大目标，不能朝令夕改。然而，职业生涯规划又是一个动态发展的过程，由于时间跨度大，主客体必将发生变化，甚至巨变，因此实施规划时，要注意一定的灵活性，即随着时间、条件、认识的变化而相应地改变行动计划。

② 规划的模糊性与生涯发展的可准备性。大学生毕竟还未走向社会参与工作实践，因而，难免职业意识不甚清晰，职业目标也不十分明确，这就带来规划的模糊性。然而，大学生决不能因此而不去规划自己的职业生涯。因为生涯发展是可准备的。大学生可以根据自己所学、所长、所爱及对职业的认识，确立职业目标，制订规划，并朝着既定目标不懈努力。

③ 个人的期望值与实现的可行性。期望与可行本身就是一对矛盾，大学生在规划中对此一定要辩证地认识、处理。一般而言，大学生好想象，憧憬未来，都希望干出一番大事业，这是积极的，但一定要考虑其可行性。为此，应规划中立目标，定指标时务必进行可行性论证。坚持从实际出发，量力而行，尽可能实现愿望、兴趣和人力资本与职业相匹配。

④ 共性与个性。这里所讨论的共性与个性，是就规划主体——大学生个体而言的。大学生作规划时，都是在校生，同处一个起跑线，面对的也是同一个社会大环境，这是大家的共性。然而，大学生各自的性格、爱好、才能却不尽相同，家庭、社会背景等也不一样，这是大学生的个性，应利用自己的个性，发挥自身特长、优势，作出有自己特色的生涯规划。

⑤ 业务知识与人际技能。扎实的基础知识与较高的业务能力是大学生职业生涯发展的基石。然而人际交往技能也是不可缺少的，因为，任何事业的成功，都离不开与人

沟通，与人合作。因此，规划时要两者兼顾，特别在职业定位上，既要掂量自己的业务能力，看是否与职业要求相匹配，还要审视自己的人际技能是否能适应职业要求。

总之，职业生涯规划的打造，就是寻找把握自我、尊重自我与把握职业、尊重职业的最佳结合点。

## 4. 大学期间应如何进行职业规划

### (1) 职业规划应从大一做起

大学生距离进入社会、步入职场，成为一名职业人只有一步之遥。是否拥有属于自己正确的发展方向，明确的职业发展目标和清晰的职业发展战略，将直接关系到人生事业的成败。

面对严峻的就业压力，职业生涯规划对大学生来说越来越重要，一些用人单位认为大学生的社会实践少，实际解决问题的能力弱，只学到书本知识，没有掌握学习方法，缺乏团队精神、人际沟通能力和自我认识，对未来个人的发展盲目，没有规划。

有关专家认为学生能否找到满意的工作，决胜点在于长期的积累。有很多同学找工作之前会突击拿一些证书，有的同学很自卑，没有骄人的成绩，其实，这些并不可怕，令人担忧的是大学生没有注重有计划地在生活中培养自己真正有发展潜力的素质。证书、成绩、丰富的经历只是求职的表面文章，真正的“内功”才是最后面试成功的关键所在。这种“内功”是需要认真规划的。

回顾最近几年学生毕业时的情形，看到更多的是大学生们找工作时的慌乱、艰难。学生们已经淡化了专业对口，不再关心户口问题，甚至对工资要求也越来越现实；但没有工作经验，知识能力储备不足，英语不够好，自我定位不够准确等，这些还是对其就业产生了影响。专家认为，其实职业规划应从大一做起，大学时期是毕业起跑的助跑期。

### (2) 大学期间的职业规划

首先要确立自己的职业方向，和现实挂钩，知道自己需要什么、社会需要什么，结合自己的兴趣、特长、技能、经历等进行客观的自我评价，对职业环境和社会环境进行分析，确立务实、可行的职业方向。同时，要根据自己的爱好、实际能力和社会需求制定有效的实施步骤，比如某个年龄段该做什么、某个时间段自己应达到什么目标等，要不断总结并完善，对职业生涯中的不和谐之处进行矫正。

大学期间制订行动计划时，采取的方式和途径也不尽相同，要根据自己的长期目标，因人而异，但一般来说：大学一年级是准备和调适时期、要及时转变角色，重新确定自己的学习目标和要求。开始接触职业和职业生涯的概念，特别要重点了解自己未来所希望从事的职业或与自己所学专业对口的职业，进行初步的职业生涯设计，在职业探知方面可以向高年级学生尤其是向毕业生询问就业情况。要掌握扎实的专业基础知识，加强英语学习，不断提高计算机应用能力，掌握现代求职者所应具备的最基本技能。

大学二三年级是大学生规划实施期，应在学好基础课的同时，加强专业知识学习。参加和专业有关的暑假工作，和同学交流求职工作心得体会，学习写简历、求职信等求职技巧，了解搜集就业信息的渠道。要通过参加各项活动，锻炼自己的各种能力，最好能在课余时间适当从事一些与自己未来职业或本专业有关的工作，并开始有选择地辅修其他专业知识来充实自己，同时检验自己的知识技能，并根据个人兴趣与能力修订个人的职业生涯规划设计。

大学四年级是冲刺期，即为初步实现自己的职业生涯期。这时，大部分学生对自己的出路都有所规划。此时大学生应对前几年的准备作一个总结，检验一下以前确立的职业目标是否明确，准备是否充分。然后，有针对性地进行各项训练，除了常规的就业指导课，还要开始准备毕业后工作的申请，接受择业技巧培训，积极参加招聘活动，在实践中检验自己的积累和准备。最后要充分利用学校提供的条件，了解就业指导中心提供的用人公司的资料信息、提高求职技巧、进行模拟面试等训练。在撰写毕业论文时，可大胆提出自己的见解，锻炼自己独立解决问题的能力和创造能力。另外，要重视实习机会，通过实习从宏观上了解单位的工作方式、运转模式、工作流程，从微观上明确个人在岗位上的职责要求及规范，为正式走上工作岗位奠定良好的基础。

总之，对于大学生而言，科学的职业生涯规划设计是使他们少走弯路、收到事半功倍效果的有效途径。尤其是面对竞争激烈的就业市场，每个大学生都必须对职业生涯规划的重要性有足够的认识，进行科学合理的职业生涯规划设计，以实现其人生目标。

## 第二节　我国大学生职业生涯规划问题

☞ 案例

### 没有规划的人生注定要失败

（张文晴，35 岁，文职人员）

完全没有规划的职业生涯，注定是要失败的。但规划的前提是有明确的意识、强烈的愿望：我要干什么、要达到什么目标。可惜，我从来都不清楚自己到底想做什么。

其实从小就不断有人问：你长大了想干什么？但直到大学毕业也不清楚自己想做什么，擅长做什么。我一直是个优秀的学生，但自认为毫无特长。大学的专业并不是自己喜欢的，当时热门的专业自己也不喜欢，到底喜欢什么？不清楚。当了两年教师，没找到兴奋点，后来又稀里糊涂读了原专业的研究生，毕业进了出版社，工作了两三年，没有太大的成就感，感觉很苦闷，好像有劲儿没处使。于是想跳槽，偶然看到报上的某个招聘广告就去应聘了，对所要进入的行业没有太多的了解、分析。刚进入一个新领域的新鲜感消失后，又开始怀疑自己的选择：我到底适不适合这个职业？在这个职业工作了几年，别人看来还算不错，但自己内心时不时会冒出一个声音：这不是我最想要的！不满足感常常困扰自己。

这期间接触到一些有关职业规划的理念，才把这个问题与职业生涯规划挂起钩来，如果我早早建立自我规划的意识，我的人生和事业一定非常不同。随波逐流注定是会失败的，我已经有了很重的失败感，已经 35 岁了，再重新规划职业道路好像也有些力不从心了。所以我非常想提醒那些刚入职场的年轻人：不要随波逐流，规划一下自己的未来非常重要！人生中，无论职业还是情感、生活方式，都应该有规划，时间浪费不得！

（资料来源：聂振伟．高职心理健康教师用书．北京师范大学出版社，2004：122，123.）

**请思考：**如何克服职业规划中存在的问题，规划自己的人生和事业？

目前，我国不少高等院校都设立了大学生就业指导中心，并开设了相关的职业指导课程，这对于促进大学生顺利就业和提升大学生的综合素质起到了重要的促进作用。但是作为新生事物，大学生职业生涯规划还存在着各种各样的问题，导致我国大学生职业生涯规划问题产生的原因是多方面的，既有传统体制和社会观念的原因，也有高校和学生自身的原因。

## 一、当代大学生职业生涯规划存在的问题

### 1. 观念陈旧，规划意识淡薄

首先，大学毕业生看不到市场竞争的激烈与残酷，仍然抱着“皇帝的女儿不愁嫁”的思想，不在人才市场上主动出击，而是“稳坐钓鱼台”，等待用人单位的敲门声。这一现象在某些所谓的“热门”专业颇为典型。

其次，是“非公不去”的陈旧观念影响就业，有些毕业生和家长无视市场经济的现实，仍将就业对象放在机关事业单位或国有企业单位上，把到非公有制经济单位工作视为给别人打工，不算是正式工作，在我国经济体制转轨的今天，这种陈旧观念不破，便不可能拓宽就业门路。

当前，我国大学生普遍缺乏职业生涯规划意识，没有针对个人的具体情况制订科学合理的职业规划，在就业过程中也缺乏对个人职业生涯的设计。2005 年《职业》杂志与搜狐教育频道进行的《大学生就业职业指导现状》调查中，51.4%的人对自己的职业发展只有模糊的想法和愿望，还有 17.6%的人根本不知道自己能选择什么样的职业，只有 17.6%的人有 3～5 年的职业规划。中国青年政治学院副院长陆士桢教授的一项调查研究表明，有近一半的大学生没有进行过职业生涯规划。调查发现学生们不重视职业生涯规划，他们普遍认为在大学阶段就进行职业生涯规划还为时过早，误以为职业生涯规划是走进社会后自然而然就会做的一件事。

而现今大学毕业生找工作实行的是双向选择政策，由于人才市场供过于求，加之专业限制、兴趣爱好、工作地点选择等因素的影响，有时毕业生不得不面临“毕业即失业”的局面。同时，大学生由于实践经验不足，对社会对职业了解甚少，对职业信息的获取一般也是间接的，如来自就业指导课、互联网以及媒体的相关资讯等，大学生缺乏职业实践，择业观尚未定型，缺乏职业感觉，对职业没有深刻理解，导致职业意识淡漠。另外，绝大多数学生没有求职经历，只是参与学校组织的一些勤工俭学活动，盲目地认为毕业后总会找到工作，缺乏竞争意识和紧迫感。这样，由于认识不够、加上动力不足，自然就缺乏进行职业生涯规划的主动性，或者制订的生涯规划缺乏竞争性、科学

性和针对性，起不到应有的作用。

### 2. 职业目标模糊，出现择业误区

大学生由于知识储备、社会阅历以及对自身的了解等方面都存在不足，导致职业目标模糊，择业时走入误区。

**（1）好高骛远，贪图享受**

优越的待遇和条件往往对毕业生最具诱惑力，但这也是最容易导致大学生们择业失败的误区之一。许多农村出来的大学毕业生一味追求大城市，总是想离开故乡，远走高飞到条件优越的地方实现自己的远大理想。在他们看来，只有如此，才能“出人头地”、“光宗耀祖”。虽然昔日的户口观念在逐渐淡化，但大学生中存在盲目的就业观念仍是十分危险的，另有一些毕业生过分地追求“经济”，许多经济类专业的毕业生都将“经济部门”、“经商”作为自己求职的第一目标，其实他们对该行业并没有太多的了解，更谈不上是否有兴趣，他们忽略了在竞争激烈的大环境下，成功者只有少数，更多的是盲目从众后独尝苦果。更有甚者，一味向“钱”看，宁可高能低就。这类例子不胜枚举，这些都是大学生好高骛远的表现。

**（2）迷恋大型企业、大单位**

有相当一部分学生认为，只有到大型企业去干，才能充分发挥出自己的聪明才智，因为大型企业具备了实现人生价值的物质和精神条件，机遇好、福利好、工作稳定，而小企业只有那么几十或几百号人，资金不雄厚，更谈不上什么发展前途了，其实，有些大型企业人才济济，竞争更为激烈，相比之下，一般的企业对人才的需要如饥似渴，近年来，大企业里的大学生大材小用，而小企业却小材大用。所以，不管在大企业里，还是在小企业里，只要有真才实学，脚踏实地，同样能干出一番事业。

**（3）追求热门职业**

行政、人事、财会是大学生追求的热门职业，可毕竟僧多粥少，用人单位只能百里挑一，落选者非常多，而一些冷门职业尽管急需大批人才，但问津者却寥寥无几。于是，在人才市场便出现了热门难进、冷门更冷的怪现象。

**（4）躲避艰苦**

害怕艰苦，不愿到艰苦的地方工作已成为高校毕业生中的“传染病”，这种思想局限了大学毕业生的就业之路，许多毕业生虽然抱着远大的理想，但又缺乏踏实工作的精神，他们宁可在大城市东奔西走寻求落脚点，也不愿到小城市，哪怕是找一份相对合适的工作，现在我国正实施开发中西部战略，毕业生能否到那里去发挥特长，一显身手呢?

### 3. 自我认知不足，自然择业困难

大学生随着年龄的增长、知识的增加，自我意识和自我认知能力不断增强，然而自我认识往往还不全面，对事物的观察和思考容易理想化，心理并不完全成熟。在新浪网、北森测评网与《中国大学生就业》杂志共同实施的“大学生职业生涯规划”问卷调查显示，仅有12%的人了解自己的个性、兴趣和能力；18%的人清楚自己职业发展

面临的优势和劣势。在就业制度与就业市场不完善的条件下，有的大学生只看到自身的长处，自以为是；有的大学生只看到自身的不足，心灰意冷，信心不足。在择业过程中，有的期望值过高，不切实际地追求超出本身能力的就职单位；有的对自己缺乏信心，在双向选择中，不是以积极态度努力去争取，而是以随便态度待之。这样有的学生由于所定的目标与理想不切实际，主观与客观的差距太大出现择业困难，从而出现心理障碍。

**（1）期望过高**

不少大学生自认为学识渊博，从政、经商、做学问不费吹灰之力，轻易就可以出成果。自身条件好、素质较全面、工作能力强的学生易自傲，表现为择业中的狂妄自大或自视过高，因此他们在择业时极容易出现高不成低不就的现象，自然择业困难。

**（2）自卑胆怯**

有的毕业生缺乏自信心和竞争意识，对进入人才市场感到胆怯，一旦遇到困难和挫折，便灰心丧气，大失所望，有的大学生成绩一般，与高才生比相形见绌，择业时不敢大胆自荐，有的大学生相貌平平，怕用人单位看轻自己。这种自信心不强，自卑胆怯的择业心态，是无法适应市场经济客观要求的。

**（3）缺乏主见，依赖他人**

有的毕业生在求职择业中缺乏主见，见异思迁，反复无常，而有的毕业生则把寻找接收单位的重任推给家长和学校，存在较强的依赖心理。就业市场上父携女手、母拉子臂的现象比比皆是。一些大学生在择业中不想凭自身的实力去竞争，而是把希望寄托在亲朋好友的关系网上。放弃选择权或选择意识不强，将是不少大学生走向市场的一个致命伤。

### 4. 职业准备不够，错失良机

机遇总是垂青有准备的人，只有做好了职业准备，才有可能抓住机遇。职业准备，包括构建合理的知识结构、锻炼职业技能，培养职业素质等，是职业生涯规划的重要组成部分。大学生就业出现的问题有许多是由于职业准备不够造成的。准备不够造成信心不足，当就业机会来临时就不能及时把握或把握不住；一旦失去机会，又垂头丧气。最明显的一点体现就是缺乏求职方法和技巧。调查表明，大学生就业时有60%的人存在沟通障碍，而且求职简历写得千篇一律，没有特色，许多简历连词句都差不多。同一个专业的学生，挑谁来面试，好像都可以；面试时不知道怎么推销自己的问题也很突出。许多学生从来没有想过自己的优势和特点，介绍自己时，只会强调是哪个学校哪个专业毕业的，而不是强调自己的优势和为什么适合这份工作。

### 5. 实践能力缺乏，使规划可操作性不强

虽然大学生对职业生涯规划有所了解，也有了初步制订职业生涯规划的意识，许多人也制订了自己的职业生涯规划，但没有把自己的行动与规划统一起来，认真按规划执行，自我激励和自觉行动，并为实现这一目标而努力，而是规划完就了事。把制订的职业生涯规划束之高阁，有的学生虽然也参加实践实习，但只是将这作为一种经历，而没

有与自己未来的职业联系起来，缺乏对理想职业的全面认识，从而也无法判定适合自己发展的职业生涯规划，正确的做法应当是在日常的工作和学习中养成良好的职业道德，提高职业素养，构建合理的知识结构和素质结构，规划好自己的时间，严格要求自己，让职业生涯规划为自己的人生目标服务。

大学生职业生涯规划应分为总体规划和阶段性规划。总体规划指的是一生总的职业目标；阶段性规划至少是两大部分，一部分是在校期间，另一部分是大学生毕业后。大学期间的规划应该具体详细，既要有年计划，也要有周计划，最好每天都要有计划，每天除了常规的上课外，应有自己的读书计划，双休日怎样度过，如何安排勤工与学习的时间，寒假准备去哪家企业调研，暑假准备去哪家公司参加社会实践活动等。

规划中应包括采用什么措施来提高学习和工作效率，计划学习哪些专业知识，掌握哪些职业技能，提高哪些业务能力，采用什么方法开发自己的潜能，如何提高自己的综合素质，如何坚持计划，计划遇到挫折怎么办等相应措施。这是对职业生涯规划的实施最终达到职业目标的基本保障。

### 6. 规划的反馈修正

**（1）一部分学生根本就没有反馈修正这个步骤**

每天晚上没有评估自己的计划执行情况和布置第二天的情况。应该坚持在每晚反省一天的行为。有些同学这部分过于简单化，只是提到如果未能按原计划实行，就从事别的工作，而且没有说明为什么选择这份职业作为自己的第二选择。

**（2）计划与备用方案之间缺乏内在联系**

如计划是报社的广告营销工作，备用方案是保险公司销售人员。计划与备用方案可能都行不通。例如，法律专业的学生，计划是当法官，备选方案是做律师。这两个职业都要经过严格的考试，很有可能都无法通过。这样就没有起到反馈修正的作用。还有的大学生以为备选方案多多益善。不管前面作出了多少分析，总不忘记要在就业前，来一个公务员考试。表面看起来是保险，实际上是浪费时间。有的同学无论从性格、气质还是专业上都不符合公务员的要求。

应根据自我发展和社会需求的变化与时俱进，灵活调整，不断修正、优化职业生涯规划，主动适应各种变化，积极发展和完善职业生涯规划。要对计划进行评估、修正，要有备用方案。

总之，大学生职业生涯规划存在这样的倾向：自我认识简单化；环境分析普遍化；职业定位理想化；计划执行考证化；反馈修正省略化。对策应是：自我认识全面化；环境分析个性化；职业定位实际化；计划执行渐进化；反馈修正灵活化。

## 二、大学生职业生涯规划问题的原因分析

### 1. 传统体制的束缚

早在1916年，时任清华学校（清华大学前身）校长的周寄梅先生就开始指导学生择业。1920年，著名的进步教育团体“中华职业教育社”也设立了职业指导部，开始

职业指导活动，以帮助“无业者有业，有业者乐业”。尽管我国的职业指导萌芽很早，但未能得到正常的发育和成长。

新中国成立之后，受高度集中的计划经济体制影响，大学毕业生采取计划调配方式就业。当时这种“统包统配”的就业制度及伴随而来的“铁饭碗”、“劳动力单位所有制”，使劳动者难以择业，也难以转换职业，职业生涯规划也似乎没有存在的必要。

然而，在国外，“职业指导”早已发展为“职业生涯辅导”。作为它主要内容的职业生涯规划也很早在西方国家盛行。它是经济发展、职业分化和经济周期产生一系列社会矛盾后，人们为解决就业而作出努力的结果。20 世纪 60 年代初，美国学校就开设并实验 3 年制的职业指导课，让人们从青少年时代就开始接受职业生涯教育。目前美国大部分州都实施覆盖初中和高中整个阶段的 6 年制的系统职业教育，当一个人还是中学生的时候，就开始郑重地规划自己的未来，认真地设计自己的职业之路。

我国直到 20 世纪 80 年代中后期，随着经济体制改革的深入，社会劳动用工制度发生了很大的变化，大学毕业生“统包统分”的就业体制才被打破，开始试行“双向选择”的就业制度。

相比之下，在我国，职业生涯规划目前还是个新名词，大多数大学生没有职业生涯的概念，不知道如何评估自己，不了解自己适合做什么而不适合做什么，更谈不上对自己未来作什么规划，大学生的就业仍然受到思想惯性的影响，遵循传统的就业方式，而不能灵活变通，转变就业观念，缺乏自主创新意识。同时思想教育仍然充当着学生职业指导的重要内容和主要方法，特别是职业价值观教育，由于往往过多地强调国家利益、社会需要，而忽视了个体的差异性和发展需要，导致大学生职业生涯规划效果欠佳。

### 2. 社会观念的误导

我国实行改革开放以来，随着市场经济的建立，社会对价值的认识发生了很大变化，由过去一味强调个人绝对服从社会，变为更加关注个人价值实现，更加尊重个人的选择，到现在提出的“以人为本”，这无疑是一大进步。但由于我国正处于体制改革、机制转换、观念更替的变革时期，社会价值观出现了多元化倾向。受其影响，一些毕业生在就业选择上、过分看重薪酬待遇、工作条件，片面追求舒适安逸、不愿吃苦，而没有考虑到自己的性格爱好和职业匹配性，不仅直接影响了他们的顺利就业，而且不利于个人的职业发展。

同时，由于社会上存在凭关系、“走后门”找工作的不正之风。使部分学生的职业价值观发生扭曲，认为个人能否找到一个好的工作，是由家庭背景和社会关系决定的，单凭个人的主观努力是无法达到的，因此忽视个人素质的提高与职业生涯的设计。

### 3. 高校就业指导专业化不足

目前我国还没有设立职业指导专业，高校就业指导课的开设也不够规范，该行业的从业者以行政人员和政工干部居多，专业人士较少，而且学历水平参差不齐，在高校里的从业者，高学历的不多。据统计，在高校心理咨询开展得较好的北京市，心理健康教育师资与学生的比例也很低，其中大部分是兼职人员，而在中国香港地区和国外，心理健康教育师资与学生的比例为1∶5000。目前，全国已经取得职业指导师职业资格的只有10000人，高级职业指导师不足400人。很多高校也只在近几年才开始重视和设立职业指导中心。天津市高校首批职业指导师于2004年8月才取得资格证书。由于职业指导专业化也不足，在就业指导时只能停留在泛泛而谈的层面，对学生的职业生涯规划、职业辅导和咨询等更全方位的服务还没有全面展开，许多大学生接受不到专业的个别咨询和指导，不能从客观现实出发设计自己的职业生涯，影响日后大学生在社会中的发展。

职业生涯规划是一个系统而连续的过程，从大学生入校时起就应对其进行有针对性的系统的职业生涯规划指导。

## 第三节 成功求职

大步走出学校，阔步迈入社会，获得职业发展的良好起点，实践自己的职业规划，实现自己的人生目标。

### 一、建立科学的职业理想，是成功求职的基础

俄国大文豪托尔斯泰曾说过："理想是指路的明灯，没有理想，就没有坚定的方向，而没有方向，就没有生活。"理想是人生的奋斗目标，是人们对未来的向往和追求，是人们的精神支柱和动力。职业理想是理想的重要组成部分。

所谓职业理想，简而言之，就是个人对未来职业的向往和追求。它体现出一个人的人生观与价值观。职业理想对人生具有重大影响，是人生职业活动的目标和指南。科学的职业理想是一个人成就事业，为社会作出贡献的内在精神力量。那么，大学生又该怎样去建立职业理想呢？

#### 1. 职业理想要以造福人类为最高追求

以造福人类为职业理想的最高追求，是人生意义之所在。有的人说得好，人生的意义在于创造和奉献。一个人只有通过自己创造和奉献，使人类的生存质量不断进步与提高，使人与自然、人与人之间更加和谐，更加健康，更加有利于可持续发展，才能使自己的人生意义得到体现。所以，大学生对于职业理想的建立，应以造福人类为最高追求。

**（1）树立正确的人生观和价值观**

人生观是对人生的根本看法，即关于人生的价值、目的等观点的总和。当今世界存在两种根本对立的人生观，一种是腐朽的人生观，另一种是革命的人生观。前者以自私自利、损人利己、唯利是图、压榨他人为人生最高目的和最大乐趣。后者以大公无私，全心全意为人民服务为人生最高目的和最大乐趣。正确的人生价值观认为，人生的价值不仅在于索取，而且还在于奉献，在于他为人类所创造的价值。由此可见，只有树立正确的人生观、价值观，才能以造福人类作为职业理想的最高追求。

**（2）树立正确的职业观**

职业观是人们对职业价值与意义的根本看法。人们在确立职业理想时集中地反映了他们的职业观。在当今时代，什么职业有价值、有意义？这是一个涉及职业观的问题。可见，要建立以造福人类为最高追求的职业理想，就要树立正确的职业观。

### 2. 职业理想要以社会发展为价值取向

社会存在决定社会意识，人是社会关系的总和，每个人的成功都离不开相应的社会环境，因此，任何人的职业理想也必然受到社会环境、社会现实的制约。所以，职业理想的确立要以社会现实为依据。社会现实告诉我们，社会发展的需要是职业理想的重要依据，凡是符合社会发展需要的职业理想都是正确的，具有现实的可行性。因此，大学生建立职业理想时，应以社会发展为其价值取向。

**（1）树立职业的社会平等观**

在社会主义国家里，各行各业都是社会的组成部分，只是社会分工不同，其总体目标是一致的，职业之间没有高低贵贱之分，只要能满足社会需要，就是高尚的，就是有价值的。

**（2）正确处理社会需要与个人利益之间的矛盾**

人们选择职业理想，要考虑个人的物质利益，是无可非议的。但就某一职业本身而言，有时在满足社会发展需要与满足个人物质利益之间存在一定的矛盾。有时为了社会发展的大局，不得不要求人们在一定程度上暂时牺牲个人的物质利益。这就要求人们把社会发展作为职业理想的导向，把个人的职业理想融入整个社会发展之中。

**（3）深入社会，了解社会**

把自己置于社会之中，把个人的职业理想与社会发展有机地结合起来，做到相得益彰。

### 3. 职业理想要以人职和谐为前提条件

和谐是一切效率、美好和幸福的秘密所在。所谓人职和谐，是指人应该选择并从事个人喜欢、擅长，又有相对优势的职业，使个人的才能得到最大限度的发挥，同时使人获得更多的快乐感受，从而提高个人和社会的生存质量，为个人和社会的文明进步发挥最大作用。显然，大学生建立职业理想要以人职和谐为前提。

人职和谐是建立在对己、对职业、对社会发展正确认识的基础上的，因此，要使职业理想做到以人职和谐为前提，就需充分认识自己，认识职业与社会。

**（1）充分认识自己**

古代中国与西方的哲人都有过“了解你自己”、“人贵有自知之明”等诸多论述，对人与职业的适应性也有过分析。面对大众提出人职匹配理念的帕森斯所著《职业的选择》，为我们认识自己，实现人职和谐提供了有益的参考，大学生应当学习之，并用现代手段和科学方法测评自己的兴趣，真正了解哪种职业最适合自己。

**（2）充分了解社会**

大学生要深入社会，充分了解社会，熟悉职业环境，分析研究环境对所选职业的利弊，弄清“环境允许和支持我干什么”。

人生成功的诀窍就是经营自己的长处。在人生的坐标系里，一个人如果站错了位置，用他的短处而不是长处来谋生的话，那是非常可怕的，他可能会在永久的卑微和失意中沉沦。因此，对一技之长保持兴趣相当重要，即使它不怎么高雅入流，但却可能是你改变命运的一大财富。在选择职业时同样也是这个道理，你无须考虑这个职业能给你带来多少钱，能不能使你成名，你应该选择最能使你全力以赴的职业，应该选择最能使你的品格和长处得到充分发挥的职业。因为经营自己的长处能给你的人生增值，经营自己的短处会使你的人生贬值。富兰克林说的“宝贝放错了地方便是废物”，就是这个意思。

#### 4. 职业理想要以现实高远为基本原则

职业理想是一种向往和追求，而职业现实则是客观存在。理想只有得到实现时，才能施展个人才能。因此，大学生确立职业理想，一定要从实际出发，使之符合现实。同时，职业理想也要高远。理想目标太低，极易达到，本来可以更有作为的，结果却因满足而产生懈怠，致使自己的才能被埋没。所以，大学生的职业理想要力求现实而又高远。

**(1) 从实际出发，切忌好高骛远**

设立理想目标时，要考虑现实，尊重现实，从自己的实际情况出发，切忌不顾主客观条件的现象。

**(2) 科学地建理想、立目标**

在设立理想目标时，要辩证处理好现实与理想的关系，努力寻找两者的最佳结合点。

## 二、构建合理的知识结构及培养适时的实践能力，是成功求职的基本条件

随着时代和社会的进步，人们对人力资源的开发越来越重视，用人单位在挑选人才时，对应聘者的科学文化水平和知识结构要求越来越高。一个人的科学文化水平的高低，知识结构是否合理，是否具备相应的实践能力，决定其在求职择业时的成功率和相应的职位层次。要想有所作为，大学生应该尽早确立就业目标，自觉地把大学学习同今后的就业紧密地联系起来，建立起合理的知识结构，培养科学的思维方式，提高实践能力，以适应职业岗位的要求。

### 1. 构建合理的知识结构

**(1) 宽厚扎实的基础知识，是职业发展的基础**

广博的知识视野，是人才适应社会岗位，应变环境的文化基础。现代社会的职业岗位，所需要的不仅仅是知识结构合理，而且要求适时拓展自己的知识视野，达到终身教育、终身学习的境界，只有这样，才能根据当今社会发展和职业的具体要求，发展自己、完善自己，拓展所学到的知识，有所创造，适应新情况，解决新问题。

择业者知识结构的科学把握源于在校期间是否打下了宽厚、扎实、系统、严谨的知识基础及专业技能功底。大学教育的根本一点，就是要扩大学生的知识面，把基础知识面尽可能拓宽一点，这样学生才会有“后劲”。随着社会行业，职业结构调整速度的加快，大学生无论是选择职业，还是适应工作性质的变动，都离不开宽厚扎实的基础知识。

**(2) 一技之长，是竞争特殊专业岗位的必要条件**

一般情况下，大学生毕业后将要从事专业方面的工作，因此，专业知识是大学生知识结构的核心部分，也是受过高等教育的人才知识结构的特色所在。经验表明，那些具有特殊技能的毕业生，往往根据社会对人才评价的资格化倾向要求，不断充实完善自己，使自己的资质也逐步赋予社会化、客观化、公平化、国际化评价标准。如不少毕业生与国家有关部门陆续在全国范围内开展专业技术、资格考试制度相适应，在校期间就开始参加相关资格考试，既拿到了择业的专业资格凭证，又为今后从事专业工作、评定技术职称奠定了基础。目前一技之长的“资格证书”已经日渐被广大专业技术人员和用人单位所接受。相关的专业资格考试有：计算机软件专业技术资格和水平考试、会计专业资格考试、经济专业资格考试、律师资格考试、注册会计师资格考试、监理工程师资格考试等。

**(3) 掌握现代管理和人文社会知识、经济管理知识和人文知识**

提高竞争力，现代化的社会需要大学生具有一定的社会知识、经济管理知识和人文知识。

目前，不少大学生在高中阶段就开始了文理分班学习，即使学习其他学科内容也是极为有限的，所以普遍存在知识面窄的问题。因此，大学生应利用专业学习的空余时间，多读一些社会科学、管理科学方面的书籍，拓宽知识面，开阔视野，从而提高竞争力。

**(4) 掌握新信息，吸纳新知识，拓展就业空间**

现代科学技术发展迅猛，如果只掌握本专业、现阶段的知识，很难适应社会需要。大学生要利用宝贵时间，充实自己，在知识的宽度和深度上下工夫，关注科技发展前沿信息，关注最新行业发展动态，涉猎现代科学书籍，使自己具有专业眼光，具有前瞻性和先进性的思维方法，这样就能跟随国际科技发展的步伐为自己的就业拓展广阔的空间。

### 2. 锻炼培养适时的实践能力

知识的积累并不等同于能力的积累，要将知识升华为能力，必须作出巨大的努力。大学生在完成学习任务的前提下，应争取更多地培养一些适合社会需要的实际应用能力。

**(1) 大学生应具备的基本能力**

① 适应能力。适应能力就是根据客观情况的变化，能随机应变地适时调节择业行为的能力。现代社会是复杂多变的，要适应这种状况，保证自己从学校到社会的顺利过渡，就应该提高自己的社会适应能力。学校教育是基础教育、通才教育，走上工作岗位

以后，有些知识用不上、有些知识不够用、有的要从头学起，这就要求刚走上社会的毕业生，根据工作的需要去调整自己的知识结构、能力结构以及行为方式，尽快地培养适应社会的应变能力。

② 人际交往能力。人际交往能力是指择业者以社会认可的方式，妥善处理人与人之间的关系，并与他人和谐相处、共同发展的能力表现。生活、工作中需要与许多人交往，要交往就难免产生矛盾。作为大学生，只有具备一定的人际交往能力，善于处理各种人际关系，才能在工作中充分施展自己的才能，在人际交往中，要以我们民族善良、诚实的传统美德来善待他人，“将心换心，以诚相待”。要学会尊重他人，要“换位思考”，多为他人设身处地地着想，这样才能得到他人的尊重；要学会既能干大事，又能干小事的本领；不能以“才子”自居，妄自尊大；要有甘当小学生的精神，学会处理具体问题；既要坚持原则，又不失灵活。

③ 表达能力。表达能力是指以语言或其他方式表达自己思想感情的能力。它是交流思想、交流感情的基础性素质，故又称为语言文字沟通能力。人们在日常学习、工作、生活中，要交流思想、讨论问题、互通情况、阐述观点等，不注意表达能力的培养，有再好的见解和看法，表达不确切、不清楚，也会直接影响本领的施展。表达能力主要包括口头表达能力和书面表达能力。口头表达能力要求语言的流畅性、灵活性和艺术性；书面表达能力要求文句的逻辑性、艺术性和条理性。对一名大学生来说表达能力在将来的工作岗位上是极为重要的。有的大学生在工作岗位上，动手写东西很费劲，拿起笔来不知从何下手，写出来的东西文字不顺、逻辑不通，有的连通知、申请都写得不像样；有的会设计，但写不好说明；有的外语不错，中文却不行；有的外语水平根本不能适应经济全球化的发展要求，等等。因此，大学生在校期间要努力加强锻炼，不断提高中文、外语的表达能力。

④ 开拓创新能力。开拓创新能力是指用已经积累的知识，通过不断探索研究，在头脑中独立地创造出新的思维，提出新的见解和作出新选择的能力。它包括发现问题、提出问题、发现规律的能力，创造性地分析问题和解决问题的能力，发明新技术、创造新产品的能力，提出新思想的能力等。它是由观察敏锐性、记忆保持性、思维灵活性和独立思考能力、创造性思维、创造性想象以及创新意识等基本要素构成的。大学生在校期间应不断增强开拓创新意识，加强开拓创新能力的锻炼，为今后工作中能有所发明、有所创造奠定良好的基础。

⑤ 动手能力。把创造性思维变成实际的物质成果，或是用生动形象的实践过程呈现创造性思维的转化能力即动手能力，也称为实际操作能力。这种能力对于大学生尤为重要，所以，在学习中不仅要积累知识，还要通过参加实践活动利用生产实习和勤工俭学等机会，着力培养和提高实际动手能力。

⑥ 组织管理能力。组织管理能力包括计划能力、组织实践能力、决断能力、指导能力和平衡能力。目前在毕业生就业市场上，具有一定的交往能力和组织工作能力的大学生越来越受到用人单位的欢迎。许多单位挑选大学生时，在注重学业成绩的同时，对是否担任过学生干部、是否承担过社会工作很感兴趣。因为，大学生将来无论从事何种工作，都离不开一定的组织管理能力。因此，大学生在学校期间应积极参加社会活动，

尽量做些社会工作，不断增强自己的组织能力，以利于今后的工作。

**(2) 大学生应重视实践能力的培养和锻炼**

实践能力的培养要从进入大学校门时做起。参加社会实践，如助工、助研、助管、助学活动和各种实践环节，都是有益的能力训练机会。它不仅是对学生智力和能力的检验和训练，而且是培养和锻炼自学能力、综合运用能力和实际动手能力、创造性思维能力、独立开展工作能力的系统训练。通过这种训练，可以增加其对未来工作环境、工作性质、工作要求以及自己所学专业应用范围的全面了解，从而发现自己的长处和不足，明确适应未来工作学习努力的方向。通过这种训练，可培养提高分析和解决问题的能力。

**(3) 积极参与社会公认的能力训练实践**

参加各种资格考试仅仅是一种能力训练。各种各样的证书及反映自己能力的材料被大学生们形象地称为“护照”。据某省人才交流中心统计，在有记录的求职大学生当中，有40%的拥有两门以上专业证书，有36%的拥有社会事务兼职证书，有80%的拥有优秀学生干部、先进团员和模范党员证书。

## 三、拥有健康的心理素质，是成功求职的必要条件

一般人不会承认自己有心理问题，大学生们更是如此。然而，由于大学生是一个由年轻人组成的、精力充沛、生命旺盛的群体，多数人没有经过大的病痛折磨，健康状况不成问题，故身体素质问题往往被忽视，在大学学习期间不注重身体锻炼，不注重养成良好的生活卫生习惯。在就业市场上，学生的身体状况已成为用人单位考察求职者的基本条件。良好的心理素质是建立在人的健康体魄之上的特定行为倾向特征。心理素质对大学生就业成才有着重大影响。对于一名毕业生来说，需要调整好择业心态，作好充分的心理准备，勇敢地迎接挑战。

漫漫求职路，充满了辛酸苦辣，甚至冷嘲热讽。这是大家未来必须要面对，而且是无法回避的巨大心理压力。能不能经受得起这种考验，如何调适自己的心态，保持乐观向上、积极主动、毫不气馁的健康心理状态，对自己的求职将起到十分重要的作用。

### 1. 完善自己，不断克服择业中的心理障碍

择业是大学生人生中的一次重大选择，因此给大学生带来了很大的心理压力，使很多人承受着沉重的精神负担，也使部分学生产生了这样或那样的心理障碍。这既不利于就业，也影响了大学生的学习和生活。

心理障碍是由心理压力与心理承受力相互作用而使人失去应有心理平衡的结果。大学生在择业中出现的心理障碍多属于适应过程中的轻度心理障碍。其需要调整的心理表现主要有以下几种：

**(1) 焦虑心理**

焦虑是一种以发作性或持续性情绪焦虑、紧张、恐惧为基本特征的病态心理。许多大学生在毕业前夕，都会产生各种焦虑心理。如担心自己的理想能否实现，能否找到适合发挥特长、有利于自己成长的单位和工作环境；害怕被用人单位拒之门外，十几年寒

窗付诸东流，无颜见江东父老乡亲；担心自己的选择是否正确等。特别是性格内向或有生理缺陷、成绩不佳、能力一般而又不善于“包装”自己、就业单位迟迟无着落的大学生，表现得更为焦虑。大学生择业中焦虑心理的一种表现就是急躁。尤其在职业未最终确定之前，这种心理就表现得尤为明显。他们有时恨时间过得太慢，感觉度日如年；有时又恨时间过得太快，最后期限将至，单位仍无着落。他们埋怨用人单位优柔寡断，怨父母、亲朋办事不力，希望能一帆风顺，一蹴而就。一旦遇到挫折他们便暴跳如雷，怨声载道。特别是那些在规定期限尚未落实单位的学生，心理更是急躁。这种急躁心理，往往使他们缺乏自我控制，心理紧张、烦躁不安、无所适从，有时会导致事倍功半，甚至事与愿违等不良后果。

**（2）虚幻型期盼心理**

虚幻型期盼心理更多表现为幻想心理，是由心理冲突或害怕挫折引起的。在择业中，有些大学生渴望竞争，希望能找到理想的单位和职业，但由于害怕面对屡受挫折后残酷的结果，而采取的一种逃避态度。他们往往幻想不参与竞争，就能如愿以偿找到理想工作单位；更有甚者，陷入自我欣赏、自我陶醉的深渊，幻想用人单位能主动找上门来，单位录用自己是其荣幸、“慧眼识金”等。有这种心理的大学生，很容易脱离现实，以幻想代替现实，不思进取，整日处于幻想状态中，择业目标与现实有很大的反差，这样很难找到理想职业。

**（3）自卑抱怨心理**

自卑抱怨心理是指由于受到暂时性挫折而产生的一种心理障碍。大学生在择业前，往往跃跃欲试，很想一显身手，大展宏图。而一旦受到挫折，容易产生自卑心理，自信心大大减弱，自尊心受损伤，从而对自己全盘否定，感到一种空前的失败和愧疚，从此自己看不起自己，自惭形秽。在择业中，他们往往缺乏自信心和勇气，不敢面对竞争。这在性格内向或有生理缺陷的学生身上表现得较为明显。自卑不仅使其悲观失望、不思进取、错失良机，而且也有碍自身才能的正常发挥。

**（4）怯懦胆怯心理**

怯懦胆怯心理在毕业生面试中表现得尤为明显。面试前，一些人如临大敌、紧张不安、手忙脚乱，大有“丑媳怕见公婆”之态。面试时，面红耳赤、语无伦次、支支吾吾、答非所问、手足无措，辛辛苦苦准备的“台词”、“腹稿”一急之下，都抛到了九霄云外，忘得一干二净；有的谨小慎微，生怕说错一句话或因一个问题答不好，影响自己的“第一印象”，以致缩手缩脚，影响了正常水平的发挥。为克服上述弱点，毕业生必须平时积极参加学生集体活动和社团活动，培养自己的应变能力和语言表达能力。

**（5）依靠心理**

依靠心理是指大学毕业生在求职择业中，把希望寄托在亲朋好友的关系网上，认为能否找到理想的工作是由家庭背景和社会关系决定的，单凭个人的主观努力是无法达到的。高学历不如“好爸爸”，强能力不如“好舅舅”，这种扭曲的职业价值观在相对落后地区更加严重，这种心理对当代大学生的主动择业及职业的发展是一个致命伤。

### 2. 树立正确的择业和就业心态

为了作好就业的心理准备，保证求职择业的顺利进行，在积极进行心理调适，排除种种心理障碍的同时，还应进行心理锻炼，努力提高自身素质，树立正确的择业心态。

**(1) 正视现实**

正视现实是大学生保持健康的择业心态的重要标志。正视现实，就是要正确认识现实社会存在的地区差异、供需矛盾以及就业现实与自身期望之间的差距，从实际出发，处理好现实与理想之间的关系。那种脱离现实、好高骛远、凭空臆想的心态是不可取的。

**(2) 正视自身**

常言道：知人者聪，知己者明；知人不易，知己更难。正视自身，首先要对自身的现状有充分的认识，即自己的主要特长、学习成绩、各种能力、性格特点等；其次要根据自身特点和社会要求对自己的未来发展方向作出清醒判断。

## 四、学会推销自己，是成功求职的必要手段

### 1. 精心设计简历

简历是一张拜会的帖子，素有“敲门砖”之称，也是一张浓缩人生精华的名片，它介绍和展示着你最精彩的人生，是你与用人单位的“第一次亲密接触”。能否引起注意，能否产生良好印象，进而增加面试机会，成为设计简历的关键。

**(1) 填写标准简历**

标准简历的要求：

① 不要太长；

② 不要含有水分；

③ 要写上谋求的职位；

④ 在文字、排版、格式上不要出现错误；

⑤ 不必做得太花哨；

⑥ 不要写下对薪水的要求；

⑦ 不要写太多个人情况。

另外，还要注意以下几点：

① 不同的目标雇主有不同需要，制作个人简历也应有所不同；

② 即使你不用电子邮件发送你的简历，你也应使其便于电脑查阅；

③ 电子简历保存为纯文本文件，以便多种识别软件读取其内容。

一份好的简历不是一朝一夕可以炮制出来的，它是平时用心耕耘和积累的结果。

**(2) 写出能引起注意的求职信**

☞ **案例**

**一封富有成效的求职信**

亲爱的巴尼女士：

我得知 RH 公司正在制定新的人力资源政策，我很激动。您知道，制定政策是一回事，执行政策是另一回事。我认为您会对我在过去的 8 年里作为伊伍德公司助

理经理在人事关系协调和执行政策方面的经验感兴趣。我与人力资源部主任亲密合作，所有部门的主任和经理们执行以下方面政策：雇员关系，劳动关系，雇用、培训和发展，用人管理，工资问题。

我深入细致的调查方案使得该公司修改了政策，使雇员关系不仅富有成效，而且有很高的成本效益。公司认为我在提高产品质量、解决生产问题和顾客服务方面取得了很大的成绩。

毫无疑问，您也会遇到许多像我在伊伍德公司所遇到并得到解决的同样问题。我很乐意与您讨论这些问题，我将在×月×日的那一天给您打电话，了解何时方便安排与我进行一次会面。同时，我已在信中附了个人简历，详细地描述了我在人力资源政策执行方面的主要资格、能力和成就。如果您在那一周有时间，也可以给我一个电话。

您真诚的

格伦·多尼

富有成效的求职信由以下五个方面组成：

(1) 一个有力的开头，你能为目标雇主做些什么，但对自己的需要只字不提；

(2) 对雇主自身利益的吸引力，说明你的经验如何能给雇主带来好处；

(3) 突出你的资格和成就，精选你的资格和业绩，证明你的能力；

(4) 引起雇主的渴望，暗示你会把好处带到雇主身边；

(5) 行动，一个采取行动的电话，使目标雇主有可能给你一个面试的机会。

你的阅信人想知道你会为他带来什么好处，而不是他雇用你会为你带来什么好处。因此，信的着眼点应当谈论雇主的需要，而不是你的需要。

求职者应把自己的专业特长与用人单位的需求实际结合起来，对照衡量后再去择业。

### 2. 充分的求职准备

在求职面试前，做好充分的准备是提升成功率的必要条件。在求职面试前，都要准备什么呢？这里为你提供一些线索。

(1) 有关求职面试技巧的学习。在书籍、报纸、杂志、网络等的帮助下，全面了解求职面试的各种技巧以及该注意的问题，最好能够跟朋友、同学进行一下模拟面试，尽可能考虑到各种突发情况，获得一些感性认识，对你应付面试会很有帮助。

(2) 对应聘行业、用人单位的了解。俗话说："知己知彼，百战不殆。"了解用人单位以及行业状况，除了可以确保择业判断的准确外，还可以给用人单位良好的印象，增加成功的概率。

(3) 接到面试通知后，确认时间。为准时赶到，应考虑到交通问题，提前出门。如果因为一些特殊原因不能准时到达，一定要事先打电话过去，说明原因，求得谅解。

### 3. 沉着自信的心理准备

在择业过程中，充分的心理准备和心理建设是必要的。很多人都觉得，求职过程漫长而痛苦。尤其对刚出校门的应届毕业生而言，一下子要面对扑面而来的求职挫折，的确是很难的一件事。正因为如此，才要提醒大家务必做好充分的心理准备，把可能遇到的困难了解清楚，尽可能地搜集相关信息。量力而行，不骄不躁，敢于竞争，沉着自信。一个人要获得成功的自我推销不能缺少自信，但是盲目自信或者自信过了头也会导致推销失败。因此，每一个青年学生在推销自己时，要找到最佳的自信心理状态，以取得最好的效果。

### 4. 塑造个人的形象

大方得体的着装也是给人留下良好的第一印象的重要线索。具体着装建议有：

**（1）素色为根本**

衣着具有时代感让人焕发朝气。但年年流行的颜色都会不同，未见得都适宜上班穿着。倘若你穿一件桃红上衣，手挽珠片手袋，足蹬三寸高跟鞋的话，就会让人敬而远之。反之，永不过时的灰色、米白色、黑色、浅蓝色，很容易就让人感觉到你对这份工作的尊重。

**（2）舒适为原则**

表现出平易近人的性格是刚加入一个新环境中必须留意的一点，没有哪个人愿意与脾气古怪的人共事。很多刚毕业的人在读书时都是穿 T 恤、牛仔裤之类的休闲服，要面试时就在常识的指引下买了一套西服或裙子。但由于没有穿这类服装的经验，整个人显得拘谨木讷，把个性都淹没了，又如何轻松地表现亲和力呢？实在没有把握把套装穿好的话，还不如挑一套你平时穿惯的较为庄重的衣服去面试或开始工作生涯。

**（3）剪裁要得体**

太短的衣裙不适合上班穿着，但太长或太宽松的衣裙也不适合在办公室穿用。好多工作不久的女孩子还是一副小姑娘的心态，喜欢长裙飘飘的浪漫。殊不知这样的打扮过于休闲，容易给人留下幼稚、随便的印象，所以也要尽量避免这种穿着。

**（4）妆容素净**

每天只需花 10 分钟就可以根据当天的衣服色系配上适当的妆容，倘若你真是不习惯化妆，起码也要为唇补上与衣服协调色素的唇膏。因为东方人脸孔偏黄，穿上素色衣服，如果不上点妆，脸色越发苍黄。

这些只是一些细小的意见，建议你在面试前，请朋友、家人为你的着装点评一下。记住，没有谁期望你们马上具备职业人的成熟气质，所以，把年轻人的活力、朝气和自然的魅力展示出来，就是最适宜的形象。

### 5. 优秀品质也是求职成功至关重要的因素

据有关研究证实，两个人交流得到的印象，有 65% 是建立在非语言交流的基础上。身体语言在交流中传达的信息量尤其巨大。因此，应该通过正确的身体姿态发出信息。对考官不要吝惜你的优雅举止。对你在公司遇到的所有人都应当礼貌和友好，因为他们的意见可能会影响招聘的结果，在休息室里分发饮料点心的人说不定就是要面试你的人。形象是在一点一滴中塑造出来的。

### 6. 恰当的自我介绍

自我介绍时，要着重介绍对方感兴趣的方面，多讲自己的长处。在你给他谦虚诚恳的态度的同时，要有相当的自信。如果你连讲自己的长处都没有信心，或先讲缺点，谁还会用你呢？一般说来录用单位都要求毕业生综合素质好，但由于各单位工作性质不同，情况各异，要求各有侧重。如机关更注重政治条件、性格、气质、组织协调能力和适应能力等，学生应该谈一下在学校党团组织培养下的成长进步情况，担任社会工作的锻炼情况；企业则注重业务学习情况、工作适应情况，学生应介绍自己的成绩，所学专业课程和自己较为适应的工作等；外资、外贸企业则注重外语水平，学生应重点介绍自己的外语成绩，四六级外语考试情况和选修第二外语的水平等。

### 7. 耐心倾听、认真作答

精力要集中，思路要敏捷，善于“倾听”。面试开始，一般是面试人员先作公司介绍，或提出对招聘职位的要求等，这时你可把它作为休息和静下来的时间，聚精会神来“倾听”，要表现出对这个公司这个职位很感兴趣。同时这也是你获取该公司信息的重要机会，了解他的企业文化、用人要求，便于你接下来有针对性地推销自己。

### 8. 我该问点什么

面试中，你提出问题同你的回答一样重要。一个好的问题可以让这场面试圆满结束。一般情况下，面试官通常会这么结束面试：“你还有什么想说的吗？”或者“你还有什么问题吗？”回答这个问题的正确答案是：“有。”要记住，无论面试的结果如何，有无录用的希望，你都应当在适当的时候提出自己的问题，不要害怕对方会以为你太自大。为什么呢？因为这样才能显得你对这份工作非常重视。例如：

您对我寄予了什么样的期望？

您的管理风格是什么？

您能描述一下在这儿一天的生活吗？

在这份工作上有没有您认为特别重要的职责和义务？

我的第一天工作任务是什么？

我能接受哪种类型的培训？

您能告诉我这一职位为什么空缺吗？

您最希望下一位雇员与以往相比有什么不同？

通常在面试以后多久，一位雇员可以开始新的工作？

我能去这个部门实地参观一下吗？

基于我的情况，您认为我能满足您对这个职位的要求吗？

您认为我最大的长处和弱点是什么？

### 9. 讨价还价

如果对方对你感兴趣，在面试过程的后期，他们会跟你讨论一些薪酬方面的内容。大学毕业生由于缺乏社会经验，而且对各行薪资水平了解甚少，常常容易过高或过低地估计了自己的薪资水平。怎样与用人单位协商薪酬？你需要注意以下几点：

（1）除非用人单位已明确表态要用你，否则不要讨论薪酬；

（2）切勿盲目地主动提出希望的薪酬数目；

（3）尽可能从言谈中了解，用人单位给你的薪酬是固定的，还是有协商余地的；

（4）面试前设法了解该行业薪酬福利和职位空缺情况。

对于刚跨入社会的青年所遇到的切身问题，著名作家奥利森·马登希望每个青年都牢记："在开始工作的时候，不必顾虑薪水的多少，而一定要注意工作本身所给予的报酬，比如发展技能，增加你的经验，使人格为之所尊敬等。"

### 10. 写感谢信

☞ 案例

尊敬的张先生：

您好！

非常感谢您在为贵公司销售办事处的招聘中考虑到了我，给我面试的机会。我很高兴在昨天与您的见面，贵公司的创业精神和严格管理给我留下了很深的印象。

在面试中有一点未曾提及，我想可能对您有参考价值，那就是我在××公司工作时曾参加过一次为期10周的有关××的强化培训，我想我在这方面的技能与您所描述的职位直接相关。

再次感谢您抽出时间面试我。期待得到您的佳音。

此致

敬礼

王某某

2012年×月×日

面试结束后，应感谢面试官为你安排这次面试，隔天给全体面试官寄一封感谢信或感谢卡。不要小看感谢信，有时在意想不到的情况下，它会帮你带来求职惊喜。在尊重他人方面的出色表现会使你脱颖而出。

一封富有成效的感谢信包括下列内容：

（1）说明你很高兴与他（她）见面，并对进行面试表示感谢；

（2）重述你对职位的兴趣及称职工作的信心；

（3）补充面试中没有涉及的一些内容；

（4）对组织的赞扬及积极肯定。

总之，面对择业，大学生的心理是复杂多变的。大学生一方面为自己即将走向社会，将自己所学到的知识和本领奉献给人民、实现自己的人生价值而感到由衷的高兴；另一方面要克服择业中自己的矛盾心理，调整好择业心态，做好充分的心理准备，积极参与竞争，勇敢地迎接挑战。

☞ 课后小资料

## 职业锚理论

**理论的提出** 职业锚理论产生于美国麻省理工学院斯隆管理学院教授施恩（E. H. Schein）领导的专门研究小组，是在该学院毕业生的职业生涯研究中演绎而成的。斯隆管理学院的44名MAB毕业生，自愿形成一个小组接受沙因教授长达12年的职业生涯研究，包括面谈、跟踪调查、公司调查、人才测评、问卷等多种方式，最终分析总结出了职业锚（又称职业定位）理论。施恩认为，职业锚是“指当一个人面临职业选择的时候，他无论如何都不会放弃的职业中至关重要的东西或价值观”。研究表明职业锚是内心深处对自己的看法，它是自己的才干、价值观、动机经过自省后形成的，职业锚可以指导、约束或稳定个人的职业生涯。

**八种类型的职业锚** 施恩教授在持续跟踪访谈的基础上，在1987年提出了五种类型的职业锚：（1）技术/职业能力型（Technical/Functional Competence）；（2）管理能力型（General Manageria Competence）；（3）自主/独立型（Autono-my/Independence）；（4）安全/稳定型（Security/Stability）；（5）创业型（Enterpreneurial Creativity）。DeLong在1982年，延续了施恩的研究，访谈了麻省理工学院和普渡大学的学生，找出以下三个他认为合理存在，但较不明显的职业锚：（1）身份地位（Identity）；（2）服务（Service）；（3）多样化（Variety）。DeLong并提出在施恩的分类里，安全/稳定型职业锚可分为地理安全性（Geographic Security）和组织稳定性（Organizational Stability）。1992年施恩教授又在书中整理了一次整个职业锚理论，重新整合出八个职业锚，新增了三个：服务型（Service/Dedication to a Cause）；纯挑战型（Pure Challenge）；生活型（Lifestyle）。此后继续的研究表明：目前的八种职业锚可以概括所有的锚位。

（1）技术/职能型。技术/职能型的人追求在技术/职能领域的成长和技能的不断提高，以及应用这种技术/职能的机会。以他们对自己的认可来衡量他们的专业水平，他们喜欢面对来自专业领域的挑战。他们一般不喜欢从事一般的管理工作，因为这将意味着他们放弃在技术/职能领域的成就。

（2）管理能力型。管理能力型的人追求并致力于工作晋升，倾心于全面管理，独自负责一个部门，可以跨部门整合其他人的努力成果，他们想去承担整个部门的责任，并将公司的成功与否看成自己的工作。具体的技术/功能工作仅仅被看做是通向更高、更全面管理层的必经之路。

（3）自主/独立型。自主/独立型的人希望随心所欲安排自己的工作方式、工作习惯和生活方式，追求能施展个人能力的工作环境，最大限度地摆脱组织的限制和制约。他们宁愿放弃提升或工作扩展机会，也不愿意放弃自由与独立。

（4）安全/稳定型。安全/稳定型的人追求工作中的安全与稳定感。他们可能预测将来的成功从而感到放松。他们关心财务安全，例如：退休金和退休计划。稳定感包括诚言、忠诚以及完成老板交代的工作。尽管有时他们可以达到一个高的职位，但他们并不关心具体的职位和具体的工作内容。

(5) 创业型。创业型的人希望使用自己能力去创建属于自己的公司或创建完全属于自己的产品（或服务），而且愿意去冒风险，并克服面临的障碍。他们想向世界证明公司是他们靠自己的努力创建的。他们可能正在别人的公司工作，但同时他们在学习并评估将来的机会。一旦他们感觉时机到了，他们便会自己走出去创建自己的事业。

(6) 服务型。服务型的人指那些一直追求他们认可的核心价值，例如：帮助他人，改善人们的安全，通过新的产品消除疾病。他们一直追寻这种机会，即使这意味着工作变换或工作提升。

(7) 纯挑战型。挑战型的人喜欢解决看上去无法解决的问题，战胜强硬的对手，克服无法克服的困难障碍等。对他们而言，参加工作或职业的原因是工作允许他们去战胜各种不可能。新奇、变化和困难是他们的终极目标，如果事情非常容易，它马上变得非常令人厌烦。

(8) 生活型。生活型的人喜欢允许他们平衡并结合个人的需要、家庭的需要和职业的需要的工作环境。他们希望将生活的各个主要方面整合为一个整体。正因为如此，他们需要一个能够提供足够的弹性让他们实现这一目标的职业环境。甚至可以牺牲他们职业的一些方面，如：提升带来的职业转换，他们将成功定义得比职业成功更广泛。他们认为自己如何去生活，在哪里居住，如何处理家庭问题及在组织中的发展道路是与众不同的。

（资料来源：E. H. 施恩．职业的有效管理．三联出版社，2003：147.）

## ☞ 思考与训练

1. 为什么说职业生涯规划应从大一开始？

2. 结合自身的兴趣、能力和性格，参考亲人和朋友的建议，设计一份切实可行的职业生涯计划。

3. 为什么说拥有健康的心理素质，是成功的必要条件？请举例说明求职择业过程中的不良心理问题有哪些？

4. 写好一份简历有哪些要点？

5. 面试过程中应注意哪些细节？

# 第十四章　常见心理疾病及其防治

问题不是问题，如何应对才是问题；

欣赏并接受“过去”，它是我们管理“现在”的能力。

改变是成长的起点，“希望”是改变最重要的成长；

我们不能改变已经发生的事件，只能改变这些事件对我们的影响。

每个人都有能力找到内心的宝藏，她让我们有能力获得成功，并且成长。

——萨提亚

大学生的心理问题主要是心理适应问题，它们广泛地表现在学习、交往、恋爱等各方面，但大学生中也的确有一定比例的人存在着各种不同类型、不同程度的心理障碍，甚至导致严重的精神障碍，进而形成心理疾病。它折磨着不少大学生的灵魂，使他们辗转难眠，注意力不能集中，工作学习效率下降，学习、交往、社会活动等大受影响。

有了心理疾病，就像有了生理疾病一样，应该去接受规范的心理治疗及药物辅助治疗，这本身并不可怕。但是由于我国心理学起步晚，从事心理咨询工作的人员非常有限，而且我国从事精神卫生工作的人力资源绝大部分都用于精神病人，对心理疾病的治疗不够重视，仅有的治疗也以药物治疗为主，无法触及其问题的核心。所以长期以来心理疾病患者很难得到及时的、有效的治疗，患者常为此忍受着巨大的精神痛苦，病情也常常进一步恶化。所以，在这里很有必要给大家介绍一些常见心理疾病，以帮助学生进行常见心理疾病的识别、自我调节以加强同学们的防患意识。

## 第一节　心理疾病概述

### 一、神经病、神经症、精神病、精神疾病的概念

日常生活中，许多大学生往往混淆神经病、神经症、精神病、精神疾病这四者的含义，其实它们是不同的概念。

### 1. 神经病

“神经病”是指人体内神经系统受损后产生的疾病。这些器官的受损有一定的规律性，就是人的神经系统（包括中枢神经和周围神经）发生器质性疾病。常见的神经系统疾病有脑血管疾病、癫痫、中风、坐骨神经痛、三叉神经痛等。在医学上，神经病属于神经病学研究的范畴，在医院里专门设有神经科治疗这类病人。

### 2. 神经症

神经症亦称神经官能症。它是一组功能性疾病，包括神经衰弱、癔症、强迫症、抑郁症、疑病症、恐惧症等。它们的共同特点是大脑皮层功能发生暂时的、可逆性的紊乱，神经系统检查及辅助检查无异常。然而它们又有各自的特征，如神经衰弱容易兴奋也容易疲劳的精神变化；癔症的突然性情感爆发或某系统、器官的功能突然障碍；强迫症的无法自控的思维或行为；焦虑症的烦躁不安、紧张焦虑；抑郁性神经症的多愁善感、抑郁不安；恐惧症的杞人忧天、无可名状的恐惧；疑病症的多疑善虑，老是猜疑自己被人欺骗，或要遭遇到不测。为什么会有这些特征呢？因为大脑是各系统、各器官活动的指挥者，又是思维活动的物质基础，其功能的复杂性决定了症状的多样性。它是指非器质性的、大脑神经机能轻度失调的心理疾病，它与神经病最大的区别在于没有器质的、病理的改变。患者没有思维障碍，有自知力，会对自身异常的心理状态感到十分痛苦。

### 3. 精神病

精神病不等于神经病，“精神病”是由于大脑机能紊乱，往往表现在人的精神活动的障碍，如感觉、知觉、运动方面的障碍是不按神经分布的，有别于神经病。如精神分裂症、更年期精神病，表现为精神失常。虽然有些神经病的患者，也可能有精神病状（如脑萎缩产生的记忆困难），但这部分疾病，治疗仍以治神经病为主。而绝大部分的精神病，到目前为止还没有找到明显的神经细胞或纤维的形态学上的改变。它是精神疾病中最严重的一类，与其他疾病最大区别在于自知力的缺陷与丧失，对自已精神症状丧失判断能力，不能应付日常生活。

### 4. 精神疾病

精神疾病又称心理疾病，是一类以精神活动失调或紊乱为主要表现的疾病，它包括精神病、神经症、人格障碍、性变态以及精神发育迟滞等。

## 二、神经症特点

神经症（Neurosis）过去被译为“神经官能症”，中华医学会神经精神科分会在1984年制定的分类系统中已正式改用“神经症”作为标准术语，是由于各种精神因素引起高级神经活动的过度紧张，致使大脑机能活动暂时失调而造成的疾病总称。神经症患者有心理异常的表现，甚至可以表现得非常严重，但是一般没有任何可以查明的器质性病变。神经症患者对自己的病态有充分的自知力，也就是自己能够感觉到自己有心理问题，并能主动求医。神经症患者一般不会像重症精神病患者那样把自己的病态主观体验、幻想与外在现实混同起来，而且基本不会丧失生活自理能力、社会适应能力和工作能力。

神经症患者会觉察到自己处于一种无力自拔的自相矛盾的心理状态之中，其典型体验是患者感到不能控制他自己认为应该加以控制的心理活动，例如焦虑、持续的紧张心理、恐惧、烦恼、易激怒、自认为毫无意义的胡思乱想或者强迫观念，水火不相容的两种情绪、欲望、行为倾向。态度和价值观在患者的内心深处不断地进行争斗，患者既无法抛弃任何一方，也无法将两者协调起来。他们力图摆脱这种狼狈的两难心态，却总是失败。

神经症患者总是诉说自己全身或身体某部分有不适感。因为患者常常感到自己“满身是病”，而身边的人却常常不能报以同情，甚至不能理解他们，所以几乎所有的神经症患者都诉说自己是一个不幸的人。患者常常表现为多愁善感或是冷漠无情、缺乏兴趣，情感活动很容易变化。这种患者可能大部分时间感到无能为力、忧伤和心灰意冷，但当他们遇到一些顺心的小事情，例如结识到一位新朋友或读到一本好书的时候，又可能马上丢掉烦恼，变得愉快起来。不过这种热情终究是比较短暂的，经常诉说的那些典型的不适感或痛苦的心情迟早会再次表现出来。

## 第二节 神经衰弱

神经衰弱是大学生中较常见的一种神经症，被列为导致大学生休学的四大疾病之一，但人们对神经衰弱的具体认识不尽相同。

有的人说睡眠不好是患了神经衰弱；有的人记忆力差就怀疑自己患了神经衰弱；也有的人认为自己精力不足，也是患了神经衰弱……众说纷纭，似是而非。但究竟什么是神经衰弱呢？

19 世纪末，由于瓦特发明了蒸汽机，西方国家迅速工业化，物质生活得到改善，与此同时，人们工作、生活的节奏明显加快，各种竞争更为激烈，为了生存，人们普遍感到精神压力加重。在当时的中上层白领阶层中，尤其是脑力劳动者，流行着一种时髦病，临床表现为失眠、脸红、头部重压感等。1869 年美国精神科医生比尔德（Beard）称这种病为神经衰弱，从而首次提出了神经衰弱这个病名。在此后的一段时间里，神经衰弱成为当时社会最流行的诊断名词，有些人甚至以自己患神经衰弱来炫耀自己的身份高贵。

近一个世纪以来，随着对神经衰弱的认识逐渐加深，欧美国家的精神病医生对神经衰弱这一疾病的认识发生了变化。他们认为过去这一疾病名称包括的范围过宽，许多本不属于神经衰弱的病症，误诊为神经衰弱。随着各种特殊综合征如焦虑症、疑病症的分出，使这一疾病概念迅速缩小，甚至消失。

神经衰弱是一种轻度的精神病，是神经症的一种。1985 年《中华神经精神科杂志》编委会在《神经症临床工作诊断标准》中重写了神经症的定义：“神经症是指一种精神障碍，为各种躯体的或精神的不适感、强烈的内心冲突或不愉快的情感体验所苦恼。其病理体验常持续存在或反复出现，但缺乏任何可查明的器质性基础；患者力图摆脱，却无能为力。”神经衰弱也符合上述特点，病人无器质性病变，常为失眠、脑力不足、情绪波动大等不能自主的症状所苦恼。但是神经衰弱的病人，没有严重的行为紊乱，这与严重的精神病如精神分裂症是有区别的。

☞ 案例

**贫困使大学生神经衰弱**

某理工科大学一年级学生，男性，20岁。自进入大学以来，患者情绪常不稳定，常忧郁、苦闷、孤独。学习注意力很难集中，记忆力下降，成绩不理想，近半年来夜间盗汗，难入睡，易惊醒，白天头昏，四肢无力，常感胸闷心悸。

患者来自贫困山区，父亲在患者几岁时就去世了，母亲含辛茹苦将三个孩子养大。为了让患者读书，兄弟姐妹初中未毕业就辍学了。哥哥近三十岁才成家，姐姐出嫁，但去年又患了重病，借了几千元医药费，病还未痊愈，现在家中只有60多岁多病的老母亲，有好多事她干不了，经济状况更不好了。

患者上大学后，除了亲戚和哥哥给些资助外，没有固定的经济来源，每月只能靠30元的贷款维持学习生活。有时要交一些费用时，患者就得苦苦地考虑怎么才能交够这份钱，时常被经济问题弄得心神不安，所以，这一年多基本上不能把心思放在学习上，很多时间学不进去。学习成绩很不理想，又觉得很对不起亲人和家乡父老，由于患者是全村唯一的考上大学的学生，所以在来上大学之前，老乡们特意凑钱给他放了电影庆祝，当时，患者心里很感动，决心好好学习，还想争取考上研究生。

患者为现在这种学习状况内疚、忧虑，有时感到自己简直是个低能儿。为了不辜负父老乡亲的期望，能完成学业，他下决心节衣缩食渡过经济难关：一周只吃一份菜，进入大学后没买过新衣服，人长高了，衣服穿上又小又短；班上开展的要花钱的活动，如郊游、生日宴会等，能不参加就不参加，平时尽量节约。可这样一来，有的同学嘲笑他，说他“农村来的就是小家子气”、“吝啬”、“没有小伙子的潇洒气度”。每当这时，他只能用苦笑来回答他们。但患者感到这是对他的自尊的伤害、人格的侮辱，心里很生气，但也只能苦涩地咽下去。由于经济条件差，参加集体活动少，有些同学又指责他不关心集体，患者感到委屈、苦恼、孤独、自卑，常常叹息命运对他不公平。

## 一、病因分析

神经衰弱是由于某些精神因素使得大脑神经活动长期持续性过度紧张，导致大脑兴奋和抵制功能失调而产生的。大学生活中的适应问题、学习问题、人际关系问题、恋爱问题、评优和社会工作问题等，都容易产生强烈的心理冲突和压力，如果不能得到及时调节，而使脑神经活动过程处于长期过度的紧张状态，就容易引起神经衰弱。

不少人认为大学的紧张学习是造成大学生神经衰弱的主要原因。其实导致神经衰弱的主要原因不是由于脑力劳动量大,而是脑力劳动过程中,不良情绪状态、消极劳动态度以及缺乏劳逸结合等因素的结果。即使是繁重的脑力劳动,一般在适当休息后即可消除疲劳,很少引起神经衰弱。只有当学习过程中存在精神过于紧张、焦虑、沉重的压迫感,缺乏愉快的体验或缺少适当的休息、娱乐时,才容易导致神经衰弱,因此,注意在学习中保持情绪的愉快、轻松,变被动学习为主动学习,重视劳逸结合,多参加文艺活动,就可避免神经衰弱。

现代研究表明，精神刺激可造成内分泌和植物神经功能紊乱，如惊恐的刺激可促进肾上腺素的释放，从而出现心率加快，面红出汗，血压升高等，这些变化有可能造成大脑功能紊乱。

另外，神经衰弱的发生与一个人的人格特征有很大关系。调查发现，那些性格偏于胆怯、自卑、抑郁、敏感、多疑、依赖性强、缺乏自信，或偏于主观、任性、急躁、易兴奋、好强、自制力差的人更容易得此病。巴甫洛夫认为，人的高级神经活动类型属于弱型和中间型的人，易患神经衰弱。

## 二、主要症状

### 1. 兴奋性增高

在疾病早期，可表现为情感的控制力降低，容易因一点小事而引起强烈的情绪反应，患者易激怒，好伤感，甚至易笑易哭，烦躁不安；感觉过敏，不仅表现为对机体的感觉过敏（如怕光，怕声，尤其怕嘈杂的环境）；头脑的持续性钝痛，头昏脑胀，入睡困难，睡眠浅，多梦，易惊醒或早醒等。

神经衰弱患者兴奋性增高，是因患者神经内抑制减弱，兴奋亢进，从而感觉下降，对体内外的刺激，正常人感觉不到的，他常感觉到了。神经衰弱病人能“准确”感知，“生动”描述，所以病人的临床症状很多，繁杂无章，病人就诊时往往是滔滔不绝，症状表现可以是“百花齐放”，多种多样，甚至是奇怪的。

### 2. 衰竭性增强

由于内抑制过程减弱，当受到内外刺激时，神经衰弱病人的神经细胞易兴奋，能量消耗过多，长期如此，患者就表现为一系列衰弱症状，注意力不集中或不能持久，记忆力明显减退；脑力、体力均易疲劳，工作不能持久，学习和工作效率明显降低；精神不振、嗜睡，但醒后不解乏；情绪容易波动，容易忧虑，情感反应强烈，但不持久。

大部分患者长期的典型症状就是既易兴奋也易疲劳，部分早期病人以易兴奋为主，部分病人久病之后易疲劳。

### 3. 植物神经功能障碍

心血管机能方面表现为心慌、心跳等；呼吸机能方面表现为出气不舒畅感、胸闷、气憋等；胃肠机能方面表现为食欲不振，消化不良、腹胀、腹泻、便秘等；泌尿生殖功能方面表现为尿频、月经失调、遗精、性功能障碍等。

上述症状是神经衰弱患者中多见的，但每个人的症状侧重点会有所不同，而且在程度上亦有差异。

## 三、诊断

有些大学生因为自己几个晚上没有睡好觉，或者噩梦不断，或者记忆力不如以前好，便以为自己患上了神经衰弱。其实，并不能就此来判断是神经衰弱。然而这些人因此背上了沉重的包袱，看病吃药，心里害怕、紧张，以至情况越来越严重，有些真的会演变成神经衰弱，对此，应予以充分注意。

在诊断神经衰弱症时，也要注意与其他可能造成类似神经衰弱症候群的疾病相鉴别。如结核病、肝炎、风湿病、甲状腺功能亢进、糖尿病等慢性消耗性疾病常产生躯体和精神疲劳感，容易误诊为神经衰弱症；还有头部的慢性炎症，如慢性鼻炎、慢性鼻窦炎、慢性咽炎等，也常出现神经衰弱的症状。所以应该全面了解患者情况，认真进行体格检查，结合必要的实验检查，一般是可以鉴别的。

## 四、防治措施

### 1. 做好科学知识的宣传

给患者讲解本病病因、性质、发病机理以及可能引起的病情波动，影响治疗效果的各种因素和治疗疾病的各种有效措施，从而使患者对自己所患疾病有正确的了解，以消除对本病的各种顾虑和焦虑情绪，树立治愈疾病的信心，积极主动配合治疗。

许多患者正是由于对神经衰弱缺乏正确认识，因而焦急、忧虑，进一步加重了大脑的紧张活动，使疾病更加严重，久久不能治愈。

神经衰弱症患者，首先要放松心情，面对压力要从容，要认识到症状是一种信号。从表面上看，神经衰弱确实影响了学习和工作，可实质上它及时地停止了人的超负荷运转，使人暂时摆脱了沉重的心理负担，获得一个喘息的机会。同时也使人获得一次直接面对痛苦，甚至设法超越痛苦的机会。

神经衰弱与精神的重负有直接的关系，在日常学习生活中，各种精神刺激在所难免，关键是要及时有效地缓解、消除压力，不能使心理持久地处于紧张状态，因此要注意心理调节，比如必要的宣泄、转移情境、自我安慰、放松以及寻求心理咨询等，以保持心理的平衡。

### 2. 帮助患者查找病因

帮助患者找出自己具体的发病原因，以及病后影响的各种因素，指导患者积极主动地消除病因以及影响治疗效果的各种因素，以利于治疗。

例如：必要时需要降低自己的奋斗目标，量力而行，要把目标确定在自己能充分发挥潜能，而又不导致精神崩溃的限度，将目标降低，轻装上阵。

### 3. 合理制定防治措施

帮助病人了解巩固疗效，防止疾病波动的措施，如要求患者注意合理安排脑力活动，合理安排生活，注意劳逸结合，改变一些易于造成心理紧张的性格特点等。

### 4. 加强体育锻炼

适当的体育活动及劳动锻炼，可以增强中枢神经系统的强度，从而有利于调整高级神经活动的功能。此外，运动还可以转移注意力，放松紧张情绪，使神经衰弱的症状得以改善。气功、太极拳等是行之有效的体育活动。当然，体育劳动疗法并不排斥适当休息。休息并不是卧床不动，而应该与文体活动相配合，动静相宜。

### 5. 加强个性修养，提高认知水平

不仅个性的某些缺陷容易导致神经衰弱，而且片面的思想方法、认知的缺陷也往往易使人心理困扰，从而提高患病的可能性。因此，加强心理健康知识的学习，培养自己健康的个性，端正认知方式，是预防神经衰弱以及一切心理障碍的基础。

## 第三节　焦虑性神经症

焦虑是指人们对于所处的不良环境产生的一种不愉快的情绪反应。由于有焦虑的产生，迫使人们萌生出逃避或摆脱这种不良环境的主观意愿，故在一定程度上，焦虑是一种“保护性反应”。任何人在一生中不可能一帆风顺，因此，每个人都会有不同程度的焦虑体会。在正常情况下，人们针对所接触的环境或事物可以产生出不同的情绪反应。如高考前的学生吃不下饭、睡不好觉，比赛前有的运动员会心跳加速、手心出汗、四肢发凉等。随着处境的改善，产生的症状会慢慢消失，情绪趋于稳定，这就不能算病，焦虑是一种积极应激的本能，适当的焦虑往往能够促使你鼓起勇气去应对即将发生的危机，从而发挥自己的潜能。

只有当焦虑的程度及持续时间超过一定的范围时才构成焦虑症状，并起到相反的作用，妨碍人应对处理面前的危机，甚至妨碍正常生活，形成焦虑性神经症。

焦虑性神经症，简称焦虑症，是以广泛和持续性焦虑或反复发作的惊恐不安为主要特征的神经性障碍。常伴有头晕、胸闷、心悸、呼吸急促、口干、尿频、尿急、出汗、震颤等植物神经症状和运动性紧张，或其紧张不安和恐慌程度与现实处境很不相称。女性患病率明显高于男性。

随着社会发展和竞争的日益激烈,患焦虑症的人数不断上升。西方国家的发病率为3% ~5% ,近年来，我国的患者在人群中的比例逐渐上升到2% ~3% ，对于大学生群体

而言，深造、就业等心理压力也使其焦虑症的发病率有逐年升高的趋势。

☞ 案例

**女大学生的考试焦虑症**

某重点综合大学社会科学专业二年级学生，女性，19 岁时曾有三门功课不及格的记录，而整日惶惶不安，一想到考试就极度紧张，担心再出现不及格，看书时脑子一片空白。临近考试，由于无法正常学习，总是梦见自己被退学，从噩梦中惊醒后还感到心在“怦怦”直跳，白天心神不定，心慌，经常摸数脉搏，四肢发凉，手抖，多汗，食欲不振，呼吸困难，担心自己脑子失灵，不得已休学一年。后诊断得了焦虑性神经症。

该生自幼学习上进，记忆力较强，深受老师器重，每逢市里的一些学科竞赛，学校都推荐她参加，这对她的精神压力很大，她本人对数学兴趣不浓厚，但是老师仍然很看重她，自己认为这是一种荣誉，是学校和老师对自己的器重，也不好违抗。考前一夜没睡，在考场上脑子很乱，原来复习过的内容也想不起来了，急得浑身出汗，心慌意乱，就勉强交了试卷，结果考试成绩很不理想，从此以后常常出现睡眠障碍。

考上大学以后，第一学期期末考试数学不及格。因为在中学数学就不是自己的强项，对数学不感兴趣，因而报考了社会科学专业，没想到这个专业也要学习数理统计，数学和统计学在大一、大二两个学年都要学，这就给她带来了沉重的心理负担，每到期末复习考试临近就紧张焦虑，还伴有严重的睡眠障碍，最后发展到休学治疗。

## 一、病因分析

大多数人认为焦虑的发病原因主要与心理社会因素有关。按照弗洛伊德的观点，儿童时期的一些特殊的精神创伤体验被压抑到潜意识中，到了成年以后则有可能由于新的精神刺激而引起焦虑症。新弗洛伊德主义者艾里克森则提出，焦虑症是由于儿童期心理发展受到挫折和失败的结果。

社会文化的观点认为，在现代工业化社会下，由于竞争加剧，人口集中，居住和交通拥挤，生活节奏紧张给人们带来了许多心理压力，这是现代社会中出现大量神经症包括焦虑症的原因。

有人用“失助感”来解释焦虑症，当人们感到对自己命运的掌握失去了主宰的能力，同时没有把握能从别人那里获得援助，即感到自己处在“孤立无援”的处境时，就会出现焦虑。

焦虑症患者有个性特点的基础。一般来说，易于紧张焦虑，对困难估计过分，对躯体微小不适容易引起很大注意，遇到挫折易于过分自责，谨小慎微，优柔寡断，敏感多疑，依赖性强的人，易于引起焦虑症。

也有资料认为，焦虑症与遗传因素、生物化学变化、神经生理改变等有关。

## 二、主要症状

焦虑症一般分为急性焦虑症和慢性焦虑症两大类。

### 1. 急性焦虑症

急性焦虑主要表现为急性惊恐发作。患者常常突然感到内心焦灼、惊恐或激动，由此而产生幻觉和妄想，有时轻度意识迷惘，急性焦虑发作一般可以持续几分钟或几小时，病程一般不长，经过一段时间后会逐渐趋于缓解。急性焦虑患者几乎总是或多或少地存在睡眠障碍，大多表现为不易入睡，入睡后易惊醒，常伴有噩梦，醒时不安宁，醒后感到很恐惧。

当急性焦虑发作时，常会伴随严重的心血管系统的症状，如患者感到“心跳得像要爆炸似的”，觉得“心脏快要跳出来了”，不时地出现心慌，严重时甚至会出现昏厥。由于过度的呼吸，导致血中碱性成分增加而发生手足麻木，头部发胀，以至出现肌肉颤动，患者也可能有胃肠症状，如上腹部不适感、腹痛、大小便紧迫感、腹泻或便秘等。此外，患者还可能出现震颤、多汗、月经失调等症状。

### 2. 慢性焦虑症

慢性焦虑症，其焦虑情绪可以持续较长时间，其焦虑程度有时也波动，老年慢性焦虑症通常表现为平时比较敏感，易激怒，生活中稍有不如意的事就心烦意乱，注意力不集中，有时会生闷气、发脾气等。慢性焦虑症区别于急性焦虑症的表现，多表现为焦虑情绪，在客观上并不存在某种威胁、危险和坏的结局，患者总是担心、不安和害怕，尽管也知道这是一种主观的顾虑，然而常常不能控制，使患者颇为苦恼；此外还有易激怒，对声音过敏，注意力不集中，记忆力不好等症状。

慢性焦虑症患者的躯体症状以植物神经功能亢进为主，如口干、上腹不适、恶心、胀气、腹泻、胸闷、呼吸困难或呼吸急促、心悸、胸痛、心跳过速、尿频尿急、月经不调或痛经，此外，有眩晕、出汗、面色潮红等症状出现。

慢性焦虑症患者还会出现运动症状，与肌肉紧张有关，如紧张性头痛，在头顶、枕区有一种紧压感，肌肉胀痛，特别是在背部和肩部，手有轻微震颤，做精细动作更明显。总之，焦虑症有以下几方面具体的症状：

（1）身体紧张。焦虑症患者常常面部肌肉紧绷，眉头紧皱，表情紧张，觉得自己不能放松下来，整天唉声叹气。

（2）自主神经系统反应过强。焦虑症患者的交感和副交感神经系统常常超负荷工作。患者常会有出汗、眩晕、呼吸急促、心跳过速、身体发冷或发热、手脚冰凉或发热、胃部难受、大小便过频、喉头有阻塞感等症状。

（3）过分机警。焦虑症患者时时刻刻都处在警惕的状态，对待周围的人或事小心翼翼，从而影响了他们的工作和睡眠。

（4）对未来生活丧失信心。焦虑症患者总是为未来担心，他们过分担心自己的健康、亲人或财产。

## 三、诊断

### 1. 诊断标准

(1) 符合神经症的诊断标准。

(2) 以焦虑为主要表现，常伴有植物神经功能障碍的表现，如头晕、胸闷、心悸、呼吸困难、口干、尿频、尿急、出汗、震颤和运动不安等。

(3) 焦虑并非由实际威胁所引起，或其紧张惊恐程度与现实情况明显不相称。

### 2. 广泛性焦虑的诊断

(1) 符合神经症的诊断标准。

(2) 以持续的广泛性焦虑为主要临床表现，症状符合以下两项：

① 经常或持续的无明显对象或固定内容的恐惧、紧张。

② 有植物神经症状或运动性不安。

(3) 不符合因器质性疾病、恐惧症、强迫症、疑病症、抑郁性神经症等疾病所引起的焦虑，因有客观因素而引起相应的短暂性焦虑情绪不能诊断为此病。

### 3. 惊恐发作（也就是急性焦虑发作）

(1) 符合焦虑性神经症的诊断。

(2) 1 个月内至少发作 3 次，或者首次典型发作后，继之以害怕再发作的焦虑持续一个月。

(3) 以惊恐发作症状为主要临床表现，症状符合以下 4 项：

① 在没有任何客观危险的环境下发作，发作不可预测；

② 两次发作的间歇期除了害怕再发作外没有明显的症状；

③ 发作表现为强烈的恐惧，伴有显著的植物神经症状，还往往有人格解体、濒死恐怖、失控感等体验；

④ 发作来得突然，10 分钟内达到顶峰，一般总共不超过 1 小时，发作时意识清晰，事后能回忆发作的经过。

## 四、防治措施

### 1. 增强信心

自信是治愈神经性焦虑的必要前提。一些对自己没有信心的人，对自己完成和应对事务的能力是怀疑的，夸大自己失败的可能性，从而忧虑、紧张和恐惧。

因此，作为一个神经性焦虑症的患者，首先必须自信，减少自卑感。应该相信自己每增加一次自信，焦虑程度就会降低一点，恢复自信，就会最终驱逐焦虑。

### 2. 自我放松

当你感到焦虑不安时，可以运用自我意识放松的方法来进行调节，具体方法就是有意识地在行为上表现得快活、轻松和自信。比如说，可以端坐不动，闭上双眼，然后开始向自己下达指令：头部放松，颈部放松，直到四肢、手指、脚趾放松。运用意识的力量使自己全身放松，处在一个松和静的状态中，随着周围的放松，焦虑心理可以慢慢得到平缓，另外还可以利用视觉放松法来消除焦虑，如闭上双眼，在脑海中创造一个优美恬静的环境，想象着在大海岸边，波涛阵阵，鱼儿不断地跳出水面，海鸥在天空飞翔，你光着脚丫，走在凉丝丝的海滩上，海风轻轻地吹拂着你的面颊……

### 3. 自我疏导

有些神经性焦虑是由于患者对某些情绪体验或欲望进行压抑，压抑到无意识中去了，但它并没有消失，仍潜伏于无意识中，因此便产生了病症。发病时只知道痛苦焦虑而不知其因。因此在这种情况下，首先应该自我反省，把潜意识中引起痛苦的事情诉说出来。必要时可以发泄，发泄后症状一般可消失。其次要充分调动主观能动性，运用注意力转移的方法，及时解除焦虑，当你的注意力转移到新的事物上去时，心理上产生的新的体验有可能驱逐和取代焦虑心理，这是一种人们常用的方法。

### 4. 自我催眠

焦虑症患者大多数有睡眠障碍，很难入睡或突然从梦中惊醒，此时你可以进行自我暗示催眠。可以听音乐、数数或手举书本来促使自己入睡。

### 5. 药物治疗

在采取以上方法的同时，还必须使用抗焦虑药。常用的有安定、利眠宁等。如果焦虑伴随着抑郁，服用多虑平、百忧解、阿米替林等抗抑郁药有良好效果。

## 第四节　强迫性神经症

强迫性神经症是指患者有某些重复的、不合理的、无意义的观念、意向或行为，患者能意识到这是不正常的，甚至是病态的，非常想摆脱它们，但却无能为力，并为此十分苦恼。强迫症是一种典型的心理冲突，患者病前多存在难以调节的内心冲突，潜在焦虑，这是导致紧张不安的原因，而强迫症状是紧张不安心理的一种转移和释放。然而，也恰恰是由于患者意识到这种强迫症状的不必要并进而竭力要去抵抗它、控制它，从而形成新的心理冲突和缓解，而缓解的同时，又出现了患者对此的自责和担忧，如此循环，使症状加重。

自我强迫和反强迫是神经性心理冲突的典型形式，也是患者精神痛苦的根本所在。强迫症患者过于不接受自己，甚至苛求自己才导致自我强迫与反强迫的尖锐矛盾。

正常人偶尔也会出现一些不必要的担心和重复的行为，如反复思考某一问题，写完信总要检查几遍，锁上门总要多推几下，生怕没有关上等，但正常人的这种行为不具备强迫症的特点，没有心理冲突，因而不能据此就认为得了强迫症。只要当事人并不感到痛苦或不舒服，也没有影响其学习生活、工作效率，那么这种行为仍然属于正常范围内的行为。

据国外的统计，强迫症的患病率在2%～3%，发病的平均年龄范围男性是19～37岁，女性是21～39岁，调查表明，第一次出现强迫症状的平均年龄为20周岁，所以，强迫症是大学生神经症的基本类别之一。

☞ 案例

一位女大学生的强迫症

某大学三年级女生，刚入学时生活不适应，曾得到本寝室一同学的热情相助，后两人成为好朋友，朝夕相处。大二时的一次考试，她不及格，内心紧张，惶惶不安。不久她的好友被查出得了肝炎，她怕自己被传染，心中十分恐慌。于是将一些曾被好友用过的碗盘等丢掉，被好友碰过的东西如果自己再碰就不断洗手，直洗得双手发白、皮肤起皱，否则内心紧张不安，甚至感到思维不灵活了，以后又发展到只要别人碰过的衣物就丢弃，只要手碰了一下某种东西就洗刷不止。明知这样做没有必要，但无法控制，内心非常痛苦。经诊断，她患了强迫症。

## 一、病因分析

强迫症与心理、社会因素联系紧密。强迫症与一定的人格特征有着密切关系。精神分析学派创始人弗洛伊德认为，强迫症患者具有“肛门性格”倾向。强迫人格的特征可能概括为“不完善感”、“不安全感”、“不确定感”。“三不”之中只要有一个非常突出，就是典型的强迫人格，这种人一般具有主观任性、急躁、好强、自制力差或胆小怕事、优柔寡断、遇事过于谨慎、缺乏自信心、生活习惯比较呆板，喜欢仔细地思考问题等特点。

社会心理因素是强迫症的诱发因素。正常人偶尔出现强迫观念，但是并不持续，往往在社会心理因素影响下被强化而持续存在。此种社会心理因素常见的有工作和生活的变换，加重了责任，要求过分严格，或者处境困难，担心意外、人际关系不和、突然惊吓、亲人的死亡等。这些事件给患者带来了沉重打击，使患者谨小慎微，遇事犹豫不决，反复思考，忧心忡忡，容易促发强迫症状。

患有强迫症的人通常为人谨慎、墨守成规，缺乏通融和幽默感，太过理性；内心常常有明显的冲突，徘徊于服从与反抗、控制和爆发两种极端，他们常常对自己、对他人要求很高，结果总是批评别人不好，怀疑和否定自我，缺乏自信心，经常因此无法接受自己强烈矛盾的内心冲动、欲望而崩溃。

一般认为这种症状与完美主义有关。完美主义是一种人格特质，也就是在个性中具有凡事追求尽善尽美的极致表现倾向。完美主义是一把“双刃剑”，有利也有弊，一方面它是使人不断向上的动力；另一方面这种对完美的追求也是一个沉重的包袱，在现代社会的多方面压力下，它让完美主义者看到自己对现实的无能为力，从而变得急躁、自卑，甚至急功近利。它不仅使完美主义者本人觉得痛苦，更糟糕的是这种个性也会影响周围的人，例如，具有完美主义倾向的父母对于孩子有超乎常人的标准与要求，使孩子有了自卑心理、自闭倾向；一位具有完美主义的主管，可能会对下属也有同样的高标准与期待，搞得办公室里气氛紧张等。

## 二、主要症状

强迫症的临床表现分为强迫观念和强迫意向动作两种。

### 1. 强迫观念

强迫观念是指患者强迫性的思想，具体包括：

（1）强迫回忆。患者对刚做过的或早已过去的事件、经历，哪怕是无关紧要的，也要进行反复回忆，虽然明知无意义，却无法克制。

（2）强迫联想。是指患者听见看见某一事物，就会出现与这种事物有关的联想。如见到幼儿园的儿童就立即想起自己夭折了的孩子，并且无法摆脱；有的患者当看见树枝、树叶时便不由自主地联想到熊、豺狼、虎豹等动物咬伤人的情境，因而表现得情绪紧张和恐惧。

（3）强迫怀疑。这种患者自己对做过的事情经反复的考虑和检查后仍不能放心。如写好信后老怀疑自己写错或漏掉了字，投信后怀疑自己是否把信投进信箱去了，锁门后怀疑是否真把门锁好了，洗手后担心没有洗干净等。

（4）强迫性穷思竭虑。患者对自然现象或日常生活事件发生的原因进行反复无效的思考，患者本人虽感觉荒谬，但却难以控制。比如“人为什么长两条腿？长三条腿不成吗？”“人为什么小便？”

### 2. 强迫意向动作

强迫意向动作就是指患者强迫的行为，常见的强迫意向动作有：

（1）强迫意向。常被一些与正常心理状态相左的欲望和意向所纠缠，产生一些可能导致可怕后果的冲动。如并不想死，但站在高楼上却产生向下跳的冲动；看见飞驰的汽车有撞上去的想法，病人明知这种欲望、冲动是违反自己意愿的，却不能摆脱，因而十分焦虑、痛苦，其实病人并不会真的付诸行动，只是无法控制这种意念、冲动。

（2）强迫性洗涤。怕不清洁而患上某种传染病，患者接触了某物，则要反复洗手，明知已经清洁，无需再洗，但无法控制，并扩展为洗衣服及洗澡，否则心绪不安。

（3）强迫性仪式动作。患者总要做一定动作，以此象征着吉凶祸福，如患者进门时先进两步，再后退一步，表示他父亲的病能逢凶化吉，如果没有完成这样的动作，则必须重复。明知这是毫无意义，但不做此动作则焦虑不安。

（4）强迫计数。患者不可控制地计数，与强迫性联想有关，如见到电线杆计数，见到窗子也要计数。不计数则感到烦躁，难以克制。

## 三、诊断

典型强迫症具有以下三个缺一不可的特征：

（1）患者体验到思想或内在驱使是他们自己的，是他们主观活动的产物，但有受强迫的感觉。

（2）主观上感到有必要加以有意识的抵抗，这种反强迫与自我强迫是同时出现的，两者的冲突常常导致患者紧张不安，十分痛苦。

（3）有症状自知力，即患者感到这是不正常的，甚至是病态的，至少患者希望能消除强迫症状。

## 四、防治措施

强迫症的本质是心理上的自相搏斗，因此，治疗强迫症一般应采用心理治疗为主、药物治疗为辅的方法。

### 1. 认知调整——强迫症并不可怕

强迫症的本质就是心理上的自相搏斗，治疗强迫症就是要以个人意志战胜恐惧心理，即所谓“知己知彼，百战不殆”，治疗的关键是要对强迫症有正确的认识，许多患者对强迫症状产生疑病观念和紧张情绪，这在增加了心理负担的同时又使强迫症加重。所以患者首先要了解有关强迫症的知识，包括产生的原因、性质、结果及治疗的各种措施，这样会消除顾虑，树立战胜强迫症的信心，并积极主动地配合治疗。

### 2. 性格调整——换个角度去思考

强迫症患者的症状只是一种表面的现象，真正起作用的是他们的强迫型人格，即不良个性和思维方式。因此，强迫症患者要有意识地努力克服任性、急躁、好胜等性格，改变过于刻板，过分认真的做事方法，不要过于钻死理，如果换个角度去思考，事情往往会有意想不到的转机。同时要树立信心，勇敢乐观地面对挫折。

### 3. 不做完美主义者——相信努力就好

世界上并不存在十全十美的人和事，只要努力了，对自己来说就是最好的。强迫症患者应承认和接受自己有犯错的可能，对生活、对学习也不应太苛刻。追求完美只能适得其反。任何事情听其自然，做完就顺其自然不要再阻止、不要再评价它了。如好像有东西忘了带，就别带它好了，东西好像没有收拾干净就放着，经过一段时间的努力来克服由此带来的焦虑情绪，症状就会慢慢消除。

### 4. 转移注意力——做自己更感兴趣的事

当患者反复进行强迫思考和强迫行为时，思维会专注于一点，这时最重要的是想办法转移注意力，尽快脱离现状，摆脱痛苦，例如，一旦处于容易使自己产生强迫联想和回忆的环境中时，就开始阅读自己感兴趣的小说或听音乐，这时注意力全部集中在小说或音乐上，就可以忘掉经常联想的事情。

### 5. 调整生活状态——学会自我放松

强迫症患者应适当地调整自己的生活态度，如积极参加各种文体活动，这样不仅使枯燥的日常生活变得丰富多彩，同时也减轻了生活学习上的压力，从而使引发强迫症的恐惧和焦虑情绪逐渐减轻。

### 6. 在医生的指导下结合药物治疗

药物治疗应视为整体干预的一个部分。近年来研究抗抑郁的药物有氯丙咪嗪、多虑平、百忧解等，对强迫症有效。由于这类药有一定的副作用，所以应在医生的指导下服用。

# 第五节 抑 郁 症

抑郁症也被称为"心灵感冒"。作为现代社会一种普遍的情绪，抑郁症并没有引起人们足够的重视，所以，当很多人患上了抑郁症的时候往往还不曾发觉，他们也就长期笼罩在抑郁的阴影中无力自拔，不能积极调整自己的心态，从而给生活带来了严重的影响。

世界卫生组织预测，抑郁症将成为21世纪人类的主要杀手。全世界患有抑郁症的人数在不断增长，而抑郁症患者中有10%～15%面临自杀的危险，危害仅次于癌症，抑郁症是大学生自杀的首要原因。

我们的生活中，充满了大大小小的挫折和失败。如入学不适应新的环境，人际关系不和谐，情感困惑，学习压力，就业压力，失去亲人或其他各种痛苦。常常使我们体验到焦虑、悲伤、痛苦甚至绝望。通常，由这些现实事件引起的抑郁和悲伤，是正常而短暂的，有的甚至有利于个体的成长。但是，有些人的抑郁症状并没有十分明确、合理的外部诱因，另外一些人，虽然在他们的生活中发生了一些负面生活事件，但是他们的抑郁症状持续得很久，远远超过了一般人对这些事件的情绪反应，而且抑郁症状日趋恶化，严重地影响了工作、生活和学习。如果是这样，那么很可能他们患上了当今世界上第一大心理疾病——抑郁症。

## 一、病因分析

抑郁症的病因目前尚不十分清楚。可能与遗传、生化、心理社会因素有关，这些因素错综复杂，相互交织，因人而异。

### 1. 生物化学因素

一个人患抑郁症时，大脑中一些被称为神经递质的化学物质减少，人们认为，如果5-羟色胺和去甲肾上腺素这两种神经递质之间不平衡，就可以导致抑郁症或焦虑症。5-羟色胺和去甲肾上腺素减少常常导致情绪低落，视力下降以及食欲和性欲的改变。

### 2. 遗传因素

与许多其他疾病一样，抑郁症往往在家族中集中出现。若父母中有一人患抑郁症，则孩子患该病的机会增加 10% ~13%；若父母双方都患抑郁症，则孩子患该病的概率为 68.7%，如果孪生子中有一人患抑郁症，那么另一人在一生中患抑郁症的可能性是 70%。然而，在明显抑郁症家族史的人中，许多人甚至在持续紧张的情况下也从来不得这种病。反过来，有些抑郁症的人根本没有抑郁症的家族史。

### 3. 心理—社会因素

近年来心理—社会因素在情感障碍尤其是抑郁症的发生、发展、预防和治疗方面的重要性，越来越引起人们的重视。各种重大生活事件突然发生，或长期持续存在，引起不愉快的情感体验，这种情感体验越强烈、越持久，其致病作用也越大。机体对重大生活事件十分敏感，生理和心理都处于紧张状态，以适应正在发展变化的情况，保持机体与外界环境的平衡与稳定。如果这种紧张反应过分强烈或持久，超过机体的调节能力，则可产生病理现象。在症状持续、久治不愈的抑郁症中，长期不良处境作用尤为明显。

### 4. 躯体疾病

许多躯体疾病，如中风、心脏病发作、癌症、慢性疼痛、糖尿病、激素紊乱和晚期疾病往往可以导致抑郁症。

### 5. 人格因素

悲观，自信心不足，有不良的思维模式，过分烦恼或者感觉几乎无法控制生活事件的人较容易发生抑郁症。

### 6. 其他因素

一些药物可能造成抑郁症（如利血平）。另外，经常过多饮酒有时也可以导致抑郁症。

## 二、主要表现

抑郁症是一种心境障碍，是一组以显著的情绪低落为主要特征的精神障碍，常伴有相应的思维和行为改变，具体表现有以下几个方面：

（1）持续性情绪低落、忧郁、心境恶劣是抑郁症的典型症状之一。这种情绪低落的压抑状态是原发性的、内源性的，即是在无明显外界因素作用下发生的，面无表情、暗自流泪是常见的临床表现。

（2）焦虑和抑郁常相伴出现。抑郁症患者伴有焦虑症状者约占 70%，常见的焦虑症状为坐立不安、心神不宁，出现莫名其妙的惊恐、多虑和焦躁不安，是一种病理性的紧张状态，还可出现易激动、易发怒症状。这种焦虑症状突出的抑郁症被称为“激越性抑郁症”，多见于更年期抑郁症病人。

（3）脑功能下降。通常表现为思维困难，脑力劳动的效率明显下降。一向思维敏捷的科技人员或白领人士患抑郁症后，常感到自己的思维迟钝，记忆力下降，注意力涣散，很难胜任日常工作，更谈不上有创造性，平时学习优秀的学生成绩明显下降，不少病人谈到自己主观体验时说："整个头脑犹如一桶糨糊。"

（4）思维消极。表现为悲观、自责和自卑，犹如戴着有色眼镜看世界，感到任何事情都困难重重，对前途悲观绝望。病人把自己看得一无是处，对微不足道的过失和缺点无限夸大，感到自己对不起他人和社会，认为自己罪恶深重，是一个"十恶不赦"的坏蛋。有的病人感到活着毫无意义，生活在人世间徒然受苦，只有一死才能逃出苦海，得以解脱。这种自杀观念强烈者如果得不到及时医治或监护，自杀率相当高。

（5）精神运动阻滞。典型表现是行动迟缓，精力减退，缺乏兴趣和活力，总感到心有余而力不足，家务和日常活动都懒得去做，整天无精打采，身心疲惫，严重者呆若木鸡或呈抑郁性木僵状态，病人对周围一切事物都不感兴趣，对工作没有一点儿热情，平素衣着整洁的人也变得不修边幅。

## 三、诊断标准

症状标准，以心境低落为主要特征且持续至少两周，在此期间至少有下述症状中的四项：

（1）对日常活动丧失兴趣，无愉快感；

（2）精力明显减退，无原因的持续疲乏感；

（3）精神运动性迟滞或激越；

（4）自我评价过低，或自责，或有内疚感，可达妄想程度；

（5）联想困难，或自觉思考能力显著下降；

（6）反复出现想死的念头，或有自杀行为；

（7）失眠，或早醒，或睡眠过多；

（8）食欲不振，或体重明显减轻；

（9）性欲明显减退。

严重程度标准，精神障碍至少造成下述情况之一：

（1）社会功能受损；

（2）给本人造成痛苦或不良后果。

排除标准：

（1）不符合脑器质性精神障碍，以及躯体疾病与精神活性物质和非依赖性物质所致精神障碍；

（2）可存在某些分裂性病状，但不符合精神分裂症的诊断标准。若同时符合精神分裂症的症状诊断标准，鉴别诊断可参考分裂情感性精神病的诊断标准。

## 四、治疗

抑郁性神经症的治疗，主要有心理治疗与药物治疗，其中心理治疗有疏导治疗、认知治疗、音乐治疗、发泄治疗等，有时集体治疗效果会更好一些。

（1）心理治疗　支持心理治疗，了解患者抑郁性神经症的病因、性质，消除患者的焦虑情绪，以正确的态度对待疾病，充分发挥患者的主动性与积极性，对配合医生进行治疗有较大益处，近年来发展一些新的治疗技术，使疗效明显提高，其中较具影响的是认知心理治疗。该疗法的指导思想是，病人的抑郁情绪的产生是由于不正确的非现实认知，因此，治疗的目标在于改变患者的错误认知，通过自我监察、自我说理及自我强化，建立正确的认知，情绪也会随之转好。有些治疗者更注重病人实际交往能力的缺陷及应付功能的不足，应采取各种更具针对性的心理治疗，以增加患者的工作能力和社会适应能力。

（2）药物治疗　主要使用抗抑郁药物，临床常用的为三环类抗抑郁剂，因抑郁性神经症患者常伴有焦虑与易激怒的症状，故使用百忧解、多虑平、阿米替林等。对抑制性抑郁使用丙咪嗪、氯丙咪嗪疗效较好。

（3）电抽搐治疗　虽然抑郁性神经症无严重的自杀危险，但也不可轻视，故对少数有明显消极症状者应将电抽搐治疗作为首选治疗方法，在症状消除后，可口服药物以保持疗效。

## 五、预防措施

抑郁症的主要预防措施有：

（1）调适心态，缓解压力，化解心理冲突；

（2）张弛有度，避免体力脑力透支；

（3）扩大社交范围，建立良好人际关系；

（4）危机心理干预和心理支持。

# 第六节　癔　　症

癔症又称歇斯底里（Hysteria），是由精神刺激或不良暗示引起的一类神经精神障碍，大多数患者发病突然，可出现感觉、运动和植物神经功能紊乱或短暂的精神异常。患者具有鲜明的情感色彩，检查不能发现相应的器质性改变，在症状的发生和治疗当中，暗示和自我暗示常常起着重要的作用。

本病的发病年龄多数在16～30岁，尤多见于女性。

☞ 案例

### 癔症性痉挛、不言、截瘫

某高三学生，女，19岁。系独生女，自幼娇生惯养，稍不顺心即在地上打滚撒娇。成年后，在家中凡事要以她为中心，否则便沉默数日不语。善文艺，但心胸狭隘，某日排练时，稍受批评，即感委屈受不了，顷刻扑倒在地，意识不清，双目紧闭，大口喘气，四肢挣扎状乱动。约一小时后平静，不能说话，但能用笔对答，下肢呈瘫痪状，既往无重病史，父亲健康，母亲重感情，每受刺激时常有晕厥现象。

检查：仪态端正，意识尚清，用手势示意有块状物自小腹上升至喉头部，逐作喘气状，而下肢痛觉消失，肌肉张力正常，卧床时两腿不能运动，经暗示治疗一周后痊愈。

## 一、病因分析

癔症发病的主要原因是精神因素和暗示的作用，这与患者一定的遗传因素、性格特征、精神因素或是身体因素有关。

据英国心理学家的统计，癔症患者的家族中，男性患病率为2.4%，女性患病率为6.4%，可能高于一般居民中的患病率，但是对孪生子的研究并不支持遗传的假说，因为在单卵双生子中有可能没有相同的发病者。

相对而言，性格特征是导致癔症发作的重要因素，一般认为具有癔症性格特点的人，在精神因素的影响下，容易发生癔症，癔症患者一般意志极不稳定，幻想多，有强烈的情感，容易争强好胜、虚荣、易冲动。他们好夸耀自己，显示自己，乐于成为大家注意的中心，喜欢得到他人的赞扬。他们富于幻想，特别是当情感反应强烈时，想象和现实常易混淆在一起，这类性格的人有以下几个特点：

（1）情感丰富。情感鲜明强烈但极不稳定，以情感代替理智，对人处事往往感情用事，整个精神活动均易受情感的影响而趋向极端，如对某人有好感时，觉得他十全十美，是世界上少有的好人，但当遇到一点小事时，就立刻认为这人一无是处，是最大的恶棍，对事物的判断完全凭一时情感出发，常随情感的变化而变化，即所谓癔症患者的情感逻辑。

（2）暗示性强。癔症患者具有高度暗示性。基于某种环境气氛和情感的基础上，对外界某种影响和观念易于接受，称为暗示。癔症患者在医生言语诱导下容易进入催眠状态，患者行为极易受他人的言语和行为的暗示影响，尤其是当他对某人印象良好时，则该人的意见都会不加分析地盲目接受下来，癔症患者的自我暗示也很强烈，以致各种身体不适感都可作为自我暗示的基础。

（3）自我中心。即处处吸引他人对自己的注目，爱炫耀自己，甚至不惜当众表演，对病情的表达常有表演色彩或夸张，目的在于博得人们的同情和重视。

（4）富于幻想。在情感的基础上，想象丰富、生动、活泼，给人以难以分辨现实与虚幻的感觉。可能有幻想性说谎的现象。

某种神经系统的器质性病变，可能伴有癔症发作，往往是躯体疾病为癔症提供了发病的条件，使器质性疾病与癔症同时存在。如癫痫患者多数同时伴有癔症发作。

使患者感到委屈、气愤、惊恐、羞惭、窘迫或悲伤等精神刺激，往往是癔症患者的直接致病因素，或为第一次发病的因素。患者对于精神刺激或创伤体验较深而发病，有一部分患者多次发病后无明显的诱发因素，可能通过触景生情，或联想，或自我暗示而发病。

## 二、主要表现

癔症的表现可谓多种多样，既可有运动、感觉等障碍的类似神经系统疾病的症状，又可有各种内脏病变的类似各种疾病的症状，也可有短期发作的精神症状（变态心理症状）。可以说癔症的表现可以模仿临床各科的任何疾病的表现，因此极易误诊。已有许多最初诊断是癔症，而实际上是躯体疾病，因而拖延了治疗的教训。

尽管癔症的症状类型多种多样，但是一般具有尽情发泄和表演的特点，使人印象深刻，有的也可出现幼稚性动作，其行为是离家出走，到处游荡等。人们通常把癔症复杂多变的类型分为分离性症状和转换性症状两种。

### 1. 分离性症状

分离性症状又称作意识范围狭窄，是指患者因神志不清醒而出现的精神症状。

一般患者不很清楚自己的身份，有的表现为假性痴呆，选择性遗忘；有的表现为儿童样痴呆；有的则装神弄鬼，这种症状多在农村患者身上发生。另外还有少数人出现癔症精神病，表现为明显的行为混乱、短暂的幻觉和妄想等。具体表现有：

（1）情感爆发。情感爆发，是癔症常见的发作形式。患者在精神因素作用下，突然精神失常、哭笑、狂怒、叫喊、打人、打自己、毁物等。有时表现委屈、悲伤、痛哭流涕或又突然兴高采烈、手舞足蹈，并且常常伴有幼稚、做作、撒娇或演戏样的动作表现，一般发作时间较短，发作过程中患者心里大致明白，但难以控制。

（2）意识障碍。意识障碍，可表现为昏睡状态，呼之不应，推之不动，四肢发硬，僵卧于床；或为癔症性木僵，动其肢体则有抗力。有的患者意识模糊，情感丰富，表情生动，行为夸张，富于表演色彩，谈话常以歌谣式，说出内容多与精神创伤有关。有的患者可出现假性痴呆的表现，如有问必答，答案近似正确。

（3）遗忘。患者常不能回忆某一段时期的生活经历，甚至否认既往的生活和身份，整个生活经历被遗忘的称为全部遗忘，持续时间可长可短。

（4）神游症。记忆丧失，当发现时则否认全部经历，甚至否认他的身份，神游现象除癔症外，尚可见于癫痫患者。

### 2. 转换性症状

转换性症状主要表现为躯体的功能障碍，这些障碍主要有：

（1）痉挛发作。抽搐是癔症发作最常见的形式，表现为类似于癫痫样的抽搐。发作以前可有头痛、胸闷、心烦、委屈等表现，发作时四肢抽动或挺直，两眼球上翻，在发作过程中常常有各种活动，如撕扯衣服，捶胸，抓周围的人或发出怪声等。同时面部有各种表情，显得夸张与做作。发作的持续时间也大大超过癫痫的发作时间。痉挛发作后往往哭泣或不语，患者感到全身酸痛，疲乏无力。

（2）瘫痪。癔症患者瘫痪的表现类似各种麻痹或不完全麻痹，如偏瘫、截瘫或单瘫等各种形式，这种现象与神经系统器质性病变所导致的不同，并不伴有上或下运动神经元损伤的特征，无器官上的损害，肌腱反射和肌肉张力是正常的，不会出现病理反射或肌肉萎缩，但是由于器官长期不用，仍然可以出现废用性萎缩。

（3）感觉缺失。癔症患者的感觉缺失表现为躯体感觉缺乏或视听机能障碍，而且这种障碍很难找到其神经病理的基础，视觉障碍可表现为失明、弱视、同心性视野缩小、管窥等，癔症性失明突然出现，但对光反射大多有反应，步行时可绕过障碍物。听觉障碍主要为耳聋，但前庭器官功能大多正常，而且有时对声音刺激可有瞬间反应，有时可在睡眠中被唤醒。对于皮肤感觉缺失的患者，如把他的眼睛蒙上，然后用针刺其麻木部位，虽无感觉，但是立刻让患者说出心里想到的第一个数字，一般是准确的针刺数目。

（4）感觉过敏。癔症患者的感觉过敏表现为某些皮肤过敏区的存在，此时，即使轻微的触摸亦可引起剧烈疼痛，有的患者在咽部有梗阻感，使用喉镜检查无阳性表现，将此称为“歇斯底里球”。有的患者尚可诉说头部有紧压感，皮肤感觉异常或各种内感受性不适。

## 三、诊断依据

癔症的诊断必须具有排除性与支持性两种依据。因此，诊断本症必须详询病史、症状演变进程与疾病发生发展有关因素；认真分析症状的起因、性质和特征；详细检查和必要的辅助检查，以排除其他疾病；尤其对于首次出现发作者，或与某些躯体器质性疾病并存时，更应慎重，不能仅仅根据病前有精神因素与暗示治疗有效而作出诊断。具体诊断依据如下：

（1）明显的精神因素及由此引起的强烈情感体验。

（2）症状的产生和消失与暗示、自我暗示密切联系。

（3）急性起病，症状多样，检查未发现与躯体症状相应的阳性体征和器质性病变的证据。精神症状常有表演和夸张的特点，带有鲜明的情感色彩。

（4）病前性格特点，既往类似发作史，阳性家族史及年龄与性别均可作参考。

（5）排除脑及躯体器质性疾病，反应性精神病，情感性障碍和精神分裂症。

## 四、防治措施

（1）遇到癔症发作时，保持镇定的情绪，维护好病人及周围环境的安静是首要的。

（2）精神治疗。由于患者求治心切，所以一般的支持性心理治疗常不奏效。通常以暗示或疏泄治疗为主。当症状缓解后，应及时向患者说明疾病的本质，消除顾虑，调动病人的积极性，坚定病人战胜疾病的信心。并应指出患者的性格缺陷与发病的关系，帮助患者找出防治方法等。

（3）药物治疗。癔症性情感爆发可一次予以足够剂量的镇静剂；痉挛发作常结合言语性暗示，静脉注射浓度小于10%的葡萄糖酸钙；精神症状明显时选用相应的抗精神病药物治疗。症状缓解后，除心理支持治疗外，对残存症状应予以对症处理。

（4）针刺与电刺激治疗。适用于癔症性瘫痪或感觉障碍等躯体症状。

（5）健康教育是重要的护理内容。要帮助病人充分认识自己，挖掘出自身性格上的弱点及其与疾病的关系。教会病人一些科学的、适用的方法，完善性格，处理紧张的人际关系；调整不良的情绪，增强心理承受能力。指导病人用理智而不是用情感处理一些烦心的问题。此外，要有针对性地帮助病人家人了解有关癔症的常识，使病人能从中获得有效的帮助。

## 第七节 恐惧症

恐惧症又称恐惧性神经症，是以恐惧症状为主要表现的神经症，恐惧的对象有特殊环境、人物或特定事物，每当接触这些恐惧现象的时候患者立即产生强烈紧张的内心体验，这种恐惧的强烈程度与引发恐惧的情境通常都很不相称，令人难以理解。

恐惧本是人的“七情”（喜、怒、忧、思、悲、恐、惊）之一，恐惧本身不是一种病态心理而是一种正常情绪。

恐惧症中的恐惧与正常的恐惧区别在于，使患者产生强烈恐惧情绪的对象是那些对常人并无威胁或威胁不那么大的特定对象，而且患者深知这种恐惧明显过分，但却无法控制，患者主要行为方式是回避、退缩，并严重影响了正常的学习和生活。

一般来说，女性比男性胆小，所以恐惧症患者女性多于男性。恐惧症多发生于青少年或成年早期，而且发病较急，往往在某一事物或情境面前引起一次焦虑和恐惧发作以后，该事物或情境就可能成为恐惧的对象。

☞ 案例

### 一个女大学生的困惑

王某，女，21岁，某大学三年级学生。来自农村，自幼身体健康，小时候性格内向，做事要做得最好，凡事要争第一，对事比较敏感，从小受到的主要是传统思想的教育。上小学后交了一些朋友，尤其是有一个非常要好的男同学常到家里来玩，母亲知道后极力反对，说这是不正经，并要求立即同他断绝来往。

她十年苦读后考进了高校。大一下学期开始，某一任课男教师年轻、英俊，她自感喜欢，颇难为情，认为学生喜欢老师是不正经，况且自己来自农村，父母供自己上学不容易，怕学习不好，辜负了父母对自己的期望，之后遇到该老师便面红耳赤，言行失措，而男老师则对她毫无感觉。后来逐渐发展到与人交往时心里开始紧张，不敢看人，也不敢到人多的地方去，不愿与男同学接触，渐渐与女同学接触也不舒服了，后来不敢进教室与同学见面。再后来，如有人坐到她旁边，心就“怦怦”地跳，以致无法上课，渐渐的就怕和人接触了，越来越害羞了，学习成绩下降，与人讲话时不敢直视对方，躲躲闪闪，因心跳过速，身体发抖而到医院检查，未发现身体异常情况。自知这样没必要，但事到临头总紧张不已，对此百思不得其解，苦恼不安，因此陷入矛盾之中，自己也力图克服这个怪毛病，主动来寻求帮助。

（资料来源：宋专茂．成长心理案例．暨南大学出版社，2003：5.）

## 一、病因分析

目前，对恐惧症的病因解释不一。

条件反射学说认为，一个中性刺激如果与某种恐惧情景结合，一旦形成了条件反射，这一中性刺激便成了恐惧的对象，尽管患者知道此物无害，但形成条件反射的结果，恐惧情绪自然出现。

心理动力学认为，恐惧症是对焦虑的防御性反应，这种焦虑是由于攻击情感冲动相关的潜意识冲突所引起。

患者的谨慎小心、胆小羞怯、内向多思等个性特点为发病提供了一定的条件。

## 二、主要表现

恐惧症的症状表现一般归纳为社交恐惧症、空间恐惧症和单纯性恐惧症三类。

### 1. 社交恐惧症

社交恐惧症是恐惧症中最常见的一种，约占恐惧症患者的一半左右。症状主要是害怕在众人面前出现，特别是对于被人注意尤为敏感。患者不敢到公共场所是因为害怕自己的发抖、脸红、出汗、行为笨拙、拘束无措、怯懦等引起他人的注意。因此，患者不敢从前排人面前走过，不敢在餐馆与他人对坐吃饭，不敢在乘车时与他人面对面就座，不敢去排队买东西等，尤其回避与别人谈话，社交恐惧有两种不同类型。

**（1）赤颜恐惧**

患者只要出现在公共场合就感到害羞而怕自己脸红，因而很不自然，内心忐忑不安。这种恐惧通俗地说就是患者怕被陌生人看见，所以常独居屋内避不见人。

**（2）见人恐惧**

此种社交恐惧症与赤颜恐惧相反，主要表现为患者害怕见到他人。有的患者表现为害怕会见陌生人，有的患者表现为害怕见到异性，而对同性没有恐惧感。患者有时不敢出门，不敢上街。甚至有的患者为了避免看见他人，不管什么时候出门都戴上深色墨镜。

### 2. 空间恐惧症

空间恐惧症是指在遇到拥挤、封闭，使其感到无法逃脱或回避的空间时，患者感到进入或留在这些地方，对自己不安全，有生命危险，有发生晕厥或失去控制而无法逃离的可能，空间恐惧症多数在25～35岁时发病，女性多于男性，这类患者初期只对1～2种环境产生恐惧和回避，如果对环境稍加变化，比如有人陪伴，都可能缓解恐惧症状，若不及时治疗，随着时间推延，病情逐渐加重，症状泛化，对任何类似场所、环境都产生包围感和威胁性恐惧心理，伴随着严重的回避行为，最严重时自我封闭在家，整天不能外出。空间恐惧症一般表现为三种不同的类型。

**（1）旷野恐惧**

患者在经过空旷的地方时就出现恐惧发作，并伴有强烈的焦虑和不安，因此，患者害怕越过旷野，严重时甚至害怕越过任何空间，例如害怕越过街道，害怕过桥，害怕穿过庭院和走廊等地方。

**（2）闭室恐惧**

患者表现出恐惧封闭的空间。如害怕独自待在一间房子里，害怕乘坐电梯、地铁。害怕进电影院，害怕乘船乘车等。

**（3）高空恐惧**

也就是常说的“恐高症”，患者表现出害怕登高，如上楼、过天桥、坐飞机等。

### 3. 单纯性恐惧症

除了对环境和人物恐惧以外，其他恐惧症都可以归入单纯性恐惧症。单纯性恐惧症临床常见形式有：

**（1）动物恐惧**

害怕狗、猫、老鼠、昆虫等小动物，不敢碰摸，甚至不敢看，有时连对玩具动物、动物图片和影视形象也感紧张恐惧，竭力回避。

**（2）疾病恐惧**

表现为患者害怕得某种可怕的疾病，如麻风、结核、性病、癌症等，为了防止被“感染”以至于在与他人握手前都要戴上手套，或根本不敢与人接触。例如对癌症的心理恐惧，则称为“恐癌症”。疾病恐惧与疑病症有所不同，区别在于疾病恐惧患者对可能患上疾病感到紧张，自认为尚未患病，疑病症患者自认为已经患病；疾病恐惧患者只对某种疾病感到紧张，而疑病症患者可能认为自己患上不止一种疾病。

**（3）其他恐惧**

其他与具体恐惧对象有关的恐惧症都可以归入。例如见到鲜血恐惧，甚至突然晕厥发作，称为“见血恐惧症”，又称为“晕血症”。常见的还有利器恐惧、黑暗恐惧和雷雨恐惧等。

在恐惧症众多的类型中，社交恐惧症就是对患者危害最大的一种。因为在恐惧症的所有恐惧对象中，人是正常生活中唯一不能回避的要素。在信息时代，时时处处都离不开人际交往。尤其对我们大学生而言，患有社交恐惧症将对他们的未来产生极其不利的影响。

一些刚刚涉世的青年，害怕社交，有社交的欲望却得不到满足，于是就产生焦虑、孤独，在挫折面前逃避现实，觉得只有躲在没有人的地方才安全。时代的进步，社会的发展，对大学生的心理素质，提出了更高的要求。事实证明，青少年患社交恐惧症，绝大部分与父母的不恰当教育有关。

父母不应该过分溺爱、娇纵孩子，如果在家里总是让孩子有求必应，促使孩子以自我为中心，孩子就会经不起任何挫折；另外，父母过分严厉，不让孩子有自己的想法，也是造成这种疾病的主要根源。学校也应该对学生进行适当的引导，有必要开设心理学课堂，教育孩子遇到问题时该怎样处理，同时给每个学生平等参与社交活动的机会，让每个孩子都能够得到锻炼。

## 三、防治措施

恐惧症的治疗，主要是以心理治疗为主。心理治疗恐惧症的方法有许多，常用的有认知疗法、行为疗法和强迫疗法。认知疗法对患者的刺激强度最弱，而强迫疗法刺激最强。

认知疗法是通过解释、疏导，告诉患者，之所以对某种物体、情境或人恐惧，是因为他自己主观意念所致。所以，要消除恐惧症，就要勇敢地面对引起恐惧的事物，学会控制、调节自己的害怕情绪。

行为疗法是治疗中常用的方法。其中系统脱敏法最常用，而且疗效较好。即有计划、有目的、一步一步地鼓励和指导患者亲自去接触那些使他产生恐惧情绪的事物或情境来达到治愈的目的。

强迫疗法实际上是行为疗法的一种，又称为满灌法，也叫冲击疗法。就是强迫患者快速直接地接触令其恐惧的对象，发生恐惧亦不退缩，由于持续猛烈刺激，使恐怖反应在短期内由高度紧张而渐趋消退，从而使恐惧症治愈。但此种治疗方法对心脏病、高血压等患者可能会有一定风险，容易使患者产生其他的心理疾病。这种方法必须由富有经验的心理医生在对患者作出谨慎的评估后进行。

此外，催眠疗法和药物疗法也经常用于治疗恐惧症。精神分析师将患者催眠，挖掘患者心灵或记忆深处的东西，研究患者是否经历某种窘迫的事件，试图寻找到患者发病的根源。这种疗法时间长、花费也比较大。药物疗法是比较常用的，但是不如心理疗法能根除恐惧症。

有一些食物含有类似于治疗恐惧症药物的成分，所以以下这几种食物将有助于患者恢复自信：

深海鱼。研究显示，全世界住在海边的人都比较快乐和自信，愿意与他人交往。不只是因为大海让人神清气爽，最主要是他们把鱼当做主食。芬兰、英国、美国的研究都发现相同的结果。哈佛大学的研究报告指出，鱼油中的 Omega—3 型不饱和脂肪酸；和常用的抗焦虑性的社交恐惧症药碳酸锂有类似的作用。

香蕉。香蕉含有一种被称为生物碱的物质，可以振奋精神和提高自信，而且香蕉是色胺酸和维生素 B6 的来源，这些都可以帮助大脑制造血清素，减少产生忧虑的情形。

葡萄柚。葡萄柚不但有浓郁的香味，更可以净化繁杂思绪，也可以提神醒脑，加强自信心。至于葡萄柚含有高量维生素 C，不仅可以维持红细胞的浓度，使身体有抵抗力，而且维生素 C 也可以抗压。最重要的是，在制造多巴胺、去甲肾上腺素时，维生素 C 是重要成分之一。其他富含维生素 C 的食物也有同样的疗效。

菠菜。菠菜除含有大量铁质外，更有人体所需的叶酸。医学文献一致指出，缺乏叶酸会导致精神疾病，包括社交恐惧和精神分裂症等。研究也发现，那些无法摄取足够叶酸的人，在 5 个月后都无法入睡，并产生健忘和自卑等症状。

大蒜。德国一项针对大蒜对胆固醇的功效的研究，从患者回答的问卷发现，他们吃了大蒜丸之后，感觉比较不容易疲倦、不容易发怒，而且自信心增强。研究人员之前没想到大蒜竟然有这种额外的功效。

## 第八节　疑　病　症

疑病症（Hypochondriasis）简称疑病性神经症（Hypochondriacal neurosis），又名疾病臆想症。这是一种对自己身体健康状况过分关注、担心或深信自己患了一种或多种躯体疾病，经常诉说某些不适，反复就医，经多种检查均不能证实疾病存在的心理病理观念。这是对自身感觉或征象作出患有不切实际的病态解释，致使整个身心被由此产生的疑虑、烦恼和恐惧所占据的一种神经症。以对自身健康的过分关心和持难以消除的成见为特点，患者怀疑自己患了某种事实上并不存在的疾病，医生的解释和客观检查均不足以消除其看法。据国外报道，本病约占各种疾病的1%。一般都发生在40岁以后，女性多于男性。我国尚无全国流行病学调查资料，天津地区报告其患病率为0.01‰，男多于女。一般认为文化落后的地区较多见，但Gopla的研究发现，城市白领也是一个密集患病人群。这时需要和亚健康状态进行区别。

### 一、病因分析

（1）人格问题。不少学者描述了疑病症人格的特征，这种人以自我为中心，心理活动指向自身内部，依赖性突出，易紧张、易烦恼。

每个人对疾病和健康的态度都存在较大差异，这一方面来自社会文化对病人的强有力影响，另一方面来自个体对疾病威胁的认识阈值。

（2）社会文化。一个人一旦进入病人的角色，不仅会豁免一定的社会责任，而且由于生病也会缓解社会对自己违反道德规范的谴责，同时能赢得更多的谅解和同情。

由于对疾病威胁的认识阈值低，当生活中发生什么不快，或遭遇重大挫折时，便很容易产生病感体验，表现出疾病行为。特别是一个人难免有羞耻或内疚的痛苦时，疑病症的表达可能是自我防卫的一种表现形式。

（3）医源性影响。医源性影响指错误的诊断，反复检查和长期未能确诊；错误的治疗；以及医生以不恰当的语言、表情、态度和行为对待病人所起的不良影响。如医生对病情的不恰当解释，反复拉网式的躯体检查，更新换代的药物治疗等，可强化病人的疑病观，使他们认为自己的疾病很重且难治。

### 二、主要表现

最初往往表现为过分关心自身健康和身体任何轻微变化，作出与实际健康状况不相符的疑病性解释，伴有相应的疑病性不适，逐渐出现日趋系统化的疑病症状。疑病症状可为全身不适、某一部位的疼痛或功能障碍，甚至是具体的疾病。症状以骨骼肌肉和胃肠系统较为多见；就部位而言，以头、颈、腹部居多。常伴有焦虑、忧虑、恐惧和植物神经功能障碍症状。

这种疑病性烦恼是指对身体健康或所怀疑疾病本身的纠缠，而不是指对疾病的后果或继发性社会效应的苦恼。患者也知道烦恼对健康不利，苦于无法解脱、不能自拔。四处求医、陈述病情始末，又不相信检查结果和医生的解释或保证。有的患者表现为嗅觉异常或自身形态奇异等单一症状的疑病症。

病程长短不一，长者可迁延数月或数年，愈后状况较差。如起病急、有明显诱因，得到及时治疗者，愈后状况较好。

## 三、诊断依据

(1) 以疑病症状为主要临床表现，并过分关注自身健康状况。

(2) 伴有焦虑、抑郁症状。

(3) 工作、学习和家务能力下降。

(4) 病程在6个月以上。

(5) 排除精神分裂症、内源性抑郁症及所怀疑的躯体疾病。

(6) 病人除表现有日趋严重的疑病症状外，其他认识良好，主动求医，无任何精神衰退，体检或实验室检查均无异常发现，一般诊断较易明确。

(7) 正常人在某一时期过分重视自己的健康，对不严重的普通疾病或不适感的疑惧，可出现疑病观念，但经检查证实无病，给予适当解释后可放弃疑病观念，这类表现则不属于疑病性神经症。

## 四、防治措施

(1) 消除心理压力，即证明无病。要对心怀疑病观念的患者进行全面、细致的体格检查和必要的化验及仪器检查，根据检查结果表明他（她）并无躯体性疾病，以打消其思想顾虑。

(2) 完善个性。疑病症患者往往具有固执、多疑、敏感、谨慎等性格特点。遇事总是过多地考虑悲观或不幸的一面，缺乏自信，这是疑病症发病的主要原因之一。为此，疑病症患者要做到心胸宽广，努力培养乐观情绪，提高生活信心。要走向社会，丰富自己的生活，如养花、钓鱼、下棋、绘画等。还应做一些力所能及的工作和家务活，每天坚持体育锻炼，要多与朋友和亲人交流，培养幽默感，从而战胜消极悲观情绪和不良心理状态，最终治愈疑病症。

(3) 心理治疗。对疑病症的治疗，采用认知领悟疗法的疗效较好。

(4) 药物治疗。对疑病症的药物治疗主要在于解除患者伴发的焦虑与抑郁情绪，具体需遵医嘱。

☞ **课后小资料**

### 心理医生提示

神经症是一种痛苦的精神障碍，没有精神痛苦就根本不是神经症。神经症患者往往主动求医，喜欢诉苦是神经症患者普遍而突出的表现之一。到目前为止，还没有发现任何器质性病变导致神经症的病例，这条标准也是目前诊断神经症的重要指标之一。

值得提醒的是，神经症（也包括其他精神疾病）的诊断有严格的标准，包括症状表现、严重程度和病程等，不能因为某些方面的相似（甚至相同）而随便“对号入座”。现实中，由于自己“对号入座”而导致的心理问题屡见不鲜。

一般来说，人生是不能免于心理冲突的，健康人的心理冲突成了他们的建设性和创造性活动的动力，例如哲人的心理冲突产生智慧的火花，诗人的心理冲突产生出感人的诗篇，战士的心理冲突使他们在痛苦中勇往直前。而神经症的心理冲突是重复循环的，是破坏性的。由于受到心理疾病的影响，神经症患者常被他人认为是固执、生硬、不合群、自我陶醉、怀有敌意或者容易受人摆布的人，由于他们的焦虑情绪和适应行为不良，往往会过分要求别人以自我为中心。患者与任何人甚至自己最亲近的人都很难保持良好的关系，而且很少能真正了解自己，放纵自己而不能容忍别人，并不能设身处地为别人着想，因此，患者到一个新的环境后会感到无法与他人相处，很难适应。

神经症是大学生中最多见的一类精神疾病，主要包括：神经衰弱，焦虑性神经症，强迫性神经症，恐怖性神经症，疑病性神经症，癔症等。

## ☞ 思考与训练

1. 神经病、神经症、精神病的基本特点及其区别是什么？
2. 神经衰弱和焦虑性神经症的发病原因是什么？如何预防？
3. 抑郁症和强迫性神经症有何临床特点？各自的诊断标准是什么？
4. 常见神经症的发病有何共性？具体预防措施有哪些？

# 主要参考文献


1. [美] 马斯洛. 自我实现的人 [M]. 许金声，刘锋，译. 上海：三联书店，1987.

2. [美] 达阿尼·P. 舒尔兹. 应用心理学 [M]. 李德伟，金盛华，宋合义，译. 桂林：广西人民出版社，1987.

3. 塞巴斯蒂安·邦纳，罗伯特·科瓦齐. 自我调节学习 [M]. 姚梅林，徐守森，译. 北京：中国轻工业出版社，2001.

4. 郑日昌. 心理测量 [M]. 长沙：湖南教育出版社，1987.

5. 孙菲，等. 大学生心理导论 [M]. 北京：中国经济出版社，1992.

6. 肖沛雄，陈国海，许国彬. 大学生心理与训练 [M]. 广州：中山大学出版社，1999.

7. 宋专茂，陈伟. 心理健康测量 [M]. 广州：暨南大学出版社，1999.

8. 汪道之. 心理医生 [M]. 北京：中国商业出版社，2001.

9. 张玲，等. 心理健康与指导 [M]. 北京：教育科学出版社，2001.

10. 陈斋. 学生心理健康与社会适应 [M]. 北京：教育科学出版社，2002.

11. 梁宝勇，吕勇，李强，陈复平. 心理卫生与心理咨询百科全书 [M]. 天津：南开大学出版社，2002.

12. 赵雪波，黄凤英. 做自己的心理医生 [M]. 北京：海潮出版社，2003.

13. 熊建圩，王巧云. 大学生心理健康教育教程 [M]. 上海：上海交通大学出版社，2006.

14. 斯托曼. 情绪心理学 [M]. 王力，译. 北京：中国轻工业出版社，2006.

15. 邢群麟，李敏. 哈佛教授给学生讲的200个心理健康故事 [M]. 北京：中央编译出版社，2007.

16. 聂振伟. 高职心理健康阳光教育教师用书 [M]. 北京：北京师范大学出版社，2004.

17. 马建青. 大学生心理卫生（第二版）[M]. 杭州：浙江大学出版社，2005.

18. 张大均，吴明. 大学生心理健康 [M]. 北京：清华大学出版社，2007.

19. 薛德钧，田晓红. 大学生心理与心理健康 [M]. 北京：北京大学出版社，中国林业出版社，2007.

20. 谢炳清，等．大学生心理健康教程［M］．武汉：华中科技大学出版社，2004.

21. 于国叔，刘君涛．新编大学生心理健康［M］．大连：大连理工大学出版社，2005.

22. 邵海峡．职业教育与就业指导［M］．北京：清华大学出版社，2006.

23. 石建勋，等．职业规划与创业管理［M］．北京：机械工业出版社，2006.

24. 黄训美．大学生心理保健［M］．北京：人民出版社，2001.

25. 鄢敬新．职业生涯规划宝典［M］．青岛：青岛出版社，2005.

26. 沈登学，孔勤．职业生涯设计学［M］．成都：四川大学出版社，2003.

27. 张再生．职业生涯开发与管理［M］．天津：南开大学出版社，2003.

28. 盛祖龙．大学生心理健康教育指南［M］．杭州：浙江大学出版社，1999.

29. 杨书良，赵桂梅．大学生素养与职业生涯设计［M］．北京：机械工业出版社，2002.

30. 杜映梅．职业生涯规划［M］．北京：对外经济贸易大学出版社，2005.

31. 刘遥勃，等．哲学辞典［M］．长春：吉林人民出版社，1985.

32. 陶国富，立洋兴．大学生网络心理［M］．上海：立信会计出版社，2004.

33. 陶国富，立洋兴．大学生社会心理［M］．上海：华东理工大学出版社，2005.

34. 立绘．大学生心理手册［M］．广州：暨南大学出版社，2000.

35. 崔丽娟，刘琳．互联网对大学生社会性发展的影响［J］．心理科学，2003（1）．

36. 郑洪利．大学生心理素质训练教程［M］．上海：上海交通大学出版社，2005.

37. ［美］卡耐基．人性的弱点［M］．李志敏，译．北京：机械工业出版社，2004.

38. ［美］Patricia Wallace. 互联网心理学［M］．谢影，敬建新，译．北京：中国轻工业出版社，2001.

39. 墨顿·亨特．心理学的故事［M］．海口：海南出版社，1999.

40. ［美］格里格．心理学与生活（第16版）［M］．北京：人民邮电出版社，2003.

41. 戴维·H. 乔纳森．"21世纪人类学习的革命"译丛——学习环境的理论基础［M］．上海：华东师范大学出版社，2002.

42. 戴维·迈尔斯．社会心理学（第八版）［M］．北京：人民邮电出版社，2006.

43. Jeery M. Burger. 人格心理学（影印版）［M］．北京：中国轻工业出版社发行部，2005.

44. 戴尔·卡耐基．演讲与口才——当众演讲增加自信的技巧［M］．北京：中国城市出版社，2006.

45. 卢德斯·R. 奎苏姆宾．学会做事［M］．北京：人民教育出版社，2006.

46. 戴尔·卡耐基．说话的艺术［M］．北京：中国城市出版社，2007.

47. 莎伦·兰德·奥尼尔．态度决定命运——人际关系初级读本（第11版）［M］．北京：机械工业出版社发行室，2006.

48. 彭聃龄．普通心理学［M］．北京：北京师范大学出版社，2004.

49. 唐代兴. 学会学习——大学生学业导航 [M]. 上海：复旦大学出版社，2007.

50. [日] 多湖辉. 心理透视丛书——轻松快捷的学习技巧 [M]. 北京：商务印书馆国际有限公司，1997.

51. 郑雪. 人格心理学 [M]. 广州：暨南大学出版社，2007.

52. 张明. 学会人际交往的技巧——人际关系心理 [M]. 北京：科学出版社，2006.

53. 桑作银，汪小容. 大学生人际交往心理学 [M]. 成都：西南财经大学出版社，2007.

54. 王刚. 把握好说话的尺度与办事的分寸 [M]. 重庆：中国三峡出版社，2002.

55. 金鸿源. 学习行为障碍的诊断与辅导 [M]. 上海：上海教育出版社，2005.

56. 樊富珉，王建中. 当代大学生心理健康教育教程 [M]. 武汉：武汉大学出版社，2006.

57. 王晋. 大学生心理健康 [M]. 北京：北京大学出版社，2006.

58. 黄希庭. 大学生心理健康教育 [M]. 上海：华东师范大学出版社，2004.

59. 周家华，王金凤. 大学生心理健康教育 [M]. 北京：清华大学出版社，2004.

60. 边玉芳. 心理健康教师用书 [M]. 上海：华东师范大学出版社，2007.

61. 吴阶平，等. 中国性科学百科全书 [M]. 北京：中国大百科全书出版社，2006.

62. 刘鲁蓉. 大学生心理卫生 [M]. 北京：科学出版社，2006.

63. 汪海燕. 高职高专学生心理健康指导 [M]. 北京：高等教育出版社，2005.

64. [美] John J. Schmidt. 学校心理咨询实用规划 [M]. 沈湘秦，译. 北京：中国轻工业出版社，2005.

65. 吕建国. 大学生心理健康教育 [M]. 成都：四川大学出版社，2005.

66. 刘达临，胡宏霞. 青春期性健康教育读本 [M]. 北京：科学技术文献出版社，2004.

67. 胡凯. 大学生心理健康新论 [M]. 长沙：中南大学出版社，2003.

68. 邢邦志. 心理素质的养成与训练 [M]. 上海：复旦大学出版社，2003.

69. 潘玉腾. 大学生心理健康教育研究 [M]. 北京：人民出版社，2001.

70. 梅传强. 大学生心理健康教育 [M]. 北京：中国法制出版社，2001.

71. 封晓伦. 大学生心理健康教育读本 [M]. 贵阳：贵州人民出版社，2001.

72. 龙建成. 大学生心理健康向导 [M]. 西安：西安电子科技大学出版社，2001.

73. [美] Phillip L. Rice. 健康心理学 [M]. 胡佩诚，等，译. 北京：中国轻工业出版社，2000.

74. 李有华，等. 大学生心理健康教育 [M]. 北京：中国林业出版社，2000.

75. 高希庚，等. 大学生心理健康的理论与实践 [M]. 天津：天津大学出版社，1999.

76. 汪元宏，等．大学生心理健康指南［M］．合肥：安徽大学出版社，1999.
77. 孔燕，等．大学生心理健康教育［M］．合肥：安徽人民出版社，1998.
78. 屈春芳．大学生心理健康与心理咨询［M］．北京：机械工业出版社，1997.
79. 陈明忠．大学生心理健康教育概论［M］．北京：中国环境科学出版社，1997.